DICIONÁRIO DE CIÊNCIA & TECNOLOGIA DE ALIMENTOS (C&TA)

Blucher

Wilma Maria Coelho Araújo
Nancy Di Pilla Montibello
Waldemar G. Venturini Filho

DICIONÁRIO DE CIÊNCIA &TECNOLOGIA DE ALIMENTOS (C&TA)

Dicionário de ciência & tecnologia de alimentos (C&TA)

Editora Edgard Blücher Ltda.

Publisher Edgard Blücher
Editor Eduardo Blücher
Pré-produção Aline Flenic
Coordenação editorial Rafael Fulanetti
Coordenação de produção Andressa Lira
Produção editorial Lidiane Pedroso Gonçalves
Preparação de texto Ana Lúcia dos Santos
Diagramação Alessandra de Proença
Revisão de texto Maurício Katayama
Capa Laércio Flenic
Imagem da capa iStockphoto

Blucher

Rua Pedroso Alvarenga, 1245, 4° andar
04531-934 – São Paulo – SP – Brasil
Tel.: 55 11 3078-5366
contato@blucher.com.br
www.blucher.com.br

Segundo o Novo Acordo Ortográfico, conforme 6. ed. do *Vocabulário Ortográfico da Língua Portuguesa*, Academia Brasileira de Letras, julho de 2021.

Dados Internacionais de Catalogação na Publicação (CIP)
Angélica Ilacqua CRB-8/7057

Dicionário de ciência e tecnologia de alimentos / Wilma Maria Coelho Araújo, Nancy Di Pilla Montibello, Waldemar G. Venturini Filho. – São Paulo : Blucher, 2024.

340 p.

Bibliografia
ISBN 978-85-212-2449-5

1. Tecnologia de alimentos – Dicionários I. Araújo, Wilma Maria Coelho II. Montibello, Nancy Di Pilla III. Venturini Filho, Waldemar G.

24-1209 CDD 664.03

Índices para catálogo sistemático:
1. Tecnologia de alimentos – Dicionários

A nossa gratidão aos cientistas que desvendaram os labirintos do conhecimento e alicerçaram as bases da Ciência e Tecnologia de Alimentos.

O nosso louvor àqueles que transpuseram a ciência pura para o universo da ciência aplicada – a dos Alimentos.

Conteúdo

Prefácio

A domesticação das espécies animais e vegetais, a descoberta do fogo, o desenvolvimento de utensílios de pedra, de barro, a salga, a defumação, a cura, a secagem e a cocção pautaram as primeiras iniciativas humanas na arte de conservar os alimentos. Por volta do ano 8000 a.C., as tecnologias para a produção de pães, queijos, leites fermentados, conservas, produtos de confeitaria, vinho, cerveja e derivados cárneos já eram conhecidas e constituíram as bases dos atuais processos de conservação e de transformação de matérias-primas em produtos. Da vida pastoril, a produção e o processamento de alimentos evoluíram para as grandes fazendas, mas apenas em meados do século XIX os resultados dos estudos desenvolvidos por Pasteur impulsionaram a evolução da Ciência e Tecnologia de Alimentos (C&TA) e sua aplicação na produção industrial.

A relação entre o consumo de alimentos e a saúde é tema recorrente desde a civilização egípcia. No entanto, apenas com a apropriação do conhecimento científico foi possível identificar as substâncias presentes nos alimentos e seu papel ora como nutriente, ora como substância determinante no desenvolvimento das características do produto, bem como os efeitos dos processos sobre tais substâncias e seu impacto na saúde humana. Igualmente foi o conhecimento científico o alicerce para o aprimoramento das técnicas de conservação existentes desde os primórdios, porque conservar os alimentos é fundamental, como é fundamental preservar a saúde. Em consequência das demandas da produção de alimentos ditadas por vários fatores, entre eles o aumento da população mundial, organismos internacionais e nacionais passaram a regulamentar a cadeia produtiva, respaldados na ciência.

Pode-se dizer que, apesar de todo o avanço milenar e, do ponto de vista científico, centenário, muito ainda se discute sobre a terminologia e a definição dos alimentos e suas respectivas tecnologias de conservação e de transformação. A C&TA é multidisciplinar e de tal forma absorve e adapta conhecimentos de biologia, física, química, matemática, estatística, agronomia, medicina veterinária, zootecnia, nutrição, entre muitos outros corpos de conhecimentos sistematizados. Nesse processo de adaptação, muitas vezes, as informações, vastamente divulgadas em livros, artigos técnicos, científicos e na mídia são assimétricas, podendo levar o leitor a interpretações equivocadas.

Nesse cenário e considerando a nossa experiência acadêmica em nível de graduação e de pós-graduação, da ciência e tecnologia de alimentos, da técnica dietética, da tecnologia culinária, da gastronomia, da engenharia agronômica, nós identificamos como alguns termos técnicos são equivocadamente conceituados e aplicados nas diferentes áreas que contemplam o alimento como elemento primário. Assim, lançamos o desafio de compilar e definir alguns dos milhares de termos que fazem parte do universo dos que estudam os alimentos, nas suas variadas vertentes. Não imaginávamos a dimensão deste ambicioso projeto.

As primeiras questões surgiram. Como selecionar os verbetes? Quais as bases de dados a serem pesquisadas? Existem dicionários, glossários, lista de verbetes sobre o tema? Como são descritos? Qual a referência teórica a ser utilizada? Gradativamente, ponderamos sobre como executar este projeto. Elencamos e redigimos alguns termos. Identificamos lacunas. Decidimos consultar exclusivamente os documentos oficiais e livros técnico-científicos tradicionalmente reconhecidos pela comunidade acadêmica. Reconhecemos a extensão do trabalho. Convidamos colegas para, corajosamente, participar deste exaustivo trabalho. A nossa expectativa é a de que este *Dicionário Ciência e Tecnologia de Alimentos (C&TA)* minimize a assimetria informacional entre a ciência, os estudiosos da área e de áreas afins ou não e o consumidor, popularizando o conhecimento científico que alicerça a C&TA.

Somos três autores e 26 colaboradores, multidisciplinares nas nossas formações, como a ciência dos alimentos assim o é. Acreditamos na boa qualidade desta produção científica porque cada um contribuiu com o seu saber. Acreditamos no caráter dinâmico desta publicação, uma vez que sempre haverá um novo verbete a ser incorporado. Gratidão aos nossos colaboradores por acreditarem neste ambicioso projeto. Gratidão aos nossos leitores pelas consultas e leituras futuras.

Wilma Maria Coelho Araújo
Nancy Di Pilla Montibello
Waldemar G. Venturini Filho

Apresentação

Efusivos cumprimentos às Profas. Wilma Maria Coelho Araújo, Nancy Di Pilla Montibello, e ao Professor Waldemar Gastoni Venturini Filho, pela organização e execução deste grande e útil projeto do *Dicionário de Ciência & Tecnologia de Alimentos (C&TA)*.

Para mim, folhear um dicionário, em qualquer idioma, é como se lançar em um oceano de vocábulos impressos em ordem alfabética com o objetivo de ensinar, explicitar e dirimir dúvidas entre palavras e expressões. Em cada página, são registradas novidades, na forma de vocábulos, dos quais grande parte tomamos sentido pela primeira vez e aprendemos. Serão milhões de palavras, entre as quais estão embaralhados milhares de verbetes alusivos aos alimentos, que dedicados, minuciosos e altamente capacitados profissionais da tecnologia de alimentos souberam destacar.

Uma vez mais, congratulações aos autores Wilma, Nancy e Waldemar, conceituados pesquisadores, professores e divulgadores da Ciência de Alimentos. Seu trabalho tem grande importância para os que estudam, leem e difundem conhecimentos sobre alimentos, seu uso e tecnologia de processamento e conservação.

O *Dicionário de Ciência & Tecnologia de Alimentos (C&TA)* é um poderoso auxiliar para todos os que se interessam por conhecer sobre o assunto. Ele é útil para leigos, aprendizes e experientes profissionais.

Abril de 2024

Urgel de Almeida Lima

Prof. titular da Escola Superior de Agricultura Luiz de Queiroz (Esalq)

Universidade de São Paulo (USP)

A

ARRHENIUS

Svante August Arrhenius (1859-1927) – nasceu na Suécia. Químico, físico e matemático, estudou as propriedades condutoras das dissoluções eletrolíticas e mostrou que as substâncias que sofrem dissolução eletrolítica, quando dissolvidas, se dissociam, formando íons. Em 1903, recebeu o Prêmio Nobel de Química por seu extraordinário serviço prestado à tecnologia e à química.

Abate – matança de animais domésticos para uso como alimento. Em países desenvolvidos e em alguns países em desenvolvimento, o abate de animais para obtenção de carne realiza-se em condições estritamente regulamentadas em abatedouros.

Abatedouros – matadouros nos quais os animais são abatidos para obtenção de carne e miúdos. Os abatedouros geralmente englobam o cercado (área fechada para animais vivos), uma linha de abate e as câmaras frigoríficas, as instalações para o processamento de subprodutos (sangue, intestinos, peles, gordura, pelos e cerdas, resíduos não utilizáveis); e o tratamento da água e do ar consumidos geralmente estão inclusos.

Abbey Dubbel – cerveja belga de alta fermentação, com coloração escura, moderadamente forte, teor alcoólico de 6,0 a 7,6% ABV, aroma e sabor pronunciados de malte. Sua elaboração segue as técnicas das abadias e dos mosteiros que as criaram e que produzem características especiais. Estilo conhecido também como *Belgian Dubbel*. Ver *ABV*.

Abbey Tripel – cerveja belga de alta fermentação, forte, seca, coloração amarela a dourada, teor alcoólico de 7,5 a 9,5% ABV. A expressão *tripel* se refere ao uso de uma quantidade três vezes maior de malte na elaboração da bebida. Possui espuma densa e cremosa. Aroma complexo de frutas, especiarias e álcool. Estilo conhecido também como *Belgian Tripel*. Ver *ABV*.

Abelhas – insetos de importância comercial, pela capacidade que algumas espécies têm de produzir mel, própolis, pólen, geleia real, cera e apitoxina. As mais conhecidas são as abelhas sem ferrão ou nativas (possuem o ferrão atrofiado) e as do gênero *Apis*, como a abelha melífera ou produtora de mel (*Apis mellifera*). Ambas são insetos que evoluíram para viver em sociedade, com funções distintas entre os indivíduos: rainha (oviposição e manutenção da colônia); zangão (reprodução) e operárias (limpeza da colônia, construção dos favos com cera, defesa da colônia, colheita de recursos alimentares e produção). As abelhas também têm importante papel na polinização de plantas, incluindo as árvores frutíferas.

Absinto – *Absinthe*, bebida preparada com folhas de absinto, *Arthemisia absintum*, que lhe confere características alucinógenas, misturadas a outras ervas. Tem elevado teor alcoólico: 70 a 80%. Essa bebida não está prevista na legislação brasileira.

Absorção – ato ou efeito de incorporar alguma substância, assimilando-a; isto é, a substância absorvida se infiltra na substância que absorve.

Absorção de água – em panificação, refere-se à quantidade de água necessária a ser adicionada à farinha, de modo que esta adquira consistência padrão na linha de 500 unidades farinográficas (UF). É expressa em percentual, na base de 14% de umidade.

Absorventes – materiais ou substâncias com capacidade de absorção. Os usos dos absorventes abrangem a sua incorporação às embalagens dos alimentos, como uma técnica de preservação, para absorver o oxigênio, controlar a umidade e problemas de aroma e sabor nos alimentos embalados, e para purificação de alimentos e bebidas, como água potável e alimentos líquidos.

ABV (*Alcohol by volume*) – termo usado para se referir ao teor alcoólico de cervejas (mL de etanol / 100 mL de cerveja).

Ação corretiva – ação a realizar-se nas ocorrências de não conformidades em relação aos produtos, serviços associados e processos, de acordo com o Sistema de Gestão da Qualidade.

Ação preventiva – ação a ser realizada para eliminar ou prevenir as causas de possível não conformidade, um defeito ou uma situação indesejável. Deve ser verificada sempre sua eficácia.

Acaricidas – pesticidas usados para controlar ácaros e carrapatos (família Acaridae), muitos deles responsáveis por doenças em animais e deterioração de grãos armazenados. Os resíduos em alimentos podem representar um risco à saúde dos consumidores.

Acefato – tipo de inseticida organofosforado sistêmico empregado para controlar ampla variedade de insetos mastigadores e sugadores, como pulgões, moscas e cigarrinhas, em frutas e vegetais. Classificado pela OMS como levemente perigoso (OMS III).

Aceitabilidade – grau em que a qualidade de um alimento é considerada satisfatória.

Aceitação – disposição de considerar-se a qualidade de um alimento como satisfatória.

Acessulfame-K – acessulfame de potássio, edulcorante intenso, artificial, não nutritivo, descoberto nos anos 1960. Não é calórico nem metabolizado pelo organismo, e é totalmente eliminado pelos rins; as pesquisas realizadas não mostraram efeitos tóxicos aos usuários. Aprovado pelos órgãos de controle desde 1983, sua ingestão diária aceitável (IDA) é de 15 mg/kg de peso corporal. Seu poder de doçura é duzentas vezes superior ao da sacarose; não tem sabor residual. Estável em altas temperaturas e, em ampla faixa de pH, é ideal para ser utilizado em receitas que precisam ser finalizadas com o aquecimento. Não apresenta sabor residual amargo. Em produtos industrializados é comum encontrá-lo em combinação com o aspartame e o ciclamato.

Acetaldeído – aldeído acético ou etanal; componente químico responsável por aromas estranhos (*off flavor*) em alimentos e bebidas. Os sabores estranhos mais comum, dependendo da sua concentração em alimentos e bebidas, são de maçã verde, de erva verde recém-cortada, e o picante.

Acetilação – introdução de grupos acetil em um composto ou substância. Geralmente obtida por reação com anidrido acético, ácido acético ou um acetato, como o acetato de vinila. Às vezes usada para proteger grupos hidroxila durante sínteses orgânicas. Essa modificação também é usada para alterar as propriedades físico-químicas, propriedades funcionais ou qualidade nutricional de substâncias como amido, proteínas e carboidratos.

Acetileno – hidrocarboneto que atua como um regulador do crescimento de plantas e que pode ser utilizado para controlar o amadurecimento de frutas.

Acetilmetilcarbinol – acetoína; composto aromático geralmente encontrado em laticínios e vinhos.

Acetobacter – gênero de bactérias produtoras de ácido acético, Gram-negativas, estritamente aeróbicas, em forma de bastonete, da família Acetobacteraceae, capazes de oxidar o etanol em ácido acético. Algumas espécies deste gênero são usadas na produção de vinagre.

Achocolatado – alimento que contém cacau em pó na sua composição. Normalmente, apresenta de 10 a 40% de cacau em pó e 40 a 90% de açúcar (sacarose). No Brasil, a formulação mais utilizada encerra 10% de cacau em pó e 90% de açúcar. Nas formulações comerciais, além do cacau em pó e do açúcar, são encontrados extratos de malte, dextrina, glicose, leite em pó desnatado, lecitina de soja, sais minerais e vitaminas. Geralmente, é comercializado em pó, e seu consumo é feito após sua suspensão em água, leite ou outro líquido.

Achromobacter – gênero de bactérias Gram-negativas estritamente aeróbicas, em forma de bastonete e sem formação de esporos, da família Alcaligenaceae e presente no solo e na água.

Acidez – propriedade de um meio que depende da concentração de íons hidrogênio. O nível de acidez é expresso por meio dos valores de pH. Nas bebidas alcoólicas e não alcoólicas, no leite e seus derivados líquidos, a acidez é expressa em percentagem (massa/volume) do ácido preponderante.

Acidez lática – no controle da qualidade do leite, é o parâmetro que indica sua qualidade, podendo ela ser expressa em percentagem (%) ou em graus Dornic (°D). É realizada por análise titulométrica, e cada grau Dornic equivale a 1 mL de solução de hidróxido de sódio N/9 gasto para neutralizar 100 mL de leite. Um grau Dornic equivale a 0,01 g de ácido lático/100 mL de leite. O leite normal ou fresco tem de 15 a 18 °D (ou de 0,15 a 0,18% m/v). Leite com menos de 15 °D indica leite de vaca com mastite, leite no final da lactação, leite de retenção ou leite fraudado com água. Leite com 19 a 20 °D indica leite no início da lactação, leite com colostro ou leite em início de fermentação. A acidez lática expressa em graus Dornic é usada também para indicar a estabilidade térmica do leite; assim, leite com 20 °D não resiste ao aquecimento a 110 °C, leite com 22 °D não resiste ao aquecimento a 100 °C, leite com 24 °D não resiste à pasteurização a 72 °C, leite com 55 a 60 °D flocula em temperatura ambiente.

Acidez total titulável – parâmetro que reflete o frescor e a composição de ingredientes crus e alimentos perecíveis. A análise de acidez feita por titulação indica a concentração de ácidos, que normalmente é expressa em percentagem (%) do ácido predominante na amostra analisada. A acidez titulável pode ser determinada pela titulação de uma quantidade conhecida da amostra, usando um titulador junto com um sensor ou indicador de cor. Os métodos para a determinação de acidez são realizados por meio de titulação ácido-base, redox e colorimétrica.

Acidificar – adicionar soluções ácidas aos alimentos para conservação e inibição de micro-organismos.

Ácido – substância que confere sensação acre ou azeda ao olfato ou ao paladar; muitos ingredientes culinários, como limão, vinagre, laranja e outros, apresentam algum grau de acidez, sendo utilizados em inúmeras preparações. São também chamados de acidificantes ou acidulantes.

Ácido acético – ácido orgânico obtido pela fermentação acética do álcool na presença da bactéria *Acetobacter aceti*, do oxigênio e de temperatura entre 25 e 30 °C. É um líquido claro, de cheiro picante e solúvel em água. Na produção de alimentos, é usado para aumentar a acidez (reduzir o pH), controlar o desenvolvimento microbiano e como aromatizante. Constituinte do vinagre com concentração mínima de 4%.

Ácido ascórbico – vitamina C; ácido orgânico encontrado naturalmente em vários alimentos, como acerola, camu-camu, outros cítricos e em tomates. Na indústria de alimentos, é usado como acidulante ou antioxidante.

Ácido benzoico – ácido orgânico que, junto com seus sais, é usado como conservante para uma ampla gama de alimentos.

Ácido butírico – ácido butanoico; um dos ácidos graxos saturados de cadeia curta que ocorrem como um dos compostos aromatizantes em alimentos e bebidas. Especialmente característico de gorduras do leite e produtos lácteos. Em alta concentração, pode ser responsável pelo desenvolvimento de sabor indesejável.

Ácido cianídrico – cianeto de hidrogênio (HCN); gás tóxico, incolor, com ponto de ebulição de 26 °C. Ocorre como produto de hidrólise de glicosídeos cianogênicos em vários produtos, especialmente na mandioca, mas incluindo também fungos comestíveis, sementes de linhaça e vinhos. É usado como fumigante para controlar pragas em alimentos armazenados.

Ácido cítrico – ácido orgânico que faz parte do ciclo de Krebs e que está naturalmente presente em frutas cítricas. Solúvel em água, cristalino, tem sabor de limão, percepção imediata e acentuada, mas pouco duradoura. É uma das substâncias ácidas mais comumente usadas na indústria de alimentos como acidulantes, aromatizantes e agentes de cura, para controlar o desenvolvimento microbiano e para mascarar o gosto desagradável da sacarina em refrescos, geleias, pós para sobremesas de gelatinas, pudins, flãs e similares.

Ácido fítico – ácido orgânico considerado antinutriente; ocorre naturalmente nas cascas de cereais, de leguminosas, em alguns tipos de nozes e frutas imaturas. As técnicas de cocção em água e os fermentos de panificação diminuem seu poder antinutriente.

Ácido fólico – membro do grupo das vitaminas hidrossolúveis do complexo B. Em sua forma ativa, o tetraidrofolato é uma coenzima envolvida em várias reações do metabolismo de aminoácidos, purinas e pirimidinas. É sintetizado por bactérias intestinais. Está presente nos alimentos, principalmente no fígado de aves e de boi, no levedo de cerveja, nas leguminosas, nas hortaliças, entre outros.

Ácido fosfórico – ácido inorgânico presente em tecidos de origem animal e vegetal, com sabor intermediário entre a acidez pronunciada do ácido cítrico e a suavidade do ácido lático. Utilizado como acidulante na produção industrial de preparados líquidos para refrescos, xaropes, doces em pasta, refrescos e refrigerantes que não contenham sucos de frutas. Na forma de fosfato, é usado em fermentos químicos, em pó.

Ácido fumárico – ácido orgânico usado como acidulante na produção de balas, geleias artificiais, pós para geleias artificiais, pudins, refrescos e sorvetes, gorduras e margarinas.

Ácido gálico – ácido orgânico com atividade antioxidante que ocorre naturalmente como componente de taninos. Os ésteres de ácido gálico, como o octilgalato e o propilgalato, são utilizados como antioxidantes na indústria de alimentos.

Ácido graxo – todos os ácidos orgânicos monocarboxílicos, alifáticos (cadeia aberta), saturados ou insaturados; se insaturados, podem conter uma ou mais duplas ligações. Quando os ácidos graxos têm uma insaturação entre os carbonos de suas moléculas, ou seja, quando as moléculas apresentam a falta de um par de átomos de hidrogênio na cadeia, eles são denominados ácidos graxos monoinsaturados. Serão ácidos graxos poli-insaturados quando contiverem duas ou mais duplas ligações entre os carbonos das moléculas, ou seja, quando faltarem dois ou mais pares de átomos de hidrogênio na cadeia. Os ácidos graxos insaturados com uma ou mais duplas ligações podem ser subcategorizados pelo isômero posicional da dupla ligação em *cis* e *trans*. Os dois compostos diferem geralmente quanto à solubilidade, aos valores do ponto de fusão e às propriedades biológicas e nutricionais. A maioria dos ácidos graxos presentes nos alimentos se apresenta na forma *cis*. São os constituintes dos lipídeos de origem animal e vegetal. A composição dos lipídeos em ácidos graxos determina as características físico-químicas de alimentos como leite, banha, toicinho, sebo, soja, girassol, dentre muitos outros, e separa-os como óleos e gorduras alimentares.

Ácido graxo *cis* – diz-se do ácido orgânico insaturado no qual os átomos de hidrogênio se posicionam do mesmo lado em relação à dupla ligação. A maioria dos ácidos graxos presentes nos alimentos está na forma *cis*.

Ácido graxo de cadeia curta (AGCC) – ácido orgânico saturado cuja cadeia carbônica possui até seis átomos de carbono. Destacam-se os ácidos butírico e caproico, que se encontram na gordura do leite.

Ácido graxo de cadeia média (AGCM) – ácido orgânico que possui entre 7 e 12 átomos de carbono na cadeia; os ácidos caprílico e láurico, que são saturados, estão presentes na gordura de coco, enquanto o lauroleico e o caproleico, insaturados, estão presentes na gordura do leite.

Ácido graxo essencial – ácido orgânico imprescindível ao organismo humano que não é sintetizado no metabolismo e, portanto, deve ser adquirido na dieta; compreende duas famílias: a do ácido ômega-3 e a do ômega 6.

Ácido graxo insaturado – ácido orgânico cuja cadeia contém uma ou mais dupla ligação entre os átomos de carbono.

Ácido graxo livre (AGL) – produto resultante da hidrólise de lipídeos; os ácidos graxos livres de cadeia curta e média (4 a 10 átomos de carbono) conferem aroma e sabor desagradáveis – *off flavors* – e são indesejáveis.

Ácido graxo monoinsaturado – ácido orgânico cuja cadeia contém uma dupla ligação entre os átomos de carbono.

Ácido graxo poli-insaturado – ácido orgânico cuja cadeia contém duas ou mais duplas ligações entre os átomos de carbono.

Ácido graxo saturado – ácido orgânico cuja cadeia contém apenas ligações simples entre os átomos de carbono.

Ácido graxo trans – ácido orgânico insaturado no qual os átomos de hidrogênio estão em lados opostos ao da dupla ligação; são produzidos mediante a hidrogenação de ácidos graxos poli-insaturados e monoinsaturados. Os ácidos graxos trans estão naturalmente presentes no leite e em manteigas e margarinas.

Ácido lático – produto da fermentação da lactose, por bactérias láticas, responsável pelo sabor ácido do leite azedo e pela precipitação da caseína para obtenção de queijos.

Tem sabor sutil e suave, às vezes descrito como ligeiramente salino. Na indústria, pode ser utilizado como acidulante em conservas vegetais e de pescado, doces em massa, geleias artificiais, licores artificiais, maionese, produtos de confeitaria, balas e produtos similares, sorvetes, vinhos compostos, xaropes, entre outros.

Ácido málico – ácido orgânico presente em frutas como maçã, uva e pera em maior quantidade que o ácido cítrico. Na indústria, é empregado para mascarar o gosto desagradável da sacarina em produtos de frutas e preparados sólidos e líquidos para refrescos e refrigerantes, sobremesas em pó, pós para gelatinas, flãs, pudins e similares.

Ácido oxálico – ácido orgânico que contém dois grupos carboxílicos e que apresenta muitas aplicações industriais, incluindo clarificação de gorduras e óleos, e hidrólise ácida de amido, para produzir xaropes de açúcar. Presente como oxalatos em frutas e legumes, é considerado fator antinutricional devido ao seu envolvimento na formação de cálculos renais.

Ácido tartárico – ácido orgânico presente nas uvas e em várias outras frutas; subproduto da fermentação do vinho; também pode ser extraído da polpa do tamarindo. É um sólido incolor, solúvel em água, de percepção imediata e acentuada, mas pouco duradoura. É utilizado em fermentos químicos, em produtos com sabor de uva, em geleias, podendo ser utilizado para a formação de outros aromas.

Acidocinas – bacteriocinas produzidas por *Lactobacillus acidophilus*. Ver BACTERIOCINA.

Acidofilina – leite fermentado com uma mistura de bactérias do ácido lático, incluindo *Lactobacillus acidophilus* e grãos de *kefir*.

Ácidos graxos das famílias ômega – ácidos graxos encontrados em certos lipídeos alimentares que são importantes e necessários para o crescimento e o desenvolvimento apropriado do organismo humano; no desenvolvimento dos sistemas nervoso e sensorial; dos sistemas reprodutivo e imune; na manutenção da membrana das células; na fabricação de prostaglandinas – substâncias reguladoras de processos inflamatórios – e da coagulação do sangue. Permitem a absorção de vitaminas lipossolúveis – A, D, E, K – e regulam o metabolismo do colesterol. Estão envolvidos na produção e no transporte de energia das células humanas.

Ácidos graxos de cadeia longa (AGCL) – ácidos orgânicos que possuem mais de treze átomos de carbono na cadeia; esse grupo inclui o maior número de ácidos graxos presentes nos alimentos, destacando-se os ácidos graxos essenciais, linoleico e linolênico.

Ácidos húmicos – ácidos orgânicos complexos de estrutura polifenólica formados em solos e turfas, capazes de formar complexos de adsorção com minerais. Estão presentes em muitas fontes de água natural, necessitando ser removidos durante a purificação para a produção de água potável.

Ácidos inorgânicos – ácidos que não contêm um grupo carboxílico comum aos ácidos orgânicos. Incluem os ácidos clorídrico, nítrico, fosfórico e sulfúrico, todos ácidos minerais.

Ácidos pécticos – (ou ácidos poligalacturônicos) – são produtos da degradação da pectina pelas enzimas pectinases. Estão presentes em frutas que ultrapassaram o seu ponto de maturação.

Ácidos polihidroxialconoicos – compostos orgânicos formados por polimerização de ácidos hidroxialcanoicos; por exemplo, ácido hidroxibutírico e ácido hidroxivalérico. São usados em materiais de embalagem biodegradáveis; podem ser formados como produtos de fermentação por bactérias que crescem em resíduos de processamento de alimentos.

Acidulantes – ácidos orgânicos e inorgânicos usados em alimentos e bebidas para baixar seu pH e intensificar o sabor ácido. As aplicações incluem preservação de produtos à base de carne, aprimoramento de sabor, prevenção de descoloração em frutas fatiadas e prevenção de desenvolvimento de ranço em óleos e gorduras. Os acidulantes comumente usados na indústria de alimentos incluem os ácidos cítrico, acético, lático, tartárico, málico, fosfórico, entre outros.

Acinetobacter – gênero de bactérias Gram-negativas, bacilos ou cocobacilos; tem sua origem no solo, podendo contaminar a fermentação alcoólica de bebidas e etanol carburante. Em bebidas alcoólicas, como o vinho, compromete sua qualidade.

Acreditação – credenciamento que visa a garantir que os processos de certificação estão sendo conduzidos por entidades habilitadas e seguem determinados procedimentos.

Acrilamida – membro das amidas, uma neurotoxina que exibe carcinogenicidade em modelos animais. Formada em alimentos, durante o processamento térmico, como um produto da reação de Maillard entre asparagina e compostos carbonílicos reativos, como os açúcares.

Acroleína – substância formada pela desidratação do glicerol, liberada após excessivo uso de óleos em frituras. Composto maléfico à saúde e potencialmente cancerígeno.

Actina – componente das proteínas miofibrilares do tecido animal. Junto com a miosina e na presença de ATP, é responsável pelo processo de contração muscular.

Actomiosina – complexo das duas principais proteínas musculares, actinas e miosina. A actomiosina é formada durante a contração muscular com hidrólise simultânea de ATP a ADP.

Açúcar – produto obtido a partir da cana-de-açúcar pertencente às cultivares provenientes da espécie *Saccharum officinarum L.* por meio de processos adequados; é constituído por cristais, com exceção do açúcar líquido. Confere gosto doce aos alimentos e bebidas. Muito usado na conservação de alimentos. É fundamental na produção de alimentos adocicados, como geleias, compotas, doces em pasta e em tabletes, e produtos açucarados, como balas, confeitos e caramelos.

Açúcar cristal – produto obtido por fabricação direta por meio do processo de extração e clarificação do caldo da cana-de-açúcar por tratamentos físico-químicos com branqueamento, seguidos de evaporação, cristalização, centrifugação e secagem, resfriamento e peneiramento do produto; produto com, no mínimo, 99,5% de pureza em sacarose; tem granulometria controlada e uniforme e apresenta-se sob a forma de cristais brancos que têm elevado brilho, com umidade máxima de 0,10%. Aplicação ampla na indústria de refrigerantes, refrescos em pó, no acabamento e na cobertura em gomas e confeitos; mais indicado para fazer caldas; quando colorido, é usado para recobrir doces e bolos.

Açúcar de baunilha – açúcar refinado aromatizado com fava de baunilha ou com essência de baunilha, usado em caldas e doces que requeiram essa essência, mas aos quais não se podem juntar líquidos.

Açúcar de beterraba – açúcar obtido das raízes de *Beta vulgaris L.*, variedade *Saccharifera Alefeld.*

Açúcar de confeiteiro – produto obtido do peneiramento ou da extração do pó do açúcar cristal ou refinado amorfo, possuindo uma granulometria mais fina. Apresenta teor mínimo de sacarose de 99% e umidade máxima de 0,30%. É usado para cobertura de pães, bolos e produtos de confeitaria.

Açúcar demerara – açúcar bruto; tem no mínimo, 96% de sacarose e granulometria semelhante à do açúcar cristal, e maior umidade (máximo de 1,2%); apresenta cor marrom-clara.

Açúcar impalpável – açúcar de confeiteiro adicionado de cerca de 1 a 3% de amido de arroz ou de milho. A adição de amido diminui a absorção de água, permitindo que o produto se mantenha seco quando pulverizado sobre doces; impede também a absorção do açúcar pela gordura proveniente dos doces. De papel importante em produtos de confeitaria para a montagem de glacês, cremes, pasta americana ou outros tipos de coberturas finas para bolos decorados, entre outras aplicações. No mercado brasileiro, o açúcar de confeiteiro pode ser encontrado como açúcar impalpável; assim, é necessário verificar em suas embalagens se há ou não adição de amido e em que percentual. Nos mercados estrangeiros, o açúcar de confeiteiro é sempre adicionado de amido.

Açúcar invertido – produto líquido obtido pela hidrólise da sacarose por ação do calor, na presença de ácidos e/ou de enzimas. Os produtos dessa reação são a glicose e a frutose, seus constituintes básicos. O grau de hidrólise pode levar à produção de xaropes que podem apresentar de 60 a 90% (m/m) de açúcares redutores. Por apresentar frutose na composição, é mais doce que a sacarose. É comercializado na forma de xarope e amplamente utilizado na indústria de alimentos, na preparação de licores, biscoitos, balas, caramelos, chocolates, sucos e bebidas carbonatadas, laticínios e panificação em geral. Reduz o processo de cristalização da sacarose, evitando o desenvolvimento de uma textura arenosa ao produto; diminui a atividade de água dos produtos, limitando o desenvolvimento de bolores e leveduras; atua como espessante e diminui o ponto de congelamento dos produtos frios. De uso industrial, mas pode ser preparado em casa para uso na culinária.

Açúcar *jaggery* – (ou jagra) de cor marrom-escura, é um produto obtido pelo tratamento térmico da seiva de determinadas palmeiras cultivadas nas áreas rurais da Índia. Por ação do calor, a sacarose é hidrolisada em glicose e frutose, o que o torna mais doce. Para comercialização, o produto é prensado em blocos, como as rapaduras.

Açúcar *light* – produto obtido pela mistura, em proporções variáveis com cada fabricante, do açúcar e de edulcorantes como sacarina, ciclamato, sucralose, dentre outros.

Açúcar líquido – produto obtido por meio do processo de dissolução do açúcar cristal ou refinado e da purificação da calda; é constituído de sacarose, devendo apresentar concentração máxima de 0,30% de açúcares redutores. De uso industrial. Ver *AÇÚCARES REDUTORES*.

Açúcar mascavo – produto com, no mínimo, 90% em sacarose, conhecido também como "mulatinho". De cor variável entre amarelo-escuro e marrom, com sabor forte e característico semelhante ao da rapadura, úmido e de granulometria grosseira. Tem menor poder de doçura que a sacarose. Bastante usado em produtos para alimentação natural e macrobiótica.

Açúcar orgânico – produto de granulação uniforme, com coloração variando entre o branco e o dourado. Sua produção segue princípios internacionais da agricultura orgânica, em que os fertilizantes químicos são substituídos por um sistema integrado de nutrição orgânica, para proteger o solo e melhorar suas características físicas e químicas.

Variedades mais resistentes de cana-de-açúcar são usadas a fim de se evitarem doenças e pragas, como a broca-da-cana. Anualmente, a indústria produtora é auditada e certificada pelos órgãos competentes.

Açúcar refinado amorfo – (ou refinado) produto obtido por meio do processo de dissolução do açúcar branco ou bruto, purificação da calda, evaporação, concentração da calda, batimento, secagem, resfriamento e peneiramento do produto. Seu teor mínimo de sacarose deve ser 99,00%, e sua umidade máxima, de 0,30%. Apresenta cor branca, facilmente solúvel e de granulometria fina. É o açúcar mais comum encontrado no mercado varejista, presente na forma de pó, em pacotes de 1 a 5 kg, em sachês, cubos, torrões; coloridos, aromatizados, embrulhados em papel colorido, em dose única, para adoçar cafés e chás. De uso amplo na indústria e na cozinha doméstica.

Açúcar refinado granulado – produto obtido a partir do processo de dissolução do açúcar branco ou bruto, da purificação da calda, evaporação, cristalização da calda, centrifugação, secagem, do resfriamento e peneiramento do produto. Deve apresentar teor mínimo de sacarose de 99,80% e umidade máxima de 0,05%. Suas propriedades tecnológicas e culinárias são semelhantes às do açúcar refinado amorfo.

Açúcar *Very High Polarization* (VHP) – açúcar bruto de exportação, mais claro que o demerara e com cristais amarelados. Possui teor mínimo de sacarose de 99,00% e teor máximo de umidade de 0,25%.

Açúcar *Very Very High Polarization* (VVHP) – açúcar bruto de exportação, mais claro que o açúcar VHP. Possui teor mínimo de sacarose de 99,49% e umidade máxima de 0,15%.

Açúcar-cândi – (ou açúcar-cande) produto com 99,0% de pureza em sacarose. Possui cristais grandes (com 5 a 20 mm), que se dissolvem lentamente, sendo usados especialmente para adoçar cafés e chás. É um tipo de açúcar para uso em processos alimentícios específicos.

Açúcares – mono e dissacarídeos presentes nos alimentos que são digeridos, absorvidos e metabolizados pelo organismo humano, fornecendo energia.

Açúcares redutores – mono, di e oligossacarídeos com a propriedade de reduzir um agente oxidante. Essa propriedade é usada em análise química para quantificar a concentração de açúcares redutores em uma solução. Galactose, glicose, frutose, maltose, entre outros, são açúcares redutores comumente encontrados nos alimentos. Os açúcares redutores reagem com aminoácidos (reação de *Maillard*) e conferem sabor e aroma aos alimentos. A sacarose não é redutora.

Aderência – ligação de micro-organismos, específica ou não, a um substrato ou a outras células. Pode ser mediada por componentes ou estruturas microbianas especializadas (por exemplo, adesinas e protesca). A aderência a um tecido hospedeiro em particular é um estágio preliminar na patogênese de muitos patógenos.

Adesão – termo microbiológico usado para descrever a formação de biofilmes. Na primeira fase da formação do biofilme, a adesão é reversível; na segunda fase, irreversível.

Adesividade – em análise sensorial, refere-se ao atributo mecânico de textura relacionado à força necessária para remover os produtos que aderem (grudam) à boca ou a um substrato. O produto será pouco pegajoso, aderente, pegajoso, muito pegajoso, quando tiver um nível baixo, moderado, alto e muito alto para ser removido da boca. A adesividade pode ser percebida no palato, nos lábios, nos dentes, entre palato, lábios e dentes e, ainda, manualmente.

Aditivos alimentares – substâncias adicionadas aos alimentos e bebidas com o propósito de manter, intensificar, modificar ou aprimorar o seu sabor, melhorar a sua aparência e aumentar a vida útil. Podem ser naturais, semissintéticos e sintéticos. Os aditivos alimentares e seus metabólitos são sujeitos a análises toxicológicas antes da aprovação do seu uso na indústria, e seus limites de uso, em cada produto, são fixados por legislação específica.

Aditivos incidentais – substâncias residuais ou migrantes, presentes nos alimentos em decorrência dos processos de produção e colheita (agrotóxicos: fungicidas, inseticidas, herbicidas e hormônios vegetais) ou na industrialização, pelo contato da matéria-prima com substâncias, utensílios e equipamentos nas diversas fases do processamento, embalagem, estocagem, transporte, venda e durante a manipulação doméstica.

Aditivos intencionais – substâncias ou misturas de substâncias, dotadas ou não de valor nutritivo, adicionadas ao alimento com a finalidade de impedir alterações, manter, conferir ou realçar aroma, cor e sabor, modificar ou manter seu estado físico.

Adoçante – substância que confere gosto doce aos alimentos e bebidas. São compostos como o açúcar, os açúcares e seus derivados, polióis, quase sempre energéticos. A sacarose (açúcar) é seu membro principal, cujo poder de doçura é igual à unidade (1). Quando não se considera a natureza química da substância, mas somente sua propriedade de conferir sabor doce, os termos adoçante e edulcorante são usados indistintamente. Adoçantes e/ou edulcorantes, para alguns autores, podem ser classificados quanto à origem (sacarose, glicose, polióis); quanto à natureza, em natural (sacarose, frutose, esteviosídeo etc.) ou sintético (ciclamato, sacarina, aspartame etc.); quanto à composição química, como proteicos (monelina, taumatina etc.); quanto ao aspecto nutritivo (xarope de milho, aspartame, sacarose etc.) e ao aspecto não nutritivo (sacarina, ciclamato, acessulfame-K etc.), entre outras.

Adoçante dietético – produto, na forma líquida ou em pó, elaborado para conferir gosto doce a alimentos e bebidas. Produto formulado para dietas com restrição de sacarose, frutose e/ou glicose, para atender às necessidades de pessoas sujeitas à restrição desses carboidratos. As matérias-primas sacarose, frutose e glicose não podem ser utilizadas na formulação desses produtos alimentícios.

Adsorção – adesão de moléculas de um fluido a uma superfície sólida. O grau de adsorção depende da temperatura, da pressão e da área da superfície. Sólidos porosos como o carvão ativado são ótimos adsorventes. As forças que atraem o adsorvato podem ser químicas ou físicas.

Adsorvente – substância capaz de adsorver, amplamente utilizada nas indústrias de alimentos e biotecnologia.

Adstringência – adstringente; sensação complexa acompanhada de secura, encolhimento, alongamento ou enrugamento da superfície da pele ou mucosa da boca, produzida por substâncias como taninos presentes na banana verde, no caqui, entre outros. A percepção sensorial da adstringência tem sido atribuída à ligação de taninos a proteínas salivares.

Adstringente – característica de substâncias que provocam sensação de adstringência.

Adulteração – adição de substâncias a alimentos ou substituição de ingredientes alimentares por outros de qualidade inferior, com o intuito de reduzir os custos da produção, enganando, assim, o consumidor; por exemplo, adição de amido a temperos e de água ao leite ou ao vinho.

Adulterante – composto químico proibido por lei adicionado intencionalmente ao alimento.

Aeração – em análise sensorial, refere-se à descrição de um produto sólido ou semissólido com pequenas bolhas uniformes, preenchidas com gás, como o CO_2 e O_2, e normalmente envolvidas por paredes celulares macias.

Aerar – incorporar ar na matriz alimentar.

Aeróbio – (ou aeróbico) refere-se à condição atmosférica em que o ar se faz presente e às reações químicas e biológicas que ocorrem em tais situações; diz-se dos micro-organismos que se desenvolvem em ambiente com oxigênio.

Aerococcus – gênero de bactérias Gram-positivas produtoras de ácido lático, forma cocoide, da família Aerococcaceae. O *Aerococcus viridans* foi isolado a partir de diversos alimentos, principalmente peixes e alimentos fermentados.

Aeromonas – gênero de bactérias Gram-negativas, em forma de bastonete, causadoras de toxi-infecções alimentares. São ubíquas no ambiente, estando amplamente distribuídas no meio aquático e em alimentos de origem animal.

Aflatoxinas – micotoxinas produzidas por espécies de *Aspergillus flavus, A. parasiticus, A. niger, A. ruber, A. wentii, Penicillium citrinum, P. frequentans, P. puberulum* e *P. variabile*, que levam à morte de animais por danos diretos causados ao fígado, como necrose, alteração dos condutos biliares, fibrose e hemorragia intestinal, dependentes, contudo, da dose ingerida. Essas toxinas foram identificadas pela primeira vez na Inglaterra, em 1960, após elevada mortalidade observada em peruzinhos alimentados com torta de amendoim, importada do Brasil. Alguns dos alimentos envolvidos com a produção de aflatoxinas são amendoim e seus derivados, sementes de algodão, milho, cereais, castanha-do-pará e leite. A legislação de vários países, incluindo o Brasil, estabelece limites de segurança para a presença do fungo em produtos destinados ao consumo humano.

Ágar – extrato obtido de várias espécies de algas marinhas vermelhas pertencentes aos gêneros *Eucheuma, Gelidium e Gracilaria.* Contém os polissacarídeos agarose e agaropectina. É amplamente utilizado como espessante, geleificante e estabilizante na indústria de alimentos. Também conhecido como ágar-ágar.

Agência Nacional de Vigilância Sanitária (Anvisa) – agência reguladora vinculada ao Ministério da Saúde que exerce o controle sanitário de todos os produtos e serviços (nacionais ou importados) submetidos à vigilância sanitária, como medicamentos, alimentos, cosméticos, saneantes, derivados do tabaco, produtos médicos, sangue, hemoderivados e serviços de saúde.

Agente bacteriano – micro-organismo presente em um alimento, responsável por reações de deterioração ou por doenças veiculadas pelos alimentos.

Agente de corpo – substância que pode ter a função estrutural, espessante, geleificante, gelificante, dependendo da matriz alimentícia a que for incorporada.

Agente preservativo – produto utilizado para preservar a integridade do alimento, aumentando a sua vida de prateleira.

Agente quelante – substância que tem como finalidade a formação de complexos hidrossolúveis (quelatos), nos quais um íon metálico é envolvido por ligações covalentes do agente quelante. É conhecido também como sequestrante de íons metálicos ou sequestrante de dureza (da água).

Agentes antiaglomerantes – compostos anidros que são adicionados em pequenas quantidades a alimentos secos (como sal, pós de cozimento, misturas de pudim) para impedir que as partículas se juntem e, assim, garantir que o produto permaneça seco e com fluxo livre. Os agentes antiaglomerantes típicos para a indústria de alimentos incluem carbonatos de magnésio e cálcio, estearato de magnésio e cálcio e silicato de cálcio.

Agentes biológicos – micro-organismos e enzimas que promovem alterações de natureza física, química e sensorial que comprometem a qualidade dos alimentos. Os micro-organismos, ou suas toxinas, podem ser responsáveis pelas doenças transmitidas por alimentos.

Agentes clareadores – substâncias usadas para clarear um material de cor branca, clara ou transparente por processos físicos e/ou químicos. São exemplos de agentes clareadores físicos: greda de pisoeiro, carvão ativado e argilas ativadas, utilizadas para clarear óleos. As impurezas são adsorvidas por esses agentes, sendo, então, removidas por filtração. Cloro, dióxido de cloro, metabissulfito de sódio e peróxido de hidrogênio são agentes clareadores de natureza química.

Agentes de cura – ingredientes usados na cura de carnes, como sal (cloreto de sódio, NaCl), nitritos e nitratos, açúcar e temperos.

Agentes de turbidez – substâncias de natureza coloidal utilizadas para conferir turbidez a alimentos e bebidas. Os resíduos do processamento de proteínas de soja e frutas cítricas são empregados com frequência como agentes de turbidez em bebidas cítricas.

Agentes físicos – referem-se às condições a que são expostos os alimentos (temperatura e luz), que favorecem as reações de modificação de seus componentes químicos, como a auto-oxidação das gorduras, responsável pelo aparecimento de odores anormais, bem como a descoloração na superfície dos alimentos, entre outros tipos.

Agentes formadores de volume – termo originalmente usado para descrever produtos inertes adicionados para contribuir para o volume e agir como expansores ou produtos de enchimentos mais baratos para substituir os ingredientes mais caros. Atualmente, também são usados para alimentos com baixo teor calórico e alimentos com baixo teor de gordura, para dar a sensação de saciedade e substituir propriedades funcionais, características flavorizantes e outras características do açúcar e/ou da gordura que foram removidos. Hidroximetilcelulose, fibra, polióis e polidextrose são algumas das substâncias utilizadas como agentes de volume.

Agentes mecânicos – referem-se às condições de manipulação dos alimentos pelos manipuladores (cortes, amassamentos, desintegração) que alteram as suas características físicas.

Agentes químicos – espécies químicas, como ácidos, álcalis, oxigênio atmosférico, água, metais pesados, entre outros, que favorecem o desenvolvimento de reações químicas que causam alterações das características físicas, químicas e sensoriais dos alimentos.

Ageusia – (também ageustia ou agustia) disfunção ou incapacidade caracterizada pela perda ou pela diminuição da sensibilidade gustativa.

Aglutinar – ação de juntar, unir, misturar, combinar ou fundir componentes de um alimento.

Agricultura – conjunto de métodos e técnicas que tem por objetivo o cultivo do solo, com vistas à produção de vegetais úteis; lavoura.

Agricultura alternativa – refere-se a um conjunto de sistema de produção que busca maximizar os benefícios sociais e a autossustentabilidade do sistema produtivo, minimizar ou até eliminar a dependência de energia não renovável e preservar o meio ambiente por meio da utilização dos recursos naturais renováveis. Tem como características: 1) o uso intensivo da matéria orgânica para manter a fertilidade do solo e favorecer a microvida do solo; 2) a diversificação da propriedade quanto ao cultivo (policultura); 3) a minimização/eliminação do uso de energia fóssil (petróleo), insumos (agroquímicos) e tecnologias importadas; 4) as práticas de cultivo mínimo e a integração da produção vegetal/animal; 5) a manutenção de matas nativas.

Agricultura biodinâmica – corrente biodinâmica da agricultura que teve sua origem no início do século XX. Rudolf Steiner (1861–1925) tinha como objetivo captar, por meio de métodos experimentais, fatos suprassensoriais, ou elementos de natureza espiritual, que se encontram além da matéria no meio natural. Assim, é definida como uma "ciência espiritual", ligada à antroposofia, em que a propriedade deve ser entendida como um organismo, um ser indivisível. Possui uma base comum com as demais formas de produção orgânica, quanto à diversificação e integração das explorações vegetais, animais e florestais; à adoção de esquemas de reciclagem de resíduos vegetais/animais (produzidos dentro da propriedade) e ao uso de nutrientes de baixa solubilidade/concentração. Difere, no entanto, quanto ao uso de preparados biodinâmicos, que são substâncias de origem mineral, vegetal e animal altamente diluídas (segundo os princípios da homeopatia), aplicados no solo, nas plantas e nos compostos. Esses preparados têm por objetivo favorecer a microvida do solo, vitalizar as plantas e estimular o seu crescimento, e favorecer a decomposição do composto. Visa ainda ao equilíbrio entre as várias atividades (lavouras, criação de animais, uso de reservas naturais), buscando alcançar maior independência de energia e de materiais externos à fazenda. É o princípio da autossustentabilidade, válido para a agricultura biodinâmica, bem como para todas as outras correntes da agroecologia. Outra distinção se deve à execução das operações agrícolas (plantio, poda, raleio etc.), de acordo com um calendário astral, concedendo atenção especial à disposição da Lua e dos planetas.

Agricultura convencional – é aquela baseada em um conjunto de técnicas, práticas e procedimentos agronômicos, seguindo padrões estabelecidos pela pesquisa, dependente, entre outras coisas, da mecanização intensiva (maximização quanto ao uso de energia não renovável) e com redução da mão de obra; do uso intensivo de produtos químicos sintéticos tanto para repor os nutrientes absorvidos pelas plantas (fertilizantes sintéticos) como para combater pragas e plantas daninhas (herbicidas, inseticidas, fungicidas etc.), e da adoção do regime agrícola de monocultura em áreas extensas, com concentração de capital e recursos físicos.

Agricultura intensiva – cultivo de pequenas áreas de terras que, por meio do uso intensivo de insumos, logra obter grande produção.

Agricultura orgânica – método de cultivo e produção de alimentos sem o uso de agrotóxicos ou insumos químicos de qualquer tipo. Produção que utiliza métodos ecológicos e naturais.

Agridoce – (agrodoce, acridoce) sensação simultânea de gosto doce e ácido; recurso culinário utilizado na preparação de muitas carnes, vários tipos de molhos e saladas.

Agroecologia – ciência que fornece os princípios ecológicos básicos para o estudo e o tratamento de ecossistemas, tanto produtivos quanto preservadores dos recursos naturais, e que sejam culturalmente sensíveis, socialmente justos e economicamente viáveis, proporcionando, assim, um agroecossistema sustentável.

Agroindústria – indústria que processa matérias-primas de origem vegetal e animal, podendo também manufaturar produtos de origem microbiológica.

Agronomia – conjunto das ciências e das tecnologias que regem a prática da agricultura.

Agrotóxicos – ver *Defensivos agrícolas.*

Água – substância líquida e incolor, insípida e inodora composta de hidrogênio e oxigênio, (H_2O), essencial para a vida dos organismos; solvente universal. Apresenta-se nos estados líquido, sólido (gelo) e gasoso (vapor).

Água acidulada – água misturada com limão ou vinagre, utilizada em culinária para diminuir a velocidade de escurecimento de frutas e hortaliças quando descascadas e cortadas.

Água adicionada de sais – água para consumo humano, preparada e envasada, enriquecida de sais previstos em legislação específica. Não deve conter açúcares, adoçantes, aromas ou outros ingredientes.

Água carbonatada – água adicionada de gás carbônico. A produção de água gaseificada data do final do século XVIII e era utilizada em mistura com xaropes aromatizados e coloridos artificialmente e em bebidas refrescantes, precursoras dos refrigerantes.

Água combinada – refere-se às moléculas de água contidas nas substâncias alimentares e fortemente ligadas a elas e a outros constituintes não aquosos e que exibem uma mobilidade reduzida. É mais difícil de ser eliminada e não é utilizável por micro-organismos; não solubiliza os componentes dos alimentos, e, com ela, a velocidade das reações tende a zero.

Água de coco – bebida não diluída, não fermentada, obtida da parte líquida do fruto do coqueiro (*Cocos nucifera L.*), por meio de processo tecnológico adequado. É classificada pela legislação brasileira em *resfriada, congelada, esterilizada, desidratada* e *reconstituída.* A água de coco é composta do endosperma líquido do fruto do coqueiro, podendo ser adicionada de açúcares, vitaminas e gás carbônico. Deve apresentar pH entre 4,30 e 4,50, teor de sólidos solúveis máximo de 6,7 °Brix, potássio entre 140 e 230 mg/100 ml e sódio na faixa de 2 a 30 mg/10 ml. Pode ser usada na hidratação oral de crianças como fonte de potássio, durante a convalescença da diarreia. Também pode ser considerada como bebida isotônica natural.

Água desmineralizada – (ou água deionizada) é a água da qual foram removidos os minerais por processo de troca de íons. É mais pura do que a água destilada.

Água destilada – obtida por meio da destilação da água da torneira. Em princípio, é uma substância pura, utilizada em laboratório ou industrialmente como reagente ou solvente.

Água dura – água rica em sais de cálcio e magnésio. Esses cátions normalmente estão associados aos ânions cloretos, sulfatos, nitratos, carbonatos e bicarbonatos. A dureza associada aos cloretos, sulfatos e nitratos de cálcio e magnésio é considerada permanente, enquanto a dureza associada aos carbonatos e bicarbonatos de cálcio e magnésio é considerada temporária, podendo ser eliminada pela fervura da água. A dureza da água normalmente é expressa em mg/l de $CaCO_3$, sendo considerada dura quando essa concentração é maior que 200. Na prática, reconhece-se uma água dura quando, em contato com sabão, ela não produz espuma.

Água livre – água não ligada, ou fracamente ligada, entre si e a substratos, que funciona como solvente e meio para as reações químicas e enzimáticas. Permite o desenvolvimento dos micro-organismos e pode ser eliminada com facilidade pelos processos convencionais de secagem e de desidratação, entre outros.

Água mineral natural – água obtida diretamente de fontes naturais ou por extração de águas subterrâneas. Não é sujeita à influência das águas superficiais, é isenta de qualquer vestígio de poluição orgânica ou mineral, de aspecto límpido e sem odor. Possui composição química constante e propriedades químicas ou físico-químicas diferentes das águas comuns superficiais. É classificada em função da sua composição química (presença de sais, gases e elementos radiativos), enquanto as fontes recebem classificação decorrente da sua temperatura, presença de gases e radioatividade na água.

Água mole – o inverso de água dura, isto é, pobre em sais de cálcio e magnésio.

Água natural – água obtida diretamente de fontes naturais ou por extração de águas subterrâneas.

Água potável – água com qualidade adequada, destinada ao consumo humano. Deve atender ao padrão de potabilidade estabelecido na legislação para os parâmetros físico-químicos, organolépticos, microbiológicos, entre outros.

Água tônica – (ou água tônica de quinino) é o refrigerante que contém obrigatoriamente de 3 a 7 miligramas de quinino ou seus sais, expresso em quinino anidro, por 100 mililitros de bebida.

Aguamiel – bebida rústica preparada com a seiva retirada de agave, o *maguey*, com sabor adocicado, cor amarelada, consumida pelos mexicanos nativos. Quando fermentada, produz a tradicional bebida fermentada mexicana conhecida como *pulque*.

Aguardente – bebida com graduação alcoólica de 38 a 54% v/v, a 20 °C, obtida do rebaixamento do teor alcoólico do destilado alcoólico simples ou pela destilação do mosto fermentado. As matérias-primas da aguardente são cana-de-açúcar, melaço, melado, rapadura, frutas e cereais. A bebida pode ser envelhecida em recipientes de madeira (aguardente envelhecida) ou receber açúcar (aguardente adoçada). De acordo com a legislação brasileira, deve apresentar em sua composição teores máximos dos seguintes componentes: acidez volátil 150 mg de ácido acético / 100 mL de álcool anidro; ésteres totais 200 mg de acetato de etila / 100 mL de álcool anidro; aldeídos totais 30 mg / 100 mL de álcool anidro; álcoois superiores 300 mg / 100 mL de álcool anidro; furfural e hidroximetilfurfural 5 mg / 100 mL de álcool anidro; a soma dos congêneres não deverá ser inferior a 200 nem superior a 650 mg / 100 mL de álcool anidro.

Aguardente composta – bebida com graduação alcoólica de 38 a 54% v/v, a 20 °C, resultante da adição na aguardente ou no destilado alcoólico simples de substâncias de origem vegetal ou animal, previstas em ato administrativo próprio. Poderá ser colorida por caramelo e adicionada de açúcares, na quantidade inferior a 30 gramas por litro.

Aguardente de cana – bebida com graduação alcoólica de 38 a 54% v/v, a 20 °C, obtida de destilado alcoólico simples de cana-de-açúcar ou pela destilação do mosto fermentado do caldo de cana-de-açúcar, podendo ser adicionada de açúcares até seis gramas por litro, expressos em sacarose. Quando adicionada de açúcares em quantidade superior a 6 e inferior a 30 gramas por litro, será denominada "aguardente de cana adoçada". Quando contiver no mínimo 50% de aguardente de cana envelhecida, por um período não inferior a um ano, podendo ser adicionada de caramelo para a correção da cor, será denominada "aguardente de cana envelhecida".

Aguardente de cereal – bebida com graduação alcoólica de 38 a 54% v/v, a 20 °C, obtida do destilado alcoólico simples de cereal ou pela destilação do mosto fermentado de cereal, podendo ser adoçada e envelhecida.

Aguardente de melaço – bebida com graduação alcoólica de 38 a 54% v/v, a 20 °C, obtida do destilado alcoólico simples de melaço ou, ainda, pela destilação do mosto fermentado de melaço, podendo ser adoçada e envelhecida.

Aguardente de melado – bebida com graduação alcoólica de 38 a 54% v/v, a 20 °C, obtida do destilado alcoólico simples de melado ou pela destilação do mosto fermentado de melado, podendo ser adoçada e envelhecida.

Aguardente de rapadura – bebida com graduação alcoólica de 38 a 54% v/v, a 20 °C, obtida do destilado alcoólico simples de rapadura ou pela destilação do mosto fermentado de rapadura, podendo ser adoçada e envelhecida.

Aguardente de vegetal – bebida com graduação alcoólica de 38 a 54% v/v, a 20 °C, obtida do destilado alcoólico simples de vegetal ou pela destilação do mosto fermentado de vegetal, podendo ser adoçada e envelhecida.

Aguardente de vinho – produto com graduação alcoólica de 38 a 54% v/v, a 20 °C, obtido por destilação de vinhos de até 13% v/v, sãos, limpos ou com suas borras naturais, que conserve os componentes secundários próprios e mantenha as características peculiares de aroma e sabor cedidas pelo vinho.

Alambique – equipamento utilizado para obtenção de bebidas destiladas. É constituído por uma caldeira, um capitel, uma alonga e um condensador; tem por finalidade separar os componentes voláteis resultantes do processo de destilação da bebida. Na destilação em alambique, um mosto fermentado é fervido na caldeira; seus vapores alcoólicos chegam ao condensador por meio da alonga, onde são condensados na forma de um destilado alcoólico. Os primeiros equipamentos semelhantes aos atuais e a tecnologia para seu uso foram desenvolvidos pelos árabes e, a partir deles, espalharam-se por todo o mundo.

Alanina – um dos aminoácidos não essenciais que ocorrem na maioria das proteínas alimentares.

Albúmen – (ou albume) termo alternativo para clara de ovo. Nos vegetais, o mesmo que endosperma, tecido nutritivo encontrado nas sementes.

Albumina – proteína de alto valor biológico, de origem animal ou vegetal, solúvel em água e em soluções salinas diluídas, com função de transporte e de manutenção do equilíbrio osmótico; coagula por aquecimento. Nos ovos, é a principal proteína da clara; no leite, compõe o grupo das proteínas do soro responsáveis pela produção de ricota.

Albuminoide – da natureza da albumina.

Álcali – qualquer substância de caráter básico que neutralize compostos ácidos; possui sabor adstringente. Na culinária, o bicarbonato de sódio é um agente alcalino que se encontra nos fermentos para bolos, e a cal virgem é utilizada para dar firmeza a frutas que serão cozidas com o açúcar.

Alcaligenes – gênero de bactérias Gram-negativas, em formato de bastonete, aeróbias, da família Alcaligenaceae. Sete espécies estão incluídas neste gênero: *A. eutrophus; A. atus; A. faecalis; A. paradoxos; A. piechaudii; A. xylosoxidans* subsp. *xylosoxidans* e *A. xylosoxidans* subsp. *denitrificans*. Frequentemente encontrado na água e no solo e habitante comum do trato intestinal de vertebrados. Ocasionalmente, provoca infecções oportunistas em humanos. A espécie *A. viscolatis* produz viscosidade no leite, e a *A. metalcaligenes* produz muco na superfície de requeijão.

Alcalinidade – grau em que uma substância é alcalina. O nível de alcalinidade é expresso usando-se a escala do pH. Em água, a alcalinidade é dada pela presença dos íons hidróxido, carbonato e bicarbonato, sendo expressa em mg/l de carbonatos ou bicarbonatos.

Alcalinização – processo pelo qual o pH de uma substância é aumentado para acima de 7, tornando-a alcalina.

Alcaloides – bases nitrogenadas orgânicas. Muitos têm atividade farmacológica. Alguns alimentos contêm alcaloides tóxicos, como a solanina em batatas. Alguns alcaloides são constituintes alimentares desejáveis, como alcaloides purinos, cafeína e teobromina, no chá, café, chocolate e cacau.

Alcanos – hidrocarbonetos saturados da série metano, incluindo metano, etano, propano e butano.

Alcenos – (ou olefinas) hidrocarbonetos acíclicos de fórmula geral C_nH_{2n} e uma ligação dupla simples entre dois átomos de carbono. Presente em muitos alimentos, frequentemente na fração de compostos voláteis. O etileno (C_2H_4) é particularmente importante no amadurecimento de frutas.

***Alcohol by volume* (ABV)** – ver *ABV*.

Álcool – composto orgânico que possui na sua estrutura um ou mais grupos de hidroxilas (-OH) ligados a átomos de carbono saturado. O principal dentre os álcoois é o etanol ou álcool etílico, que pode ser obtido por via fermentativa, a partir de matérias-primas ricas em carboidratos, ou por via química, a partir de derivados do petróleo. Apresenta uma gama de aplicações, como a fabricação de bebidas alcoólicas, produtos para higienes hospitalar e doméstica, síntese de ésteres (boa parte deles usada como aromatizantes de alimentos e bebidas) e de outros componentes químicos. O Brasil é o maior produtor de álcool de cana-de-açúcar do mundo.

Aldrin – composto organoclorado sintético, sólido em temperatura ambiente, praticamente insolúvel em água, que se apresenta como um pó branco quando puro. Essa substância foi muito usada como inseticida entre as décadas de 1950 e 1970, principalmente nas culturas de algodão e milho, mas seu uso foi banido devido à sua alta persistência no ambiente e à sua capacidade de bioacumulação. Esse agrotóxico faz parte da lista de poluentes orgânicos persistentes (POP) da Convenção de Estocolmo, um tratado internacional elaborado para garantir a eliminação segura desses poluentes e limitar sua produção e uso, do qual o Brasil é signatário.

Alegação de propriedade de saúde – expressão que afirma ou sugere a existência da relação entre o alimento ou ingrediente com condição relacionada à saúde.

Alegação de propriedade funcional – expressão que afirma o papel metabólico ou fisiológico que o nutriente ou o não nutriente de um dado alimento desempenha no crescimento, desenvolvimento, na manutenção e em outras funções normais do organismo humano. Os alimentos dessa classe possuem, em sua composição química, substâncias consideradas especialmente benéficas, tanto para a manutenção quanto para a recuperação da saúde, entre outros: fibras, pigmentos presentes nas hortaliças e ácidos graxos poli-insaturados de cadeia longa.

Alérgeno – substância estranha ao organismo humano que causa uma resposta alérgica. Quimicamente, o alérgeno é uma proteína ou glicoproteína que pode ser absorvida pela pele, inalada ou ingerida com o alimento.

Alergia alimentar – manifestação orgânica via sistema imunológico, consequente das reações que o organismo utiliza contra substâncias estranhas (alérgenos) ao seu funcionamento.

Aleurona – camada de células que reveste o endosperma dos grãos de cereais. É rica em proteínas e minerais, fibras e ácido fítico.

Alga – classe heterogênea de seres aquáticos e autotróficos que produzem a energia necessária ao seu metabolismo via fotossíntese. Esses seres são unicelulares ou pluricelulares, e a maioria está classificada no reino vegetal. As algas vivem em águas salgadas ou doces, podendo ou não ser fixadas no fundo dos mares, dos rios, sobre rochas, em pântanos e locais úmidos, como podem flutuar na água. Conhecem-se 25 mil espécies, das quais cerca de 2 mil são comestíveis. As denominações diferem em cada local de consumo, e por esse motivo é importante conhecer seu nome científico. Sua cor é dada por uma mistura de pigmentos como clorofila (cor verde), ficoeritrina (cor vermelha) e fucoxantina (cor parda e marrom). As espécies da classe das criptogâmicas não possuem raízes, flores, sementes ou frutos; seu corpo é um talo, e, por isso, elas são chamadas talófitas; variam quanto à forma e ao tamanho. Os principais grupos de algas são: clorófitas, de cor verde, unicelulares ou pluricelulares, às vezes cultivadas em jardins artificiais para a produção de alimentos especiais, sendo conhecidas cerca de 6 mil espécies; cianófitas, de cor azul-esverdeada, unicelulares, sendo conhecidas cerca de 1.500 espécies; rodófitas, de cor vermelha, pluricelulares, algumas delas comestíveis, outras produtoras do ágar, e há cerca de 4 mil espécies identificadas; feófitas, de cor parda, pluricelulares, produzem ácido algínico (ou alginato) usado em alimentos como sorvetes e pudins. A alga *Porphyra* é a mais consumida em todo o mundo. São utilizadas na alimentação na forma *in natura*, torradas, cozidas, consumidas integralmente, como condimento ou sob a forma de gelatina.

Algas azuis – espécies microscópicas, unicelulares ou filamentosas, coloniais ou não, de cor azul-esverdeada devido à presença de pigmentos clorofila e cianidina, além de carotenoides, encontradas em uma grande variedade de ambientes e condições de temperatura e salinidade; abundantes na água doce e no solo. A *spirulina* é o organismo mais conhecido deste grupo, por ser utilizada como alimento.

Algas castanhas – feófitas; grupo de algas pardas predominantemente de origem marinha, havendo apenas três gêneros de água doce. Possuem pigmentos clorofila, fucoxantina, xantofilas e carotenoides. Sua coloração varia do pardo-claro ao verde-oliva. O grupo das laminárias forma grandes coberturas, são as florestas de algas denominadas *kelps*, como ocorre no Mar dos Sargaços. A espécie *Macrocystis pyrifera* é utilizada para obtenção de ácido algínico, espessante usado na indústria de alimentos.

Algas *nori* – *Monostroma enteromorpha*; esse tipo de alga torrada e reduzida a pó é utilizado como condimento.

Algas verdes – clorófitas; algas que possuem unicamente a clorofila como pigmento. São cerca de 7 mil espécies. A maioria vive em água doce; apenas 10% são espécies marinhas e preferem viver em águas pouco profundas. Há vários cultivos para a utilização em alimentos especiais. A *Chlorella*, microalga de água doce, as *Ulvas* e as *Enteromorphas* são usadas para consumo humano.

Algas vermelhas – rodofíceas; algas que possuem clorofila e ficoeritrina, pigmento predominante. São de grande importância porque de suas paredes celulares são extraídas substâncias como o ágar e a carragenina. Geralmente, são macroscópicas e marinhas. Têm importância econômica por seu uso na indústria farmacêutica e de alimentos. São conhecidas cerca de 6 mil espécies.

Alginato – substância extraída de algas pardas (fucáceas, laminariáceas, alariáceas e lessoniáceas) de origem marinha. A produção industrial de alginato teve início em 1930, nos Estados Unidos, na preparação de alimentos enlatados destinados aos marinheiros em viagens em alto-mar. Tem como característica industrial ser um produto em filamentos finos ou grossos, ou um pó ligeiramente amarelado de sabor e odor característicos; usado na fabricação de cervejas, sorvetes, leite com chocolate, molhos de salada, glacês, confeitaria, como agente geleificante, espessante, estabilizante e emulsionante.

Alicina – composto orgânico à base de enxofre presente em espécie do gênero *Allium*, como o alho, cebola, cebolinha, entre outras. Fração importante de compostos aromatizantes com propriedades antibacterianas.

Alimentação – processo biológico e cultural de escolha, preparação e ingestão de alimentos que fornecerão ao organismo a energia e os nutrientes necessários para construção, desenvolvimento, reparos e regulação. A alimentação reflete hábitos e costumes que formam o padrão alimentar; refere-se à adaptação dos diferentes grupos populacionais às condições geográficas, climáticas, econômicas e sociais dos diversos períodos da sua existência e que determinam o tipo e a variedade dos alimentos produzidos.

Alimentação saudável – prática alimentar apropriada aos aspectos biológicos e socioculturais dos indivíduos, bem como ao uso sustentável do meio ambiente. Deve estar de acordo com as necessidades de cada fase do curso de vida e com as necessidades alimentares especiais; referenciada pela cultura alimentar e pelas dimensões de gênero, raça, etnia; acessível do ponto de vista físico e financeiro; harmônica em quantidade e qualidade, baseada em práticas produtivas adequadas e sustentáveis com quantidades mínimas de contaminantes físicos, químicos e biológicos.

Alimento – toda substância que se ingere no estado natural, semielaborada ou elaborada, destinada ao consumo humano, incluídas as bebidas e qualquer outra substância utilizada em sua elaboração, preparo ou tratamento, excluídos os cosméticos, o tabaco e as substâncias utilizadas unicamente como medicamentos.

Alimento à base de cereal para alimentação infantil – produto à base de cereal, ou de cereais, com ou sem leguminosa(s), com baixo teor de umidade, fragmentado para permitir sua diluição com água, leite ou outro líquido conveniente para alimentação de lactentes. Esses produtos podem ser elaborados com farinhas cozidas, simples, mistas ou compostas, e, assim, distinguem-se quanto ao cozimento: a) aqueles elaborados com farinhas parcialmente cozidas e que requerem uma segunda cocção breve antes do uso; b) aqueles com farinhas propriamente cozidas, para uso imediato, e que não necessitam de nova cocção antes do uso; c) aqueles obtidos de farinhas dextrinizadas cujo amido foi parcialmente gelatinizado e transformado em dextrina; d) aqueles obtidos por meio de farinhas tratadas com enzimas amilolíticas, cujo amido é transformado em dextrina, maltodextrina, maltose e glicose.

Alimento ácido – alimento cujo valor de pH se situa entre 4,0 e 4,6: iogurte, vegetais fermentados e conservas vegetais acidificadas, algumas frutas e seus sucos e polpas (caju, mamão, goiaba, pera, ameixa, tomate e algumas variedades de manga).

Alimento adicionado de nutrientes – produto industrializado ao qual foram adicionados nutrientes essenciais (minerais e vitaminas, entre outros) em quantidade preestabelecida. Pode ser denominado "alimento adicionado de nutriente" quando a quantidade do nutriente corresponder a 7,5% da ingestão diária recomendada (IDR); ou "alimento enriquecido ou fortificado", quando a concentração do nutriente adicionado corresponder a 15% (alimento líquido) ou a 30% (alimento sólido) da IDR. O enriquecimento objetiva reforçar o valor nutritivo e/ou prevenir ou corrigir deficiência(s) na alimentação, como a adição de iodo ao sal de cozinha e a adição de ferro e ácido fólico nas farinhas de trigo e de milho.

Alimento adulterado – produto industrializado com aparência e características de um produto legítimo que foi privado, parcial ou totalmente, de seus constituintes característicos pela substituição por compostos inertes ou estranhos, com o objetivo de dissimular ou ocultar alterações, deficiências de qualidade da matéria-prima ou defeitos na sua elaboração (acréscimo de água ao leite, de vísceras às conservas de carnes, de amido ao doce de leite, por exemplo).

Alimento afrodisíaco – alimento ou misturas de alimentos aos quais se confere a capacidade de estimular a sensualidade e o apetite sexual: ostras, gemas de ovos, cebolas, testículos de carneiro ou de bode, gengibre e muitos outros. Esse atributo é característico de cada cultura, em que alimentos comuns às suas regiões são colocados como tendo características especiais.

Alimento artificial ou de fantasia – alimento preparado com o objetivo de imitar o alimento natural e cuja composição contém, preponderantemente, substâncias muitas vezes sintéticas não encontradas no alimento a ser imitado, como os pós para refrescos.

Alimento básico – alimento que forma a base de hábitos alimentares: arroz com feijão, carne com farinha de mandioca, dentre outros; varia conforme os hábitos e a cultura de cada povo.

Alimento com adição de aminoácidos específicos – ver *ALIMENTO ADICIONADO DE NUTRIENTES*.

Alimento com alegação de propriedade funcional – alimento que contém nutrientes (ácidos graxos ômega-3, componentes da fibra alimentar, vitaminas, minerais) e não nutrientes (compostos organossulfurados e compostos fenólicos) em concentrações que modulam funções bioquímicas e/ou fisiológicas que vão além das funções nutricionais conhecidas.

Alimento com alto valor calórico – qualquer alimento que possui alto conteúdo calórico, como a manteiga, manteiga de amendoim, manteiga de cacau, creme de leite, margarina, gordura vegetal, gordura animal, xarope de chocolate, entre outros. Também inclui alimentos dietéticos e alimentos energéticos que foram especificamente fabricados para oferecer conteúdo calórico mais alto. Esses são planejados para ganho de peso e podem ser indicados para indivíduos com necessidades nutricionais específicas, por exemplo, atletas, inválidos, bebês com baixo peso ao nascer.

Alimento com baixo valor calórico – qualquer alimento com baixo valor de calorias, como as hortaliças de folhas e alimentos processados que foram manufaturados para conferir um conteúdo calórico reduzido a uma quantidade de referência, como pastas de baixo valor calórico. Embora originalmente desenvolvidos para indivíduos com problemas específicos de saúde ou peso, os alimentos processados com baixo valor calórico são consumidos por muitas pessoas que os consideram uma opção mais saudável.

Alimento comercialmente estéril – alimento com atividade de água acima de 0,85, não adicionado de conservadores (exceto carnes curadas enlatadas), submetido a esterilização comercial e acondicionado em embalagem hermética, estável em temperatura ambiente.

Alimento composto – segundo o Infoods (*International Network of Food Data Systems*), é aquele constituído pela matéria-prima (ingrediente presente em maior quantidade/proporção) acrescentada de outros ingredientes, de diferentes origens e proporções, como descrito nas receitas domésticas ou nas formulações de produtos industrializados. Exemplos: pães, bolos, sorvetes, arroz com ervilhas, feijoada, salada de frutas etc.

Alimento congelado – produto alimentar submetido a um processo de congelação em temperaturas abaixo de 0 °C para se manterem suas qualidades sensoriais e nutricionais por maior tempo de armazenamento.

Alimento construtor – alimento que possui grande quantidade de nutrientes que, no organismo humano, exercem o papel de construtores: carne, pescado, ovo, leite, entre outros.

Alimento contaminado – aquele que contém agentes vivos (vírus, bactérias, parasitas etc.) ou substâncias químicas inorgânicas ou orgânicas (agrotóxicos, metais pesados etc.) estranhas à sua composição normal, que podem ser ou não tóxicas, e, ainda, componentes naturais tóxicos (nitratos, por exemplo) em proporções acima dos valores permitidos.

Alimento de baixa acidez – refere-se aos alimentos cujo valor de pH é maior que 4,6, a uma atividade de água maior que 0,85: leite, queijos, carnes (bovina, aves, pescados etc.) e seus derivados; vegetais e seus derivados não acidificados ou fermentados; algumas frutas e suas polpas e sucos (coco, figo, tâmara, banana, manga, mamão etc.).

Alimento de conveniência – alimento processado que pode ser preparado de maneira rápida e fácil pelo consumidor.

Alimento delicatéssen – (ou *delikatessen*) especialidade de alimento pronto para o consumo adquirido em lojas ou departamentos de delicatéssen. Entre os exemplos estão as saladas delicatéssen, embutidos e produtos cárneos, e especialidades de queijo. Nos Estados Unidos são também conhecidos como alimentos *deli*.

Alimento dietético – ver *ALIMENTOS PARA FINS ESPECIAIS*.

Alimento elaborado – alimento processado a partir do produto *in natura* ou matéria-prima alimentícia acrescida (ou não) de outras substâncias, utilizando-se técnicas culinárias ou industriais.

Alimento energético – alimento que fornece principalmente energia ao organismo. Rico em carboidratos, como açúcares, massas, pães, doces e balas, ou em gorduras, como manteiga, margarinas, creme de leite, óleos, algumas hortaliças, frituras, banha e toucinho.

Alimento enriquecido ou fortificado – ver *ALIMENTO ADICIONADO DE NUTRIENTES*.

Alimento estável em temperatura ambiente – alimento que, devido à sua natureza, mantém a segurança e as características originais, mesmo quando armazenado em temperatura ambiente, desde que a integridade da embalagem seja mantida.

Alimento falsificado – reprodução enganosa do alimento por meio de imitação da forma e rótulo de outro já consolidado no mercado ou, ainda, pelo emprego de denominação em desacordo com a classificação e a padronização do alimento; por exemplo, uma bebida láctea não pode ser comercializada como iogurte.

Alimento fraudado – alimento que sofreu adulteração ou falsificação.

Alimento fresco – alimento *in natura*, natural.

Alimento funcional – termo originalmente introduzido no Japão para designar alimentos com função ou atividade fisiológica. Expressão relacionada a produtos que contêm componentes biológicos ativos, em níveis que podem conferir benefícios específicos à saúde: iogurte, ovos com ômega-3 e cereais para o café da manhã enriquecidos com fibras. Os termos semelhantes para designar esses alimentos incluem alimentos planejados, alimentos médicos e alimentos probióticos. A Anvisa não regulamenta esse tipo de alimento, e sim o alimento com alegação de propriedade funcional.

Alimento geneticamente modificado (AGM) – alimento modificado geneticamente com a alteração do código genético; aquele derivado normalmente de sementes e plantas cujos materiais genéticos foram modificados com o intuito de se obterem benefícios tanto para as plantações (resistência a herbicidas, produção de toxinas contra pragas das culturas agrícolas) quanto para os consumidores (aumento da qualidade nutricional ou produção de substâncias medicinais).

Alimento *halal* – alimento permitido na lei dietética islâmica, particularmente a carne de animais abatidos segundo os procedimentos islâmicos. Para que o alimento seja certificado como *halal* (dentro da lei), deve ser livre de substâncias *haram* (fora da lei, proibidas), como carne de porco e seus derivados, carne putrefata e intoxicantes como o álcool.

Alimento *heirloom* – alimento antigo, alimento crioulo, refere-se a hortaliças cultivadas com sementes passadas de geração em geração por famílias de agricultores, em certos meios como relíquias familiares. O termo *heirloom* foi criado por Kent Whealy (1946-2018), que assim denominou e descreveu essas plantas em discurso feito no Arizona, em 1981. A tradução no Brasil seria "hortaliça crioula". Popularizou-se entre produtores de hortaliças orgânicas preocupados com a qualidade nutricional dos produtos. Nos Estados Unidos e na Europa, são muitas as variedades encontradas, sendo o tomate o vegetal mais pesquisado e encontrado. No Brasil, é comum a presença desses vegetais em pequenas feiras.

Alimento hidropônico – alimento vegetal produzido em meio aquoso, artificialmente. Não tem contato com a terra, e os nutrientes necessários são oferecidos por um sistema de água corrente em tubos, onde crescem as raízes.

Alimento *in natura* – aquele obtido diretamente de plantas ou de animais (como folhas e frutos ou ovos e leite) e adquirido para consumo sem sofrer qualquer alteração após deixar a natureza.

Alimento industrializado – alimento processado em ambiente industrial (equipamentos, utensílios, pessoal capacitado) que objetiva transformar matérias-primas alimentícias em produtos ou ingredientes alimentares.

Alimento instantâneo – alimento que passou pelo processo de instantaneização. A principal característica é a de ser fácil e rapidamente reconstituído ao ser colocado em contato com um líquido, como leite ou água. Alguns exemplos são caldo de carne granulado, macarrão instantâneo e leite em pó.

Alimento integral – alimento que, após um simples processo de retirada das partes não comestíveis, conserva a maior parte dos nutrientes: cereais integrais.

Alimento irradiado – alimento submetido intencionalmente ao processo de irradiação com radiação ionizante.

Alimento *kosher* – (ou *kasher*) refere-se ao alimento que foi obtido de acordo com a lei judaica. As leis dietéticas (*kashrut*) se baseiam em duas regras: a primeira especifica o tipo de carne que pode ser consumida, enquanto a segunda determina que carne e leite e/ou derivados não devem ser misturados, seja na preparação, no armazenamento ou no consumo. A comida *kasher* é classificada em três categorias: carne, leite e *parve*. Para a carne ser *kasher* (*fleishig* ou *bassari*), é importante observar se o animal (e subprodutos – ossos, sopas e molhos) é o permitido, como foi abatido e preparado para consumo. As aves permitidas são frango, peru, ganso, faisão e pato. As carnes vermelhas permitidas são as de ruminantes (bovinos, ovinos, caprinos). Leite e derivados (*chalavi* ou *milchig*) requerem o certificado de *Kashrut*. Os utensílios usados devem ser exclusivos para cada produto (carne e laticínios). Também é exigido um período de espera de seis horas após o consumo de todos os tipos de carnes antes da ingestão de qualquer laticínio. *Pareve* se refere aos alimentos que crescem na terra e podem ser consumidos sem restrição: frutas, hortaliças, tubérculos, cereais, leguminosas etc., bem como os peixes. Nenhum crustáceo é *kasher*. Os ovos também podem ser consumidos junto com carne ou com leite. Entretanto, qualquer gema de ovo que contenha uma gota de sangue não pode ser usada. Vinhos, suco de uva, vinagre de vinho, bala, geleia ou refrigerante de uva, conhaque e outras bebidas que possam ser destiladas ou misturadas com vinho só poderão ser ingeridas quando possuírem supervisão rabínica. Igualmente para os produtos industrializados.

Alimento *light* – alimento em que há redução de, no mínimo, 25% de um determinado nutriente – sal, açúcar, gorduras – em comparação ao alimento convencional. No caso da redução de nutrientes energéticos como o açúcar e a gordura, o valor calórico é reduzido de acordo com a fração suprimida. A redução de um nutriente não energético, por exemplo, de sódio (sal *light*), não interfere na quantidade de calorias do alimento.

Alimento liofilizado – alimento que foi desidratado sob um processo de sublimação, isto é, pela passagem direta da água no estado sólido (congelada) para o estado gasoso, sem passar pelo estado líquido.

Alimento minimamente processado – qualquer fruta ou hortaliça, ou sua combinação, que foi fisicamente alterada a partir de sua forma original, embora mantenha o seu estado fresco. Independentemente do tipo, o produto é selecionado, lavado, descascado e cortado, resultando num produto 100% aproveitável que, posteriormente, é embalado ou pré-embalado.

Alimento modificado – alimento que passa por agregação, subtração ou substituição, total ou parcialmente, de um ou mais nutrientes em relação ao alimento convencional correspondente, a fim de se atender dietas com necessidades especiais.

Alimento muito ácido – alimento cujo valor de pH é inferior a 4,0: picles, chucrutes, molhos para saladas, refrigerantes, algumas frutas e seus sucos e polpas (laranja, limão, maçã, uva, abacaxi, maracujá, morango).

Alimento não perecível ou estável – por sua composição química, tem menor suscetibilidade a alterações provocadas por reações químicas, bioquímicas ou por micro-organismos. São alimentos não perecíveis o açúcar, as farinhas, o sal, os grãos secos, entre outros.

Alimento natural – termo impreciso e não definido; de forma geral, pode ser entendido como alimento *in natura* e em oposição aos alimentos industrializados.

Alimento orgânico – alimento produzido ecologicamente, sem o uso de fertilizantes sintéticos, pesticidas, reguladores de crescimento ou outros produtos químicos desenvolvidos para a agricultura convencional, incluindo a engenharia genética.

Alimento ou ingrediente novo – alimento ou substância sem histórico de consumo no local, produto importado de outras regiões; produto industrializado que ganha características diferentes e novas; preparação que ganha características atuais com o acréscimo de técnica e ingredientes novos ou pouco usados.

Alimento para controle de peso – ver *ALIMENTOS PARA FINS ESPECIAIS*.

Alimento perecível – alimento *in natura*, processado, semipreparado ou preparado que, pela sua natureza ou composição, necessita de condições especiais de temperatura para sua conservação.

Alimento potencialmente perigoso – produto alimentício natural ou industrializado que requer o controle de temperatura para que se reduza o desenvolvimento progressivo de micro-organismos infecciosos ou toxigênicos. São exemplos desse tipo de alimento os produtos de origem animal, crus ou tratados termicamente, os de origem vegetal, crus ou tratados termicamente, entre outros.

Alimento preparado pronto para o consumo – alimento preparado ou pré-cozido ou cozido, cujo consumo não necessita da adição de outro(s) ingrediente(s).

Alimento preparado/processado[1] – alimento manipulado e preparado no ambiente doméstico e que foi submetido a qualquer operação de transformação (limpeza, corte, seleção, cocção) com o objetivo de ser tornado palatável.

Alimento preparado/processado[2] – alimento manipulado e preparado em serviços de alimentação, conservado em temperaturas adequadas e exposto à venda, embalado ou não. Subdivide-se em três categorias: alimento cozido, mantido quente e exposto ao consumo; alimento cozido, mantido refrigerado, congelado ou em temperatura ambiente, que necessita ou não de aquecimento antes do consumo; alimento cru, mantido em refrigeração ou em temperatura ambiente, exposto ao consumo.

Alimento processado[3]/industrializado – segundo a Anvisa, refere-se ao produto processado em estabelecimentos industriais, acondicionado em embalagens e dotado de dizeres de rotulagem, podendo ser comercializado pronto para o consumo ou não. No setor produtivo e industrial, refere-se a qualquer matéria-prima alimentícia, ou commodity, que foi submetida industrialmente a tecnologias que utilizam métodos físicos, químicos e/ou físico-químicos de conservação, como as operações de beneficiamento, refrigeração, congelamento, pasteurização, esterilização, desidratação, moagem, entre muitas outras, e, em consequência, tem vida útil (prazo de validade) maior do que quando no seu estado in natura. Diferencia-se dos demais quanto ao volume de produção e ao porte dos equipamentos utilizados.

Alimento preparado pronto para o consumo – alimento manipulado e preparado em serviço de alimentação, exposto à venda embalado ou não.

Alimento pronto para consumo – alimento proveniente da indústria de alimentos que não requer a adição de outros ingredientes e para o qual não há indicação, previamente ao consumo, da necessidade de tratamento térmico efetivo ou outro processo de eliminação ou de redução de micro-organismos de preocupação à saúde humana a níveis seguros.

Alimento refrigerado – alimento armazenado em temperaturas entre 4 e 10 °C em equipamentos como geladeiras e refrigeradores, hermeticamente fechados, para se manter a temperatura adequada. A durabilidade dos produtos refrigerados é limitada.

Alimento restaurado – produto industrializado ao qual foi adicionado nutriente essencial, com a finalidade de se repor, quantitativamente, a perda durante o processamento e/ou armazenamento do alimento. Pela legislação brasileira, somente é permitida a restauração quando as vitaminas e/ou minerais presentes naturalmente nesses alimentos fornecerem, no mínimo, 10% da IDR (Ingestão Diária Recomendada) em 100 g ou 100 ml do alimento pronto para o consumo. Normalmente, essa restauração ocorre na produção de sucos de frutas aos quais se adiciona a vitamina C. Ver *Ingestão diária recomendada*.

Alimento semielaborado – alimento proveniente da indústria de alimentos que não requer adição de outros ingredientes e para o qual há indicação, previamente ao consumo, da necessidade de tratamento térmico efetivo, ou outro processo de eliminação ou de redução de micro-organismos de preocupação à saúde humana em níveis seguros.

Alimento semipronto – ver *Alimento preparado/processado*.

Alimento simples – segundo o Infoods, alimento que atende a um dos seguintes critérios: (a) alimentos em seu estado natural, dos quais foram retiradas apenas as partes não comestíveis, ou rejeitadas, como polpas de frutas, frutas e hortaliças *in natura*; (b) alimentos cuja parte da porção comestível foi retirada durante seu processamento, como leite desnatado, farinha de trigo branca, arroz polido, açúcar cristal, açúcar refinado; (c) alimentos com um único ingrediente principal desidratados ou adicionados de água, como frutas secas, arroz cozido, chás, sucos de fruta, concentrados ou diluídos, néctares de fruta; (d) alimentos com um único ingrediente principal adicionados de outros ingredientes em quantidades que não impactam significativamente seu peso ou valor energético, como as conservas de ervilhas, de milho, azeitonas; (e) alimentos que foram processados com ou sem a retirada de partes da porção comestível, com ou sem a adição de pequenas quantidades de outros ingredientes, como flocos de milho fortificados, queijos, iogurtes etc.

Alimento supergelado – alimento submetido ao processo de congelamento rápido, alcançando em seu interior temperatura de −18 °C ou menos em poucos segundos. Esse método de congelamento mantém íntegras as qualidades nutritivas e sensoriais do alimento, aumentando sensivelmente a sua vida de prateleira, que pode chegar até 12 meses.

Alimento tradicional – alimento de uso constante em reuniões familiares; são receitas passadas de geração em geração de famílias e típicas de culturas de países e regiões.

Alimento transgênico – ver *ALIMENTO GENETICAMENTE MODIFICADO*.

Alimento-inseto – refere-se aos insetos consumidos como alimento em muitas partes do mundo, em países como China, Japão e áreas rurais da África e América do Sul, onde podem servir como fonte valiosa e prontamente disponível de proteínas e minerais. Os tipos de inseto englobam os gafanhotos, grilos, gafanhotos-peregrinos, abelhas e formigas. A maioria das espécies são torradas, fritas ou fervidas antes do consumo, embora alguns poucos sejam consumidos ainda vivos.

Alimentos com aminoácidos de cadeia ramificada – tipo de produto formulado a partir de concentrações variadas de aminoácidos de cadeia ramificada (valina, leucina e isoleucina), isolados ou combinados, cuja finalidade é a de fornecer energia para atletas. Nesses produtos, os aminoácidos de cadeia ramificada devem constituir no mínimo 70% dos nutrientes energéticos da formulação, fornecendo na ingestão diária recomendada até 100% das necessidades diárias de cada aminoácido, segundo a legislação.

Alimentos compensadores – produtos formulados cuja finalidade é a de adequar a ingestão de nutrientes da dieta de praticantes de atividade física. Devem conter concentração variada de macronutrientes: o teor de carboidratos deve ser menor que 90%; do teor de proteínas presente no produto, a proteína de alto valor biológico deve corresponder, no mínimo, a 65%; do teor de gorduras, a relação de 1/3 gordura saturada, 1/3 monoinsaturada e 1/3 poli-insaturada.

Alimentos de origem animal – produtos obtidos das carnes, produtos cárneos, leite e produtos lácteos, ovos e derivados, produtos de abelha e derivados, regulamentados pelo Ministério da Agricultura e Pecuária (Mapa).

Alimentos de origem vegetal – espécies do reino vegetal consumidas como alimento. Para agrupar as espécies oleráceas, alguns critérios podem ser considerados, contudo o botânico é o mais apropriado, porque estes são estáveis. Três unidades taxonômicas são utilizadas: a família botânica (reunião dos gêneros botânicos afins); o gênero botânico (agrupamento de espécies afins); e a espécie botânica (unidade taxonômica básica), que reúne indivíduos vegetais muito semelhantes entre si. Podem ainda ser identificados pelos tipos de cultivares que são os nomes comerciais das espécies e/ou variedades, como batata (*Solanum tuberosum*, e cultivares comerciais, como monalisa, asterix, bintje, baraka etc.). As brássicas, em geral, são subdivididas em variedades botânicas, como repolho (gênero *Brassica*, espécie *oleracea*, variedade botânica *Botrytis*, e cultivares comerciais como coração de boi, louco, piracicaba de verão, tsumaki etc.). A denominação das partes aproveitáveis das oleráceas é também usada na classificação das espécies do reino vegetal, entretanto, estas podem variar entre as regiões. Nesse contexto, temos as hortaliças folhosas e flores (alface, rúcula, almeirão, couve, couve-flor, brócolis etc.); hortaliças-fruto (tomate, pimentão, pepino, abóbora, quiabo, vagem etc.); e hortaliças-raízes, tubérculos e bulbos (batata, batata-doce, cará, inhame, mandioquinha-salsa, gengibre etc.). Comumente, entre leigos, são conhecidas como legumes, verduras, temperos e condimentos. Legumes, do ponto de vista técnico-científico, são todos os frutos das plantas leguminosas (Fabaceae). No que diz respeito aos cereais e às leguminosas, estes são considerados culturas arvenses, designação utilizada em agronomia e botânica para as culturas herbáceas fornecedoras de grãos e forragens e, por extensão, para classificar as plantas que crescem ou vivem em terras semeadas. As oleaginosas são plantas que contêm alto teor de óleo, tanto a partir de suas sementes (soja, colza/canola, girassol, mamona, pinhão manso, crambe, chia) como a partir de seus frutos (palma, babaçu, coco), podendo ser utilizadas para a produção de óleo vegetal, e, após a extração do óleo, os subprodutos podem ser utilizados para diferentes aplicações. Para a FAO, os alimentos de origem vegetal são classificados em culturas primárias, quando obtidos diretamente da terra, sem sofrer qualquer transformação, além da limpeza, mantendo todas as qualidades biológicas que tinham quando ainda estavam nas plantas. As culturas primárias são divididas em culturas temporárias e permanentes. As temporárias são aquelas semeadas e colhidas durante o mesmo ano agrícola, às vezes, mais de uma vez ao ano; as permanentes são semeadas ou plantadas uma vez e não são replantadas após cada colheita anual.

Alimentos de transição – produtos industrializados para uso direto ou empregado em preparado caseiro utilizados como complemento do leite materno ou de leites modificados introduzidos na alimentação de lactentes e crianças de primeira infância, com o objetivo de promover uma adaptação progressiva aos alimentos comuns e de tornar essa alimentação balanceada e adequada às suas necessidades, respeitando-se sua maturidade fisiológica e seu desenvolvimento neuropsicomotor. São processados e conservados por meios físicos, podendo ser classificados quanto à forma de apresentação e quanto ao aspecto e ao tamanho das partículas. A legislação prevê três tipos de produtos: 1) sopinhas, papinhas e purês podem ser elaborados como alimento pronto para consumo, não necessitando de reconstituição, podendo, ainda, ser apresentado como produto desidratado, necessitando de reconstituição para consumo. Esses produtos, após reconstituição com água ou outro líquido adequado, conforme instrução de preparo, devem apresentar aspecto e tamanho das partículas semelhantes ao dos produtos prontos para consumo; 2) produtos que se diferenciam quanto ao aspecto e ao tamanho das partículas: alimento homogêneo de aspecto uniforme, quando constituído por partículas pequenas que não requerem mastigação; e alimento com pedaços, de aspecto particulado, cujas partículas devem ter tamanho adequado para estimular a mastigação; 3) alimentos líquidos, à base de suco de frutas e/ou hortaliças e/ou cereais (suquinho). Quanto à forma de apresentação, esses produtos não necessitam de reconstituição para consumo. Quanto ao aspecto, devem ter consistência líquida e isento de partículas. O produto deve ser designado de acordo com sua forma de apresentação, conforme discriminação: sopinha (quando se tratar de refeição salgada); papinha (quando se tratar de sobremesa); purê (quando se tratar de complemento para refeição salgada); suquinho (alimento líquido à base de suco de frutas e/ou hortaliças e/ou cereais).

Alimentos para a alimentação infantil – alimentos próprios para lactentes e crianças de primeira infância, adequados à sua maturidade fisiológica e ao seu desenvolvimento neuropsicomotor.

Alimentos para dietas com restrição com gorduras – produtos especialmente formulados para pessoas que necessitam de dietas com restrição de gorduras e que devem conter no máximo 0,5 g de gordura total por 100 g ou 100 ml do produto final.

Alimentos para dietas com restrição de ferro – referem-se às farinhas de trigo e de milho especialmente processadas sem a adição de ferro, para utilização em dietas de indivíduos com doenças ou condições que requeiram a restrição desse micronutriente. As farinhas de trigo e de milho para dietas com restrição de ferro devem atender aos requisitos para enriquecimento com ácido fólico, segundo a legislação. O produto deve ser designado pelo nome convencional seguido da frase "para dietas com restrição de ferro", bem como deve conter a expressão "enriquecida com ácido fólico".

Alimentos para dietas com restrição de lactose – produtos especialmente elaborados com eliminação ou redução do conteúdo de lactose, tornando-se adequados para utilização em dietas de indivíduos com doenças ou condições que requeiram restrição de lactose. São classificados com alimentos isentos ou baixo teor de lactose. Serão isentos em lactose quando contiverem teor de lactose igual ou menor a 100 miligramas por 100 gramas ou mililitros do alimento pronto para o consumo. Devem trazer no rótulo a informação: "isento de lactose", "zero lactose", "0% lactose", "sem lactose" ou "não contém lactose". Serão denominados alimentos dietas com baixo teor de lactose quando contiverem teor de lactose maior que 100 miligramas por 100 gramas ou mililitros e igual ou menor do que 1 grama por 100 gramas ou mililitros do alimento pronto para o consumo. Devem trazer no rótulo a informação: "baixo teor de lactose" ou "baixo em lactose".

Alimentos para dietas com restrição de mono e dissacarídeos – produtos especialmente formulados para atender às necessidades de portadores de intolerância à ingestão de dissacarídeos e/ou portadores de erros inatos do metabolismo de carboidratos. Podem conter no máximo 0,5 g do nutriente em referência, por 100 g ou 100 ml do produto a ser consumido.

Alimentos para dietas com restrição de proteínas – produtos especialmente elaborados para atender às necessidades de portadores de erros inatos do metabolismo, intolerâncias, síndromes de má absorção e outros distúrbios relacionados à ingestão de aminoácidos e/ou proteínas. Devem ser totalmente isentos do componente associado ao distúrbio.

Alimentos para dietas com restrição de sódio – alimentos hipossódicos; produtos especialmente elaborados para pessoas que necessitem de dietas com restrição de sódio, cujo valor dietético especial é o resultado da redução ou restrição de sódio. Quando "reduzido de sódio", fornece no máximo 50% do teor de sódio contido na mesma quantidade de cloreto de sódio; quando com "restrição de sódio", fornece no máximo 20% do teor de sódio contido na mesma quantidade de cloreto de sódio.

Alimentos para dietas de ingestão controlada de açúcares – produtos especialmente formulados para atender às necessidades de pessoas que apresentam distúrbios do metabolismo de açúcares, não devendo ser adicionados de açúcares. É permitida a presença dos açúcares naturalmente existentes nas matérias-primas utilizadas.

Alimentos para fins especiais – alimentos especialmente formulados ou processados nos quais se introduzem modificações no conteúdo de nutrientes, de forma a apresentarem composição adequada a suprir parcialmente as necessidades nutricionais do indivíduo, em dietas, diferenciadas e/ou opcionais, atendendo às necessidades de pessoas em condições metabólicas e fisiológicas específicas. O termo *diet* pode, opcionalmente, ser utilizado para os produtos classificados como "alimentos para dietas com restrição de carboidratos", "alimentos para controle de peso" e "alimentos para dietas de ingestão controlada de açúcares".

Alimentos para praticantes de atividade física – produtos especialmente formulados para praticantes de atividade física, que contêm em suas formulações aminoácidos oriundos da hidrólise de proteínas, aminoácidos essenciais, quando utilizados em suplementação para alcançar alto valor biológico; e aminoácidos de cadeia ramificada, desde que estes não apresentem ação terapêutica ou tóxica.

Alimentos para voo espacial – refeições planejadas para consumo em ambiente de microgravidade confinada encontrada nos programas de voo espacial.

Alimentos prebióticos – alimentos que contêm ingredientes não digeríveis, com efeitos potencialmente benéficos para a saúde do homem, com base em simulação seletiva do crescimento e/ou atividade de uma, ou de um número limitado de espécies bacterianas já residentes no cólon. Inulina e fruto-oligossacarídeos não digeríveis são exemplos de componentes prebióticos.

Alimentos probióticos – alimentos que contêm micro-organismos probióticos (particularmente bactérias produtoras de ácido lático, bifidobactérias e leveduras) com efeitos benéficos para a saúde do hospedeiro, melhorando, assim, o equilíbrio microbiológico do intestino. O leite bífido, o leite acidófilo e o leite fermentado com *Lactobacillus paracasei* são alguns exemplos.

Alimentos proteicos – tipo de produto formulado para praticantes de atividade física, à base de proteína(s), hidrolisada(s) ou não, cuja finalidade é a de aumentar a ingestão desse(s) nutriente(s) ou complementar a dieta de atletas cujas necessidades proteicas não estejam sendo satisfatoriamente supridas pelas fontes alimentares habituais. A composição proteica deve ser constituída de, no mínimo, 65% de proteínas de qualidade nutricional equivalente às proteínas de alto valor biológico. A adição de aminoácidos específicos é permitida para repor as concentrações dos mesmos níveis do alimento original, perdidos em função do processamento, ou para corrigir limitações específicas de produtos formulados à base de proteínas incompletas, em quantidade suficiente para atingir alto valor biológico, no mínimo comparável ao das proteínas do leite, da carne ou do ovo, conforme a legislação. Podem ainda conter vitaminas e/ou minerais, carboidratos e gorduras, desde que a soma dos percentuais do valor calórico total de ambos não supere a do percentual de proteínas.

Alitame – adoçante artificial de alta intensidade à base de dipeptídeos, formado a partir de ácido L-aspártico, D-alanina e uma nova alanina. A introdução da amida C-terminal é o fator chave para o poder de doçura do alitame. Possui boa solubilidade em água, sem sabor residual, não contém fenilalanina, e sua doçura é aproximadamente 2.000 vezes maior que a da sacarose. Oferece boa estabilidade em temperaturas elevadas e em uma ampla faixa de pH, além de ter um bom prazo de validade. Seu uso é permitido em uma ampla variedade de alimentos e bebidas, como produtos de panificação, laticínios, sobremesas congeladas, gomas de mascar, bebidas quentes e frias, misturas de bebidas e adoçantes de mesa. Nome comercial: Aclame.

Almôndega – produto cárneo obtido a partir de carne moída de uma ou mais espécies animais, moldado na forma arredondada, com adição ou não de ingredientes, e submetido a processo tecnológico específico.

Alteração de alimentos – expressão referente às modificações que ocorrem nos produtos alimentícios e que comprometem as suas características de qualidade. Pode ser de natureza biológica, microbiológica, enzimática, química e física.

Alternaria – fungo mitospórico, patógeno vegetal que se desenvolve em frutas e hortaliças. Algumas espécies não fitopatogênicas são alergênicas aos seres humanos, estando associadas à febre do feno, hipersensibilidade que leva à asma e que causa infecções oportunistas em pessoas imunodeprimidas. As espécies são ubíquas no ambiente, sendo encontradas no solo e na água, bem como no interior das habitações.

Alternariol – uma das micotoxinas produzidas por *Alternaria* spp. Fungos desse gênero estão presentes nos solos e nas plantas e, portanto, como contaminantes de alimentos vegetais, como cereais, oleaginosas, frutas e legumes e produtos produzidos a partir deles, incluindo bebidas. Causa citotoxicidade e carcinogenicidade.

Alteromonas – gênero de bactérias Gram-negativas, aeróbias, em forma de bastonete com flagelo polar, que ocorrem em hábitats costeiros e marinhos. Algumas espécies podem causar deterioração de peixes e outros alimentos marinhos.

Alveografia – no controle da qualidade do trigo, é o teste que simula o comportamento da massa na fermentação. As propriedades viscoelásticas da massa podem ser avaliadas por diferentes parâmetros da alveografia, como força do glúten, tenacidade, extensibilidade, relação tenacidade/extensibilidade e índice de elasticidade.

Amaciante de carnes – produto industrializado à base de papaína, enzima originária do mamão utilizada para amaciar carnes. Por ser de natureza enzimática, requer cuidados quanto à quantidade a ser acrescentada e ao tempo de contato. Os produtos encontrados no mercado são à base de uma mistura de amido, alho, cebola, gordura vegetal, papaína, salsa, pimenta-do-reino, glutamato monossódico, aromatizantes, acidulante ácido cítrico, antiumectante silicato de alumínio e sódio e corante natural cúrcuma, podendo ainda conter traços de leite, ovos, soja, aipo e mostarda. A bromelina, enzima do abacaxi, também pode ser usada em conjunto com a papaína.

Amatoxinas – micotoxinas produzidas por várias espécies de cogumelos do gênero Amanita (*Amanita phalloides* [chapéu-da-morte], *A. virosa* [anjo-destruidor-europeu] e *A. verna* [cogumelo-do-tolo]). A ingestão resulta em dor abdominal, vômito persistente e diarreia aquosa, geralmente seguida de morte por insuficiência de órgãos.

Amer picon – *bitter* preparado com quinino, casca de limão e diversas ervas que lhes dão o amargor. Ver *BITTER*.

American Lager – cerveja *Lager* americana, de cor muito clara, muito carbonatada, corpo leve, pouco lupulada (8 a 18 IBU), perfil neutro de sabor. Fabricada com malte de duas ou seis fileiras e elevada proporção de adjuntos de milho e arroz (acima de 40%). Teor alcoólico de 4,2 a 5,3% ABV. Ver *ABV*.

American Dark Lager – cerveja *Lager* americana, mais escura e às vezes mais doce que as *Lager* claras; também mais rica em corpo e sabor, mas de amargor semelhante. O baixo amargor torna o malte fonte primária de sabores, mas esse estilo apresenta aroma sutil (ou nenhum) de malte. Essa cerveja é fabricada com as mesmas matérias-primas do estilo

American Lager, mas, para se obter a cor escura, emprega-se malte torrado ou caramelo.

American Macro Lager – cerveja americana muito clara, fortemente carbonatada, corpo leve, sabor neutro das *Lager*, que deve ser consumida bem gelada; baixo amargor (8 a 18 IBU), com baixo a médio teor alcoólico (3,5 a 4,5% ABV). Produzida em grandes volumes, usa menor quantidade de malte e lúpulo, e maior de adjuntos de arroz, milho, além do açúcar. Produto de menor custo e de qualidade inferior. A palavra *macro* indica que o estilo é dominante, e a bebida, muito popular nos Estados Unidos. Essa cerveja leva o nome de *light* ou *lite* associado à sua marca. Ver *ABV*.

American Pale Ale – adaptação americana da *English Pale Ale*; cerveja produzida nos Estados Unidos com as matérias-primas locais. Cerveja *Ale* refrescante com notas acentuadas de malte e lúpulo. É fabricada com malte *Pale Ale* de cevada de duas fileiras; utiliza lúpulos que podem conferir notas de citrus, pinus, resinas, flores, frutas tropicais, entre outras. Apresenta coloração que varia do dourado claro ao âmbar claro. Apresenta amargor que varia de 30 a 50 IBU, e teor alcoólico de 4,5 a 6,2% ABV. Ver *ABV*.

American Strong Ale – cerveja *ale* forte de origem norte-americana que apresenta sabores intensos de malte e lúpulo, além do forte amargor (50 a 100 IBU). Emprega malte claro como base, além de malte cristal escuro; lúpulo cítrico e com notas de pinus. Apresentam coloração do âmbar ao cobre intenso ou marrom e teor alcoólico entre 6,3 e 10% ABV. Ver *ABV*.

American Wheat Beer – cerveja refrescante de origem norte-americana, fabricada com malte de trigo (30 a 50%) e malte de cevada (50 a 70%), apresentando características mais marcantes de lúpulo e menos de levedura em relação às cervejas de trigo alemãs. Apresenta notas de pão e de grãos de trigo, amargor marcante (15 a 30 IBU) e aroma de lúpulo. Sua coloração varia do amarelo-claro ao dourado, e tem teor alcoólico de 4,0 a 5,5% ABV. Ver *ABV*.

American Whiskey – tipo de uísque produzido nos Estados Unidos que pode ser fabricado com qualquer tipo de cereal, mas com certas restrições para uísques específicos, como o *Bourbon*. Ao sair do alambique ou da coluna, o destilado deve apresentar teor alcoólico menor que 95% v/v; ao ser envelhecido em barricas de carvalho, o teor alcoólico não deve ultrapassar 62,5% v/v; e, ao ser engarrafada, a bebida deve ter no mínimo 40% v/v de álcool. Os uísques americanos são classificados em várias categorias, como *Bourbon* (mais de 51% de milho, e o restante centeio ou cevada), *Corn* (mais de 80% de milho), *Rye* (mais de 51% de centeio), *Straight*, *Blended Straight* e *Blended*.

Amido – polissacarídeo de reserva vegetal, composto por amilose e amilopectina. A proporção de amilose e amilopectina é variável e característica de cada espécie de vegetal, e mesmo entre amidos da mesma espécie, de acordo com o grau de maturação da planta. A razão amilose/amilopectina determina as características de transparência, viscosidade, textura, tendência à retrogradação e habilidade de resistir a ácidos, agitação e extremos de temperatura. O grânulo de amido não se dissolve em água fria. Tem as seguintes funções: gelificante, conferindo textura espessa aos alimentos; estabilizante, formando um sistema homogêneo com ingredientes que não se misturam; e espessante, quando aumenta a viscosidade de alimentos líquidos. É usado em molhos, cremes, sopas, macarrão, biscoitos, cremes e na panificação.

Amido ceroso – obtido por meio de mutações naturais de raízes de mandioca que alteram a proporção de amilose e amilopectina, originando um amido com conteúdo próximo a 1-2% de amilose; essa modificação pode ainda ser feita por tratamento enzimático. Na indústria de alimentos, é usado para produtos que exigem propriedades funcionais específicas, como as ligantes, estabilizantes, gelatinizantes, anticristalizantes, complexantes, criopreservantes; e, especialmente, em alimentos para fins especiais, dentre outros.

Amido modificado – diferencia-se do amido nativo por receber tratamento físico, químico ou enzimático, que lhe confere características especiais de importância no processamento de alimentos, como a maior resistência das moléculas às operações industriais – ciclos de aquecimento, congelamento e descongelamento, diminuindo a velocidade e os efeitos do fenômeno da retrogradação. É utilizado como substituto de gordura em alimentos *diet*, em pós para bolos, para pudins instantâneos, recheios; e como espessante para sistemas que requerem géis de baixa rigidez, por isso indicado na confecção de doces de goma mais macios e transparentes.

Amido pré-gelatinizado – amido que teve sua molécula nativa alterada fisicamente por processo térmico. O produto resultante é facilmente disperso em água fria e forma géis sem aquecimento e de menor consistência do que o amido nativo.

Amido resistente – fração do grânulo de amido, ou de seus produtos de degradação, que não é digerida no intestino delgado de indivíduos saudáveis, podendo, entretanto, ser fermentada no intestino grosso. É classificado como: a) amido resistente tipo 1 – porção do grânulo de amido que se encontra fisicamente inacessível, por participar da formação das paredes celulares do vegetal como grãos inteiros, ou parcialmente moídos, de cereais, leguminosas, além de outros materiais que contenham amido e nos quais o tamanho ou a sua composição impedem ou retardam a ação das enzimas; b) amido resistente tipo 2 – grânulos de amido nativo encontrados no interior da célula vegetal e que têm lenta digestibilidade devido às características da estrutura cristalina dos seus grânulos; c) amido resistente tipo 3 – amido retrogradado que se comporta como fibra.

Amilodextrina – polissacarídeo ramificado, acíclico, composto por monômeros de glicose; produzido pela hidrólise parcial de amido.

Amilopectina – fração do grânulo do amido formada por cadeias de resíduos de α-D-glicopiranose (entre 17 e 25 unidades) unidos em α- (1,4), fortemente ramificada, com 4 a 6% das ligações em α-(1,6). O peso molecular da amilopectina varia entre 50 e 500 x 10^6 Daltons; e o grau de polimerização varia entre 4.700 e 12.800 unidades de resíduos de glicose. As cadeias de amilopectina estão organizadas diferentemente, sugerindo uma classificação de cadeias A, B e C. O tipo A é composto por uma cadeia não redutora de unidades de glicose unidas por ligações α-(1,4) sem ramificações. Estas se unem a uma cadeia tipo B por meio de ligações α-(1,6). As cadeias do tipo B são compostas por unidades de glicose ligadas em α-(1,4) e α-(1,6), contendo uma ou várias cadeias tipo A e podendo conter cadeias do tipo B unidas por meio de um grupo hidroxila primário. A cadeia C é única em uma molécula de amilopectina, sendo composta por ligações α-(1,4) e α-(1,6), com grupamento terminal redutor. A amilopectina é, estrutural e funcionalmente, a mais importante das duas frações, pois sozinha é suficiente para formar o grânulo, como ocorre em mutantes que são desprovidos de amilose.

Amiloplasto – plastídio que sintetiza e armazena o amido.

Amilose – polímero essencialmente linear, formado por unidades de α-D-glicopiranose ligadas em α-(1,4), com poucas ligações α-(1,6). Essa molécula possui número médio de grau de polimerização de 500-5.000 unidades de resíduos de glicose. O peso molecular é da ordem de 250.000 Daltons (1.500 unidades de glicose), mas varia muito entre as espécies de plantas e dentro da mesma espécie, dependendo do grau de maturação. Moléculas de amilose de cereais são geralmente menores do que aquelas de outras origens (tubérculos e leguminosas). Níveis entre 15 e 25% de amilose são típicos na maioria dos grãos, mas alguns cereais denominados cerosos (*waxy*), como milho, arroz e cevada, são virtualmente livres de amilose, enquanto mutantes com altos níveis de amilose também são conhecidos. Acredita-se que, no grânulo, a amilose esteja localizada entre as cadeias da amilopectina e aleatoriamente entremeada entre as regiões amorfas e cristalinas. As moléculas maiores estão concentradas no centro do grânulo e, provavelmente, participam das duplas hélices com a amilopectina, enquanto as moléculas menores presentes na periferia podem ser lixiviadas para fora do grânulo. Alguns estudos sugerem que parte da amilose pode cristalizar-se junto com a amilopectina, formando lamelas cristalinas.

Aminoácido – unidade fundamental das proteínas. Em sua estrutura molecular, encontra-se sempre um carbono central (C), chamado de alfa, ligado a um hidrogênio (H), a um grupo carboxila (COOH), a um grupo amina (NH_2) e a um radical "R", que varia de aminoácido para aminoácido. São conhecidos 20 aminoácidos naturais, dos quais nove são essenciais: triptofano, valina, fenilalanina, treonina, lisina, isoleucina, leucina, histidina e metionina.

Aminoácidos cetogênicos – aminoácidos que inteira ou parcialmente são degradados em acetoacetil-CoA e/ou acetil-CoA e que, portanto, podem produzir corpos cetônicos no fígado, onde a acetoacetil-CoA é convertida em acetoacetato e, então, em acetona e β-hidroxibutirato. São aminoácidos cetogênicos: fenilalanina, tirosina, isoleucina, leucina, triptofano, treonina e lisina

Aminoácidos condicionalmente essenciais – aminoácidos que são sintetizados a partir de aminoácidos essenciais, e/ou sua síntese é limitada sob condições fisiopatológicas especiais. São: arginina, cisteína, glutamina, glicina, prolina e tirosina.

Aminoácidos de cadeia ramificada (BCAs) – aminoácidos com cadeias laterais ramificadas (leucina, isoleucina e valina) que são oxidados como combustível principalmente pelos tecidos muscular, adiposo, renal e cerebral. Esses tecidos extra-hepáticos contêm uma aminotransferase, ausente no fígado, que atua sobre os três aminoácidos de cadeia ramificada, produzindo os α-cetoácidos correspondentes.

Aminoácidos glicogênicos – aminoácidos que são degradados em piruvato, α-cetoglutarato, succinil-CoA, fumarato e/ou oxaloacetato e, portanto, podem ser convertidos em glicose e glicogênio pelas vias gliconeogênese e glicogênese, respectivamente. São aminoácidos glicogênicos: alanina, cisteína, glicina, serina, treonina, triptofano, asparagina, aspartato, fenilalanina, tirosina, isoleucina, metionina, treonina, valina, arginina, glutamina, histidina, prolina e glutamato.

Aminoácido essencial – aquele que o organismo humano não sintetiza a partir de outros compostos orgânicos, em quantidade suficiente para suprir suas necessidades, devendo ser fornecido pela dieta. São essenciais: isoleucina, leucina, valina, triptofano, lisina, histidina, metionina, fenilalanina e treonina.

Aminoácido limitante – o que está presente na proteína em quantidade inferior à preconizada na proteína de referência. Essa condição inviabiliza o total aproveitamento das demais substâncias proteicas.

Amino-açúcar – aldose ou cetose que tem seu grupo hidroxila substituído por grupo amino nos C_2, C_3 ou C_4 do anel hexose ou pentose, exceto no carbono anomérico. Esses compostos são importantes para o bem-estar da maioria dos organismos, incluindo humanos, por desempenharem papéis essenciais na estrutura e na função de oligossacarídeos, polissacarídeos e glicoproteínas biologicamente importantes.

Amostra – parte menor de um produto que define a sua totalidade; parte representativa da população; subconjunto do conjunto universo.

Amostra indicativa – amostra constituída por um número de unidades amostrais inferior ao estabelecido em plano de amostragem representativo.

Amostra representativa – amostra constituída por um determinado número de unidades amostrais (n), retiradas aleatoriamente de um mesmo lote, conforme estabelecido no plano de amostragem.

Amperometria – técnica baseada na medição de corrente elétrica resultante da oxidação ou redução de uma espécie eletroativa. Um potencial constante é mantido em um eletrodo de trabalho ou em uma matriz de eletrodos em relação a um eletrodo de referência. A corrente está correlacionada com o conteúdo das espécies eletroativas.

Anaeróbico facultativo – (ou anaeróbio facultativo) refere-se aos micro-organismos que se desenvolvem tanto na presença como na ausência de oxigênio.

Anaeróbio – (ou anaeróbico) refere-se a uma composição atmosférica sem oxigênio; essa condição afeta várias reações químicas e biológicas; refere-se aos micro-organismos que se desenvolvem na ausência de oxigênio.

Anafilaxia – reação alérgica grave do tipo I que ocorre rapidamente em indivíduos sensibilizados após exposição a pequenas quantidades de alérgenos. Os sintomas podem variar de prurido e angioedema a edema generalizado do tecido, constrição das vias aéreas, dificuldade respiratória e colapso circulatório. Alimentos que podem induzir à anafilaxia incluem amendoim, ovos e frutos do mar.

Análise de perfil de textura – análise sensorial complexa da textura de um alimento em termos de suas características mecânicas, geométricas, de gordura, de umidade, guardando o grau e a ordem em que as características são percebidas, desde a primeira mordida até a mastigação completa.

Análise de perigos e pontos críticos de controle (APPCC) – sistema de segurança alimentar recomendado por organismos internacionais. Tem como objetivo reduzir os riscos de natureza física, química e biológica apresentados pelos alimentos *in natura* e industrializados, bem como minimizar o desperdício na produção. A Organização Mundial do Comércio (OMC), a Organização das Nações Unidas para a Alimentação e a Agricultura (FAO), a Organização Mundial de Saúde (OMS) e o Mercado Comum do Sul (Mercosul), a Comunidade Europeia, os Estados Unidos, exigem a aplicação desse método de controle. No Brasil, o Ministério da Saúde (MS) e o Ministério da Agricultura e Pecuária (Mapa) já regulamentaram a adoção do Sistema APPCC para indústrias e serviços de alimentação.

Análise de risco – processo fundamentado em conhecimentos científicos que envolve a identificação e a caracterização do perigo, a avaliação da exposição da população ao risco e, finalmente, a caracterização do risco. É composto pelas etapas de avaliação, gestão ou gerenciamento, e comunicação de riscos.

Análise descritiva quantitativa (ADQ) – em análise sensorial, refere-se a um sistema utilizado que abrange a coleta de amostra, triagem do avaliador, desenvolvimento de vocabulário, testes e análises de dados. A análise descritiva quantitativa (ADQ ou QDA® – *Quantitative Descriptive Analysis*) utiliza pequenos números de provadores altamente treinados. Três principais passos são necessários: desenvolvimento de vocabulário padronizado; seleção de características sensoriais de quantificação e análise de resultados por estatísticas paramétricas.

Análise fiscal – análise efetuada pela Rede Nacional de Laboratórios Agropecuários do Sistema Unificado de Atenção à Sanidade Agropecuária (Suasa) ou por autoridade laboratorial competente, desde que as amostras coletadas sejam realizadas por servidores competentes do Ministério da Agricultura e Pecuária (Mapa).

Análise gravimétrica – método analítico quantitativo clássico que tem por objetivo isolar e realizar a pesagem de um elemento, ou composto, definido em sua forma mais pura, que é separado de uma quantidade ou amostra previamente conhecida. A gravimetria pode ser feita por técnicas de precipitação química, extração, volatilização e eletrodeposição. O elemento ou composto a ser quantificado é chamado de *analito*.

Análise pericial – análise laboratorial realizada a partir da amostra oficial de contraprova, quando o resultado da amostra da análise fiscal for contestado por uma das partes envolvidas, para assegurar amplo direito de defesa ao interessado, quando pertinente.

Análise química – qualquer ensaio ou análise laboratorial que identifica ou quantifica elementos químicos, substâncias, compostos ou materiais. As análises químicas podem ser divididas em duas categorias: a) qualitativa: referente à identificação das espécies químicas constituintes da amostra, ou seja, descobrir a composição do material ou do componente; b) quantitativa: utilizada para determinação da quantidade de cada espécie química constituinte da amostra.

Análise sensorial – técnica usada para evocar, medir, analisar e interpretar reações às características dos alimentos e dos materiais percebidas pelos sentidos da visão, do olfato, do paladar, do tato e da audição. A Associação Brasileira de Normas Técnicas (ABNT) relaciona três tipos de testes sensoriais: a) discriminativos, referentes às diferenciações qualitativas e/ou quantitativas entre as amostras; b) descritivos, que descrevem qualitativa e quantitativamente as amostras; c) subjetivos, que expressam a opinião pessoal do julgador.

Análise volumétrica – volumetria; técnica laboratorial usada para determinação quantitativa de uma espécie química (analito) pela reação com uma solução padrão de concentração conhecida. A quantidade de solução padrão requerida para completar a reação é usada para se calcular a concentração do analito. A volumetria de neutralização envolve a reação de ácidos e bases; a de precipitação envolve a formação de precipitado; a de complexação envolve a titulação de íons metálicos com quelantes; a de oxidorredução envolve reações de oxidorredução (oxidante ganha elétrons e o redutor perde elétrons);

a volumetria em meio não aquoso baseia-se no conceito de ácidos e bases de Brønsted-Lowry e é destinada à quantificação de ácidos e bases muito fracas.

Análogos – alimentos análogos são versões com algumas características diferentes em relação aos tradicionais. Eles são desenvolvidos por razões econômicas e nutricionais. Alguns exemplos de alimentos tradicionais *versus* seus análogos: manteiga x margarina; doce de leite x doce de soro de leite; leite em pó x composto lácteo em pó; iogurte x bebida láctea de iogurte; leite condensado x mistura láctea condensada de soro de leite; queijo parmesão x queijo montanhês; queijo parmesão ralado x queijo ralado; creme de leite x creme culinário; presunto x apresuntado; azeite de oliva x óleo composto de oliva e soja; molho de tomate x molho para pizzas; chocolate x cobertura de chocolate; hambúrguer de carne bovina x hambúrguer misto de carne bovina e aves; linguiça de carne suína x linguiça mista de carne suína e outras; chocolate com manteiga de cacau x chocolate com gordura vegetal; sorvete com creme de leite x sorvete com gordura vegetal; cerveja puro malte x cerveja com malte e outros cereais; entre outros.

Anatoxina – alcaloide com toxicidade aguda produzido por mais de um gênero de cianobactéria, como o *Anabaena flos-aquae, Oscillatoria* spp., *Anabaena circinalis, Aphanizomenon flos-aquae* e *Cylindrospermum* spp.

Anemia tóxica alimentar (ATA) – anemia de origem alimentar relatada na Rússia desde 1913 e que atingiu proporções epidêmicas durante a Segunda Guerra Mundial e nos primeiros anos pós-Guerra, de 1945 a 1947. É um tipo de micotoxicose, quase sempre fatal, causada pela ingestão de grãos, particularmente o trigo, quando armazenado no inverno em campo aberto. Complicações pulmonares como pneumonia, formação de abcessos e hemorragia eram os sintomas frequentes.

Anemia ferropriva – anemia causada pela ingestão inadequada ou perda excessiva de ferro.

Anemia megaloblástica – anemia cuja causa consiste na deficiência dietética de vitamina B_{12} e ácido fólico, que compromete a eritropoiese, liberando precursores imaturos dos eritrócitos na circulação.

Anemia perniciosa – tipo de anemia megaloblástica cuja causa mais comum consiste na incapacidade de absorção da vitamina B_{12} que compromete a eritropoiese, liberando precursores imaturos dos eritrócitos na circulação.

Angostura – óleo essencial destilado da casca da *Galipea cusparia* e da *Galipea officinalis*, com sabor amargo. É usado no preparo de coquetéis clássicos e em várias receitas de cozinha.

Angstrom (Å) – unidade de medida de comprimento que se relaciona com o metro por meio da relação: $1 \text{ Å} = 10^{-10}$ m. É a unidade comumente utilizada na física para lidar com grandezas da ordem do átomo ou dos espaçamentos entre dois planos cristalinos.

Anilina – aminobenzeno ou fenilamina; fração de aminas tóxicas que é utilizada em sínteses químicas. A anilina é usada para fabricar ampla variedade produtos, como espuma de poliuretano, produtos químicos agrícolas, pinturas sintéticas, antioxidantes, estabilizadores para a indústria do látex, herbicidas, vernizes, explosivos, entre outros. É usada também como matéria-prima para a produção de inúmeros corantes (azul de metileno, fucsina, eosina, vermelho do congo, violeta de genciana), advindo daí o uso errôneo desse termo como sinônimo de corante.

Ânions – partículas com carga negativa que ganharam um ou mais elétrons. Esses íons migram para eletrodos com carga positiva (ânodos).

Anisakis simplex – nematoide encontrado na forma larvar no aparelho digestivo do homem, em certos peixes, moluscos, crustáceos e animais marinhos, principalmente os de água fria. O homem é contaminado ao ingerir peixe cru ou malcozido.

Anisaquíase – parasitose do trato intestinal de humanos causada pelo *Anisakis simplex*, parasita encontrado em peixes e frutos do mar. Os peixes e frutos do mar crus, malpassados ou inadequadamente congelados são as principais fontes, principalmente bacalhau, hadoque, linguado, salmão do Pacífico, arenque, cação e peixes usados na preparação do *sashimi*.

Anorexia – também chamada de anorexia nervosa, é um transtorno alimentar capaz de afetar pacientes de ambos os sexos, causado por um desejo excessivo, ilimitado e sem controle de emagrecer e de manter-se em um determinado padrão de beleza.

Anosmia – refere-se à perda total ou parcial do olfato. Representa um potencial risco de vida associado à não percepção de situações perigosas, como fuga de gás, cheiro de fumo ou de queimado, além da falta de noção do odor de comida estragada.

Antésite – concentrado líquido à base de alcaçuz criado na França em 1898; é utilizado para aromatizar água na proporção de 10 gotas de concentrado por copo de água. Sem açúcar ou adoçantes, ele é comercializado com diversos aromas.

Antiaglomerante – aditivo alimentar que dificulta ou impede a aglomeração de partículas em alimentos em pó.

Antibióticos – compostos naturais ou sintéticos capazes de inibir o crescimento ou causar a morte de bactérias. Podem ser classificados como bactericidas, quando causam a morte da bactéria; ou bacteriostáticos, quando promovem a inibição do crescimento microbiano.

Anticarcinogenicidade – capacidade de um alimento ou componente alimentar de retardar, inibir ou reverter a formação de carcinoma em resposta à aplicação de agentes cancerígenos conhecidos.

Anticarcinogênico – substância que inibe a formação de carcinomas.

Anticorpos – proteínas, também conhecidas como imunoglobulinas, produzidas pelo organismo em resposta a substâncias estranhas (antígenos) e capazes de formar complexos com os antígenos. Os mecanismos pelos quais os anticorpos protegem o corpo incluem aglutinação ou precipitação de antígenos estranhos, lise de células estranhas e neutralização de toxinas.

Antiespumífero – substância que modifica a tensão superficial de líquidos, evitando a formação de espumas.

Antiformador de gotas – substância que previne a coalescência de gotículas de água; ele é adicionado às gorduras destinadas a frituras.

Antígeno – substância que induz uma resposta imune, estimulando a formação de anticorpos ou provocando uma resposta celular.

Antimicrobiano – substância que, em determinada quantidade, pode inibir o crescimento ou destruir os micro-organismos. Alguns exemplos são sal de cozinha, vinagre, ácidos orgânicos, como o benzoico e o sórbico; nitrato e nitrito em produtos cárneos, como linguiça, presunto, bacon, salame, carne de charque, entre outras substâncias. Na saúde humana e na animal, os antibióticos são o principal antimicrobiano; são produzidos por fungos ou bactérias ou por síntese química.

Antioxidante – composto que previne a deterioração dos alimentos por mecanismos de oxirredução. Alguns antioxidantes ocorrem naturalmente nos alimentos; outros são sintéticos. Entre os naturais, podem ser citados as vitaminas A, C e E, o betacaroteno, o licopeno, o resveratrol, a quercitina, as antocianinas, o selênio, entre outros. Entre os sintéticos, o BHA (butil hidroxianisol) e BHT (butil hidroxitolueno).

Antissepsia – operação destinada à redução de micro-organismos presentes na pele, por meio de agente químico, após lavagem, enxágue e secagem das mãos. Esse conceito pode ser estendido para a higienização de equipamentos, bancadas de laboratórios e indústria de alimentos.

Antiumectante – substância que impede ou diminui a absorção de umidade de certos tipos de alimentos, como sal, leite em pó, açúcar e outros.

Antocianidinas – forma aglicona (não glicosilada) dos pigmentos do grupo das antocianinas.

Antocianinas – substâncias que pertencem ao grupo dos flavonoides e que compõem um importante grupo de pigmentos vegetais solúveis em água. As mais comumente encontradas são cianidina, delfinidina, malvidina, peonidina, pelargonidina e petunidina. São responsáveis pelas várias nuanças entre os tons de laranja, vermelho e azul exibidas pelas frutas e hortaliças, como morango, amora, jabuticaba, feijão-preto, berinjela, entre muitas outras.

Antoxantinas – substâncias que pertencem ao grupo dos flavonoides e que compõem um grupo de pigmentos vegetais responsáveis pela cor que varia entre o branco até o amarelo, característicos de batata, repolho branco, cebola, flores de pétalas amarelas, entre outros.

Antraceno – hidrocarboneto aromático policíclico (HAP); pode ser oxidado para produzir antraquinona, produto básico para muitos corantes (como a alizarina), inseticidas, conservantes, entre outros.

Antracnose – doença resultante da infecção das plantas por vários agentes etiológicos pertencentes aos gêneros *Colletotrichum* e *Gloeosporium*, vírus e bactérias, incluindo micoplasmas; caracterizada por manchas escuras que surgem nas folhas e nos caules.

Antraz – doença bacteriana rara, mas grave, causada pelo *Bacillus anthracis*; bactéria formadora de esporos, transmitida por alimentos, escoriações na pele e inalação de esporos.

Aparência – em análise sensorial, refere-se às propriedades visíveis, como o aspecto, cor, transparência, brilho, opacidade, forma, tamanho, consistência, espessura, grau de efervescência ou carbonatação e as características de superfície.

Aperitivo – bebida com graduação alcoólica entre 0,5 e 54% v/v, a 20 °C, que contiver princípio amargo ou aromático, com características aperitivas ou estimulantes do apetite, obtidas a partir de extrato de um ou mais vegetais ou parte deles. O aperitivo de sabor amargo é chamado de *bitter*, *fernet*, "amargo" ou *amaro*. Quando a bebida apresentar teor alcoólico inferior a 0,5% v/v, a 20 °C, será denominada "aperitivo sem álcool" ou "aperitivo não alcoólico".

Apertização – processo térmico que utiliza temperatura e tempo cientificamente determinados para atingir a esterilização comercial, aplicado ao alimento convenientemente acondicionado em uma embalagem hermética e resistente ao calor.

Apicultura – parte da zootecnia que trata da criação de abelhas com ferrão, com vistas à produção de mel, própolis, geleia real e derivados.

Apocarotenal – membro do grupo de carotenoides que ocorre em laranjas e outros alimentos vegetais.

Apodrecimento – infecção fúngica ou bacteriana que causa alterações nos alimentos, como amolecimento, descoloração e desintegração, tornando-os impróprios para o consumo.

Apoenzima – fração proteica da enzima.

Apojo – leite da vaca obtido no final da ordenha; é mais cremoso, por ter mais gordura.

Apoproteínas – termo que descreve o componente proteico de proteínas conjugadas, como o componente globina, da hemoglobina.

Apoptose – destruição controlada de células que ocorre como um processo natural durante o crescimento e desenvolvimento do tecido.

Aposia – refere-se à ausência do sentimento de sede.

Apositia – aversão a comida.

Appellation d'Origine Controlée (AOC) – expressão usada para identificar produtos de origem de determinadas regiões da França e da Suíça; é o equivalente à Denominação de Origem Controlada (DOC) de Portugal. Na França, é um tipo de legislação que regulamenta a fabricação e garante a qualidade dos vinhos, queijos, manteigas e outros produtos agroindustriais, indicando ainda o local, o nível de qualidade da produção e da cultura. Essa disposição permite que o nome dado a um determinado tipo de vinho seja exclusivo: o nome *Champagne* só pode ser usado pelos vinhos da região de Champagne; vinhos semelhantes de outras regiões, mesmo bem produzidos e de excelente qualidade, devem ser denominados "espumantes".

Apresuntado – produto cárneo obtido a partir de recortes ou cortes das massas musculares dos membros anteriores ou posteriores de suínos, transformados em massa, condimentado, com adição de ingredientes e submetido a processo térmico específico.

Aquacultura – (ou aquicultura) é a produção de organismos aquáticos, como a criação de peixes, moluscos, crustáceos, anfíbios, bem como o cultivo de plantas aquáticas para uso do homem.

Aquavit – (*akvavit* ou *acqua vitae*) bebida com graduação alcoólica de 35 a 54% v/v, a 20 °C, obtida pela destilação ou redestilação de álcool etílico potável de origem agrícola, na presença de sementes de alcarávia (*Carum carvi*), ou pela aromatização do álcool etílico potável de origem agrícola, retificado com extrato de sementes de alcarávia, podendo, em ambos os casos, ser adicionada outra substância vegetal aromática. A bebida poderá ser adicionada de açúcares até 30 g/l, e, quando a quantidade adicionada for superior a 6 g/l, sua denominação será seguida da palavra "adoçada".

Arak – (*arac* ou áraque) bebida destilada com graduação alcoólica de 36 a 54% v/v, a 20 °C, obtida pela adição ao destilado alcoólico simples ou ao álcool etílico potável de origem agrícola, de extrato de substância vegetal aromática. A bebida poderá ser adoçada com até 30 g de açúcar/l. Pode ser obtida de frutas, grãos, cana-de-açúcar, palma e outros vegetais.

Areado – que tem a consistência de areia; comumente se refere a massas de bolo ou de biscoito em que a farinha e a gordura foram trabalhadas com as pontas dos dedos.

Armazenamento – manutenção de mercadorias, por exemplo, alimentos frescos e processados, em condições controladas, para que tenham extensa duração, mantendo a sua qualidade.

Aroma[1] – sensação fisiológica resultante da estimulação de receptores olfativos nas mucosas nasais e da interpretação dessas informações por uma área especializada do córtex cerebral.

Aroma[2] – composto químico volátil perceptivo pelos neurônios olfativos dos animais. Apresenta odor agradável, sendo utilizado principalmente na culinária e na perfumaria.

As ervas aromáticas são uma das principais fontes de aroma para a indústria de alimentos.

Aromatização – procedimento para intensificar o aroma de um alimento. A adição de compostos aromáticos ao produto ou recipiente e a facilitação da liberação do composto aromático por meios químicos são algumas estratégias para se aromatizarem os produtos.

Aromatizantes – substâncias ou misturas de substâncias com propriedades odoríferas e/ou sápidas, capazes de conferir ou intensificar o aroma e/ou sabor dos alimentos.

Aromatizantes artificiais – compostos químicos obtidos por síntese que ainda não tenham sido identificados em produtos de origem animal, vegetal ou microbiana, utilizados em seu estado primário ou preparados para o consumo humano.

Aromatizantes de fumaça – preparações concentradas obtidas da combustão controlada de madeiras, cascas e galhos, seguidas pela destilação seca em temperaturas compreendidas entre 300 e 800 °C, ou ao arraste com vapor de água reaquecido em temperatura entre 300 e 500 °C. Eles são utilizados para conferir aroma de defumado aos alimentos.

Aromatizantes de reação/transformação – produtos obtidos por aquecimento comparável ao cozimento de alimentos, a partir de matérias-primas que são alimentos ou ingredientes alimentares, ou mistura de ingredientes que possam ou não ter propriedades aromatizantes por si mesmos, sendo que ao menos um deva conter nitrogênio amínico e o outro seja um açúcar redutor.

Aromatizantes idênticos aos naturais – substâncias quimicamente definidas obtidas por síntese e aquelas isoladas por processos químicos a partir de matérias-primas de origem animal, vegetal ou microbiana que apresentam uma estrutura química idêntica às substâncias presentes nas referidas matérias-primas naturais (processadas ou não).

Aromatizantes naturais – obtidos exclusivamente por métodos físicos, microbiológicos ou enzimáticos, a partir de matérias-primas aromatizantes naturais (produtos de origem animal ou vegetal que contêm substâncias odoríferas em seu estado natural ou após um tratamento adequado, como torrefação, cocção, fermentação, enriquecimento, tratamento enzimático ou outros). Os óleos essenciais, extratos, bálsamos e oleorresinas são aromatizantes naturais.

Aromatizantes sintéticos – compostos quimicamente definidos obtidos por processos químicos e que se classificam em aromatizantes idênticos aos naturais, aromatizantes artificiais, misturas de aromatizantes (natural, idênticos aos naturais, artificial), aromatizantes de reação/transformação e aromatizantes de fumaça.

Arrátel – unidade de peso do antigo sistema português de medida, equivalente a 459 gramas.

Arroba – unidade de peso equivalente a 32 arráteis ou 15 quilos.

Arroz – *Oryza sativa*, cereal básico para a alimentação de cerca de 75% da humanidade. Seu cultivo pode ocorrer tanto em áreas mais secas quanto em áreas inundadas. São três as subespécies mais usadas e conhecidas mundialmente: a índica, a japônica ou sínica, e a javânica. Em cada espécie há diferenças entre os grãos no que diz respeito ao tamanho e ao teor de amilose. A casca representa o maior volume entre os subprodutos no beneficiamento, chegando, em média, a 22%, e é utilizada principalmente para a produção de energia. O farelo corresponde a aproximadamente 8% do beneficiamento do grão, e é uma das suas frações mais nutritivas. O grão é formado basicamente pelo endosperma amiláceo, que é a parte mais consumida do cereal, e representa cerca de 70% do grão.

Arroz-arbório – cultivar do grupo japônica, é uma variedade do *Oryza sativa* spp. Obtido do cruzamento de Vialone x Lady Wright. Possui grãos longos e arredondados e é indicado para fazer risotos, porque durante o cozimento os grãos liberam maior quantidade de amilose, conferindo uma cremosidade característica de arroz ligado, cremoso.

Arroz aromático – ver *ARROZ DE JASMIM*.

Arroz basmati – *Oriza sativa* da subespécie índica, faz parte do grupo de arrozes naturalmente aromatizados. Seu sabor e aroma delicados são semelhantes aos das nozes, e seu grão é longo e fino, de textura macia e úmida.

Arroz beneficiado – produto que foi submetido a um processo de beneficiamento e encontra-se desprovido, no mínimo, da sua casca.

Arroz carnaroli – cultivar do grupo japônica, variedade do *Oryza sativa* spp., obtida pelo cruzamento do Vialone x Lencino. É um tipo de arroz comercializado após o envelhecimento, podendo durar de um a sete anos.

Arroz carolino – cultivar do grupo japônica, variedade do *Oryza sativa* spp., proveniente da variedade Aríete 2ª Geração. De grão longo, possui baixo teor de amilose, o que o torna pastoso e grudento, cremoso e macio após a cocção.

Arroz de jasmim – (ou arroz *jasmine*) *Oriza sativa* do grupo índica, tem sabor e fragrância comparáveis ao arroz basmati. Tem grãos alongados levemente translúcidos, sabor delicado, levemente amanteigado.

Arroz em casca – produto que, antes do beneficiamento, não passa por qualquer processo tecnológico.

Arroz esbramado – arroz do qual somente se retira a casca durante o beneficiamento, mantendo-se intactos o germe e a película do grão. É obtido a partir do arroz em casca natural ou parboilizado.

Arroz expandido – grãos de arroz que passaram por processo de extrusão. São usados em muitas aplicações alimentares como petiscos, cereais para o café da manhã e confeitos.

Arroz fortificado – arroz adicionado de betacaroteno, formulado como alimento humanitário para combater deficiência de vitamina A.

Arroz glutinoso – variedade cujos grãos são brancos e de aspecto opaco; quando cozido, adquire cor branco-acinzentada, tende a empapar, tornando-se pastoso e pegajoso, não se expande nem aumenta de volume; amplamente utilizado na culinária asiática e ainda na elaboração de doces, alimentos infantis, cereais matinais.

Arroz instantâneo – trata-se de um arroz pré-cozido e desidratado. Seu preparo industrial é semelhante ao que é feito em casa com o arroz convencional: escalda-se em água quente; depois, ele é cozido no vapor e enxaguado. Então, é colocado em forno para secagem, até que o seu teor de umidade seja de 12%.

Arroz integral – também conhecido como arroz esbramado ou arroz mal polido; é produto do qual somente se retira a casca celulósica durante o beneficiamento, mantendo-se intactos o germe e a película do grão, sendo obtido a partir do arroz em casca natural ou parboilizado. Sua cor é de um amarelo quase âmbar e de sabor acentuado.

Arroz japonês – (*sasanishiki* ou *Nihon mai)* variedade asiática que precisa ser plantada em charcos, com muita água. Há dois tipos: um de grãos curtos e arredondados, e outro de grãos mais longos.

Arroz malekizado – ver *ARROZ PARBOILIZADO*.

Arroz marinheiro – grão de arroz integral que ainda permanece com casca após a etapa de descascamento no beneficiamento. Apresenta esse nome por permanecer com casca e porque boia quando colocado em água.

Arroz negro – (ou arroz preto) variedade de grãos curtos. Tem textura macia e sabor de nozes. Sua cor escura é devido à presença de antocianina na película do grão.

Arroz oleado – produto que, após polimento, recebe uma camada de óleo comestível.

Arroz parboilizado – produto obtido pela maceração e secagem dos grãos antes de serem descascados. O processo de parboilização consiste no tratamento hidrotérmico do grão de arroz ainda com casca e é realizado em três etapas: encharcamento, gelatinização e secagem.

Arroz polido – produto que, ao ser beneficiado, fica desprovido do germe e da película.

Arroz pré-cozido – produto obtido a partir do grão de arroz polido, integral ou parboilizado, pela pré-gelatinização do amido, seguida do processo de secagem e embalagem; tem como características o rápido cozimento e a fácil digestão.

Arroz pré-gelatinizado – ver *ARROZ PRÉ-COZIDO*.

Arroz selvagem – arroz silvestre ou arroz negro; refere-se a sementes de uma gramínea aquática, utilizada há muitos anos como alimento básico dos índios Chippewa e Sioux. Do gênero *Zizania*, compreende quatro espécies nativas, sendo três da América do Norte e uma da Ásia: *Zizania palustris*, planta perene nativa dos Grandes Lagos (fronteira dos Estados Unidos com o Canadá); *Zizania aquatica*, também perene e nativa da Costa Atlântica dos Estados Unidos; *Zizania texana*, planta anual nativa da região central do Texas; e *Zizania latifolia*, também perene e nativa da China.

Arroz sete cereais – produto industrializado à base de uma mistura de sete cereais: arroz selvagem, arroz, trigo, triticale, aveia, cevada e centeio, ou outros, todos integrais.

Arroz vermelho – *Oryza glaberrima*, possui película de cor vermelha. É produzido e consumido por pequenos agricultores, na região Nordeste. Consumido na forma de arroz integral; destaca-se por apresentar sabor acentuado de nozes.

Arroz *Vialone nano* – menor variedade de arroz italiano, obtido pelo cruzamento das variedades Vialone x Nano. É indicado para a preparação de risoto; por soltar amido durante o cozimento, torna o prato mais cremoso.

Arsenatos – sais tóxicos do ácido arsênico que podem ocorrer como contaminantes, principalmente na água potável.

Arsênico (As) – elemento que pode ocorrer como contaminante em água e alimentos. A água é o principal meio de contaminação.

Ascaris lumbricoides – helminto comumente encontrado em águas não tratadas utilizadas na irrigação de hortaliças; é o mais cosmopolita dos parasitas humanos, de maior prevalência em países tropicais e muito frequentes no Brasil. A transmissão ocorre pela ingestão de água ou alimentos contaminados com ovos do parasita. Hábitos de higiene e preparação adequada de alimentos (limpeza, fervura, cozimento) são medidas de prevenção.

Ascorbatos – sais de ácido ascórbico, incluindo ascorbato de sódio e cálcio, que podem ser usados como aditivos alimentares (antioxidantes em produtos cárneos, inibidores do escurecimento de frutas e vegetais e aditivos de panificação).

Aspartame – adoçante descoberto em 1965 e aprovado pelo Food and Drug Administration (FDA) em 1976. É constituído pelos aminoácidos fenilalanina e ácido aspártico. É um sólido cristalino, branco, hidrossolúvel, com grau de doçura cerca de 200 vezes maior que o da sacarose. É usado individualmente em alimentos dietéticos ou em misturas com outros adoçantes e edulcorantes. A ingestão excessiva de aspartame pode ser prejudicial em indivíduos com fenilcetonúria.

Aspecto vítreo – expressão que designa a presença de açúcares em estado vítreo; são caracterizados pelo aspecto de caramelos duros; são soluções supersaturadas de sacarose, cuja cristalização é impedida pela elevada viscosidade (quando aquecida), pela rigidez da massa (quando resfriada) ou pela presença de outros açúcares, como a glicose.

Aspereza – nos vinhos, o atributo aspereza é consequência da presença de taninos e ácidos orgânicos. Quanto maior a concentração de taninos e ácidos, mais áspero será o vinho.

Aspergillus – gênero de fungo mitospórico; alguns representantes desse gênero são responsáveis pela produção de alimentos, enzimas industriais e antibióticos. Outros são responsáveis pela deterioração de alimentos e podem produzir micotoxinas (aflatoxina, patulina, ocratoxina).

Aspergillus niger – fungo mitospórico fitopatogênico que produz, em certas condições ambientais, danos em hortaliças, como em bulbos de cebola. Contaminante comum dos alimentos, algumas cepas produzem micotoxina (ocratoxina). Usado na produção de enzimas (proteases, amilases, lactase) e ácidos orgânicos (cítrico, glucônico) com aplicação na indústria de alimentos.

Aspergillus oryzae – fungo mitospórico utilizado na elaboração do *koji* (arroz embolorado), que, por sua vez, é usado como iniciador da fermentação do shoyu (molho de soja), do missô (pasta de soja), do *mirin* (saquê culinário), entre outros condimentos. A espécie *Aspergillus soyae* é também utilizada para as mesmas finalidades.

Assar – técnica culinária que usa o calor seco para cozinhar o alimento. A fonte pode ser um forno, chapa ou grelha sobre brasas ou resistência elétrica. São muitos os tipos de alimentos e de preparações que devem ser assados: carnes, aves, peixes, tortas, pães, bolos, pudins e biscoitos, suspiros e outros. Cada um exigindo técnicas específicas e variações de procedimentos.

Associação Brasileira de Normas Técnicas (ABNT) – órgão responsável pela normalização técnica no Brasil. Fundada em 1940, é membro fundador da Organização Internacional de Normalização, da Comissão Panamericana de Normas Técnicas e da Associação Mercosul de Normalização. É a representante oficial do Brasil nessas três instituições e também na Comissão Eletrotécnica Internacional.

Atividade antibacteriana – capacidade para matar ou inibir o crescimento de bactérias.

Atividade antifúngica – capacidade para matar ou inibir o crescimento de fungos.

Atividade antioxidante – capacidade de uma substância (antioxidante) para inibir a oxidação de uma outra. Alimentos que possuem grande atividade antioxidante têm sido investigados como alimentos promotores de saúde, bem como a oxidação lipídica tem sido associada a uma ampla variedade de processos patológicos, entre os quais a aterosclerose.

Atividade biológica – (ou farmacológica) é uma expressão que descreve os efeitos benéficos ou adversos de um composto químico sobre os seres vivos.

Atividade biológica das enzimas – ver ATIVIDADE ENZIMÁTICA.

Atividade de água (A_w ou A_a) – sob o aspecto da conservação dos alimentos, expressa a disponibilidade de água no alimento para as reações químicas e bioquímicas; quanto maior o teor de água disponível, maior será a atividade de água e mais sensível será o alimento à deterioração. Sob o aspecto funcional, a atividade de água poderá afetar as características sensoriais, nutricionais e estruturais do alimento.

Atividade diastática – capacidade de enzimas específicas de digerir a molécula de amido.

Atividade enzimática – capacidade que as enzimas apresentam de catalisar reações químicas que ocorrem nos seres vivos ou em materiais de origem biológica. A atividade enzimática depende de fatores ambientais físicos (temperatura) e químicos (pH e atividade de água A_W).

Atividade superficial – atividade de natureza físico-química que acontece na interface de duas fases: sólido-líquido, sólido-gás, líquido-líquido, líquido-gás.

Atmosfera controlada – refere-se a uma composição gasosa, composta por nitrogênio, dióxido de carbono e oxigênio, distinta daquela que respiramos. É usada com o objetivo de reduzir a atividade respiratória dos produtos alimentícios. Comercialmente, seu maior benefício refere-se à ampliação do período de armazenagem, mantendo o produto nas condições de qualidade exigidas pelo consumidor.

Atomização – processo de secagem ou desidratação de um alimento líquido ou pastoso. Exemplo de produtos obtidos por atomização: leite em pó e café solúvel.

Átomo – unidade básica da matéria. É constituído por um núcleo denso, no qual se localizam os prótons (carga positiva) e nêutrons (não apresenta carga), e uma eletrosfera, região ampla em torno do núcleo, onde se localizam os elétrons (carga negativa).

Atordoamento – método usado para imobilizar animais e aves antes do abate. Engloba o atordoamento elétrico, atordoamento por disparo (projétil) e imobilização com dióxido de carbono (CO_2). O atordoamento é realizado imediatamente antes do sangramento; o objetivo é deixar o animal inconsciente sem interromper a ação cardíaca, que ajuda no procedimento de sangramento. Os procedimentos de atordoamento diminuem as respostas ao estresse, quando comparados ao sangramento sem imobilização, influenciando as propriedades e composição da carne.

Atordoamento elétrico – técnica de atordoamento utilizada durante o abate para insensibilização dos animais. Existem dois tipos básicos: o de alta voltagem e o de baixa voltagem. Os atordoadores elétricos englobam os tipos: pilar, facas com carga elétrica; tenazes atordoantes e banhos de água eletrificada.

Atrazina – herbicida triazina sistêmico seletivo usado para controle pré e pós-emergente de gramíneas anuais e ervas daninhas de folhas largas em uma variedade de cereais (particularmente milho e sorgo), frutas, vegetais, café, palmeiras de óleo e cana-de-açúcar. Frequentemente usado em combinação com outros herbicidas. Classificado pela OMS como improvável de apresentar risco agudo em uso normal.

Atributos mecânicos – em análise sensorial, referem-se àqueles relacionados à reação do produto à força de mastigação: dureza, coesividade, viscosidade, elasticidade e adesividade.

Atta – farinha de trigo integral extremamente fina usada para fazer pães chatos.

Audição – propriedade sensorial que se relaciona com os sons produzidos ao morder, mastigar e engolir. Os alimentos possuem sons característicos que são reconhecidos pela experiência prévia do consumidor quando são consumidos ou preparados, sendo associados principalmente à textura do alimento.

Auditor da qualidade – pessoa qualificada para desenvolver uma auditoria da qualidade; deve conhecer as ferramentas da qualidade, não deve pertencer à área auditada; e deve executar uma avaliação planejada, programada e documentada para verificar a eficácia do sistema de qualidade implantado pela empresa.

Auditoria – exame formal das finanças, práticas gerenciais ou operações de uma empresa; ou, ainda, fiscalização com a intenção de confirmar a legalidade de uma atividade ou serviço de uma empresa.

Auditoria APPCC – análise sistemática que objetiva determinar se as atividades do sistema APPCC e os resultados associados a este estão de acordo com o plano estabelecido e implementados de forma efetiva, e se estes se revelam adequados para garantir que os objetivos sejam alcançados.

Auditoria da qualidade – exame sistemático e permanente, independente, para verificar se as atividades da qualidade e seus objetivos e resultados estão de acordo com as disposições planejadas.

Autólise – processo pelo qual os componentes estruturais das células são degradados por suas próprias enzimas. Geralmente ocorre após as células terem experimentado um evento traumático, como lesão ou morte.

Avaliação da conformidade – processo sistematizado, com regras predefinidas, devidamente acompanhado e avaliado, de forma a propiciar adequado grau de confiança de que um produto, processo, serviço ou, ainda, um profissional atendem a requisitos preestabelecidos em normas ou regulamentos.

Avaliação da conformidade compulsória – tipo de avaliação que parte de uma exigência do órgão regulador que entende que o produto, processo ou serviço pode oferecer riscos à segurança do consumidor ou ao meio ambiente, ou causar prejuízos econômicos à sociedade.

Avaliação de riscos – processo integrado que envolve a identificação e a análise dos riscos aos quais uma organização está exposta, bem como a elaboração e a adoção de estratégias para evitá-los, minimizá-los e enfrentá-los, caso aconteçam.

Avaliação de riscos alimentares – metodologia que está diretamente relacionada com a segurança dos alimentos. As etapas que englobam essa metodologia são desenvolvidas para garantir o controle de qualidade e a saudabilidade do produto final.

Avaliação organoléptica – ver *ANÁLISE SENSORIAL*.

Ave(s) – designação dada aos animais vertebrados, ovíparos, da classe Aves, de corpo coberto por penas, membros anteriores modificados em asas e bico córneo, sem dentes. São aves domésticas de criação como as do gênero *Gallus*: galetos, frangos, galinhas e galos; gênero *Meleagridis*: perus; gênero *Columba*: pombos; gênero *Anas*: patos; gênero *Anser*: gansos; gênero *Perdix*: perdiz, chucar, codorna; gênero *Phaslanus*: faisão; gênero *Numida*: galinha-d'angola ou pintada-da-guiné.

Avenina – principal proteína de armazenamento da aveia; assim, uma prolamina. As prolaminas se caracterizam pelo elevado teor de glutamina e de prolina e, em geral, são diluíveis em soluções alcoólicas. A avenina é considerada indutora da doença celíaca em pessoas com predisposição genética.

Avermectinas – inseticidas e acaricidas que podem ser utilizados para o controle de pragas, em plantas, e de parasitas, em animais.

Aves temperadas – referem-se aos produtos cárneos industrializados, obtidos de aves domésticas, como frango, galinha, peru, marreco, galinha-d'angola e outras, adicionados de sal e temperos durante seu processo tecnológico. É um produto que pode ser classificado como cru, temperado, resfriado ou congelado, como: frango temperado congelado (com pés, pescoço, cabeça, fígado, moela, e máximo de 20% de salmoura temperada); frango temperado resfriado (com pés, pescoço, cabeça, fígado, moela e máximo 20% de salmoura temperada); peru temperado resfriado (com 25% de salmoura temperada, pescoço e coração); pato temperado resfriado (com 20% de salmoura temperada, fígado, pescoço e moela); marreco temperado congelado (com máximo 20% de salmoura temperada, fígado, pescoço e moela); galinha-d'angola temperada resfriada (com miúdos e máximo 20% de salmoura temperada) etc.

Avicultura – refere-se à criação de aves para produção de alimentos, notadamente carne e ovos. A espécie que mais se destaca é o frango, mas aves como patos, gansos, codornas e marrecos compõem esse grupo. No complexo brasileiro de carnes, a avicultura é considerada por muitos como a atividade mais dinâmica. O desenvolvimento dessa atividade ocorreu a partir do final da década de 1950, principalmente em São Paulo. As primeiras matrizes foram importadas e desembarcaram no extinto estado da Guanabara, em seguida, Rio de Janeiro, São Paulo e Santa Catarina. Na década de 1970, período em que houve profunda reorganização do complexo de carnes no Brasil, a atividade passou a ser liderada pelos estados de Santa Catarina e Mato Grosso, pelo custo mais baixo dos grãos de milho e soja, principais insumos para a produção de frangos vivos.

Avidina – glicoproteína tetramérica com afinidade pela biotina (vitamina B_7), produzida nos ovidutos de aves, répteis e anfíbios, que se acumula nas claras dos ovos. Essa união da avidina à biotina impede a absorção dessa vitamina no intestino; o cozimento do ovo inativa a avidina e evita sua combinação com a biotina.

Avoparcina – antibiótico de espectro ativo contra bactérias Gram-positivas. Utilizado no passado para fins de promoção do crescimento (melhora a absorção de nutrientes do trato gastrointestinal) em galinhas, perus, suínos e bezerros. Permanece praticamente não absorvido no trato gastrointestinal e é rapidamente eliminado na forma do composto original. Proibido para uso como aditivo alimentar na Europa em 1997 e, posteriormente, em muitos outros países.

Azaspirácidos – grupo de toxinas causadas por algas marinhas. Causam intoxicação alimentar em pessoas que comem mariscos contaminados, especialmente mexilhões.

Azeite de dendê – designação dada somente para o óleo de palma bruto, extraído da polpa dos frutos da *Elaeis guineensis,* palmeira de origem africana aclimatada nas regiões amazônica e Nordeste brasileiras, também conhecida por dendezeiro. De sabor doce, aroma forte, denso, cor amarelo-dourada, o óleo de dendê é rico em carotenoides, provitamina A. Extraído de forma natural, é considerado um alimento saudável.

Azeite de oliva – produto obtido somente do fruto da oliveira (*Olea europaea* L.), excluído todo e qualquer óleo obtido pelo uso de solvente, por processo de reesterificação ou pela mistura com outros óleos, independentemente de suas proporções. Sua qualidade depende da matéria-prima, do processo de obtenção e dos procedimentos tecnológicos aplicados.

Azeite de oliva extravirgem – com o menor percentual de acidez, de até 0,8%, esse é o tipo de azeite prensado a frio e que não passa por nenhum refino químico, mantendo seus nutrientes benéficos. Considerado o mais saudável, é capaz de combater o "colesterol ruim", afastar o risco de doenças cardíacas e o diabetes e impedir o depósito de gordura abdominal. Sua utilização deve ser, preferencialmente, em preparações que não vão ao fogo, para finalizar pratos, como saladas e sopas e sobre pães, queijos e outros petiscos. Se aquecido, é possível que perca as suas propriedades benéficas.

Azeite de oliva refinado – supera o índice de 2% de acidez ou apresenta defeitos sensoriais (cor, sabor, aroma), seja por procedimentos ou por problemas climáticos, e passa por um processo químico de refinamento que elimina todos os problemas do óleo, sem modificar a sua estrutura química. Quando comercializado (normalmente apenas para a produção industrial), recebe a adição de outro tipo de azeite de oliva, como o extravirgem e o virgem.

Azeite de oliva virgem – contém uma acidez acima de 0,8% e de até 2,0%; esse tipo de azeite é obtido a partir do fruto da oliveira, exclusivamente por processos físicos, também chamados de mecânicos. É considerado um óleo de boa qualidade, mas, quando comparado ao azeite extravirgem, pode apresentar algumas características inferiores em relação ao cheiro e ao sabor. Quando aquecido, seu sabor torna-se mais adocicado, e seu aroma é ressaltado; por isso sua utilização é indicada em preparações que vão ao fogo.

Azodicarbonamida – aditivo alimentar usado como agente clareador de farinha e condicionador de massas.

B

BOHR

Niels Henrik David Bohr (1885-1962) – dinamarquês cujos trabalhos na área da Física contribuíram para a compreensão da estrutura atômica e da física quântica. Bohr desenvolveu um modelo atômico no qual ele propôs que os níveis de energia dos elétrons são discretos e que os elétrons revolucionam em órbitas estáveis em torno do núcleo atômico, sendo capazes de "saltar" de um nível de energia (ou uma órbita) para outro. Recebeu o Prêmio Nobel de Física em 1922, por sua contribuição na investigação da estrutura dos átomos e da radiação emitida por eles.

Bacillus cereus – bactéria Gram-positiva, em forma de bastonete, que vive no solo, podendo se desenvolver em alimentos e causar intoxicação alimentar. A intoxicação ocorre devido à sobrevivência dos endoesporos quando o alimento é malcozido. A germinação do esporo e o crescimento bacteriano ocorre geralmente entre 10 e 50 °C. O crescimento bacteriano resulta na produção de enterotoxinas que produzem dois tipos de doenças: do tipo diarreico e a forma emética (náuseas e vômitos). Por outro lado, há cepas benéficas que são utilizadas como probióticos para animais.

Bacon – gordura subcutânea retirada da barriga ou do peito do porco, da parte mais entremeada de carne; encontrada como produto fresco, salgado ou defumado (toucinho fumeiro, toucinho fumado ou bacon). As peças são salgadas com uma mistura de ingredientes apropriados e específicos de cada indústria, são mantidas em câmara fria (5 °C) para o processamento da cura; depois, podem ou não ser cozidas e defumadas. Quando não sofre defumação é chamado de *green bacon*, *pancetta* ou *kaiserfleisch* cru. Sua apresentação é variável: em fatias finas, fatias de formato redondo, picado em cubos, em mantas. Um produto de qualidade deve ter textura firme, cor rosada, com finas tiras de cor vermelha escura. Apresenta forte aroma e sabor característico.

Bactérias – micro-organismos procarióticos (células sem organelas) cujo tamanho atinge alguns micrômetros, com forma de bastonete (bacilo), esfera (coco) e espiral (espirilo e vibrião), podendo apresentar ou não mobilidade (presença de flagelo). É um micro-organismo ubíquo presente no solo e nas águas (doces e salgadas). São organismos saprófitos que participam dos ciclos dos principais nutrientes na crosta terrestre. Algumas espécies causam doenças em plantas e em animais (homem inclusive), e outras são benéficas, mantendo uma relação simbiótica com os seres vivos. Na tecnologia de alimentos, as bactérias possuem um caráter dual: podem contaminar e decompor alimentos, provocando doenças; podem ser usadas na elaboração de alimentos fermentados (leite, carne, peixe, vegetais) e outros produtos (enzimas, ácidos orgânicos) de uso na indústria alimentar.

Bactérias Gram-negativas – bactérias que, no processo de coloração diferencial de Gram, colorem-se de vermelho ou rosa.

Bactérias Gram-positivas – bactérias que, no processo de coloração diferencial de Gram, colorem-se de azul ou roxo.

Bactérias probióticas – bactérias benéficas à saúde pela promoção de microflora gastrointestinal equilibrada (por exemplo, espécies dos gêneros *Bifidobacterium* e *Lactobacillus*). São usadas na preparação de culturas microbianas para uso em alimentos e rações para animais.

Bactericida – substância química, natural ou sintética, que mata bactérias. Os mecanismos de ação dos bactericidas são diversos: destruição da parede celular, inibição da síntese proteica, entre outros. Alguns antibióticos, agentes químicos e físicos são exemplos de bactericidas.

Bacteriocina – peptídeo antimicrobiano produzido por bactérias que atuam contra bactérias Gram-positivas e Gram-negativas, sendo a bactéria produtora portadora de mecanismos de imunidade específicos que a protegem de sua própria bacteriocina. São bacteriocinas: nisinas, pediocinas, lacticinas, lactococinas, leuconocinas, plantaricinas, enterocinas, carnobacteriocinas, entre outras.

Bacteriófago – vírus capaz de infectar células bacterianas. Cada fago é específico para uma determinada espécie bacteriana, sendo incapaz de infectar outras. O uso dos bacteriófagos no biocontrole pode ser explicado por sua capacidade de infectar espécies dentro de um gênero ou exclusivamente espécies ou estirpes específicas sem, contudo, afetar os micro-organismos desejáveis ou interferir na microbiota endógena do trato gastrointestinal. No processamento de alimentos, devem apresentar as seguintes características: ser autolimitantes, não atuar na seleção de micro-organismos resistentes, ser administrados em dose única, de fácil uso, seguro para seres humanos, plantas e animais, não causar alergias e não alterar a estrutura, o odor ou o sabor dos alimentos.

Bacteriostático – condição física ou química (temperatura, pH, concentração de oxigênio, de sal, de açúcar etc.) ou, ainda, substâncias químicas (antibióticos bacteriostáticos, extrato de lúpulo) que impedem a multiplicação do(s) micro-organismo(s).

Bactofugação – tecnologia utilizada no processamento do leite para diminuir a população de bactérias por meio da aplicação da força centrífuga.

Bagaceira – (*grappa* ou graspa) bebida com teor alcoólico de 35 a 54% v/v, a 20 °C, obtida a partir de destilados alcoólicos simples de bagaço de uva, com ou sem borras de vinhos, podendo ser retificada parcial ou seletivamente. É admitido o corte com álcool etílico potável da mesma origem para regular o conteúdo de congêneres.

Bagaço – subproduto da extração de sucos de frutas, cana-de-açúcar, sorgo sacarino, grãos de cereais e leguminosas; frequentemente utilizado como combustível, cobertura morta em plantações, substrato para produção de cogumelos e na alimentação animal.

Baking – termo que se refere ao cozimento pelo método do calor seco (forno) de produtos como bolos, biscoitos, pães.

Baking blind – às vezes chamado de *pre-baking*, refere-se ao assamento do fundo (crosta) de tortas antes que estas sejam recheadas. O pré-assamento evita que o fundo se encharque com o enchimento da torta com recheios não assados ou úmidos.

Baking powder – ingrediente à base de bicarbonato de sódio, amido, entre outras substâncias, usado na preparação de bolos como agente de crescimento durante o assamento. É o fermento químico em pó.

Baking properties – referem-se às características que cereais, aditivos para panificação, farinhas e massas apresentam com respeito à qualidade de panificação.

Baking quality – refere-se à qualidade de panificação de uma farinha expressa na capacidade de produzir um pão bem levedado, com ótima textura, miolo uniforme, entre outras características.

Bala – produto constituído por açúcar e/ou outros ingredientes. Pode apresentar recheio, cobertura, formato e consistência variados. Incluem-se nessa definição os produtos similares a balas.

Banha – produto obtido pela fusão de tecidos adiposos frescos de suínos, com adição ou não de aditivos e de coadjuvantes de tecnologia.

Banha refinada – produto obtido pelo beneficiamento da banha ou da banha comum. As operações de beneficiamento consistem em classificação, desodorização parcial, filtração, eliminação de umidade e cristalização da gordura.

Bar – unidade de pressão equivalente a 105 Pascal. Corresponde aproximadamente à pressão de uma atmosfera e àquela exercida por 10 m de coluna de água.

Barley wine – (ou *barleywine)* é a mais forte das cervejas, um estilo de cerveja *Ale*, com teor alcoólico que ultrapassa os 10% ABV. Sua cor varia do dourado intenso, passando pelo âmbar e chegando ao marrom-escuro, sem ser opaca. Tem aroma intenso de malte, lúpulo, frutas secas, caramelo e *toffee* nas cervejas escuras. O aroma alcoólico deve ser de baixo ao moderado, mas delicado e redondo. Aceita envelhecimento em barris de carvalho, como se fosse vinho; neste caso, confere aroma de vinho do Porto à bebida. Ver Abv.

Barra de cereais – produto obtido a partir de partes comestíveis de cereais, podendo ser submetido a processos de maceração, moagem, extração, tratamento térmico e/ou outros processos tecnológicos considerados seguros para produção de alimentos.

Barreira fitossanitária – mecanismo legal utilizado por autoridades governamentais de um país ou região que impede ou restringe a circulação de plantas ou produtos de origem vegetal. O principal objetivo das barreiras fitossanitárias é prevenir riscos de contaminação e disseminação de pragas e doenças ou evitar que elas ocorram.

Barreira não tarifária – (BNT) qualquer mecanismo e instrumento de política econômica que influencia o comércio internacional sem o uso de mecanismos tarifários. O tipo clássico de BNT são as quotas de importação.

Barreira sanitária – mecanismo legal utilizado por autoridades governamentais de um país ou região que impede ou restringe a circulação de animais ou produtos de origem animal. O principal objetivo das barreiras sanitárias é prevenir riscos de contaminação e disseminação de doenças ou evitar que elas ocorram.

Barreira técnica – exemplo de barreira não tarifária; restrição ao fluxo de comércio relacionado às características dos produtos a serem importados ou ao seu processo de produção. Essas restrições se baseiam ora no conteúdo do produto, ora nos testes que indicam sua conformidade com os padrões exigidos pelo importador.

Base – toda substância que em solução aquosa sofre dissociação iônica, liberando o ânion OH^- (hidroxila).

Bases voláteis totais (N-BVT) – parâmetro que indica o grau de conservação do pescado, especialmente dos peixes. Durante a refrigeração, as proteínas do pescado podem ser alteradas por enzimas e bactérias naturalmente presentes que levam à produção de compostos nitrogenados como a dimetilamina, trimetilamina, amônia, putrescina, cadaverina e espermidina. A legislação brasileira estabelece 30 mg de nitrogênio por 100 g de carne como limite de qualidade.

Bebida – produto em estado líquido destinado à ingestão humana, sem finalidade medicamentosa ou terapêutica, de origem vegetal ou animal.

Bebida alcoólica – bebida com graduação alcoólica acima de 0,5% v/v até 54% v/v, a 20 °C.

Bebida alcoólica composta – é a bebida alcoólica por mistura, com graduação alcoólica de 13% a 18% em volume, a 20 °C, obtida da maceração ou infusão de substâncias vegetais, adicionada de álcool etílico potável de origem agrícola, com adição ou não de açúcares ou outro ingrediente não alcoólico. São os vermutes, licores, coquetéis, aperitivos, aguardentes compostas, entre outras.

Bebida alcoólica de gengibre – bebida alcoólica composta obtida pela mistura de um macerado alcoólico de gengibre (*Zingiber officinale*), com álcool etílico potável de origem agrícola, aromatizantes naturais e demais aditivos permitidos, podendo ser adicionada de açúcares. Ver *Bebida alcoólica composta*.

Bebida alcoólica de jurubeba – bebida alcoólica composta obtida pela mistura de um macerado alcoólico de jurubeba (*Solanum paniculatum*) com álcool etílico potável de origem agrícola, aromatizantes naturais e demais aditivos permitidos, podendo ser adicionada de açúcares. Ver *Bebida alcoólica composta*.

Bebida alcoólica destilada – bebida obtida por processo de fermento-destilação pelo rebaixamento do teor alcoólico de destilado alcoólico simples, pelo rebaixamento do teor alcoólico do álcool etílico potável de origem agrícola ou pela padronização da própria bebida alcoólica destilada; aguardentes, cachaça, uísque, rum, *arak*, tequila.

Bebida alcoólica fermentada – bebida obtida por processo de fermentação alcoólica. Várias são as matérias-primas utilizadas: frutas e hortaliças (maçã, uvas, beterraba), grãos de cereais (arroz, milho), mel, tubérculos (batata) e raízes (mandioca). São exemplos: vinho, cerveja, sidra, champanhe, hidromel etc.

Bebida alcoólica retificada – bebida obtida por processo de retificação do destilado alcoólico, pelo rebaixamento do teor alcoólico do álcool etílico potável de origem agrícola ou pela padronização da própria bebida alcoólica retificada.

Bebida de baixa caloria – bebida não alcoólica hipocalórica que tem o conteúdo de açúcares, adicionado normalmente na bebida convencional, inteiramente substituído por edulcorante hipocalórico ou não calórico, natural ou artificial, em conjunto ou separadamente.

Bebida energética – bebida destinada a aumentar ou manter a energia física do consumidor, que em sua formulação possui como ingrediente(s) principal(is): inositol e/ou glucoronolactona, e/ou taurina e/ou cafeína, podendo ser adicionado de vitaminas e/ou minerais até 100% da Ingestão Diária Recomendada (IDR) na porção do produto. Pode ser adicionada de outro(s) ingrediente(s), desde que não descaracterize(m) o produto.

Bebida gaseificada – bebida contendo gás carbônico, como os refrigerantes, cervejas, vinhos espumantes, sidras, entre outras.

Bebida láctea – produto lácteo resultante da mistura do leite (*in natura*, pasteurizado, esterilizado, UHT, reconstituído, concentrado, em pó, integral, semidesnatado ou parcialmente desnatado e desnatado) e soro de leite (líquido, concentrado, em pó), adicionado ou não de produtos ou de substâncias alimentícias, gordura vegetal, leite fermentado, fermentos lácteos selecionados e outros produtos lácteos. A base láctea representa pelo menos 51% do total de ingredientes do produto.

Bebida láctea com adição – bebida láctea adicionada de produto(s) ou substância(s) alimentícia(s), gordura vegetal, leite(s) fermentado(s) e outros produtos lácteos. A base láctea representa pelo menos 51% massa/massa do total de ingredientes do produto.

Bebida láctea esterilizada – bebida láctea embalada, submetida a vácuo direto ou indireto e convenientemente esterilizada pelo calor úmido e imediatamente resfriada, respeitada a peculiaridade do produto. A esterilização do produto embalado obedecerá a diferentes graduações de tempo e temperatura, segundo a capacidade da embalagem do produto.

Bebida láctea fermentada – produto fermentado mediante a ação de cultivo de micro-organismos específicos e/ou adicionada de leite(s) fermentado(s) e que não poderá ser submetida a tratamento térmico após a fermentação. A contagem total de bactérias láticas viáveis deve ser no mínimo de 10^6 UFC/g, no produto final, para o(s) cultivo(s) lático(s) específico(s) empregado(s), durante todo o prazo de validade.

Bebida láctea pasteurizada – é a bebida láctea tratada termicamente pela pasteurização lenta (62 °C a 65 °C/30 min.) ou pela pasteurização rápida (72 °C a 75 °C/15 s a 20 s), em equipamento próprio, resfriada a 2 °C a 5 °C e, em seguida, envasada.

Bebida láctea sem adição – bebida láctea sem a adição de produto(s) ou substância(s) alimentícia(s), gordura vegetal, leite(s) fermentado(s) e outros produtos lácteos. A base láctea representa 100% m/m do total de ingredientes do produto.

Bebida láctea UAT ou UHT – é a bebida láctea que, mediante processo térmico de fluxo contínuo, foi submetida a uma temperatura entre 130 °C e 150 °C/2 s a 4 s, imediatamente resfriada a uma temperatura inferior a 32 °C, envasada em condições assépticas em embalagens estéreis e hermeticamente fechadas.

Bebida não alcoólica – bebida com graduação alcoólica de até 0,5% v/v, a 20 °C. Todas as bebidas produzidas com diversos ingredientes sem fermentação alcoólica ou introdução de álcool: sucos de frutas e de hortaliças, refrescos, néctares, infusões de ervas, de chá, de café; águas aromatizadas, achocolatados, leites com frutas, vitaminas, *milk-shakes*, refrigerantes, bebidas isotônicas, dentre outros.

Bebida vegetal – ou extrato vegetal; é a bebida obtida pela mistura de sucos, polpas ou extratos vegetais, em conjunto ou separadamente, com produto de origem animal, tendo predominância em sua composição de produto de origem vegetal, adicionada ou não de açúcares.

Belgian Strong Ale – estilo de cerveja forte produzida na Bélgica, com teor alcoólico entre 7% e 12% ABV. Apresenta aromas de frutas, especiarias e lúpulo e notas sutis de malte e álcool; altamente carbonatada, o que lhe confere uma característica efervescente; sua cor varia do amarelo/dourado ao castanho-escuro. Seus rótulos comerciais fazem referências ao Diabo, Satan, Judas, Lúcifer e outros. Ver *ABV*.

Belgian Witbier – estilo de cerveja belga fabricada com trigo não maltado (50%) e malte claro (50%), normalmente o Pilsen, sendo que algumas versões utilizam de 5 a 10% de aveia. Teor alcoólico de 4,5 a 5,5% ABV. Coloração varia da palha à dourado-clara; turva pela presença de amido e/ou levedura, que lhe dá um aspecto leitoso. Aromas de malte adocicado, especiarias, frutas e flores estão harmonicamente misturados. Ver *ABV*.

Beneficiamento – primeira etapa da utilização da matéria-prima vegetal; consiste, de modo geral, na operação de descasque, limpeza, polimento, descaroçamento, parboilização, separação e/ou outras pelas quais se fazem passar certos produtos agrícolas antes de serem industrializados ou distribuídos para consumo.

Berliner Weisse – estilo *Sour Ale* de cerveja alemã fabricada com malte de trigo (50%) e malte Pilsen (50%). Teor alcoólico baixo, variando de 2,8 a 3,8 ABV. Apresenta coloração palha-clara, podendo ser transparente ou levemente turva. Rica em gás carbônico, que a torna efervescente. Sabor evidente de ácido lático devido à fermentação simbiótica de leveduras *Ale* e bactérias do gênero *Lactobacillus*. Além do ácido lático, apresenta aromas sutis frutados e florais. A presença da levedura *Brettanomyces* (que confere gosto ácido ou azedo em algumas cervejas *Sour Ale*) não é tolerada no estilo *Berliner Weisse*. Ver *ABV*.

Berne – *Dermatobia hominis*, larva de mosca-varejeira. Também conhecida como biru, mosca-da-carne, mosca-de-bicheira, mosca-do-berne, deposita seus ovos nos tecidos subcutâneos de animais vertebrados. Outras espécies, como a *Cochliomyia hominivorax*, depositam vários ovos, ocasionando inúmeras larvas na lesão denominada bicheira.

Berries – expressão inglesa que designa uma variedade de pequenas frutas silvestres, cuja cor varia do vermelho ao preto, comuns nos países europeus e na América do Norte; *blue-berry* (mirtilo), *cranberry* (oxicoco), *strawberry* (morango), *raspberry* (framboesa), *gooseberry* (groselha), *blackberry* (amora), entre outras.

Besan – (ou farinha gram) farinha de grão-de-bico originária das Índias Orientais, usada na fabricação de pão, *bhajias* (fritos de legumes numa massa consistente), e para engrossar molhos e estabilizar o iogurte quando este é adicionado a pratos quentes, além de participar de muitas outras preparações culinárias. Tem cor amarelo-clara; sua vida útil é curta, devendo ser armazenada sob refrigeração. Os pães de *besan* são usados como petiscos ou como entrada para uma refeição. Ver FARINHA DE GRÃO-DE-BICO.

Betacaroteno – pigmento do grupo dos carotenoides constituído por oito unidades de isopreno e dois anéis β-ionona não substituídos, que tem atividade antioxidante e como precursor de vitamina A. São fontes de betacaroteno: cenoura, abóboras e morangas, e batata-doce; mesmo os vegetais folhosos verdes são ricos nesse pigmento, cuja cor alaranjada se encontra mascarada pela cor verde da clorofila.

Betacianina – pigmento vermelho, hidrossolúvel, pertencente ao grupo das betalaínas; confere cor à beterraba e ao amaranto.

Betaglucano – polissacarídeo de monômeros de D-glicose unidos por ligações glicosídicas beta (β). A celulose é o principal representante desse grupo. A celulose e suas formas modificadas podem ser usadas como fibra alimentar, uma vez que não são digeridas pelo trato digestivo humano, não contribuindo com nutrientes ou calorias. A celulose microcristalina e a carboximetilcelulose são usadas como aditivo na indústria de alimentos, desenvolvendo a função de espessante e estabilizante. Ver *FIBRA ALIMENTAR*.

Betaína – aminoácido com função metabólica na síntese de proteína. Usado no tratamento de distúrbios metabólicos hepáticos. Ocorre naturalmente na dieta humana, sendo abundante na beterraba, no trigo, no espinafre e no camarão.

Betalaína – grupo de pigmentos vegetais que contêm betacianinas (vermelho) e betaxantinas (amarelo), ambos presentes na beterraba. Ao contrário das antocianinas, sua cor não depende do pH. Ver *BETAXANTINA*.

Betanina – pigmento vermelho membro do grupo das betacianinas. Ver *BETACIANINA*.

Betaxantina – pigmento amarelo do grupo das betalaínas. Presente na beterraba, sua cor é mascarada pela predominância da cor vermelha das betacianinas.

Biaribi – método indígena de cozinhar caça ou pescado pelo qual se envolve o alimento em folhas verdes de bananeira e enterra-se a carne em uma cova, por cima da qual se acende o fogo.

Bicarbonato de amônio – (ou sal amoníaco) coadjuvante dos fermentos químicos, é utilizado em receitas de biscoitos especiais.

Bicarbonato de sódio – carbonato ácido de sódio, ingrediente do fermento químico, usado em culinária como agente de crescimento de massas. Sua ação ocorre pela capacidade de liberar gás carbônico, que, ao ser retido na massa, confere-lhe uma textura leve e porosa. As substâncias ácidas aceleram essa reação e, por esse motivo, em receitas que levam bicarbonato de sódio, como agente de crescimento, muitas vezes se usam suco de limão e leite azedo para se ampliar esse efeito. As massas devem ser assadas imediatamente após a mistura porque a liberação do gás carbônico é muito rápida. Popularmente, é utilizado para amaciar leguminosas durante a cocção e para manter o verde da clorofila em hortaliças cozidas; contudo, não se recomenda essa prática, pois, dependendo da quantidade usada, pode promover a perda de parte de vitaminas, principalmente as do grupo B.

Bifenílico – (ou bifenil ou fenilbenzeno) fungicida que inibe a esporulação de fungos, usado principalmente para controlar o crescimento de fungos na superfície das frutas cítricas armazenadas. Às vezes, seus resíduos nas frutas persistem durante o período de armazenamento. Classificado pela OMS como improvável de apresentar risco agudo em uso normal.

Bifidobacterium – gênero de bactéria anaeróbia que atua como probiótico. As bifidobactérias são um dos maiores grupos de bactérias que compõem a microbiota intestinal, localizando-se no cólon e promovendo benefícios à flora intestinal. As bifidobactérias estão associadas à menor incidência de alergias e à prevenção do crescimento de algumas formas de tumor. Antes da década de 1960, essas espécies eram conhecidas coletivamente como *Lactobacillus bifidus*. O *Bifidobacterium* foi isolado, em 1899, por Henry Tissier, pediatra francês no Instituto Pasteur, em Paris, que identificou sua morfologia em forma de Y (bífida) na flora intestinal de crianças amamentadas; daí o nome *bifidus*.

Bioacumulação – (ou bioconcentração) processo por meio do qual compostos químicos são absorvidos e acumulados em tecidos ou órgãos de organismos vivos. Nesse caso, a taxa de absorção da substância é maior que a taxa de metabolização e excreção. Particularmente usado para se referir ao acúmulo de contaminantes como pesticidas e toxinas.

Bioativo – composto químico que atua como modulador de processos metabólicos, diminuindo o risco de surgimento de doenças crônicas não transmissíveis, como diabetes, doenças cardiovasculares, mal de Alzheimer e mal de Parkinson. Embora não sejam considerados nutrientes, apresentam importância para a saúde animal. São produzidos por vegetais, animais ou por síntese química. Compostos bioativos de origem vegetal: polifenóis, carotenoides, fitosteróis, cafeína, entre outros. Os ácidos graxos ômega-3 têm origem animal.

Biocatalisador – enzima que catalisa ou ativa reações nos sistemas biológicos. Ver *Enzimas*.

Biocidas – agentes químicos de origem sintética ou natural que são utilizados pelo ser humano para controlar os organismos que este considera prejudiciais. Age destruindo ou inibindo o crescimento desses organismos. Herbicidas, inseticidas, acaricidas, fungicidas, algicidas, antibióticos, espermicidas e antivirais são exemplos de biocidas.

Biocontrole – controle biológico; técnica que utiliza espécies de organismos para eliminar ou controlar outra espécie. Envolve a introdução no ambiente de insetos ou micro-organismos que podem infestar ou infectar, matando ou incapacitando insetos ou ervas daninhas das plantações. Tem como principal característica não causar danos químicos à lavoura ou aos inimigos naturais do alvo do controle.

Bioconversão – biotransformação; tecnologia que usa a atividade catalítica de organismos vivos para converter um substrato em um produto definido, por meio de um processo que envolve várias reações/etapas. As vantagens da bioconversão englobam a capacidade de operar em condições brandas, de produzir enantiômeros específicos e reações que não são possíveis com o uso da síntese química convencional.

Biodegradabilidade – capacidade de uma substância sofrer biodegradação. Ver *Biodegradação*.

Biodegradação – degradação de uma substância como resultado de atividade biológica (geralmente microbiana), tornando-a menos nociva ao meio ambiente.

Biodegradável – substância suscetível à biodegradação por micro-organismos.

Biodeterioração – deterioração de um material como resultado de atividade biológica (geralmente microbiana). A biodeterioração dos alimentos os torna menos palatáveis e, às vezes, tóxicos, e pode envolver alterações no sabor, aroma, aparência e textura. Os organismos envolvidos são tipicamente bactérias e fungos, e sua atividade depende de fatores como nutrientes presentes, atividade de água, pH, temperatura e grau de aeração.

Biodisponibilidade – proporção de um nutriente no alimento ingerido que é absorvido pelo trato digestivo e disponível para a sua utilização em processos metabólicos. A biodisponibilidade de um nutriente depende da sua estrutura molecular, da quantidade consumida na refeição, da matriz na qual o nutriente está incorporado, do tipo de processamento dado ao alimento, das ligações químicas entre os nutrientes, entre outros. A biodisponibilidade envolve tanto a bioconversão como a bioeficácia. Ver *Bioconversão e Bioficácia*.

Bioeficácia – resultado da eficiência com que os nutrientes ingeridos são absorvidos e convertidos à sua forma ativa.

Bioeficiência – proporção da forma ativa do nutriente absorvido que atingirá o tecido alvo.

Bioensaio – técnica utilizada para medir a atividade biológica de uma substância, testando seus efeitos em material vivo, como no caso da cultura de células. É essencial no desenvolvimento de novas drogas e monitoramento de poluentes no meio ambiente.

Biofilme – camada formada em superfícies úmidas contendo matéria orgânica que favorece o desenvolvimento e permanência de ecossistemas que podem albergar micro-organismos patogênicos ou não. Tem maior resistência a detergentes e antibióticos, pois a matriz extracelular e as camadas externas das células protegem o interior da comunidade.

Bioflavonoide – metabólitos secundários presentes nos vegetais, da classe dos polifenóis. Tais substâncias possuem atividade antioxidante, capacidade de sequestrar espécies reativas de oxigênio e eletrófilos, capacidade de quelar metais como o ferro e o cobre, capacidade de modular a atividade enzimática de algumas enzimas. Os bioflavonoides podem proteger o organismo humano contra doenças cardiovasculares, distúrbios neurodegenerativos e alguns tipos de câncer. Estão presentes em frutas, hortaliças de folhas, raízes, tubérculos, bulbos, ervas, temperos, legumes e bebidas como o chá, café, vinho tinto e suco de uva.

Biofortificação – processo utilizado para aumentar o conteúdo nutricional de micronutrientes (vitaminas e minerais) das porções comestíveis das plantas cultivadas, que pode ser realizado por meio de técnicas de melhoramento convencional de plantas ou por meio da biotecnologia.

Bio-hidrogenação – reações de hidrogenação catalisadas por organismos vivos sobre moléculas de ácidos graxos livres no rúmen de ruminantes. Pode reduzir a síntese de gorduras do leite nesses ruminantes e afetar a composição do leite, levando a aumentos nos ácidos graxos *trans*, com ação benéfica.

Bioluminescência – refere-se à emissão de luz visível por organismos vivos (bactérias, fungos, algas, moluscos, peixes etc.) como produto de reações bioquímicas exotérmicas, catalisadas enzimaticamente. Nesse caso, a energia liberada das ligações químicas é convertida, principalmente, em luz visível.

Biomagnificação – descreve o acúmulo de compostos químicos nos organismos vivos e o aumento de sua concentração nas cadeias alimentares. Assim, os predadores, que estão no topo da cadeia alimentar, apresentam concentrações mais elevadas desses compostos químicos. Exemplo clássico de biomagnificação é o acúmulo do inseticida DDT nos tecidos animais nos diferentes níveis tróficos da cadeia alimentar.

Biomassa[1] – toda a matéria orgânica, viva ou não, de um ecossistema.

Biomassa[2] – toda matéria orgânica vegetal ou animal usada como fonte de energia limpa e sustentável.

Biomimética – área da ciência que estuda os princípios criativos, estratégias da natureza e das estruturas biológicas e suas funções, visando à criação de soluções para os problemas atuais da humanidade, unindo funcionalidade, estética e sustentabilidade. Imitação da vida/natureza.

Biopolímeros – macromoléculas constituídas de repetições de pequenas e simples unidades estruturais chamadas monômeros. Nos biopolímeros produzidos pelos seres vivos – polissacarídeos, proteínas, DNA e RNA –, as unidades monoméricas são, respectivamente, açúcares, aminoácidos e nucleotídeos.

Biopreservação – técnica de conservação de alimentos que se baseia no potencial antimicrobiano de micro-organismos e seus metabólitos. A fermentação é um exemplo típico de biopreservação.

Bioquímica – química biológica; intersecção da química com a biologia; estuda as reações químicas e biológicas dos seres vivos.

Bioquímica dos alimentos – ciência interdisciplinar que estuda a composição química e as mudanças nas substâncias alimentares decorrentes da manipulação, processamento e armazenamento dos alimentos.

Biorremediação – técnica utilizada na engenharia ambiental, tendo como base a ação de organismos vivos, como bactérias, fungos, plantas, algas verdes ou suas enzimas, para reduzir ou remover (remediar) contaminações no ambiente.

Biossegurança – condição de segurança alcançada por um conjunto de ações destinadas a prevenir, controlar, reduzir ou eliminar riscos inerentes às atividades de pesquisa, produção, ensino, desenvolvimento tecnológico e prestação de serviços, que podem comprometer a saúde do homem, dos animais e do meio ambiente ou a qualidade dos trabalhos desenvolvidos.

Biossensor – dispositivo analítico utilizado para a detecção de um analito, que combina um componente biológico com um detector físico-químico. É composto por 3 componentes: 1. elemento, ou sensor biológico, que é um material biológico, ou um derivado biomimético, que se liga ou interage/reconhece o analito em estudo. Esse elemento pode ser constituído por tecidos, micro-organismos, organelas, enzimas, anticorpos, receptores de membranas etc.; 2. transdutor, ou elemento detector, que é um elemento que transforma o sinal resultante da interação do analito com o elemento biológico num outro tipo de sinal que pode ser facilmente medido e quantificado; esse transdutor pode ser físico-químico; óptico, eletroquímico etc.; 3. leitor do biossensor, com os processadores eletrônicos ou sinal associados, principal responsável pela exibição dos resultados.

Biossurfactante – composto de origem microbiana (subprodutos metabólicos de bactérias, fungos e leveduras) que tem a capacidade de reduzir a tensão superficial (fases líquido-gás) ou a tensão interfacial (fases imiscíveis líquido-líquido). É usado na indústria de alimentos como emulsificante e estabilizador. Tem uma série de vantagens sobre seus equivalentes químicos: biodegradabilidade, eficácia em temperaturas e pH extremos e menor toxicidade.

Biotecnologia – tecnologia que utiliza sistemas biológicos, organismos vivos, ou derivados para fabricar ou modificar produtos ou processos para fim específico. A biotecnologia clássica se baseia na utilização de organismos vivos da forma como são encontrados na natureza ou melhorados geneticamente. A biotecnologia clássica está relacionada com a produção de alimentos fermentados (pão, vinho, cerveja, bebidas alcoólicas diversas, iogurte, coalhada, chucrute, azeitona, *shoyu*, missô, entre muitos outros), enquanto a biotecnologia moderna faz uso intenso da genética molecular e da combinação de conceitos de evolução, ecologia, zoologia, embriologia, biologia celular, engenharia, bioética, biodireito, entre outras. As aplicações mais importantes da biotecnologia estão relacionadas com a área da medicina, agricultura, produção de alimentos e meio ambiente.

Bioterrorismo – terrorismo praticado por meio da liberação ou disseminação intencional de agentes biológicos, toxinas, vírus ou príons, causando a morte ou doenças nos seres humanos, animais ou plantas.

Biotransformação – processo em que substâncias como fármacos, nutrientes, resíduos e toxinas de origem microbiana passam por reações químicas, geralmente mediadas por enzimas, que as convertem em um composto diferente do original.

Birra – "cerveja", na língua italiana. Ver CERVEJA.

Birrefringência – propriedade óptica de um material que possui diferentes índices de refração para diferentes direções de propagação da luz.

Biscoito – produto obtido pelo amassamento e cozimento conveniente de massa preparada com farinhas, amidos, féculas fermentadas, ou não, e outras substâncias alimentícias. O produto é designado por "biscoito" ou "bolacha", seguido da substância que o caracteriza ou por nomes consagrados pelo uso, como "biscoito de polvilho", "bolacha de coco", "*grissini*", entre muitos outros tipos.

Bitter[1] – aperitivo com sabor predominantemente amargo, com teor alcoólico de 0,5 a 54% v/v, a 20 °C; obtido a partir de um ou mais extratos de vegetais ou parte deles; usado como digestivo ou estimulante do apetite.

Bitter[2] – cerveja de alta fermentação (*Ale*) típica da Inglaterra. Nesse país, a palavra *bitter* tem o mesmo significado geral que cerveja, mas pode significar também um estilo específico de cerveja *Ale* refermentada em barril. O estilo é amplo, abrangendo uma gama de colorações, sabores e intensidades. As *bitters* mais fracas são conhecidas como *ordinary bitter* (teor alcoólico entre 3,2% e 3,8% ABV), as mais fortes, por *best bitter* (3,8% a 4,6% ABV) e *strong bitter* (4,6% a 6,2% ABV). Os estilos com menos álcool são considerados *session beers*, isto é, cervejas para o consumidor tomar em quantidade, sem se embebedar. Ver *abv*.

Bixina – carotenoide lipossolúvel obtido de semente de urucum (*Bixa orellana*). As sementes são trituradas para produzir um pó muito utilizado como corante na indústria de alimentos e nas cozinhas domésticas e industriais.

Black and Tan – coquetel de cerveja feito em camadas de cerveja clara e cerveja escura, que atende a uma tendência moderna manifestada por usuários de bares e cafés.

Blend – mistura harmônica de diversos produtos. Na cafeicultura, identifica os produtos obtidos pela mistura de grãos das espécies arábica e robusta. Os *blends* também são usados com frequência nas fábricas de bebidas ao se misturarem diferentes lotes com a finalidade de corrigir ou melhorar atributos sensoriais como aroma, sabor, cor, corpo, adstringência, entre outros.

Boas Práticas Agrícolas (BPA) – conjunto de princípios, normas e recomendações técnicas aplicadas nas etapas da produção, processamento e transporte de produtos vegetais alimentícios e não alimentícios, orientadas a promover a oferta de alimento seguro, de forma a cuidar da saúde humana, proteger o meio ambiente e melhorar as condições dos trabalhadores rurais e sua família.

Boas Práticas de Fabricação (BPF) – ferramenta da qualidade para o alcance de níveis adequados de segurança dos alimentos. Sua adoção é um requisito da legislação brasileira vigente e faz parte dos programas de garantia da qualidade do produto. As boas práticas devem ser aplicadas desde a recepção da matéria-prima, o processamento, até a expedição de produtos, contemplando os mais diversos aspectos da indústria. Um programa de BPF é dividido nos seguintes itens: instalações industriais; pessoal; operações; controle de pragas; controle da matéria-prima; registros e documentação e rastreabilidade.

Boas Práticas de Higiene – conjunto de regras, condições e práticas que asseguram uma adequada higiene pessoal, de modo a não se comprometer a segurança ou a inocuidade dos alimentos.

Bociogênicos – compostos encontrados em alimentos (principalmente espécies do gênero *Brassica*, amendoins, mandioca e soja), que podem causar bócio, especialmente quando a ingestão dietética de iodo é baixa, pela inibição da síntese de hormônios da glândula tireoide (glicosinolatos) ou da captação de iodo na glândula tireoide (tiocianatos).

Bock – cerveja forte e saborosa de origem alemã que apresenta muitas variações regionais e comerciais. Composta de mosto de alta densidade (16 °Plato), que resulta em teor alcoólico de pelo menos 6,5% ABV. Apresenta aroma evidente de malte e pouco de lúpulo. A maior parte desse tipo de cerveja é de baixa fermentação (*Lager*), mas há aquelas de alta fermentação (*Ale*), sendo o estilo *Weizenbock* seu principal representante. Apresenta coloração de dourada a âmbar, mas algumas podem ser avermelhadas, ou até mesmo pretas. Teve origem na cidade de Einbeck, durante a Idade Média. Ver *ABV*.

Bohemian Pilsner – (ou *Czeck Pilsner*) tradicional cerveja clara tcheca, fabricada com água mole (pobre em cálcio e magnésio), malte pilsen, lúpulo Saaz e levedura de baixa fermentação (*Lager*), todos de origem tcheca. Apresenta sabores marcantes de malte e lúpulo, e um final arredondado; coloração dourada, normalmente mais escura que as Pilsen alemãs. Seu teor alcoólico varia de 4,2% a 5,6% ABV, e o amargor, de 30 a 45 IBU, ou seja, muito mais amarga que as cervejas intituladas erroneamente de Pilsen no Brasil e no resto do mundo. Esse estilo foi desenvolvido pelo cervejeiro bávaro Josef Groll, em 1842, na cidade de Pilsen. Ver *ABV*.

Boi – macho castrado das espécies taurinas e zebuínas, com idade de até 30 meses, geralmente destinado ao abate, e por isso chamado "boi de corte".

Boi orgânico – genericamente, é o animal criado em ambiente agroecológico (biodinâmico, ecológico, natural, nativo, alternativo, biológico). O manejo é feito de acordo com as normas estabelecidas para cada situação. O capim é a principal fonte de alimentação e nutrição, complementada com produtos naturais. A saúde é prevenida por vacinas obrigatórias e tratada com substâncias naturais à base de micro-organismos (probióticos), plantas medicinais, homeopatia, acupuntura. As instalações devem causar o mínimo de estresse aos animais. A produção do boi orgânico exige um processo de certificação realizado por empresa especializada.

Boi verde – refere-se ao animal criado predominantemente no pasto, sendo sua alimentação à base de vegetais encontrados no pastoreio, mas pode receber suplementos alimentares de origem vegetal. A saúde é prevenida e tratada com medicamentos e complementos alimentares normalmente proibidos na produção de boi orgânico. Não pode ser confundido com o boi orgânico.

Bolacha – ver *Biscoito*.

Bolear – na panificação, dividir e enrolar a massa em pequenas bolas para que possa passar pelo descanso intermediário e, em seguida, pela modelagem.

Bolores – fungos filamentosos ou mofos; organismos eucarióticos (presença de núcleo e organelas), aclorofilados, produtores de esporos com reprodução sexual e/ou assexual, cujas estruturas somáticas são filamentosas (hifas) e ramificadas, sendo envolvidas por paredes celulares contendo celulose, quitina ou ambas. Ocorrem tanto nas matérias-primas como nos alimentos prontos para o consumo, causando sua deterioração. Há inúmeras espécies patogênicas às plantas e animais, sendo que algumas podem produzir micotoxina.

Bombom – produto constituído por massa de chocolate ou por um núcleo formado de recheio, recoberto por uma camada de chocolate ou glacê.

Bonded spirits – expressão que se refere ao "tempo de repouso" dado às bebidas alcoólicas destiladas americanas para serem melhoradas suas características sensoriais. O envelhecimento e o engarrafamento do destilado devem estar de acordo com as normas americanas, como originalmente previsto no *Bottle-in-Bond Act of 1897*. Esse ato foi uma reação à adulteração generalizada do uísque americano e tornou o governo federal fiador da autenticidade dos destilados, dando aos produtores incentivos fiscais pela sua participação no programa. Embora o ato se relacione a todos os destilados, na prática, o foco é o uísque. A expressão "*Bottles in Bond*" no rótulo da garrafa atesta a qualidade da bebida. O uísque armazenado passou a ser chamado de *Bonded Rye*, quando feito de centeio; e *Bonded Bourbon*, quando feito de milho.

Botrytis – gênero de fungo mitospórico fitopatogênico; causa podridões em flores, folhas, frutos e bulbos e manchas foliares. As principais espécies são: *Botrytis aclada* (podridão do pescoço da cebola), *B. cinerea* (podridão da flor – ataca grande número de culturas) *e B. fabae* (mancha chocolate em leguminosas).

Botulismo – intoxicação alimentar bacteriana grave causada pela ação de toxina produzida pela bactéria *Clostridium botulinum*, encontrada no solo, nas fezes humanas ou de animais e nos alimentos envasados. A doença pode levar à morte por paralisia da musculatura respiratória. O botulismo se apresenta de três formas diferentes: a) alimentar – quando ocorre por ingestão de toxinas em alimentos contaminados e que foram produzidos ou conservados de maneira inadequada; b) intestinal – quando esporos contidos em alimentos contaminados germinam e se multiplicam no intestino, produzindo a toxina; c) ferimentos – quando ocorre esmagamento de membros, ferimentos profundos, uso de agulhas contaminadas, lesões nasais de usuários de drogas.

Bovinocultura – área da zootecnia que trata das técnicas para a criação de bovinos de corte ou de leite.

Bran – ver FARELO DE TRIGO.

Brandy – (ou conhaque fino) bebida com teor alcoólico de 36 a 54% em volume, obtida de destilado alcoólico simples de vinho e/ou aguardente de vinho, envelhecidos em tonéis de carvalho ou de outra madeira de características semelhantes, reconhecida pelo órgão competente, de capacidade máxima de 600 litros, por um período de 6 meses. O *brandy* ou *conhaque fino* é classificado por tipos, segundo o tempo de envelhecimento de sua matéria-prima, conforme disposições do Ministério da Agricultura e Pecuária (Mapa).

Brandy snap – tipo de *wafer* enrolado em forma cilíndrica e recheado com creme batido e perfumado com *brandy*.

Branqueamento[1] – tratamento térmico que objetiva inativar enzimas, reduzir o ar dos tecidos, amolecê-los, fixar sua cor e destruir parte da flora da superfície de vegetais. Consiste na imersão do produto em água aquecida ou na sua exposição ao vapor, a uma dada relação de temperatura e tempo, específica para cada enzima, seguida de imediato resfriamento.

Branqueamento[2] – fenômeno que ocorre no armazenamento prolongado dos grãos de café e que é responsável pela alteração de cor, que passa do verde-azulado (grão de boa qualidade) para o marrom-claro e esbranquiçado. Essa alteração é promovida por reações oxidativas, de natureza enzimática ou não, envolvendo compostos fenólicos.

Brassagem – (ou mosturação) transformação das matérias-primas cervejeiras (água, malte e lúpulo) em mosto. Nessa fase do processamento da cerveja, o amido do malte é transformado pelas suas enzimas (amilases) em açúcares fermentescíveis (maltose, maltotriose e glicose) e dextrina, que não sofre fermentação e permanece na bebida. Na fabricação da cerveja, os açúcares produzidos na brassagem são fermentados pela levedura alcoólica para produzir etanol e gás carbônico.

Brilho – corresponde à intensidade luminosa de um corpo. No campo das bebidas, o brilho está relacionado ao atributo sensorial da transparência.

Brioche – pequeno pão de origem francesa, de massa levedada muito fofa e adocicada, preparada com ovos, manteiga, leite, farinha. Obrigatoriamente em formato redondo, com uma pequena elevação na parte superior, de sabor agradável e especial, às vezes é recheado ou é empregado para preparar sanduíches. Há variações que incluem na massa frutas, passas, queijos, e outros ingredientes.

Bromato – bromato de potássio; aditivo alimentar usado como melhorador de farinhas para a produção de pães. Com base em estudos toxicológicos, a legislação brasileira não permite o uso dessa substância. O bromato de sódio não consta da legislação específica que autoriza o uso de aditivos para alimentos.

Bromatologia – ciência que estuda e identifica os componentes alimentares, permitindo conhecer a sua composição qualitativa e quantitativa, sua ação no organismo, seu valor nutricional e calórico, suas propriedades físicas, químicas, toxicológicas e a presença de adulterantes, contaminantes.

Bromelina – conjunto de enzimas proteolíticas encontradas nos vegetais da família Bromeliaceae, da qual o abacaxi é o mais conhecido. A bromelina é encontrada no caule, nas folhas, nas raízes e no fruto do abacaxi.

Brometos – sais de ácido bromídrico que podem contaminar os alimentos em consequência de fumigação com metilbrometo (ou brometo de metila) para controlar infestação de insetos.

Brotamento – forma de reprodução vegetativa que ocorre em plantas, algas e fungos, sem a presença de gametas.

Broto – estrutura biológica advinda do processo de brotamento, com a capacidade de gerar um novo indivíduo e com a mesma carga genética do organismo mãe.

Brucelose – doença animal ou humana causada por bactérias do gênero *Brucella*. Em seres humanos, *Brucella abortus, B. melitensis e B. suis* podem causar uma doença sistêmica aguda ou crônica (febre ondulante ou febre mediterrânea ou febre de Malta). Transmitida aos seres humanos por contato direto ou indireto com animais infectados ou leite cru.

Brut – temo usado para classificar os vinhos muito secos, com reduzido teor de açúcares.

Bubalino – termo que se refere aos animais domésticos da família dos bovídeos utilizados para produzir carne e leite para consumo humano. Do gênero *Bubalis*, esses animais são divididos em dois grupos principais: o *Bubalus bubalis*, conhecido como búfalo-do--rio; e o *Bubalus bubalis* var. *kerebau*, conhecido como búfalo-do-pântano. Atualmente há quatro raças que resultam de seleção natural: Mediterrâneo, Murrah, Jafarabadi e Carabao. Sua carne é semelhante à dos bovinos em cor e sabor, porém mais magra.

Bucatini – tipo de massa alimentícia com formato longo e fino, como o espaguete, mas se difere por um pequeno furinho no meio do fio, o que faz com que a massa absorva melhor o molho.

Bulbo – órgão vegetal de reserva, de formato arredondado, responsável pela nutrição da planta em épocas desfavoráveis. Muitos bulbos são de grande importância na alimentação: cebolas, alho e alho-poró; ricos em cistina, aminoácido, que é responsável pelo seu odor característico, e por isso utilizados como condimentos.

Buquê – conjunto de odores que caracterizam o aroma dos alimentos e bebidas. Para os vinhos, o buquê se refere às características aromáticas da bebida que se acentuam à medida que eles envelhecem.

Butanol – (ou álcool butílico) álcool com quatro átomos de carbono que apresenta odor específico. Normalmente, presente nas bebidas alcoólicas e na fração fúsel, durante a destilação do etanol. Ocorre em grande variedade de alimentos, especialmente em produtos lácteos e de carne.

Butanona – cetona com quatro átomos de carbono que apresenta odor adocicado e penetrante. Ocorre em ampla variedade de alimentos, especialmente em produtos lácteos e produtos de carne.

Buttercream – creme de manteiga ou pasta americana; é um tipo de creme à base de gordura vegetal hidrogenada, manteiga, extrato de baunilha, açúcar de confeiteiro e água, usada para cobrir bolos e *cupcakes*.

Buttermilk – leitelho; obtido durante o processo de bateção e malaxagem na fabricação da manteiga. Ele pode ser leitelho "doce" (quando obtido a partir de creme não fermentado para fabricação da manteiga); ou leitelho fermentado (quando obtido a partir de creme fermentado para fabricação da manteiga, ou, ainda, quando o leitelho "doce" foi fermentado por bactérias ácido-láticas para obtenção do leitelho fermentado). Pode ser usado para a produção de bebidas lácteas e como ingrediente na panificação.

Butteroil – refere-se à gordura anidra do leite; obtida pela eliminação de quase toda a água e de sólidos não gordurosos do creme ou da manteiga. O teor mínimo de matéria graxa no *butteroil* deve ser de 99,8%.

C

CURIE

Marie Curie (1867-1934) – polonesa naturalizada francesa, física e química, conduziu com seu marido, Pierre Curie, pesquisas pioneiras sobre radioatividade. Foi a primeira mulher a ganhar o Prêmio Nobel e a ser agraciada com dois Prêmios Nobel nas categorias da Física e da Química. O Prêmio Nobel de Física foi compartilhado com seu marido e com o físico Henri Becquerel. Teve papel fundamental no legado da família Curie, de cinco prêmios Nobel.

C – ver *Limite microbiológico*.

Cabeça – refere-se à cabeça dos animais de corte (bovino, suíno, caprino etc.), geralmente empregada na fabricação de produtos alimentares industrializados.

Cabeça da destilação – primeira fração destilada nos alambiques; nas colunas de destilação, fração que se localiza na cabeça ou no topo da coluna; rica em compostos mais voláteis que o etanol e, por isso, não aproveitada para a fabricação de bebidas destiladas e para a fabricação de álcool.

Cabelo de anjo – tipo de massa alimentícia que apresenta formato de fios de pequeno diâmetro.

Caça – animais e pássaros silvestres utilizados como alimento pelo homem. As carnes têm menor teor de lipídeos, mas sabor acentuado.

Cacau em pó – fração sólida extraída da massa de amêndoas do cacau (*Theobroma cacao* L.) por pressão, moagem e posterior peneiramento.

Cacau solúvel – produto obtido a partir do cacau em pó adicionado de outro(s) ingrediente(s) que promova(m) a solubilidade em líquidos.

Cachaça – denominação típica e exclusiva da aguardente de cana produzida no Brasil, com graduação alcoólica de 38 a 48% v/v, a 20 °C, obtida pela destilação do mosto fermentado de cana-de-açúcar com características sensoriais peculiares, podendo ser adicionada de açúcares, até 6 gramas por litro, expressos em sacarose, quando recebe a denominação de cachaça adoçada. Quando contém no mínimo 50% de cachaça envelhecida, por um período não inferior a um ano, com ou sem adição de caramelo para a correção da cor, é denominada de cachaça envelhecida. As cachaças de alambique são elaboradas em alambiques de cobre e envelhecidas ou não em tonéis de madeira, têm mais riqueza de aromas e podem ser apreciadas puras. As cachaças *premium* recebem o mesmo tratamento dado aos bons vinhos; sua produção é limitada, e os passos de fabricação são controlados. As características visuais de densidade, oleosidade, transparência e limpidez, olfativas (qualidade, intensidade e persistência) e gustativas determinam a qualidade do produto (turvação, aroma e sabor alcoólico acentuado, acidez, amargor e adstringência são características indesejáveis). A qualidade da bebida também é avaliada pelo tempo de sabor na boca, sem causar sensação desagradável de ardência. O equilíbrio e a harmonia em todos os aspectos garantem bom resultado na avaliação.

Café *Caramel Latte Macchiato* – produto industrializado que consiste num composto para o preparo de bebida à base de café torrado e moído, com sabor caramelo; apresentado na forma de cápsula. Contém ainda leite em pó integral, açúcar, aromatizantes e emulsificante (lecitina de soja).

Café civeta – tipo de café, originário da Indonésia, produzido em regiões onde um animal, a civeta, alimenta-se dos frutos do cafeeiro, quando estes estão em seu ponto máximo de maturação. Uma vez ingerido o fruto, somente a casca e a porção gelatinosa são digeridas e absorvidas, os grãos (sementes) são eliminados com as fezes. Segundo a crença local, há mais de 200 anos, os grãos excretados são recolhidos, higienizados e então utilizados para torrar e moer. A bebida resultante apresenta melhor qualidade organoléptica em relação àquelas de processamento convencional.

Café expresso – bebida preparada pela passagem de água muito quente (mas não fervente) sob alta pressão pelo café torrado e moído. O café expresso tradicional, em máquina profissional, é feito sob a pressão de 9–10 atmosferas. É uma bebida de maior consistência que o café coado, de maior quantidade de sólidos dissolvidos por volume e sua medida geralmente realizada em doses (*shots*). O café expresso é quimicamente complexo e rico em compostos voláteis; muitos de seus componentes químicos se perdem por meio da oxidação ou por ação da temperatura. Um café expresso bem tirado possui três partes principais: coração, corpo e espuma. Sua característica mais marcante, a espuma, de cor semelhante ao caramelo-escuro, que permanece sobre a superfície da bebida, é composta por óleos vegetais, proteínas e açúcares.

Café expresso barista – produto industrializado que consiste num composto para o preparo de café que é constituído por um *blend* de grãos selecionados, dos tipos Arábica e Robusta, de alta torrefação, estilo café italiano.

Café *Latte Macchiato* – produto industrializado que consiste num composto para o preparo de bebida à base de café, torrado e moído, apresentado na forma de cápsula. Contém ainda leite em pó integral, açúcar, aromatizantes e emulsificante (lecitina de soja).

Café *Mocha* – produto industrializado que consiste numa mistura para o preparo de bebida à base de leite em pó integral, cacau, café solúvel, açúcar e emulsificante (lecitina de soja), apresentado na forma de cápsula.

Café *Opus 1 Exotic* – variedade de café que tem origem no tipo Arábica, produzida experimentalmente em Campinas (SP) e que apresenta uma menor concentração de cafeína – 1% contra o 1,7 a 2% das variedades convencionais.

Café *Ristretto Ardenza* – produto industrializado que consiste num composto para o preparo de café; constituído por um *blend* de grãos selecionados, dos tipos Arábica e Robusta, de sabor mais intenso com notas de alcaçuz e leve toque picante.

Café torrado em grão – endosperma (grão) beneficiado do fruto maduro de espécies do gênero *Coffea*, como *Coffea arabica* L., *Coffea liberica* Hiern, *Coffea canephora* Pierre (*Coffea robusta* Linden), submetido a tratamento térmico, até atingir o ponto de torra escolhido. O produto pode apresentar resquícios do endosperma (película invaginada intrínseca). Pode ser adicionado de aroma. Cada indústria de processamento de café tem um *blend* que resulta na qualidade balanceada de aroma, sabor e corpo. O *blend* pode ser feito com os grãos crus ou torrados.

Café torrado e moído – refere-se ao café torrado em grão que foi submetido a processo de moagem.

Café de jacu – tipo de café produzido no Espírito Santo, cuja produção se assemelha à do café civeta. Em fazenda produtora de café na região serrana, havia uma grande perda da colheita, que era consumida pelo jacu, ave comum nas florestas brasileiras. Dessa alimentação, restavam nas lavouras o chamado pé de moleque: fezes do jacu com os grãos de café intactos. Sabendo da existência do café civeta, o fazendeiro local resolveu experimentar o mesmo processo de recuperação dos grãos. O resultado foi satisfatório, e o café de jacu, um dos tipos de cafés denominados *gourmet* ou especiais, já aparece em cafeterias especializadas; a xícara da bebida é vendida por cerca de US$ 7,00.

Cafeína – alcaloide estimulante, encontrado em certas plantas, como café, erva-mate, chá, cacau, guaraná e cola. É extremamente solúvel em água quente, não tem cheiro e apresenta gosto amargo.

Café solúvel – produto resultante da desidratação do extrato aquoso obtido exclusivamente do café torrado por meio de métodos físicos, utilizando água como único agente extrator; produto pronto para consumo, solúvel em água ou leite quentes. Em 2005, passou à categoria dos produtos solúveis. Quanto à forma de apresentação, pode ser em pó e granulado, de cor castanho-escura, aroma e sabor próprios.

Caffè espresso – ver CAFÉ EXPRESSO.

Caipirinha – bebida alcoólica por mistura (coquetel) tipicamente brasileira, com teor alcoólico de 15 a 36% v/v, a 20 °C, obtida exclusivamente com aguardente de cana, acrescida de limão e açúcar. O limão poderá ser adicionado na forma desidratada. A cachaça, algumas vezes, pode ser substituída por vodca (*caipiroska*), por licor (caipirão), por rum (*caipiríssima*, marca registrada pela Bacardi) ou Steinhager (*caipinheger*), caipirinhas de saquê (saquerinha) ou vinho (caipivinho). Em Maringá (PR), a caipirinha recebe o nome de chimboca e difere da receita tradicional por ter mais açúcar e menos aguardente.

Cajuína – bebida artesanal, refrescante e muito apreciada na região Nordeste do Brasil, principalmente no Ceará e no Piauí. Foi inventada em 1900, pelo farmacêutico cearense Rodolfo Teófilo, que pretendia, com esse produto, combater o alcoolismo, pois acreditava que ela substituiria a cachaça. É obtida do suco de caju clarificado, não fermentado e não diluído, proveniente da parte comestível do pedúnculo da fruta (*Anacardium occidentale* L.). A clarificação do suco é feita normalmente pelo uso de gelatina, sendo o produto clarificado engarrafado e submetido a tratamento térmico. Durante o tratamento térmico, o produto adquire coloração amarelo-âmbar, originária da caramelização dos açúcares naturais presentes no suco do caju. A cajuína deve apresentar teor de sólidos solúveis superior a 10 °Brix e acidez total maior que 0,25% m/m, expressa em ácido cítrico. No Ceará, é chamada de mocororó.

Calaza – estrutura interna de ovos de aves e répteis e óvulos vegetais que liga ou suspende a gema ou núcleo dentro da estrutura maior.

Calda de açúcar – solução feita com água e açúcar utilizada em diversas preparações culinárias. De acordo com a proporção entre o açúcar e a água, e a destinação quanto ao uso, pode ser mais líquida ou mais densa. Essa variação de densidade é expressa em "pontos de calda". A identificação do ponto de calda pode ser subjetiva ou não e consiste na observação da espessura e no comportamento da calda sobre um utensílio, como uma colher, ou na determinação da concentração de sólidos solúveis (açúcares) pelo sacarímetro. Os pontos de caldas mais usados variam entre temperaturas de 101 °C a 145 °C. Calda rala, que adere levemente à colher, 101 °C; ponto de fio, quando, ao colocar-se uma gota da calda na ponta dos dedos, e estes se unirem e afastarem-se, esta gota formar um fio, a 103 °C; ponto de pérola, quando se forma uma bola na extremidade do fio que escorre da colher, a 108 °C; de bala mole ou ponto de estrada, quando a colher, ao passar na calda, deixa uma abertura que permite ver o fundo do tacho, a 110 °C; de voar, quando, ao soprarem-se os furos de uma escumadeira que foi passada na calda, observa-se a formação de bolhas que rebentam rapidamente, a 112 °C; de espadana, quando a calda escorre em fitas largas, a 117 °C; de bala dura ou ponto de quebrar, quando, ao colocar-se um pouco de calda em água fria, forma-se imediatamente uma bola consistente; ponto de caramelo, quando o açúcar ganha uma cor dourada e um cheiro característico, que se acentua com o tempo de processamento, a 140 °C. Outra classificação consiste na observação do comportamento da calda quando colocada num copo com água fria: fio fraco, quando a calda se mistura rapidamente com água, a 103 °C; fio forte, quando a calda demora um pouco para se misturar com a água, a 103,5 °C; pérola, quando a calda se deposita, espalhando-se no fundo do copo, e não se mistura com a água, a 105 °C; bala mole, quando a calda não se espalha e, quando retirada do copo, não cola nos dedos, formando uma bala macia, a 115 °C; bala dura, quando a calda não se espalha e, quando retirada do copo, não cola nos dedos, formando uma bala firme, a 121 °C; vidrado, quando a calda se solidifica, fazendo barulho de vidro quebrado, a 168 °C; caramelo, quando a calda adquire cor amarronzada, a 180 °C. As caldas podem ser aromatizadas com várias especiarias e vários aromas sintéticos. São usadas como base para certos doces e balas, para umedecer massas de bolos e tortas, para forrar fôrmas de pudins de frutas. Vários nomes são utilizados nas receitas para indicar os pontos de caldas desejados; reconhecê-los demanda experiência prática.

Calda de açúcar queimado – (ou calda caramelada) calda para cuja obtenção o açúcar pode ser caramelizado a seco e depois ser adicionado à água, ou pode ser colocado para cozinhar junto com a água até adquirir o tom caramelo e o ponto desejado. Essa solução de água com açúcar caramelizado é usada como acabamento de preparações doces, para forrar formas, para cobrir frutas, cremes e sorvetes. A densidade varia conforme o uso.

Caldo – líquido resultante do cozimento lento e prolongado de ossos, peles, espinhas e partes não aproveitáveis dos diferentes tipos de carnes, ou de hortaliças, na presença de condimentos como salsão, alho-poró, cebola, cheiro-verde, vinho e especiarias como o cravo e a canela. Para se extrair ao máximo o sabor e o aroma dos ingredientes, eles são colocados em água fria, e o aquecimento é feito lentamente; a temperatura deve ser mantida abaixo do ponto de fervura. Com a dissolução do colágeno das carnes, a preparação se torna gelatinosa. É coado e, assim, clarificado. A clarificação também pode ser feita com o acréscimo da clara de ovo, que age como adsorvente das impurezas. Geralmente, é usado como base para outros líquidos comestíveis, como sopas, sucos, molhos, podendo ser consumido puro ou com algum acompanhamento.

Caldo concentrado – caldo obtido por diversos métodos cujo preparo inclui condimentos, gordura vegetal hidrogenada, ervas aromáticas, sal, açúcar, além de outras substâncias. Os produtos podem ser pastosos ou ser apresentados na forma de tabletes ou em pó. Atualmente, encontram-se no mercado envelopes com o pó ou tabletes prensados em vários sabores: camarão, peixe, costela, picanha, carne, galinha, galinha caipira, legumes etc. Os diferentes tipos são usados em culinária para incrementar o sabor de ensopados, molhos, massas e outros.

Caldo de cana – (ou garapa) suco extraído na moagem da cana-de-açúcar. De cor verde-amarelada, é rico em sacarose, o que lhe confere gosto extremamente doce. Para quebrar a sua doçura, mói-se a cana junto com limão ou abacaxi. Seu teor de sólidos solúveis varia de 18 a 24 °Brix, de acordo com o estágio de maturação da cana-de-açúcar.

Caldo de carne – produto líquido resultante do cozimento de carnes, filtrado, esterilizado e envasado. O caldo de carne concentrado mas ainda fluido deve ser designado como extrato fluido de carne. O caldo de carne concentrado, até a consistência pastosa, deve ser designado como extrato de carne; e, quando condimentado, deve ser designado como extrato de carne com temperos.

Caldo de legumes – (ou de hortaliças) produto obtido pela cocção de hortaliças variadas, acrescidas de temperos, utilizado como base para sopas e molhos.

Caldo de ossos – preparado pelo cozimento prolongado de ossos picados e tostados. Contém cerca de 24% de gelatina.

Calibração – conjunto de operações que estabelece, em condições específicas, relação entre os valores indicados por um instrumento de medição, ou sistema de medição ou valores representados por uma medida materializada ou um material de referência e os valores correspondentes das grandezas estabelecidas por padrões.

Calor – termo associado à transferência de energia térmica de um sistema a outro – ou entre partes de um mesmo sistema – exclusivamente em virtude da diferença de temperaturas entre eles.

Calor de solução ou entalpia de solução – variação de entalpia associada com a adição de uma dada quantidade de soluto a uma certa quantidade de solvente.

Calor específico – grandeza física que define a variação térmica de determinada substância ao receber determinada quantidade de calor. Também é chamado de capacidade térmica mássica. É constante para cada substância em cada estado físico. Pode-se dizer que o calor específico caracteriza uma substância em um determinado estado físico.

Calor residual – calor que permanece nos alimentos ou no equipamento após ser desligado de sua fonte. Na cozinha, é o calor do forno após ser desligado; da panela, quando retirada da chama; do alimento aquecido.

Caloria – unidade de energia que não pertence ao Sistema Internacional de Unidades. Historicamente, a definição de caloria era a quantidade de energia necessária para elevar em 1 °C a temperatura de 1 g de água. Com a evolução das técnicas de medida, verificou-se que o calor específico não era constante com a temperatura, e por isso buscou-se padronizá-lo para uma faixa estreita, e a caloria foi, então, redefinida como o calor trocado quando a massa de 1 g de água passa de 14,5 °C para 15,5 °C. Mais uma vez, com a evolução da técnica, viu-se ser mais conveniente definir o joule como unidade de energia, abolindo, assim, a necessidade de se definir a caloria. De acordo com o Bureau Internacional de Pesos e Medidas, 1 caloria = 4,1868 joules.

Caloria vazia – expressão utilizada para identificar alimentos que fornecem elevado valor energético (calorias), com reduzido valor nutricional (ou quantidades nulas ou mínimas de outros nutrientes).

Calorimetria – parte da termodinâmica que tem por objetivo medir a quantidade de calor recebido ou desprendido por um corpo ou sistema quando estes sofrem uma variação física ou química.

Calorimetria diferencial de varredura – (ou calorimetria exploratória diferencial, ou, ainda, análise térmica diferencial) técnica utilizada para medir, em função da temperatura, a diferença do potencial elétrico ou fluxo de calor entre uma amostra e um material de referência por meio de um calorímetro diferencial.

Calpaínas – enzimas envolvidas no amaciamento da carne durante o armazenamento *post mortem* e na deterioração de géis de proteínas de peixe. Há dois tipos principais de calpaínas: uma com alta sensibilidade ao Ca^{2+} na variação milimolar (μ-calpaína) e uma com baixa sensibilidade ao Ca^{2+} na variação milimolar (m-calpaína). Atuam sobre as proteínas miofibrilares.

Calpastatinas – inibidores de proteases, presentes na carne, que agem sobre calpaínas e desempenham papel modulador da maciez da carne durante o armazenamento.

Campari – marca comercial de bebida de origem italiana, classificada como *bitter* ou aperitivo amargo, elaborada a partir de uma infusão com água destilada, álcool, açúcar e cerca de 60 ingredientes vegetais, incluindo folhas, flores, caules, raízes e frutos, em uma receita guardada em segredo absoluto. É envelhecido por 30 dias e, depois, filtrado, o que o torna transparente. De sabor doce-amargo, cor vermelha intensa e aroma de ervas e de frutos cítricos, é utilizado *on the rocks* e em coquetéis, com suco de laranja, água tônica e limão, entre outros.

Campilobacteriose – infecção de origem alimentar causada pelo *Campylobacter jejuni* que provoca diarreia (líquida ou com perda de sangue), febre, náuseas, vômito, dor abdominal, dor de cabeça, dor muscular. Os alimentos mais envolvidos em surtos são leite in natura, laticínios, carnes mal processadas (ave, bovino ovino, suíno), água contaminada com fezes. A bactéria *C. jejuni* é ubíqua, sendo amplamente distribuída nos diversos ambientes; habita o trato intestinal de animais domésticos e selvagens, em relação de patogenicidade ou de comensalismo.

Canelone – tipo de massa alimentícia com paredes grossas e formato tubular, com abertura larga, ideal para ser recheado com carne ou queijo.

Canjica – produto obtido após a separação da casca e do germe do milho. No processamento da canjica, os grãos passam pela etapa de limpeza e, posteriormente, são colocados nas máquinas degerminadoras, chamadas de "canjiqueiras", que fazem a remoção da casca e do germe; em seguida, a canjica é polida e embalada. No mercado, pode-se encontrar tanto canjica de milho branco como de milho amarelo, ou, ainda, mesclada. Ingrediente usado nas preparações chamadas "canjica", no Sudeste, e "mungunzá", no Nordeste.

Canjica especial – também conhecida como "canjica três", é o produto que contém, no mínimo, 80% em peso de grãos de milho inteiros ou pedaços de grãos e que ficam retidos numa peneira de 4 mm de diâmetro.

Canjica extra – conhecida também como "canjica quatro", é o produto que contém, no mínimo, 80% em peso de grãos inteiros ou pedaços de grãos e que ficam retidos numa peneira de 4,76 mm de diâmetro.

Canjica misturada – produto que não se enquadra nas categorias de canjicão, canjica extra e canjica especial.

Canjicão – canjica que contém, no mínimo, 80% em peso de grãos inteiros ou pedaços de grãos e que ficam retidos numa peneira de 5,66 mm de diâmetro.

Canjiquinha – (ou quirera) subproduto do beneficiamento do grão de milho, constituído em sua maior parte por milho quebrado. É utilizada no preparo de pratos doces e salgados.

Canned cream – ver *Creme de leite*.

Cantaxantina – pigmento vermelho do grupo dos carotenoides utilizado como aditivo alimentar na ração de frangos, para dar cor às penas e à gema dos ovos. Não é precursor de vitamina A.

Capa de filé – corte de carne bovina localizado sobre a ponta do contrafilé (quarto dianteiro do boi, logo após o acém). De textura desigual, é uma carne rija e que contém muitas nervuras.

Capacidade de retenção de água (CRA) – refere-se à capacidade que algumas moléculas proteicas têm de reter moléculas de água presentes no próprio alimento ou eventualmente adicionadas a este durante seu processamento. Influencia as propriedades sensoriais, como cor, textura, firmeza, dureza, suculência. Nas carnes, afeta, ainda, seu valor comercial, sua aptidão tecnológica. É afetada por todos os fatores que influenciam a desnaturação das proteínas.

Capacitância – capacidade de armazenamento de energia em forma de carga elétrica. Essa propriedade é utilizada no monitoramento da fermentação de cerveja, nas análises de composição de alimentos, para avaliar a deterioração da qualidade em óleos de fritura e a eficiência do envase.

Capeletti – (ou capelete) massa alimentícia de origem italiana, com formato de chapéu masculino, como um pequeno pastel, que pode ser recheada com carne, frango ou queijo. Quando pequenos, chamam-se *tortellini*, e os maiores, *tortellonis* ou *orecchionis*.

Capellini – massa alimentícia de origem italiana, em forma de fios longos e finos, conhecida como cabelo de anjo. Na culinária árabe, é conhecida como aletria, e na francesa, como *vermicelle*.

Cappuccino – produto industrializado que consiste num composto para o preparo de bebida à base de café, leite em pó integral, açúcar e emulsificante (lecitina de soja).

Capsaicina – princípio ativo presente na pimenta *chili* e outras espécies do gênero *Capsicum* (pimentas e pimentões), em parte responsáveis por suas características picantes.

Capsaicinoides – compostos bioativos de pimentas *chili* e outras espécies do gênero *Capsicum* (pimentas e pimentões), relacionados à capsaicina, em parte responsáveis por suas características picantes.

Capsantina – pigmento vermelho do grupo das xantofilas que ocorre em pimentas do gênero *Capsicum*. É o principal carotenoide do pimentão vermelho.

Capsicum – frutos do gênero *Capsicum*, também conhecidos como pimentas. O gênero contém várias espécies domesticadas, como a *Capsicum annuum* e a *C. frutescens* (pimenta-malagueta), além de centenas de variedades.

Característica sensorial – ver *Características organolépticas*.

Características organolépticas – propriedades dos alimentos que atuam sobre os sentidos humanos, estimulando ou não o seu consumo.

Caracu – marca comercial de cerveja do estilo *Stout*; encorpada, com aroma característico de malte torrado. Seu preparo não inclui filtração e, por isso, contém leveduras.

Caramelização – escurecimento não enzimático que ocorre quando açúcares são aquecidos a temperaturas acima de 120 °C ou tratados com ácidos ou bases, originando a cor marrom e o sabor característico.

Caramelo[1] – açúcar derretido e cozido até adquirir uma cor marrom característica. Também bala do tipo puxa-puxa feita com açúcar e leite, aromatizada com várias essências.

Caramelo[2] – um dos corantes mais usados pelas indústrias de alimentos para conferir cor do amarelo-palha ao quase negro. Há três categorias: corante caramelo, obtido pelo aquecimento do açúcar; corante natural, extraído de vegetais ou animais; e corante artificial, obtido por síntese.

Carbamato – grupo de pesticidas que inibem a atividade das colinesterases em insetos. Usado para o controle de insetos mastigadores e sugadores (especialmente pulgões, mosca branca e insetos que habitam o solo) em uma ampla variedade de frutas, hortaliças e cereais. Aldicarbe, carbaril e carbofurano são alguns exemplos.

Carbamato de etila – composto orgânico nitrogenado derivado da ureia que, na forma pura, existe como sólido cristalino branco ou incolor. Solúvel em água, álcool e éter, levemente solúvel em óleos. Possivelmente carcinogênico, entra na formulação de pesticidas, cuja comercialização é proibida no Brasil. É um contaminante químico presente em alimentos fermentados, como pão, iogurte, vinho, cerveja, bem como em bebidas destiladas, como uísque e cachaça.

Carboidrases – enzimas que hidrolisam polissacarídeos, como amido, celulose e pectinas.

Carboidratos – um dos maiores grupos de compostos orgânicos encontrados na natureza. São as mais abundantes e as mais econômicas fontes de energia para o homem. São poli-hidroxialdeídos, poli-hidroxicetonas, poli-hidroxiálcoois, poli-hidroxiácidos, seus derivados simples e polímeros desses compostos, unidos por ligações hemiacetálicas; são classificados em monossacarídeos (glicose, frutose, galactose), dissacarídeos (sacarose, lactose, maltose), oligossacarídeos (maltotriose, dextrinas) e polissacarídeos (amido, celulose).

Carbonilas – compostos orgânicos que contêm o grupo funcional R_1-CO-R_2, incluindo aldeídos e cetonas. Muitos são importantes compostos de aroma nos alimentos.

Carboxilesterases – enzimas que hidrolisam ésteres carboxílicos em álcoois e carboxilatos. Importantes para a remoção de grupos acetil a partir de hemiceluloses para formar substratos de carboidratos facilmente fermentáveis e modificar as propriedades de geleificação e outras propriedades reológicas de heteropolissacarídeos. Também envolvidas em alterações de aroma e sabor de vinhos e outras bebidas alcoólicas.

Carboximetilação – reação química que envolve a introdução de grupos carboximetil ($COOH$-CH_2-). Usada para alterar as propriedades físico-químicas e funcionais dos biopolímeros, incluindo amido e proteínas comumente encontradas em alimentos.

Carboximetilcelulose – substância derivada da celulose, normalmente apresentada na forma de carboximetilcelulose de sódio, muito solúvel em água, tanto a frio quanto a quente, na qual forma tanto soluções quanto géis. Como aditivo alimentar, pode ser usada como estabilizante, ligante, espessante, agente de corpo em produtos dietéticos, entre outras aplicações.

Carboxina – fungicida sistêmico e de contato aplicado a uma grande variedade de sementes, como cevada, milho, aveia, arroz, trigo e algodão. Classificado pela OMS como improvável de apresentar risco agudo em uso normal.

Carboxipeptidases – enzima proteolítica, classificada como metaloprotease, que requer o Zn^{2+} como cofator. É uma exoprotease digestiva encontrada no intestino humano.

Carcaça – corpo do animal abatido, sangrado, esfolado, limpo de couro, eviscerado, desprovido de cabeça, patas, rabada, glândula mamária (fêmeas), verga e testículos (macho). O corpo é dividido ao meio fazendo-se um corte longitudinal que abrange a coluna vertebral, a sínfise isquiopubiana e o externo. Após essa divisão, ainda são retirados os rins, gorduras em torno dos rins, a medula espinhal, o diafragma e seus pilares, e a ferida da sangria. A partir de então é chamado de carcaça.

Cardápio – menu, relação das preparações que compõem uma refeição. Também se refere à lista de ofertas de um serviço à la carte disponíveis para consumo, frequentemente seguida dos seus preços e, por vezes, com a descrição da sua composição.

Carga glicêmica (CG) – definida como o produto entre o índice glicêmico e a quantidade de carboidratos ingeridos, fornece uma indicação de glicose disponível para energia ou armazenamento após uma refeição contendo carboidratos.

Carne – refere-se ao tecido muscular dos animais, incluindo o homem. É formada principalmente por proteínas, gorduras e água. Esse tecido é usado como alimento para os animais carnívoros e onívoros. Refere-se a todas as partes comíveis dos animais comestíveis – mamíferos, aves, peixes, moluscos, crustáceos, répteis, batráquios, quelônios, insetos. Alguns autores classificam as carnes em vermelhas e brancas; outros as classificam em função de sua origem, incluindo-se nesse grupo as carnes de mamíferos (bovina, suína e ovina), as de aves (frango, pato, peru, ganso, avestruz), as de pescados (peixes, camarão, lagosta, ostras), as de caça (animais não domésticos). Há ainda aqueles que consideram que as carnes são categorizadas quanto à espécie e quanto ao tipo de corte. O Regulamento de Inspeção Industrial e Sanitária de Produtos de Origem Animal (Riispoa) define carnes como "massas musculares maturadas, e demais tecidos que as acompanham, incluindo ou não a massa óssea correspondente, que procede de animais abatidos sob inspeção veterinária".

Carne bovina – produto da bovinocultura de corte comercializado *in natura* e resfriado, refrigerado, maturado e congelado. As carcaças são subdivididas em cortes, pedaços que incluem um ou mais músculos, com ou sem ossos e cartilagens. Essa subdivisão varia com padrões estabelecidos em cada país ou região. A maciez dos cortes depende da sua posição no animal, bem como das condições operacionais antes e após o abate e, naturalmente, dos métodos de pré-preparo e cocção. Os atributos de qualidade se referem aos aspectos que atraem o consumidor, à qualidade gustativa, à qualidade nutricional, à segurança (quando os parâmetros de qualidade se relacionam a aspectos higiênico-sanitários e à presença ou não de contaminantes químicos, como resíduos de pesticidas). A gordura presente nesses cortes é de cor amarelada, mais ou menos intensa; a carne marmorizada tem a gordura distribuída entre as fibras musculares. A cor é um dos principais parâmetros que definem a qualidade da carne no momento de sua aquisição; a da carne bovina é de um vermelho acentuado, devido à proteína mioglobina. Na aquisição de cortes refrigerados de bovino, é importante considerar os seguintes aspectos: cor vermelha, superfície brilhante e sem limosidade, lisa e úmida, firme, fibras facilmente visíveis, gordura firme, aroma característico. As embalagens dos cortes congelados devem ser íntegras e não devem ter acúmulo de líquidos ou cristais de gelo na superfície do produto. Os cortes maturados são embalados a vácuo, e, por isso, sua coloração é vermelho-escura. Após a abertura da embalagem, suas características são idênticas às da carne resfriada. Os rótulos devem conter as informações sobre tipo de carne, sexo do animal, corte, data de fabricação, validade e temperatura de armazenamento. As carnes congeladas devem ser mantidas em temperatura de −18 °C. O descongelamento das carnes deve ser realizado em refrigeração. As carnes refrigeradas devem ser armazenadas em temperaturas em torno de 4 °C, não ultrapassando a temperatura de 6 °C. O tempo de validade dependerá da qualidade inicial do produto e do cumprimento das temperaturas de armazenamento de acordo com as recomendações descritas anteriormente.

Carne branca – designação dada às carnes de aves e de pescados em função do teor de mioglobina (0,05%) presente nos músculos desses animais, menor que o das carnes vermelhas (1,5 a 2,0%).

Carne cozida – produto obtido de carne das diferentes espécies animais, desossada ou não, com adição ou não de ingredientes, e submetida a processo térmico específico.

Carne de aves – parte muscular comestível das aves domésticas de criação – galetos, frangos, galinhas, galos, peru, pato, pombos, gansos, perdizes, codornas, faisões, galinhas-d'angola e outras, abatidas, aptas à alimentação humana por inspeção veterinária oficial, antes e depois do abate. Também se refere às carnes de aves de caça.

Carne de bubalino – provém de animais rústicos, porém dóceis e de fácil criação, que se adaptam a vários climas e situações de pastagem e alimentação. No Brasil, são quatro as raças reconhecidas pela Associação Brasileira de Criadores de Búfalos, distribuídas em todas as regiões e, de forma mais significativa, na região Norte: Murrah (produtora de leite); Carabao (produtora de carne); Jafarabadi e Mediterrâneo (produtoras de carne e de leite). A carne de búfalo tem aparência similar à carne bovina, porém, a gordura é totalmente branca. O índice de gordura intramuscular é muito menor do que o da carne bovina, e, ao retirar-se a gordura extramuscular, obtém-se uma carne magra e saudável. O sabor e a forma de preparo são similares ao da carne bovina.

Carne de caça – carne obtida de animais da fauna silvestre, com sabor característico de cada espécie e com a predominância da cor vermelho-escura. O sabor e o aroma podem ser muito fortes; por isso, para se suavizarem essas características, a carne de caça geralmente é marinada antes da cocção. O baixo teor de gordura pode atrair consumidores, mas pode torná-la mais rígida. As carnes de animais de caça podem estar infestadas com larvas de *Trichinella spiralis* e, por isso, devem ser bem cozidas, evitando o risco de triquinose.

Carne de caprino – carne obtida do abate de cabras; magra e macia. Após o abate e a limpeza, a carcaça é dividida em pernil, lombo, paleta, serrote e pescoço, e, frequentemente, utiliza-se a carcaça inteira. Na aquisição desse produto, deve-se verificar a textura da carne, que deve ser untuosa e macia; a massa muscular, compacta e firme; a gordura, branca; e o cheiro, suave e agradável. Se não for congelada, deve ser consumida no período máximo de 2 ou 3 dias, se mantida em temperatura de refrigeração (até 6 °C).

Carne de coelho – considerada carne de caça. A carne é de cor clara, textura macia e sabor muito agradável.

Carne de javali – tem sabor próprio, exótico, típico de animais de caça; não apresenta as estrias gordurosas presentes na carne de suíno e tem uma cor vermelha forte, mais escura que a de porco doméstico e muito mais saborosa.

Carne de ovino – carne saborosa e de baixo custo de produção; textura muito firme, rija, sabor levemente adocicado; sua gordura tem sabor acentuado e provoca certa rejeição entre os consumidores, requerendo preparo mais cuidadoso e a escolha dos animais mais novos.

Carne de sol – jabá, carne de vento, carne do sertão; produto típico da região Nordeste brasileira. Seu processamento é feito logo após o abate do animal. Geralmente, são usadas as partes mais macias: patinho, alcatra e coxão mole, e a técnica é artesanal. Os cortes são ligeiramente salgados e, depois, colocados para secar em local coberto e ventilado, que permite uma secagem gradual e controlada. O antigo nome, carne de vento, expressa melhor o processo pelo qual esse produto é processado. As principais alterações que ocorrem no processo são a perda de peso, como consequência da perda de umidade, e a de componentes solúveis; mudanças na cor e no sabor, modificações na fração de gordura que se oxida, produzindo ranço em graus variados, dependendo das condições de manuseio. O sabor e a textura são muito apreciados pelos consumidores. É um alimento perecível, e, no momento da compra, é importante estar atento às características organolépticas e às condições de comercialização do produto. A cor é amarronzada porque, no processo de salga e secagem, o ferro presente na mioglobina do músculo é oxidado, originando um novo pigmento, denominado metamioglobina.

Carne de vento – ver CARNE DE SOL.

Carne DFD (*Dark, Firm and Dry Muscle*) – (ou *dark cutting* ([carne escura]); carne escura, firme e seca. De menor qualidade, pois apresenta sabor e cor indesejáveis, e está mais sujeita à deterioração. Animais (principalmente bovinos) que passam por estresse antes do abate apresentam redução no teor de glicogênio muscular, resultando em menor produção de ácido lático e, consequentemente, menor redução de pH no *post mortem*; assim, a carne que deveria ter um pH entre 5,4 e 5,7 apresenta pH entre 5,9 e 6,6. O pH mais elevado propicia maior desenvolvimento microbiano na superfície da carne, menor desnaturação da mioglobina; mantém o ferro da mioglobina em estado reduzido, e o músculo apresenta textura firme devido à maior retenção de água intracelular, resultando numa carne seca, firme e escura.

Carne *dry aged* – tipo de carne obtida pela maturação a seco. O processo consiste em preparar os cortes e armazená-los sem embalagem protetora, em temperaturas de refrigeração, por uma a cinco semanas, para permitir a ocorrência dos processos enzimáticos e bioquímicos naturais que levarão à obtenção de uma carne macia e de sabor único, levemente amanteigado.

Carne maturada – carne que se diferencia da convencional por suas características organolépticas, principalmente relacionadas à maciez, ao aroma e ao sabor. Refere-se ao amaciamento que ocorre após o *rigor mortis*, durante o armazenamento refrigerado (temperatura próxima a 0 °C), a vácuo, por um período aproximado de 15 dias, suficiente para que ocorram importantes mudanças químicas e estruturais que vão influenciar a maciez da carne. Sua vida de prateleira é de 30 dias, se mantida sob refrigeração. A coloração de carnes maturadas permanece inalterada, enquanto permanecer embalada a vácuo, mas volta ao normal quando da retirada da embalagem.

Carne mecanicamente separada – produto obtido da remoção da carne dos ossos que a sustentam, após a desossa de carcaças de aves, de bovinos, de suínos ou de outras espécies autorizadas pelo Mapa, utilizando meios mecânicos que provocam a perda ou modificação da estrutura das fibras musculares.

Carne mecanicamente separada de pescado – produto congelado obtido de pescado, que envolve a retirada da cabeça, a evisceração e a separação mecânica da carne das demais estruturas inerentes à espécie, como espinhas, ossos e pele.

Carne *Pale, Soft and Exudative Muscle* (PSE) – alteração que ocorre quando os animais (especialmente suínos) são submetidos a um estresse intenso, que leva a uma rápida redução do pH da carne (devido ao rápido consumo de glicogênio e à rápida acumulação de ácido lático), que, associado a problemas de dissipação de calor, resulta em uma carne pálida (devido à desnaturação das proteínas musculares), extremamente mole e exsudativa (baixa capacidade de retenção de água – CRA, e hidrólise do endomísio). Os fatores que desencadeiam esse problema são a predisposição genética, o elevado metabolismo ou a susceptibilidade ao estresse; o estresse pré-abate (temperatura, som, umidade, pressão atmosférica, nutrição inadequada, choque, medo, luz, fadiga, outros) e combinações de todos esses fatores.

Carne reestruturada – produto elaborado a partir de porções cárneas cortadas em pedaços mais ou menos espessos/grossos que são triturados e reduzidos a uma pasta fina que pode ser apresentada como produto cru, pré-cozido ou cozido.

Carne-seca – ver CHARQUE.

Carne suína – (ou carne de porco); obtida de linhagens melhoradas geneticamente, criadas em condições higiênicas, com alimentação balanceada e acompanhamento por técnicos especializados em todas as fases da criação. O resultado é um suíno com pouca gordura e que produz uma carne deliciosa, nutritiva e saudável. Sua cor deve ser rosada; sua superfície, lisa, úmida e brilhante, e firme ao ser pressionada; deve apresentar aroma característico. As carnes congeladas devem ser mantidas em temperatura de −18 °C. O descongelamento das carnes deve ser realizado sob refrigeração. As carnes refrigeradas devem ser armazenadas sob temperaturas em torno de 4 °C, não ultrapassando a temperatura de 6 °C. A vida de prateleira dependerá da qualidade inicial do produto e do cumprimento das temperaturas de armazenamento.

Carne temperada – produto cárneo obtido dos cortes ou de carnes das diferentes espécies animais, condimentado.

Carne verde – expressão utilizada em várias regiões do Brasil para se referir à carne do animal recém-abatido.

Carne vermelha – antiga designação dada às carnes de mamíferos – bovina, suína, ovina, caprina, equina, leporina, cetácea e de caças – por apresentarem maior teor de mioglobina em seus tecidos.

Carnes exóticas – denominam-se assim as carnes de certos tipos de animais silvestres, entre aves, mamíferos, répteis e outros, de uso pouco comum.

Carotenoides – pigmentos cuja cor varia do amarelo ao vermelho, passando pelo laranja. São classificados em dois grupos: carotenos e xantofilas.

Carotenos – pigmentos orgânicos cujas cores variam entre o vermelho e o laranja. Quimicamente, são membros da família dos terpenoides. São formados por quarenta átomos de carbono e um número variável de duplas ligações conjugadas, que lhes confere a propriedade de absorver a luz visível em diferentes comprimentos de onda. Alguns carotenos são precursores de vitamina A. Amplamente presente em frutas, hortaliças e folhosos de cor verde escura. Também presente na gema do ovo.

Carotenoides provitamina A – pigmentos produzidos por organismos fotossintéticos que atuam como precursores da vitamina A. Os carotenoides provitamina A, como o β-caroteno, são convertidos em vitamina A no intestino pela enzima β-caroteno mono-oxigenase.

Carragena – (ou carragenana) produto extraído das algas vermelhas da família das rodofiáceas, comum nas costas de diversos países. A extração se faz após lavagem e trituração das algas, que resulta em um pó branco ou bege, de largo uso na indústria de alimentos. É usada para várias funções de acordo com a sua aplicação: geleificação, espessamento, estabilização de emulsões, estabilização de proteínas, suspensão de partículas, controle de fluidez e retenção de água.

Carré – (ou carrê) denominação dada ao corte do lombo com osso (de suínos e caprinos), inteiro ou cortado em pedaços, obtido a partir das massas musculares aderidas às bases ósseas do lombo, com serragem transversal de aproximadamente 5 cm do comprimento das costelas das vértebras torácicas correspondentes. É uma carne mais tenra e magra.

Carta blanca – rum de coloração branca, transparente, que não passou pelo processo de envelhecimento em barricas de carvalho; apresenta características refinadas de aroma e sabor; suave, cristalino, apropriado para a elaboração de coquetéis.

Carta oro – rum envelhecido em barricas de carvalho, cuidadosamente selecionadas, por mais de oito anos. Após o envelhecimento, seu sabor é suave, rico, com notas de ameixa, damasco, noz-moscada, completo, com um final longo e expansivo; sua cor é dourada.

Caruncho – designação dada aos insetos que atacam grãos armazenados.

Carvão – combustível obtido pela queima controlada da madeira e ainda muito utilizado na cocção de alimentos em fogões e churrasqueiras.

Carvão ativado – forma amorfa de carvão elementar, particularmente o carvão vegetal, tratada com ácido ou calor, para melhorar seus poderes de adsorção. Tem várias aplicações na tecnologia de alimentos, englobando a purificação de água potável (remoção de cor, odor, sabor), descoloração de solução de açúcar, redução de congêneres da vodca e sorção de resíduos de pesticidas em vinhos.

Carvão vegetal – tipo de carvão amorfo, geralmente impuro, produzido por carbonização (combustão incompleta) da madeira ou outro material orgânico. Pode ser usado como adsorvente (carvão ativado) ou como combustível para assados, produzindo um sabor característico, por exemplo, em churrasco.

Casa de farinha – local onde se produz a farinha de mandioca. As raízes são descascadas, lavadas, trituradas, prensadas, secas ou torradas, peneiradas e embaladas. Na casa de farinha são preparadas a farinha de mandioca fina ou granulada, o polvilho e o beiju.

Cascabulho – termo utilizado para designar a casca de vários frutos e sementes; a palha do milho; cachaça.

Caseína – principal grupo de proteínas do leite. Sua concentração está entre 24 e 28 g/l, representando 80% do total das proteínas, sendo que os 20% restantes constituem as proteínas do soro. A caseína é uma proteína polimórfica, sendo classificada em α_s-caseínas, β-caseínas, γ-caseínas e κ-caseínas; todas elas encontram-se ligadas ao fosfato de cálcio, formando um complexo esférico altamente hidratado, conhecido como micela de caseína, cujo diâmetro varia de 30 a 300 nm.

Caseína ácida – caseína produzida por precipitação ácida do leite em seu ponto isoelétrico, pH 4,7. A acidificação pode ser alcançada por adição direta de um ácido ou mediante a ação de bactérias produtoras de ácido lático.

Caseína alimentar – produto separado por ação enzimática ou por precipitação, mediante acidificação do leite desnatado em pH 4,7, lavado e desidratado por processos tecnologicamente adequados.

Caseinato de sódio – sal sódico de caseína empregado em uma ampla variedade de alimentos como fonte de proteína ou para melhorar algumas propriedades funcionais, como capacidade de ligação da água, capacidade emulsificante, capacidade clareadora e capacidade de batedura.

Caseinatos – sais formados pela precipitação ácida da caseína do leite seguida de neutralização e secagem. Alguns caseinatos, como os de potássio, sódio e de cálcio, são de uso amplo como ingredientes alimentares devido a suas propriedades funcionais (agentes ligantes, emulsificantes) e nutricionais (suplementos proteicos).

Catalases – enzimas que decompõem H_2O_2 em H_2O e ½ O_2. No leite, o conteúdo de catalase é elevado no colostro e diminui em 4 a 5 dias após o início da lactação; também está relacionada com a saúde do úbere, pois existem bactérias produtoras de catalase. A catalase é destruída por aquecimento a 75 °C por 60 segundos.

Catchup – tipo de molho agridoce com base em polpa de tomate e condimentos diversos. Segundo a Anvisa, *catchup* é o produto elaborado a partir da polpa de frutos maduros do tomateiro (*Lycopersicum esculentum* L.), podendo ser adicionado de outros ingredientes, desde que não o descaracterizem.

Catecol – composto fenólico presente em alimentos de origem vegetal. Pode ser oxidado pelo oxigênio do ar ou pela enzima polifenol oxidase para formar quinonas, que também sofrem oxidação e dão origem a pigmentos marrons de elevado peso molecular. Tem atividade antioxidante.

Catecol oxidases – enzimas que têm o cobre como cofator e que catalisam a oxidação de ortodifenóis em ortoquinonas. Conhecidas como difenol oxidases, fenolases, polifenol oxidases e tirosinases. Esse grupo de enzimas está envolvido no escurecimento enzimático em frutas, hortaliças e grãos de cereais.

Catecolaminas – aminas biogênicas fenólicas que ocorrem nos tecidos de plantas e animais. Algumas, como a adrenalina e a noradrenalina, agem como hormônios, e os elevados níveis desses compostos no pré-abate (resultantes do estresse) podem estar associados à má qualidade da carne. A oxidação aeróbica das catecolaminas na presença de catecol oxidases resulta em formação de melaninas e, portanto, de escurecimento de alimentos vegetais.

Catepsinas – grupo de enzimas importantes para o processo de amaciamento da carne durante a maturação, com subsequentes efeitos sobre as suas propriedades organolépticas. Atuam sobre as proteínas miofibrilares e colágeno.

Catetê – espuma formada durante a cocção do dendê para a extração do óleo. Retirada da superfície, é preparada como uma espécie de torresmo e servida como aperitivo.

Cátion – elemento químico ou molécula que perdeu um ou mais elétrons, que migram para eletrodos com carga negativa (cátodos).

Cavatelli – tipo de massa alimentícia de origem italiana, em formato alongado e oco.

Caxiri – bebida alcoólica obtida da fermentação da mandioca, típica de comunidades indígenas do território brasileiro. Originalmente, a sacarificação do amido era feita por insalivação ou por meio de beiju embolorado, e a fermentação, por meio de fermentos selvagens. Em função do contato com o homem europeu, o método tradicional de produção foi alterado, incorporando novas tecnologias de produção e novas matérias-primas. Essa bebida não está definida pela legislação brasileira.

Celobiose – açúcar redutor composto de duas moléculas de glicose unidas por ligação glicosídica β-1,4. Embora a celobiose livre não seja encontrada na natureza, ela pode ser preparada a partir da hidrólise da celulose pelas enzimas celulases.

Celulases – enzimas que catalisam a hidrólise das ligações glicosídicas internas β-1,4 das celuloses e β-D-glucanos de cereais. São produzidas comercialmente a partir de vários fungos e bactérias e têm muitas aplicações na indústria alimentícia: no processamento de frutas e hortaliças, cerveja, vinho; na panificação, na produção de hidrolisados de proteína de soja e na hidrólise das celuloses, antes da fermentação etanólica.

Celulose – polímero de cadeia longa composto por um só monômero, a glicose; classificado como polissacarídeo. É um dos principais constituintes das paredes celulares dos vegetais, junto com a lignina, a hemicelulose e a pectina, constituindo o grupo das fibras alimentares, com papel importante no peristaltismo intestinal. É insolúvel em água e não é digerida pelo organismo humano.

Celulose microcristalina – preparada a partir da celulose natural, após purificação. A hidrólise em condições controladas libera microcristais celulósicos estáveis, que são compostos de feixes firmes de cadeias de celulose em um arranjo linear rígido. Tem sido amplamente utilizada como aditivo alimentar com diversas funções: controlador de viscosidade, agente de geleificação, modificador de textura, estabilizador de suspensão, desengordurante, inibidor na formação de cristais de gelo, estabilizador de formas, absorvente de água, emulsificador. Recentemente, tem sido aplicada como fonte de fibra alimentar na indústria alimentícia.

Centrífuga – equipamento cujo funcionamento se baseia no uso da força centrífuga (de inércia), que é obtida por meio da rotação de um eixo. É utilizada para separar substâncias de densidades diferentes, como leite e creme de leite, ou como as partículas sólidas da parte líquida de sucos de frutas e hortaliças; ou, ainda, na separação de leveduras na indústria de cerveja e álcool.

Centrifugação – processo de separação que usa a força centrífuga gerada pela rotação de um eixo para sedimentar sólidos em líquidos ou para separar líquidos imiscíveis de diferentes densidades.

Centro de Energia Nuclear na Agricultura (CENA) – vinculado à Universidade de São Paulo, é um instituto fundado em 1966 por docentes da Esalq/USP com a missão de difundir o conhecimento científico e tecnológico e contribuir para a melhoria da produção de alimentos saudáveis. É composto por três divisões científicas: a Divisão de Funcionamento de Ecossistemas Tropicais (DVECO), que desenvolve estudos tanto em ecossistemas ainda pouco modificados quanto naqueles nos quais a presença humana afetou os processos naturais; a Divisão de Produtividade Agroindustrial e Alimentos (DVPROD), que desenvolve estudos relacionados a biologia celular, biologia molecular e indução de mutações, enquanto o programa de produção e conservação de alimentos inclui estudos com isótopos em nutrição de plantas e fertilidade do solo, manejo e conservação da água e do solo, nutrição e reprodução de animais e uso de radiação ionizante em controle e quarentena de pragas e na higiene e conservação de alimentos; e a Divisão de Desenvolvimento de Métodos e Técnicas Analíticas e Nucleares (DVTEC), que desenvolve métodos e técnicas analíticas e nucleares direcionadas para as áreas agronômicas e ambiental.

Centro térmico – centro geométrico do alimento. A medida de temperatura realizada nesse ponto é indicadora da eficiência de processos como pasteurização, refrigeração e congelamento, entre outros.

Cera – produto pertencente ao grupo químico dos lipídeos; éster de um ácido orgânico de cadeia longa e um álcool de cadeia longa. As ceras são classificadas de acordo com sua origem: animal (cera de abelha), vegetal (cera de carnaúba) e mineral (cera de petróleo). São encontradas nas superfícies de animais e vegetais, para prevenir a perda de água ou para repeli-la. Na tecnologia de alimentos, elas são usadas para recobrir a superfície de frutas, a fim de retardar a sua desidratação durante o armazenamento.

Cera de abelha – substância secretada pelas glândulas cerígenas das abelhas e utilizada para construção de favos, realeiras e como constituinte da própolis. Na apicultura, é utilizada para o desenvolvimento de colônias; na medicina, é usada, em combinação com outros produtos, nas doenças de pele.

Cera de carnaúba – extraída da folha da carnaúba, palmeira endêmica do semiárido da região Nordeste do Brasil; é aplicada na superfície de pisos, móveis e automóveis, para conferir brilho e proteção.

Cereais matinais – produtos industrializados constituídos por uma mistura de farinhas (de milho, trigo e/ou arroz, conforme o produto) com outros ingredientes, incluindo ou não vitaminas e minerais. São comercializados na forma de flocos secos e tostados; alguns tipos recebem uma cobertura contendo açúcares e substâncias complementares. São utilizados em mistura com leite ou com frutas, no café da manhã ou em lanches.

Cereais processados – produtos obtidos a partir de cereais que foram laminados, cilindrados, rolados, inflados, flocados, extrudados, pré-cozidos e/ou por outros processos tecnológicos considerados seguros para a produção de alimentos, podendo conter outros ingredientes, desde que estes não descaracterizem os produtos. Podem apresentar cobertura, formato e textura diversos.

Cereal – refere-se às sementes ou às plantas cujos grãos servem de base à alimentação. Esse termo tem origem no nome da deusa romana da agricultura: Ceres. Os seus beneficiamento e industrialização proporcionam uma variedade de derivados de uso específico. O mercado oferece os grãos em sua forma in natura, descorticados, subdivididos em granulações variadas, sob a forma de farinhas e amidos. Sua utilização na alimentação é ampla, incluindo, além de pratos doces e salgados, pães, massas, farofas, cremes, sopas.

Certificação – segundo o *Codex Alimentarius*, é um procedimento por meio do qual órgãos oficiais de certificação e aqueles oficialmente reconhecidos proporcionam garantia escrita ou equivalente de que os alimentos ou sistemas de controle de alimentos estão em conformidade com os requisitos. A certificação de alimentos pode estar baseada numa série de atividades de inspeção que podem incluir inspeção contínua, auditoria de sistemas de qualidade e exame dos produtos.

Certificação de conformidade – documento emitido por uma instituição independente que garante que determinado produto/alimento foi obtido de acordo com procedimentos e técnicas de produção que satisfazem um conjunto de normas estabelecido, reconhecido pelos consumidores e outros agentes da cadeia produtiva.

Certificação de Produção Integrada de Frutas (PIF) – documento que atesta a garantia da sustentabilidade da produção agrícola, enfatizando o enfoque holístico do sistema, envolvendo a totalidade ambiental como unidade básica e o papel central do agroecossistema, o equilíbrio do ciclo de nutrientes, a preservação e a melhoria da fertilidade do solo e a manutenção da diversidade ambiental como componentes essenciais do ecossistema, métodos e técnicas biológicas e químicas cuidadosamente equilibradas, levando-se em conta a proteção ambiental, o retorno econômico e os requisitos sociais.

Certificação de produção/produto orgânico – certificação de conformidade de que o produto está isento de contaminação por produtos químicos e que foi obtido por técnicas de manejo apropriadas, visando a recuperar e manter a qualidade do meio ambiente, as funções biológicas do solo e a capacidade nutricional dos alimentos.

Certificação de sistema de Análise de Perigos e Pontos Críticos de Controle (APPCC) – certificação que vem sendo exigida pelos importadores de alimentos e é considerada pelo *Codex Alimentarius* como a melhor ferramenta de gestão da segurança dos alimentos. Prevê que os elementos de um sistema de gestão estão baseados nos princípios de APPCC, incorporando elementos da NBR ISO 9001 (sistemas de gestão da qualidade), e ISO 15161 (*Guidelines on the application of ISO 9001:2000 for the food and drink industry*). A ideia principal é auxiliar as organizações a focarem nas etapas do processo e nas condições da produção que são críticas para a segurança dos alimentos.

Certificação de sistemas de gestão da qualidade ISO 9000 (NBR 9001:2000) – de caráter voluntário, tem como objetivo comprovar a conformidade de processos, produtos e serviços às normas nacionais, regionais e internacionais. Esse certificado é usado como forma de agregar valor aos produtos e/ou serviços, ou de satisfazer exigências dos clientes. Não trata diretamente da qualidade do produto, mas atesta que este é produzido segundo um processo controlado e que cumpre determinadas especificações, que minimamente devem cumprir os requisitos legais.

Certificação *Dolphin Safe* – certificação utilizada nos Estados Unidos, América na Central e na Europa, que indica que a pesca de atum é seletiva – com vara, linha e anzol –, capturando apenas o atum, não atingindo os golfinhos.

Certificação *Japanese Agricultural Standards* (JAS) – certificação voluntária que atesta que o produto foi elaborado de acordo com seus padrões de qualidade, que compreendem o processo de fabricação, o controle de ingredientes permitidos, a qualidade higiênica, dentre outras características. A certificação de produtos pode ser realizada por organismos privados credenciados ao Ministério de Agricultura, Silvicultura e Pesca do Japão (MAFF), ou por organismos estatais, ou pelo próprio fabricante, caso ele seja acreditado por um organismo independente.

Certificação para cestas de alimentos e similares – mecanismo formal de avaliação da conformidade desempenhado no âmbito do Sistema Brasileiro de Avaliação da Conformidade (SBAC), com caráter obrigatório a todas as empresas que produzem cestas de alimentos para comercialização nos mercados interno ou externo. Além das cestas para alimentação do trabalhador, devem ser certificadas as cestas de alimentos para venda ao consumidor nos supermercados e as cestas de Natal.

Certificado – documento que atesta diferentes características do produto e sugere ao consumidor que esse produto apresenta um ou mais atributos de qualidade. Certificados ou selos de qualidade são fornecidos por um organismo certificador que verifica e controla o produto, atestando os atributos presentes por meio do uso de ferramentas de avaliação da conformidade e tornando-os visíveis ao consumidor pela presença de um logotipo ou símbolo.

Certificado de produção orgânica – segundo a legislação, um sistema orgânico de produção agropecuária e industrial é todo aquele em que são aplicadas técnicas específicas que adotam a otimização do uso dos recursos naturais e socioeconômicos disponíveis e o respeito à integridade cultural das comunidades rurais. Objetiva a sustentabilidade econômica e ecológica, a maximização dos benefícios sociais, a minimização da dependência de energia não renovável, em qualquer fase do processo de produção, processamento, armazenamento, distribuição e comercialização, e a proteção do meio ambiente.

Cerveja – bebida alcoólica fermentada cujas matérias-primas são a água, o malte e o lúpulo. A água é o principal ingrediente, sob o ponto de vista quantitativo; o malte é fonte de cor, aroma e sabor e de açúcares para a fermentação, e o lúpulo confere aroma e gosto amargo. Como fermento, são utilizadas cepas de *Saccharomyces cerevisiae* (alta fermentação) e *Saccharomyces pastorianus* (baixa fermentação). A legislação brasileira permite que parte do malte seja substituída por adjuntos amiláceos (milho e arroz, principalmente) ou açucarados (xarope de maltose, sacarose). Tomando por base o agente fermentativo, as cervejas podem ser classificadas em três grandes grupos: alta fermentação, baixa fermentação e *lambic* (fermentos selvagens). O processo de produção é praticamente o mesmo para todos os tipos de cervejas e inclui moagem do malte, mosturação, fermentação do mosto, maturação da cerveja, clarificação, carbonatação, engarrafamento e pasteurização. A temperatura da cerveja influencia a experiência de degustação, porque altera o funcionamento dos receptores gustativos da língua. Temperaturas baixas permitem que cervejas leves como as *Pale Lagers* sejam apreciadas por seu frescor, enquanto temperaturas mais elevadas permitem que sabores e aromas mais complexos de uma cerveja estilo *Ale* sejam percebidos. Recomendam-se os seguintes intervalos de temperatura para o consumo dos variados estilos de cerveja: bem gelada (de 0 a 4 °C) para as *Pale Lagers*, cervejas sem álcool e qualquer cerveja que tenha o objetivo de refrescar; gelada (de 5 a 7 °C) para as cervejas de trigo claras, *Lambics* de fruta e *Gueuzes*; fresca (de 8 a 12 °C) para as *Pale Ale, Amber Ale*, cervejas de trigo escuras, *Porter, Helles, Vienna, Tripel* e *Bock* tradicional; temperatura de adega (de 13 a 15 °C) para as *Quadrupel, Strong Ales* escuras, *Stout, Doppelbock, Barleywine* e a maioria das cervejas de alto teor alcoólico.

Cerveja *Abbey* – originalmente, cerveja produzida em mosteiros, por monges trapistas belgas; atualmente, é fabricada fora dos mosteiros, em cervejarias industriais, mas sendo respeitadas as receitas originais. Atualmente, o termo *trapista* indica Denominação de Origem Controlada (DOC), isto é, indicador de origem.

Cerveja artesanal – no Brasil, o termo "artesanal" tem dupla significação: cerveja produzida em microcervejaria (*craft brew*) ou cerveja produzida em casa (*home brew*). Nos países de língua inglesa, existem palavras específicas para caracterizar cada tipo de produção. A produção de cerveja em microcervejaria se faz de forma industrial, mas em escala reduzida, com fabricação em torno de mil litros por batelada; a bebida pode ser comercializada em barris, na forma de chope (cerveja não pasteurizada), ou acondicionada em garrafas ou latas (cervejas pasteurizadas). Já a produção caseira envolve pequenas produções, geralmente em torno de 20 a 50 litros por batelada; a cerveja normalmente é acondicionada em garrafas de vidro, onde sofre uma refermentação, visando-se à sua carbonatação (*primming*), podendo ou não ser pasteurizada; não é comercializada legalmente.

Cerveja condimentada (SHV) – quando condimentada com especiarias (S), ervas (H) e vegetais/hortaliças (V). A cerveja-base pode ser de qualquer estilo; os condimentos devem conferir notas de aroma e sabor que complementem o estilo, não devendo apresentar um caráter dominante.

Cerveja de sorgo – bebida de origem africana que é produzida artesanalmente há séculos. A partir dos anos 1980, quando na Nigéria foi proibida a importação de malte para a fabricação de cerveja, as cervejarias iniciaram vários testes usando o sorgo e enzimas específicas como base para a produção dessa bebida. Os resultados foram satisfatórios não apenas porque a qualidade da cerveja produzida foi considerada excelente, mas também porque os agricultores africanos passaram a produzir esse vegetal, muito bem aclimatado à região, obtendo melhora econômica importante. A cerveja produzida é do tipo *Lager*, e seu custo é menor pela facilidade de obtenção da matéria-prima. Como o sorgo não tem glúten, sua cerveja pode ser consumida pelos que possuem alergia a essa proteína.

Cerveja do tipo *Ale* – produzida a partir de malte, geralmente de cevada, de fermentação alta, e especialmente popular na Grã-Bretanha e na Irlanda. De coloração dourada, passando pela acobreada profunda até chegar à preta. Inclui as *Mild, Bitter, Pale Ale, India Pale Ale, Porter* e *Stout*. A fermentação alta, realizada entre 15 °C e 24 °C, no período de 3 a 5 dias, realça os sabores mais complexos, frutados e lupulados, podendo ser distinta entre os diferentes fabricantes, com características que variam entre o doce e o amargo e coloração que também varia da clara à escura. São cervejas mais encorpadas e fortes. Podem ser muito ou pouco carbonatadas.

Cerveja do tipo *Lager* – originária da Baviera (Alemanha), no século XIV, é o tipo de cerveja mais comum em todo o mundo. É um produto de baixa fermentação ou fermentação a frio (de 6 a 12 °C), com graduação alcoólica geralmente entre 4 e 5% e coloração clara (*Pale*

Lager). As cervejas do tipo *Lager* mais comuns são a *Pilsner* (*Pilsener* ou *Pilsen*), originária da Tchéquia, no século XIX. São caracterizadas por um lúpulo acentuado no aroma e sabor. Existem dois tipos de produtos que se diferenciam quanto à origem: a *Bohemian/Czech Pilsner*, representada pelas marcas *Pilsner Urquell* e *Budweiser Budvar/Czechvar*, ambas tchecas, e a *German Pilsner*, representadas pelas cervejarias *Bitburger, Warsteiner, Konig Pilsener, Spaten Pils*. As cervejas *Dark Lager* são as de cor escura. O tipo mais comum, facilmente encontrado no Brasil, é o *Munchner Dunkel*, de cor escura e avermelhada e sabor maltado, produzida originalmente em Munique; é suave, com aromas que remetem ao café e ao chocolate e ao malte tostados.

Cerveja especial – de fabricação diferenciada, cujos ingredientes são específicos para seu estilo. De maneira geral, esse tipo de bebida é produzido com matérias-primas de melhor qualidade, podendo ou não conter aditivos alimentares intencionais, ou, ainda, podendo seguir receitas antigas e tradicionais. Termo usado para as cervejas produzidas em microcervejarias.

Cerveja extrema – bebida que apresenta sabores diferenciados, produzida em épocas determinadas ou que estão em vias de extinção, além de outros atributos específicos de sabor, aroma e teor alcoólico.

Cerveja *fruit beer* – cerveja que contém frutas em sua formulação; as frutas são adicionadas geralmente durante a fermentação. Na criação de uma *fruit beer*, parte-se de um estilo-base ao qual se adiciona a fruta, cujo aroma e sabor não deve sobrepor ao estilo original, mas enriquecê-lo com notas da fruta. O termo *fruit beer* não deve ser usado para coquetéis de frutas ou fermentados de frutas, conhecidos erroneamente como *vinhos de frutas*.

Cerveja *Lambic* – estilo medieval obtido por fermentação espontânea. À base de malte de cevada, trigo não malteado e lúpulo envelhecido e oxidado, não é inoculada, ficando a fermentação por conta dos agentes naturais, encontrados somente numa pequena área ao redor de Bruxelas, Bélgica. Durante a fermentação, que pode durar até dois anos em barris de carvalho, ocorre uma sucessão de populações de bactérias e leveduras selvagens, sendo que alguns fermentos produzem álcool, enquanto outros secretam ácidos (acético e lático, principalmente). O equilíbrio das notas doces do malte não é feito com o amargor do lúpulo, mas, sim, com a acidez produzida na fermentação. Atualmente, a cerveja Lambic é ácida, seca, envelhecida, complexa, frutada, podendo ser adoçada; nesse caso, o açúcar é usado para mascarar as notas selvagens da cerveja.

Cerveja *rauchbier* – cerveja de origem alemã produzida com malte defumado. Pode ser de qualquer estilo, mas, geralmente, é uma *Lager* de médio teor alcoólico. Esse estilo harmoniza bem com carnes defumadas e pratos fortes.

Cerveja sem glúten – de produção recente, elaborada principalmente com sorgo, trigo-sarraceno e painço. Um dos cuidados na aquisição desse tipo de cerveja está nas diversas interpretações da legislação, uma vez que, em cada país, o significado da afirmação *gluten free* pode ser uma bebida com traços de glúten ou livre de glúten. Esse tipo de cerveja é apropriado para as pessoas portadoras da doença celíaca, as quais apresentam reação alérgica no seu trato digestivo à proteína do glúten.

Cerveja trapista – fabricada em pequena quantidade no interior de mosteiros trapistas da Bélgica e da Holanda. Atualmente, a

International Trappist Association (ITA), entidade criada com o propósito de definir as regras do estilo e proteger o nome do uso abusivo por parte de outras marcas, possui como membros apenas sete abadias trapistas, seis na Bélgica (Westvleteren, Chimay, Orval, Achel, Westmalle e Rochefort) e uma na Holanda (Koningshoeven). A entidade criou, também, um selo de identificação que só pode ser utilizado em produtos trapistas autênticos. A cerveja trapista não é um estilo propriamente dito, mas todas apresentam características comuns: são de alta fermentação, não são pasteurizadas, não recebem aditivos químicos; o açúcar é usado como adjunto na fervura do mosto, e as cervejas são carbonatadas mediante refermentação na garrafa. Ainda, são produzidas dentro da propriedade de um mosteiro; os monges determinam as diretrizes e os meios de produção, e os lucros são destinados para atender às necessidades dos mosteiros e para serviços sociais. Cervejas semelhantes, vinculadas a uma ordem religiosa, devem ser denominadas "cervejas de abadia".

Césio-137 (^{137}Cs) – isótopo radioativo de césio formado como um dos mais comuns produtos de fissão nuclear do urânio-235 (^{235}U) e outros isótopos fissionáveis em reatores nucleares. Possui 30 anos de meia-vida, é solúvel em água e produzido em reatores (produto de fissão).

Cetona – composto orgânico que possui o grupo carbonila (C = O) em um carbono secundário da cadeia, ou seja, entre dois átomos de carbono. Muitas cetonas são importantes compostos aromáticos em alimentos e bebidas.

Cevada – gramínea da espécie *Hordeum vulgaris* L. Seu grão é usado nas alimentações humana e animal; junto com o malte, é utilizada como fonte de extrato em alguns estilos de cerveja.

Cevada torrada – grão beneficiado, submetido ao processo de secagem e torrefação. Pode ser adicionado de aroma, exceto aroma de café.

Chá – o termo *chá* é usado para identificar a planta, o produto obtido do beneficiamento da planta e a bebida. De acordo com a legislação brasileira, chá é a bebida obtida pela maceração, infusão ou percolação de folhas e brotos de várias espécies de chá do gênero *Camellia* (*Camellia sinensis* e outras), de folhas, hastes, pecíolos e pedúnculos de erva-mate da espécie *Ilex paraguariensis* ou de outros vegetais, podendo ser adicionado de outras substâncias de origem vegetal e de açúcares. Ainda, o produto obtido de folhas e brotos de várias espécies de chá do gênero Camellia (*Camellia sinensis* e outras) poderá ser denominado chá verde, chá preto ou chá branco, de acordo com o processo tecnológico utilizado na fabricação da bebida. Ou, ainda, o produto obtido de folhas, hastes, pecíolos e pedúnculos de erva-mate da espécie *Ilex paraguariensis* poderá ser denominado de mate ou chá-mate. Quando de outra espécie vegetal, a palavra "chá" deverá ser seguida do nome popular da espécie. Quando o produto for misto, a designação será feita pela expressão "chá" seguida dos nomes populares das espécies que o caracterizam em ordem decrescente das quantidades empregadas, ou, ainda, chá misto. Quando forem adicionadas espécie(s) vegetal(ais) complementar(es) para conferir sabor definido diferente do original, deve constar na designação do produto a expressão "com..." seguido do(s) nome(s) do(s) ingrediente(s) complementar(es) que conferiu(ram) o sabor. O mesmo procedimento deve ser observado quando se adicionarem aroma(s) natural(ais) diferente(s) do original. Quanto à presença de cafeína, podem ser do tipo integral, quando o produto apresentar em sua composição cafeína na concentração própria da espécie vegetal, e descafeinado, quando o produto apresentar no máximo 0,10% de cafeína própria da espécie vegetal.

Chá amarelo – *Huang Cha*; o nome do chá advém da cor da bebida. Produto cujo processamento é similar ao do chá verde; porém, nesse caso, as folhas úmidas de *Camellia sinensis* repousam por mais tempo na secagem, tomando uma cor amarelo-esverdeada e desenvolvendo aroma e sabor característicos, mais suave e sem a nota herbal que caracteriza o chá verde. O chá amarelo, geralmente de alta qualidade, tem recebido o título de chá imperial.

Chá aromatizado – chá que recebeu uma grande variedade de produtos de espécie(s) vegetal(ais) complementar(es) que conferem características de sabor e aroma diferentes da bebida original.

Chá branco – infusão preparada com brotos foliares de *Camelia sinensis* que foram colhidos manualmente, meticulosamente secos e que não sofreram os efeitos de oxidação. Pelo fato de os brotos serem minimante processados, a bebida resultante é delicada e refrescante.

Chá de frutas – infusão feita com frutas secas; normalmente à base de maçã, pêssego, laranja, abacaxi, morango, framboesa, groselha etc. No mercado, esses chás são apresentados na forma mista (duas ou mais frutas), podendo ainda conter flores e aromas naturais; geralmente, são comercializados em sachês.

Chá de *rooi* – bebida obtida da infusão do arbusto *rooibos* ou *Aspalathus linearis*, natural das Montanhas Cederberg, a cerca de 200 km da cidade do Cabo, na África do Sul. Desse arbusto, conhecido como *red bush*, galhos e folhas são colhidos, cortados em pedaços, lavados e deixados para oxidar (8 a 24 h). Essa oxidação desenvolve as características de sabor refrescante, doce e amendoado. A bebida tem uma coloração vermelha e possui baixo percentual de cafeína.

Chá *honeybush* – infusão feita com folhas, flores, pedaços de caules oxidados e secos, de *Cyclopia intermedia*; planta de crescimento espontâneo, originária da África do Sul na região de Fynbus, perto do Cabo da Boa Esperança. Durante a oxidação, o material é revolvido para que a cor passe do verde para um castanho-avermelhado, o que resulta em uma bebida de coloração que vai do dourado ao vermelho.

Chá *oolong* – produto originário da China, situado entre o chá verde e o chá preto em termos de oxidação; possui sabor mais próximo ao do chá verde, não apresenta o aroma róseo adocicado do chá preto e também não tem o aroma herbal do chá verde. As folhas de *Camellia sinensis* são processadas de duas formas diferentes: podem ser enroladas ou comprimidas para tomar a forma de esferas. Preparado como bebida forte, o amargo característico deixa um retrogosto adocicado. É um dos mais famosos chás chineses.

Chá preto – bebida tradicional chinesa, obtida pela infusão de folhas de *Camellia sinensis*. Nesse caso, a oxidação e a secagem das folhas são feitas por um período mais prolongado, resultando num produto seco de cor preta, que vai resultar numa bebida de coloração âmbar-avermelhada e sabor diferenciado.

Chá verde – chá tradicional chinês feito a partir da infusão da erva *Camellia sinensis*. Nesse caso, a etapa de oxidação é suprimida do processamento das folhas; em função disso, tanto o produto seco como a bebida apresentam coloração mais clara em relação ao chá preto. A preparação do chá verde difere um pouco dos chás tradicionais. A água não deve estar fervendo, pois, do contrário, as folhas acabam sendo cozidas, proporcionando um gosto amargo à bebida. O tempo de infusão também não deve ser maior que 3 minutos.

Chá de formosa – bebida preparada com folhas de *Camellia sinensis*, com oxidação intermediária, entre a do chá verde e a do chá preto. O oolong é o mais famoso chá de formosa.

Chalcona – polifenol da classe dos flavonoides. Quimicamente, uma cetona aromática que ocorre em plantas e derivados (frutas, raízes, flores, grãos, chás e vinhos) utilizados na alimentação humana; apresenta atividade farmacológica como antioxidante, anti-inflamatório, ansiolítico, anticonvulsionante e antinociceptiva.

Chá-mate – bebida obtida da infusão das folhas, hastes, pecíolos e pedúnculos da planta *Ilex paraguariensis*, conhecida como erva-mate, que ocorre naturalmente na região Sul do Brasil, no Norte da Argentina e no Paraguai. O chá-mate apresenta aroma e sabor característicos, cor âmbar, sendo rico em cafeína e polifenóis.

Chambrer – armazenar/ambientar o vinho na temperatura em que será servido.

Champanha – (champanhe ou *champagne*) espumante ou espumante natural, é o vinho cujo gás carbônico provém exclusivamente de uma segunda fermentação que ocorre na garrafa (método *Champenoise*/tradicional) ou em grandes recipientes (método *Chaussepied/Charmat*), com pressão mínima de 4 atmosferas a 20 °C e com teor alcoólico de 10 a 13% v/v.

Chamuscar – passar em chama aves depenadas ou pequenos animais, após retirar a camada superficial da pele, para eliminar penugens e pequenos pelos. É um dos métodos utilizados também para a retirada de peles de tomates e pimentões.

Chapa – peça redonda, quadrada ou retangular feita de ferro, frequentemente com cabo, utilizada para assar vários tipos de preparações à base de carnes, massas, frutas e hortaliças.

Chaptalização – prática enológica que consiste na adição de açúcar (normalmente sacarose na forma cristalizada) ao mosto em fermentação quando este se apresenta pobre em açúcares naturais. Permitida apenas em alguns países, onde é prevista em lei. Essa técnica visa a assegurar ao vinho o teor alcoólico desejado. A denominação é devida a Jean-Antoine Chaptal, químico francês do século XVIII, que propôs essa técnica.

Charcutaria – produtos provenientes da carne de porco – salame, linguiça, salsicha, salsichão, presunto, copa etc.

Charque – produto obtido de carne bovina, com adição de sal e submetido a processo de dessecação.

Chavão – molde, ou carimbo com molde decorativo, de metal, usado na confeitaria para aplicar enfeites em bolos e biscoitos.

Cheddarização – processo aplicado à fabricação de queijo escaldado. O coalho prensado é cortado em pedaços, que são cobertos e deixados por 6 a 10 h, em temperatura de 15 a 20 °C, período em que o coalho se torna elástico e desenvolve cor amarelada e sabor característico.

Chemiser – envolto, envolvido; o alimento é cozido envolto em papel de culinária (papel-manteiga), massa especial ou folhas de vegetais. Refere-se também a quando se passam caramelo ou geleia, ou colocam-se biscoitos (como nas charlotes) nas paredes do recipiente.

Cherry brandy – licor de coloração vermelha fabricado a partir de destilado de uva ou de frutas e saborizado com cerejas.

Chester – (*Gallus gallus*) ave desenvolvida por método de melhoramento genético. Possui coxas e peito desenvolvidos, com 70% da carne localizada nessas partes; apresenta carne com pouca gordura.

Chicle – látex insolúvel e pegajoso que flui do tronco do sapotizeiro, usado como ingrediente na fabricação de gomas de mascar ou chiclete.

Chifonar – cortar hortaliças folhosas em tiras finas. As folhas são enroladas juntas, formando um cilindro, e, assim, são cortadas em tiras finas. É semelhante ao corte da couve para a preparação de couve à mineira (*chiffonade*).

Chinois – passador de metal todo perfurado, de feitio cônico, com uma alça, lembrando o típico chapéu chinês. É utilizado como coador para sopa, molho, óleo, mosto de cerveja. É também chamado de "passador chinês", sendo encontrado em diversos tamanhos.

Chips – fatia fina de alimentos, geralmente batatas. O termo é empregado com frequência para se referir especificamente a batatas *chips*, no Reino Unido, e para batatas crocantes (crispy), nos Estados Unidos e na Europa Continental.

Chlorella – microalga de água doce, rica em clorofila. A *Chlorella pyrenoidosa* é usada como complemento alimentar, sob a forma de cápsulas ou em pó.

Chococino – produto industrializado que consiste numa mistura para o preparo de bebida achocolatada à base de leite em pó integral, cacau, açúcar, canela, aromatizantes e emulsificante (lecitina de soja).

Chococino caramel – produto industrializado que consiste numa mistura para o preparo de bebida achocolatada com sabor caramelo, à base de leite em pó integral, cacau, açúcar, canela, aromatizantes e emulsificante (lecitina de soja).

Chocolate – produto obtido a partir da mistura de derivados de cacau (*Theobroma cacao* L.), massa (ou pasta ou licor) de cacau, cacau em pó e/ou manteiga de cacau, com outros ingredientes, contendo, no mínimo, 25% (g/100 g) de sólidos totais de cacau. O produto pode apresentar recheio, cobertura, formato, composição e consistência variados. A legislação determina as porcentagens de cacau, de sólidos de leite e do tipo e quantidade de gordura utilizada, que pode ser a manteiga de cacau, manteiga de leite ou gordura vegetal. Favas de cacau são adquiridas de várias partes do mundo e podem produzir massa (pasta ou licor) de um único tipo ou *blend* que formam uma mistura de sabor específico. O chocolate, na forma sólida, pode ser classificado em função do teor de cacau no produto: a) chocolate amargo ou chocolate puro, feito com os grãos de cacau torrados, adicionado de açúcar e sem adição de leite, com as variações extra-amargo (75 a 85% de cacau), amargo (50 a 75%) e meio amargo (35 a 50%), de uso principalmente na confeitaria, caracterizando-se pela cor escura e pelo paladar amargo; b) chocolate ao leite, quando inclui o leite em pó ou o leite condensado em sua formulação, os teores de cacau estão entre 30 e 40%; c) chocolate branco, quando preparado com manteiga de cacau, leite, açúcar e lecitina, podendo ser acrescentados aromas como o de baunilha; é o mais doce e de textura bem cremosa; d) cobertura, quando rico em manteiga de cacau; é utilizado principalmente na confeitaria; e) diet, quando o açúcar é substituído por edulcorantes/adoçantes dietéticos.

Chocolate à base de soja – feito a partir de uma mistura de manteiga de cacau, extrato de soja (leite de soja), licor de cacau e outras substâncias responsáveis pelo aroma, pelo sabor e pela estabilidade do produto. Não contém lactose e não contém glúten na sua composição.

Chocolate branco – produto obtido a partir da mistura de manteiga de cacau com outros ingredientes, contendo, no mínimo, 20% (g/100 g) de sólidos totais de manteiga de cacau; podem ser acrescentados aromas como o de baunilha; é mais doce e de textura bem cremosa, encontrado com vários recheios, coberturas, formatos e consistências variadas.

Chocolate cobertura – (ou coberturas de chocolate) produto em estado sólido ou líquido, preparado com massa ou pasta de cacau, manteiga de cacau e açúcar, com composição característica ao tipo de chocolate a que se refere (amargo, ao leite ou branco). Existem, ainda, coberturas que contêm em sua formulação gorduras sucedâneas da manteiga de cacau e que, por isso, não podem ser denominadas de chocolate cobertura. O alto índice de manteiga de cacau lhe dá a propriedade de derreter com facilidade. Na culinária, facilita o acabamento e o brilho nas coberturas. É comercializado em três tipos: meio amargo, branco e comum (ao leite).

Chocolate com calorias reduzidas – ver *CHOCOLATE LIGHT.*

Chocolate de alfarroba – produto derivado da alfarroba, vagem da alfarrobeira. A semente presente na vagem é torrada e moída, obtendo-se, assim, um pó; tem menor índice de gordura e um alto teor de açúcares naturais, além de ser rica em fibras; não contém cafeína, glúten e lactose na sua composição. A textura e o sabor se assemelham aos do chocolate, mas não é um chocolate, do ponto de vista legal.

Chocolate *diet* – produto obtido pela substituição do açúcar por edulcorantes/adoçantes dietéticos.

Chocolate hidrogenado – preparado com gordura hidrogenada em substituição à manteiga de cacau. É um produto de custo mais acessível, que derrete mais facilmente, mas com sabor e textura inferiores aos dos chocolates feitos com manteiga de cacau.

Chocolate *light* – produto obtido pela redução de algum nutriente específico ou do valor energético. Nesse caso, é preciso consultar a tabela nutricional, na embalagem, para saber se essa redução é conveniente para a dieta do consumidor.

Chope – cerveja não pasteurizada, normalmente acondicionada em barris e servida sob pressão diretamente em copos ou canecas altas, gelada e com espuma. Por não ser pasteurizado, o chope deve ser armazenado e servido sob refrigeração. Seu prazo de validade é pequeno: no barril, cerca de 10 dias; após abrir o barril, não mais que 24 horas. Para se manter a qualidade da bebida, os cuidados com a higienização das chopeiras e a maneira correta de tirar o chope são fundamentais.

Choque térmico – processo físico pelo qual o equilíbrio térmico é modificado mediante a alteração brusca da temperatura (abaixamento e/ou elevação) em curto espaço de tempo.

Cianetos – popularmente conhecidos como cianuretos; são sais, ésteres ou ânion (CN^-) do ácido cianídrico (HCN); podem ser extremamente tóxicos.

Cianidina – pigmento de coloração vermelha do grupo das antocianinas (polifenol), solúvel em água, presente em vegetais como cereja, uva, morango, amora, figo, cacau, repolho roxo, açaí, entre outros.

Ciclamato de sódio – edulcorante não nutritivo, sintético, com conteúdo calórico irrelevante.

Não mascara o sabor das frutas. Nos Estados Unidos, durante a década de 1950, foi empregado na fabricação de bebidas carbonatadas, em combinação com a sacarina. É termoestável e solúvel em água. É 30 vezes mais doce que a sacarose. Normalmente, é usado junto com sacarina, aspartame, acessulfame-K, sucralose, alitame e esteviosídeo, por sua ação sinérgica.

Ciclodextrinas – dextrinas que contêm seis (α), sete (β) ou oito (γ) unidades de glicose na forma de um anel. Podem se associar a uma variedade de substâncias e são, portanto, usadas como agentes complexantes, particularmente na forma de beta-ciclodextrina. São utilizadas na indústria de alimentos como emulsificantes e estabilizantes, para complexar compostos indesejáveis (mascarar componentes de aroma e sabor indesejáveis, remoção de ácidos graxos livres e colesterol), para proteger das oxidações químicas (compostos de aromas e compostos fenólicos) e para aumentar a solubilidade de compostos de aroma lipofílicos (encapsulação de voláteis, liberação controlada de sabores).

Ciência dos alimentos – área multidisciplinar que envolve a química, bioquímica, microbiologia e estuda a natureza e os aspectos técnicos dos alimentos, desde a colheita ou abate até o seu consumo.

Cincho – molde cilíndrico com fundo perfurado usado para enformar queijos. Ou, ainda, a caixa cilíndrica com orifícios, em que se coloca a azeitona moída para submetê-la à pressão. Ou, ainda, a fôrma cilíndrica, sem fundo, que serve para assar determinados tipos de pães e bolinhos.

Cinestésico – efeito relativo às sensações táteis de texturas, ardor e temperatura dos alimentos.

Cinzas – conteúdo mineral presente nos alimentos, determinado pela combustão da amostra em condições definidas.

Ciprinocultura – ramo da piscicultura voltado para a criação de espécies de peixes conhecidos como carpas (*Cyprinus carpio*).

Cisalhamento – fenômeno de deformação ao qual um corpo está sujeito quando as forças que agem sobre ele provocam um deslocamento em planos diferentes, mantendo o volume constante. Refere-se às características de viscosidade de molhos, coberturas de bolos; de textura/dureza em carnes, biscoitos, pão, *snacks*, massas extrudadas; de consistência de purês, de alimentos infantis, entre outras

Cisticercose[1] – infestação parasitoide de origem alimentar causada pela *Taenia saginata* (solitária dos bovinos), com sintomas indefinidos que variam entre insônia, fome, anorexia, perda de peso, dores abdominais, náuseas, vômitos, cólicas e diarreia, podendo ser letal. Carne bovina e fezes humanas, bem como ingestão de carnes contaminadas com ovos e larvas, são as principais fontes, e a carne crua ou malpassada *é* o principal alimento envolvido em surtos.

Cisticercose[2] – infestação parasitoide de origem alimentar causada pela *Taenia solium* (solitária dos suínos), com sintomas indefinidos, que variam entre insônia, fome, anorexia, perda de peso, dores abdominais, náuseas, vômitos, cólicas e diarreia, podendo ser letal. Porcos domésticos, animais silvestres como javali, fezes humanas, bem como ingestão da carne desses animais contaminada com ovos e larvas são as principais fontes, e a carne crua ou malpassada *é* o principal alimento envolvido em surtos.

Cisto – forma transmissível dos protozoários por meio dos alimentos que é inerte e resistente no ambiente fora do hospedeiro, similarmente aos esporos bacterianos, porém, menos resistentes ao calor. Uma vez que o cisto, pelo alimento, teve acesso ao corpo de um novo hospedeiro, ele se transforma em uma forma ativa, o trofozoíto, que se divide e multiplica-se.

Clara – (albúmen ou albume) fluido aquoso que contém várias proteínas, com diferentes valores de viscosidade; seu pH varia de 7,6 a 7,9 no ovo fresco, podendo chegar a 9,7, de acordo com o tempo e a temperatura de armazenamento. Suas principais proteínas são as albuminas (ovoalbumina, conalbumina, ovomucoide) e as globulinas (lisozima, ovoglobulina, ovomucina e avidina), entre outras. Esse fluido envolve a gema e tem a função de mantê-la centralizada e protegê-la contra impactos. Quando crua, a clara é translúcida, tornando-se opaca (branca) após exposição ao calor (cocção).

Claras em neve – (ou em castelo) estrutura formada pelo batimento das claras de ovos. Esse processo físico desnatura as globulinas, que se tornam capazes de se ligar às moléculas de água, de reter o ar, formando uma dispersão de bolhas de ar, caracterizando as espumas formadas, mais ou menos secas e firmes. Acrescentadas a massas leves, atuam como agentes de crescimento. Em cremes, dão leveza e corpo à preparação. São várias as utilizações para as claras batidas em espuma, e, para cada finalidade, há um ponto de batimento, que vai do ponto de espuma ao ponto de neve com picos firmes.

Clarete – vinho que se situa entre o *rosé* e o tinto; apresenta coloração mais intensa que o *rosé* e menos tanino que o tinto. Tem sua origem na região de Bordeaux (França), sendo originalmente fabricado com as variedades Merlot e Cabernet. Apresenta cor rosa-escura ou vermelho-clara, sabor frutado, fácil de beber, usado como aperitivo. A temperatura de serviço pode ser a do *rosé* (8 a 12 °C).

Clarificar – processo utilizado para purificar líquidos, pela remoção dos sólidos em suspensão.

Classificação – operação unitária que visa a agrupar o alimento em função da sua qualidade global determinada por meio dos seus principais atributos físicos, químicos, microbiológicos, sensoriais e legais. A seleção pode ser parte da classificação, mas nunca o inverso.

Climatérico – expressão usada para definir os frutos que amadurecem depois de colhidos, como é o caso da banana, do mamão, do abacate, do caqui, do melão, do pêssego, da maçã, da pêra, do kiwi, da nectarina, da ameixa, do tomate, entre outros. Ao contrário, os frutos não climatéricos não amadurecem depois de colhidos, devendo ser colhidos maduros; são eles: uva, laranja, limão, morango, melancia, abacaxi, carambola, cereja, romã, figo, amora, coco, framboesa, pimenta-doce etc. Ver *Fruto climatérico* e *Fruto não climatérico*.

Cloretos – sais de ácido clorídrico; o mais comum é o sal de cozinha (NaCl) utilizado como flavorizante, conservante e agente formador de volume.

Cloro (Cl) – átomo do grupo dos halogênios. O cloro e seus compostos têm forte atividade antimicrobiana e são usados na indústria de alimentos como desinfetantes e agentes esterilizantes.

Clorofila – pigmento verde responsável pela captação da luz solar durante a fotossíntese; presente em todos os vegetais; insolúvel em água e solúvel em solventes orgânicos. A insolubilidade da clorofila em água se deve à sua natureza apolar; ela está protegida por moléculas de proteínas e de lipídeos. A clorofila é muito suscetível às variações provocadas pela mudança de pH, pela ação do calor e da luz, pela presença de oxigênio, de metais e de enzimas.

Cloroplastos – organela (plastídio) que encerra a clorofila em uma estrutura interna complexa, geralmente formada por vários conjuntos interligados de lamelas dispostas em pilha, presente na maioria das células de plantas e algas verdes.

Clostrídio sulfito redutor a 46 °C – parâmetro de qualidade microbiológica que indica uma potencial presença de *Clostridium perfringens* em carne de aves de corte. Essa bactéria causa toxi-infecção tanto em frangos (enterite necrótica) como no homem (gangrena gasosa e enterotoxemia).

Club soda – bebida considerada o primeiro refrigerante do mundo, criada há mais de dois séculos por *Jacob Schweppe*. Destaca-se pelo seu toque amargo e sabor sofisticado. Basicamente, é água gaseificada elaborada pela dissolução, sob pressão, de dióxido de carbono na água, o que torna a bebida efervescente. Da reação entre o dióxido de carbono e água, tem-se o ácido carbônico (instável), que confere à água um sabor ligeiramente ácido.

Coadjuvante de processo – substância ou material não consumido como ingrediente alimentar e usado intencionalmente no processamento de alimentos e bebidas, com objetivos tecnológicos.

Coagulação – processo de aglutinação e precipitação da fase dispersa de uma solução, geralmente, por adição de agentes específicos, produzindo material em estado sólido ou semissólido.

Coagulação do leite – refere-se à coagulação da proteína do leite (caseína), por ação enzimática ou por ação de ácido (adição de ácido ou produção de ácidos por bactérias láticas), ou a combinação de ambos.

Coagulantes – substâncias ou agentes que causam a coagulação ou precipitação de sólidos em uma solução.

Coagular – promover a coagulação mediante modificações que ocorrem na estrutura da cadeia proteica quando os alimentos são submetidos ao calor, à agitação ou à presença de substâncias ácidas, enzimas, entre outros fatores.

Coágulo – massa sólida formada pela coagulação de proteínas. Na tecnologia do leite, massa de caseína decorrente da coagulação do leite por ação de ácido ou enzimas. Outras proteínas do leite (proteínas do soro) permanecem na fase aquosa (soro).

Coalescer – fundir duas gotas de uma emulsão em uma única.

Coalhada – produto obtido pela fermentação natural do leite por micro-organismos naturalmente presentes ou pela fermentação do leite pasteurizado ou esterilizado, por culturas láticas, mesófilas, em culturas puras ou mistas, produtoras de ácido lático. A coalhada tem sabor mais suave que os demais leites fermentados.

Coalhos animais – proteinases presentes no abomaso de jovens ruminantes (bezerros, borregos) e usadas para a coagulação do leite durante a fabricação de queijos. Compreende uma mistura da enzima principal, quimosina e pepsina; a proporção das duas enzimas afeta as propriedades finais dos queijos.

Coalhos microbianos – enzimas produzidas por micro-organismos, geralmente fungos, que são usadas como substitutos de coalhos animais na coagulação do leite na fabricação de queijo.

Coalhos vegetais – enzimas proteolíticas extraídas de vegetais, como papaína, bromelina, ficina e cardosina. A cardosina é extraída da flor do cardo e usada como coagulante na fabricação dos queijos Serra da Estrela (Portugal) e La Serena (Espanha).

Coar – fazer passar um líquido através de um pano, algodão, papel filtro ou peneira, com o intuito de separar os sólidos insolúveis presentes.

Cobalamina, metilcobalamina, adenosilcobalamina, hidroxicobalamina ou cianocobalamina – vitamina B_{12}; é uma vitamina hidrossolúvel envolvida no metabolismo. É encontrada em carnes vermelhas, laticínios e alguns peixes. Desempenha papel essencial no funcionamento do sistema nervoso e das células sanguíneas.

Cobalto-60 (^{60}Co) – radioisótopo produzido artificialmente em reatores nucleares. Possui 5,26 anos de meia-vida, perfil metálico não solúvel em água, produzido em reatores $^{59}Co+n= {}^{60}Co$).

Cobbler – coquetel servido em copo alto, feito com vinho, uísque ou rum, açúcar e gelo, ornamentado com menta ou uma fatia de limão ou laranja.

Coca-Cola – refrigerante gaseificado, de consumo mundial, elaborada com xarope de cola e outros ingredientes. Sua fórmula é mantida em segredo, embora existam várias bebidas de cola com sabor semelhante. Em 1885, o farmacêutico John Stith Pemberton registrou o tônico French Wine Coca; sua criação não alcoólica foi dirigida para fins medicinais, em 1886, na cidade de Atlanta, nos Estados Unidos. Sua longa história inclui muitos fatos e interferências que deram como resultado uma bebida conhecida e apreciada em mais de 200 países.

Cocção – consiste na transformação do alimento in natura por meio de métodos e técnicas específicas que utilizam o calor e a radiação. O processo modifica as características dos alimentos, alterando suas estruturas e características organolépticas, inativando enzimas e fatores antinutricionais e, dependendo do tempo e da temperatura empregados, inativando grande parte da população microbiana presente no alimento. Os métodos utilizados para cocção de alimentos diferenciam-se pela forma e/ou pelos meios de transmissão de calor. Os meios comumente utilizados para o cozimento dos alimentos são a água, corpos gordurosos e ar seco ou úmido. As formas de transmissão de calor são a condução, convecção e radiação.

Cocção a vácuo – cocção *sous-vide*; técnica culinária que consiste em embalar a vácuo alimentos como carnes, legumes, massas, entre outros, e depois submetê-los a um cozimento lento em temperaturas baixas (40 a 70 °C), conforme as características do alimento.

Cocção mista – ocorre quando o calor seco e o calor úmido agem conjuntamente, objetivando concentrar e dissolver substâncias do alimento, conforme o resultado desejado. A ação do calor misto faz com que os compostos organolépticos e nutricionais se concentrem primeiramente no interior do alimento, para, depois, pela adição de líquido, formarem molhos de sabor peculiar. O calor é transmitido para o alimento por condução (da panela para o alimento, e no interior do alimento) e por convecção (líquidos adicionados). Ensopar, guisar, brasear, estufar, abafar são técnicas que utilizam o calor misto para cocção.

Cocção por calor seco – os meios utilizados para cocção com calor seco são o ar e/ou o óleo. É um método no qual as substâncias responsáveis pelo sabor, os nutrientes e outros componentes alimentares, em presença do calor seco, concentram-se no interior do alimento, intensificando suas características organolépticas, principalmente em relação ao sabor, à consistência e à textura. O calor atua direta ou indiretamente no alimento, e sua transmissão é feita por condução (panela – alimento – interior do alimento) ou por convecção (fornos). A aplicação de calor seco deve ser lenta e sob baixas temperaturas, pois, como a condução é mais lenta do que nos demais métodos de transmissão de calor, se forem aplicadas altas temperaturas, o alimento ficará cozido na superfície e cru em seu interior. Refogar, assar, *poêler*, *rôtir*, grelhar, saltear, fritar são técnicas que se fundamentam na cocção pelo calor seco.

Cocção por calor úmido – método que consiste no cozimento do alimento em meio aquoso (água, leite, sucos e outras bebidas) em seus diferentes estados. O calor úmido pode ser utilizado para praticamente todos os alimentos, variando o tempo e a temperatura de acordo com a consistência do produto. A quantidade de água deve ser mínima, para evitar perdas excessivas de substâncias hidrossolúveis. Pelo mesmo motivo, os alimentos devem ser preferencialmente submetidos à cocção inteiros e não devem ser deixados submersos em água por tempo prolongado. A troca de calor úmido ocorre por condução, da fonte de calor para a panela e da panela para a água; por convecção, por meio de correntes de calor na água, e novamente por condução, no interior do alimento. Fervura, vapor, *pocher* ou escalfar são técnicas de cocção que usam o método do calor úmido.

Cocção por indução – processo de aquecimento de um material eletricamente condutor por indução eletromagnética. O gerador consiste em um eletroímã e um oscilador eletrônico, por onde passa uma corrente alternada de alta frequência. O campo magnético gerado que se alterna rapidamente penetra no material, gerando correntes elétricas no interior do alimento, as quais, devido à sua resistência elétrica, aquece-o pelo efeito Joule (expressa a relação entre o calor gerado e a corrente elétrica que percorre o alimento em determinado tempo). O cozimento por indução possui um bom acoplamento elétrico entre o recipiente e a bobina magnética, e, portanto, é bastante eficiente, resultando em menores perdas de calor ao ambiente, podendo ser ligado e desligado rapidamente, com vantagens de segurança em comparação com os fogões a gás.

Cocção por radiação – baseia-se na passagem de ondas eletromagnéticas no interior de alimentos. As micro-ondas são criadas por um magnétron, tubo de elétron a vácuo que converte energia elétrica em energia eletromagnética. A energia radiante desse processo é formada por micro-ondas, cujas faixas de frequência são específicas (896, 915, 2.450, 5.800 e 24.500 MHz) e promovem mudança térmica nos objetos que as absorvem. As vibrações das micro-ondas afetam, preferencialmente, moléculas polares, como as moléculas de água dos alimentos. Essas partículas vibram em movimentos rotacionais, gerando atrito e liberando calor às demais moléculas do alimento. O forno de micro-ondas usa este tipo de radiação.

Cochonilha – refere-se tanto ao corante de cor carmim, utilizado como aditivo alimentar, quanto ao pequeno inseto (*Dactylopius coccus*) de onde esse corante é extraído.

Cocuy – bebida alcoólica produzida pelas comunidades rurais da Venezuela, feita com o suco de *Agave cocui*, adicionado de açúcar e fermentado em barris durante 3 a 5 dias. Mais tarde, os colonizadores espanhóis passaram a destilar o produto, obtendo uma concentração de álcool da ordem de 45 a 50%. O destilado é semelhante à tequila produzida no México. O *cocuy* é patrimônio cultural do estado de Lara, Venezuela, desde 2005.

Codex Alimentarius – programa conjunto da Organização das Nações Unidas para Agricultura e Alimentação (FAO) e da Organização Mundial da Saúde (OMS), criado em 1963, com o objetivo de estabelecer normas internacionais na área de alimentos, incluindo padrões, diretrizes e guias sobre boas práticas e de avaliação de segurança e eficácia. Seus principais objetivos são proteger a saúde dos consumidores e garantir práticas leais de comércio entre os países.

Código sanitário – coletânea de regulamentos sanitários, estaduais e/ou municipais, que tem por objetivo a proteção, a promoção e a preservação da saúde, no que se refere às atividades de interesse à saúde e ao meio ambiente, nele incluído o do trabalho.

Codorna – *Coturnix coturnix*, codorniz-comum, ave de pequeno porte, muito dócil e de fácil manuseio. Excelente alternativa para a alimentação humana, pois pode ser utilizada tanto para a produção de ovos como para a produção de carne.

Coenzimas – moléculas orgânicas ou metalorgânicas unidas às enzimas, que, juntas, têm uma função catalítica e que é necessária ao funcionamento dela. Caracterizadas por possuírem ligações fracas entre si, as coenzimas não permanecem ligadas às enzimas todo o tempo, sendo libertadas após a catálise.

Coesividade – em análise sensorial, refere-se ao atributo mecânico de textura ligado ao grau no qual um material pode ser deformado antes de se romper, incluindo os atributos de fraturabilidade, mastigabilidade e gomosidade.

Coextrusão – processo contínuo de produção de produtos de múltiplas camadas em forma de lâminas, filmes, tubos e filamentos. O polímero separado ou os fluxos de ingredientes são alimentados a partir de diferentes extrusores para um bloco de matriz única, em que são combinados, emergindo na forma combinada como um material extrudado em contínuas camadas múltiplas.

Cofator – molécula orgânica não proteica ou íon metálico que se liga a uma enzima para catalisar uma reação bioquímica. Quando o cofator é uma molécula orgânica, recebe o nome de coenzima.

Cofermentação – fermentação de duas ou mais substâncias por um único micro-organismo, ou fermentação de um substrato único por dois ou mais micro-organismos.

Cola – substância obtida dos frutos da *Cola acuminata*, pertencente à mesma família do cacau, nativa da África. As nozes de cola produzem sementes ricas em cafeína, que, quando secas, são transformadas em pó. Amplamente usada na indústria de alimentos na forma de xaropes, na fabricação de refrigerantes e outras bebidas. É a base do refrigerante Coca-Cola.

Cola drinks – bebidas à base de extrato de noz de cola (*Cola acuminata*).

Colagenases – grupo de proteinases que digerem o colágeno. Essas metaloendopeptidases são úteis para amaciar a carne, enquanto os produtos de digestão proteolítica do colágeno são importantes para as suas características organolépticas. Elas têm efeitos prejudiciais na textura do peixe durante o armazenamento, embora os resíduos de processamento de peixes e mariscos sejam uma fonte útil de colagenases para aplicações comerciais.

Colágeno – proteína que desempenha várias funções, como a constituição da matriz extracelular do tecido conjuntivo; representa mais de 30% da proteína total do organismo humano e é obtida, industrialmente, de matérias-primas colágenas de bovinos. Uma vez fervido, torna-se gelatina. Carnes mais ricas em colágenos requerem maior tempo de cozimento para se tornarem macias; recomenda-se o uso de panelas de pressão.

Colicinas – bacteriocinas produzidas por membros da família Enterobacteriaceae (*Escherichia coli* e *Shigella sonnei*), geralmente letais a outras espécies suscetíveis dessa família.

Coliformes – bacilos aeróbicos ou anaeróbicos facultativos que produzem gás pela fermentação da lactose. Os coliformes são grupos de bactérias indicadoras de contaminação. Estão presentes no solo, na água e nos intestinos humano e animal.

Coliformes a 45 °C – indicadores de qualidade microbiológica que equivalem à denominação de "coliformes de origem fecal" e de "coliformes termotolerantes". Quando é determinada a presença de *Escherichia coli*, essa informação deve constar no laudo analítico. A detecção de "Coliformes a 45 °C" ou *Escherichia coli* indica contaminação de origem fecal e eventual presença de micro-organismos patogênicos.

Coliformes fecais – (ou coliformes termotolerantes) são bacilos aeróbicos ou anaeróbicos facultativos que produzem gás pela fermentação da lactose, encontrados nos intestinos do homem e dos animais de sangue quente. São indicadores de qualidade sanitária de águas e de alimentos porque sua presença indica a contaminação por micro-organismos causadores de doenças.

Coliformes totais – da família Enterobacteriacea (Escherichia, Enterobacter, Citrobacter e Klebsiella), são bacilos Gram-negativos que não formam esporos, fermentam a lactose, com produção de gás, quando incubados a 35 - 37 °C por 48h, considerados como micro-organismos indicadores.

Coloide – sistema em que um ou mais componentes apresentam pelo menos uma de suas dimensões dentro do intervalo de 1 nm a 1 μm; são também chamados sistemas coloidais ou dispersões coloidais. Contém duas fases: uma é a fase dispersa, que se encontra extremamente subdividida e imersa em outra fase, chamada dispersora. As partículas coloidais são suficientemente grandes para refletir e dispersar a luz visível; por isso, as soluções coloidais apresentam turbidez. As partículas coloidais não sedimentam e apresentam movimento browniano. Os coloides se classificam em aerossol, espuma, emulsão, sol e gel.

Colorau – pigmento vermelho da semente do urucum (*Bixa orellana*); produto industrial usado como colorífico na culinária brasileira, não interferindo no sabor dos alimentos; fabricado a partir de farinha de milho (fubá) e suspensão oleosa de urucum (óleo de soja e corante urucum).

Colorimetria[1] – ciência e o conjunto de técnicas que busca descrever, quantificar e simular com o auxílio de modelos matemáticos a percepção da cor pelos seres humanos. Trata-se da tentativa de representar a interação da luz com os materiais percebida pelo olho e interpretada pelo cérebro A eliminação do caráter subjetivo possibilita a padronização das medições, pois evita variáveis relacionadas à interpretação humana e aquelas relacionadas com o ambiente. Espectrofotômetros e colorímetros são dois tipos comuns de equipamentos apropriados para descrever numericamente elementos da composição de uma cor em superfícies.

Colorimetria[2] – na química analítica, é uma técnica utilizada para determinar a concentração de compostos coloridos em solução. O colorímetro é o aparelho utilizado para mensurar a concentração de um analito em determinada solução por meio da medição da absorbância em um determinado comprimento de onda de luz visível.

Colorir – ato de acrescentar substâncias naturais ou artificiais às preparações alimentícias para realçar a cor ou para tingi-las. Os produtos naturais mais utilizados são os sucos de hortaliças, como o de beterraba, e de espinafre; sucos de frutas, como o de uva; e sementes, como o urucum. Há também anilinas sintéticas elaboradas especialmente para colorir alimentos.

Colostro – produto da secreção da glândula mamária após o parto e, aproximadamente, até os primeiros quinze dias pós-parto, cuja composição química, bem diferente da composição do leite maduro, atende às necessidades fisiológicas da espécie nesse período. É um líquido viscoso com maior teor de proteínas, minerais e vitaminas lipossolúveis, especialmente vitaminas A e E, e menor teor de lipídeos, lactose e vitaminas do complexo B; apresenta imunoglobulinas que atuam como anticorpos e protegem o recém-nascido das infecções por vírus e bactérias.

Combustível – fonte de calor usada na cozinha por meio de combustão. Várias são as fontes: gás de rua ou engarrafado, lenha, carvão e, mais raramente, álcool ou querosene. Fundamental no funcionamento da cozinha; cada tipo possui vantagens e desvantagens: custo, eficiência, facilidade de obtenção, necessidade de armazenamento, efeitos tóxicos ao ambiente. A escolha do combustível deve levar em conta todos esses itens. Atualmente, nas zonas urbanas, predomina o uso de gás liquefeito de petróleo. Nas zonas rurais, a lenha e o carvão ainda têm presença constante.

Comissão do *Codex Alimentarius* – comissão criada em 1962 pela FAO e pela OMS para adotar, internacionalmente, um conjunto de padrões e diretrizes alimentares. É constituída pelos Estados-membros, que notificam seus interesses em participar do grupo, e representantes da FAO e da OMS. As organizações de indústrias e de consumidores são estimuladas a participar para permitirem a normalização intrassetorial. É composta pelos Comitês Horizontais, que tratam dos problemas gerais; pelos Comitês Verticais, que tratam dos produtos; por Comitês Regionais – África, Ásia, Europa e América Latina e pelos grupos de especialistas que exercem as atividades da Comissão.

Comissão Nacional de Energia Nuclear (CNEN) – autarquia federal, criada pela Lei nº 4.118, de 27 de agosto de 1962, vinculada ao Ministério da Ciência, Tecnologia e Inovações (MCTI), com atribuições de planejamento, orientação, supervisão e fiscalização. Estabelece normas e regulamentos em radioproteção e é responsável por regular, licenciar e fiscalizar a produção e o uso para fins pacíficos da energia nuclear no Brasil.

Comissão Técnica Nacional de Biossegurança (CTNBio) – instância colegiada multidisciplinar cuja finalidade é prestar apoio técnico consultivo e assessoramento ao Governo Federal na formulação, atualização e implementação da Política Nacional de Biossegurança relativa aos organismos geneticamente modificados (OGM), bem como no estabelecimento de normas técnicas de segurança e pareceres técnicos referentes à proteção da saúde humana, dos organismos vivos e do meio ambiente, para atividades que envolvam construção, experimentação, cultivo, manipulação, transporte, comercialização, armazenamento, consumo, liberação e descarte de OGM e derivados.

Comitê de Desenvolvimento do Programa Nuclear Brasileiro (CDPNB) – comissão colegiada que tem como missão formular políticas públicas relativas ao setor nuclear e propor aprimoramentos ao Programa Nuclear

Brasileiro e supervisionar o planejamento e a execução de ações conjuntas de órgãos e entidades relativas ao desenvolvimento do Programa Nuclear Brasileiro. Entre alguns grupos técnicos de trabalho, destaca-se o que procura dinamizar o uso da tecnologia nuclear na agropecuária, priorizando estratégias para a implementação de irradiadores multipropósito ao longo do território brasileiro.

Componentes maiores – conjunto de substâncias poliméricas presentes em maior quantidade nos alimentos: carboidratos, proteínas e lipídeos. Para serem usadas pelo organismo, são hidrolisadas/quebradas por enzimas específicas para cada substrato, produzindo unidades básicas como açúcares, oligossacarídeos, maltodextrinas, ácidos graxos, glicerol, aminoácidos.

Composição centesimal – percentagem, em massa ou em volume, de cada componente (umidade, proteína, lipídeos, carboidratos e cinzas) que constitui um alimento ou bebida.

Composição química – conjunto de substâncias químicas que constituem um alimento ou bebida. Sob o ponto de vista químico, os principais elementos são o carbono, hidrogênio, oxigênio, nitrogênio, fósforo e enxofre. Sob o ponto de vista nutricional, os principais componentes são os carboidratos, proteínas, lipídeos, vitaminas e sais minerais.

Compostagem – decomposição controlada de matéria orgânica, realizada principalmente por micro-organismos aeróbicos, que pode ser realizada em escala doméstica ou industrial. Esse processo gera calor, CO_2, água e o composto orgânico, que pode ser usado na agricultura para adubar os solos.

Composto de erva-mate – produto, destinado ao preparo de "chimarrão" ou "tererê", constituído de erva-mate, adicionado de especiaria(s) e/ou outra(s) espécie(s) vegetal(is) constante(s) no Regulamento Técnico de Espécies Vegetais para o Preparo de Chás, podendo conter aroma e/ou açúcar.

Composto lácteo – produto em pó resultante da mistura do leite e substâncias alimentícias lácteas ou não lácteas. O conteúdo de ingredientes lácteos deve ser no mínimo igual a 51% do total de ingredientes do produto. O composto lácteo sem adição é preparado exclusivamente com produtos lácteos e, segundo a dispersibilidade, pode ser instantâneo ou não. É permitido o uso de aditivos alimentares como reguladores de acidez, acidulantes, saborizantes, corantes, espessantes e emulsificantes.

Composto líquido pronto para consumo – produto que contém como ingrediente(s) principal(is): inositol e/ou glucoronolactona e/ou taurina e/ou cafeína, podendo ser adicionado de vitaminas e/ou minerais até 100% da Ingestão Diária Recomendada (IDR) na porção do produto. Pode ser adicionado de outro(s) ingrediente(s), desde que não descaracterize(m) o produto.

Compostos amargos – compostos com gosto amargo que podem ser usados como flavorizantes em alimentos ou bebidas (ácidos amargos do lúpulo em cerveja; quininos em refrigerantes).

Compostos de organotina – compostos orgânicos que contêm um ou mais átomos de estanho. Seus usos incluem: pesticidas e fungicidas; são considerados como contaminantes de alimentos, uma vez que os compostos de organotina têm se mostrado tóxicos quando testados em modelos animais. São exemplos as butilinas e a trifeniltina (fentin).

Compostos orgânicos – substâncias que têm como base um ou mais átomos de carbono. Nas suas formas mais simples, os átomos de carbono estão ligados aos átomos de hidrogênio, como nos hidrocarbonetos. Compostos orgânicos que apresentam hidrogênio e oxigênio na molécula podem se apresentar como carboidratos (açúcares, dextrinas, amido e celulose) ou lipídeos (óleos e gorduras). Quando apresentam hidrogênio, oxigênio e nitrogênio, podem tomar a forma de proteínas, com (enzimas) ou sem função metabólica. Algumas proteínas contêm enxofre, além dos elementos já citados. Finalmente, se o átomo de fósforo está presente, além daqueles já citados, podemos ter os ácidos nucleicos (DNA e RNA). Os alimentos são constituídos por compostos orgânicos.

Compota – (ou fruta em calda), produto obtido de frutas inteiras ou em pedaços, com ou sem sementes ou caroços, com ou sem casca, submetidas a cozimento incipiente, envasado em lata ou vidro, coberto com calda de açúcar. Depois de posto nos recipientes, o produto é submetido a um tratamento térmico adequado. Quando o produto é preparado com mais de três espécies de frutas, recebe a designação genérica de "salada de frutas" ou de "miscelânea de frutas", seguida da expressão "em calda". A concentração da calda varia entre 30 e 65 °Brix.

Compressibilidade – propriedade reológica que estima a medida do grau em que um alimento pode ser esmagado ou amassado por uma força aplicada externamente. Indica rigidez/dureza, firmeza ou esponjosidade de um alimento.

Conalbumina – (ou ovotransferrina) glicoproteína presente na clara do ovo que tem como característica se unir ao átomo de ferro e inibir o desenvolvimento de bactérias dependentes de ferro. Desnatura-se em temperaturas superiores a 60 °C.

Concassé – técnica culinária especialmente aplicada na retirada das peles e sementes de tomates.

Concentrado de tomate – produto obtido da polpa de frutos do tomateiro (*Lycopersicum esculentum* L.), devendo conter no mínimo 6% de sólidos solúveis naturais de tomate, podendo ser adicionado de sal e/ou açúcar.

Concentrado proteico de pescado – produto desidratado e moído obtido do peixe inteiro, de baixo valor comercial, do resíduo da filetagem, das carnes mecanicamente separadas ou do *surimi*, com teor de proteína que pode variar de 65 a 85%, dependendo da matéria-prima utilizada, e pode apresentar ou não sabor e aroma de pescado, dependendo do método de obtenção utilizado.

Conchagem – etapa da produção do chocolate criada por Rodolphe Lindt, ao final do século XIX, que consiste numa longa e intensa mistura, em temperatura elevada (60 °C a 80 °C), com agitação, que promove a aeração do chocolate líquido, reduzindo a acidez e dissolvendo quaisquer grumos, produzindo uma textura de chocolate incrivelmente macia.

Conchiglie – tipo de massa alimentícia com formato de pequenas conchas marinhas, com abertura estreita e pontas afuniladas; são ocas. Há conchas de três tamanhos: *conchiglies*, que são as menores; *conchigliette*, as médias; e *conchiglione*, as maiores; frequentemente usadas com recheios variados, que incluem frutos do mar, ricota, queijos e carnes. Pode ser colorida com tinta de lula, cenoura, espinafre e tomate. Comercializada na forma de massa seca ou congelada, embalada em caixas como proteção contra quebras.

Condimento – tempero; substância ou conjunto de substâncias que realçam e enriquecem o sabor das preparações culinárias. São muitas as classes de condimentos, e o uso dessas substâncias é típico de certas culinárias, embora muitos deles sejam hoje conhecidos e usados internacionalmente. São substâncias salgadas, aromatizantes, acidulantes, picantes, adoçantes, dentre outras funções. Segundo a Anvisa, os condimentos são produtos constituídos de uma ou diversas substâncias sápidas, de origem natural, com ou sem valor nutritivo, empregados nos alimentos com o fim de modificar ou exaltar o seu sabor.

Condutividade – capacidade de um material de transmitir corrente elétrica; propriedade comumente avaliada em análise de alimentos.

Conectina – titina; é a terceira proteína mais abundante das miofibrilas do músculo. É uma proteína filamentosa, flexível e elástica de cerca de 1 μm de comprimento, que funciona como uma mola molecular que mantém o arranjo necessário dos filamentos finos e grossos, dando origem à rigidez muscular passiva.

Confit – palavra de origem francesa que define uma antiga forma de conservação de carnes de porco e de aves, como patos e gansos. A técnica consistia no cozimento dessas carnes em sua própria gordura, em fogo baixo, por tempo prolongado, na qual permaneciam armazenadas. Atualmente, nome dado a diversos pratos da culinária brasileira: *confit* de pato, *confit* de bacalhau, *confit* de tomate, *confit* de legumes etc.

Conformação – estrutura tridimensional das moléculas, em especial de proteínas, determinada por sua composição em aminoácidos.

Congelamento – método de conservação de alimentos em que micro-organismos são impedidos de multiplicar-se por aplicação de temperaturas congelantes. Nessas condições, as moléculas de água presentes no alimento estão no estado sólido, diminuindo a atividade de água (A_w) do alimento. Os alimentos devem ser congelados a uma temperatura interna mínima de –18 °C, inclusive durante seu transporte e armazenamento. Os métodos de congelamento se baseiam na velocidade de difusão da temperatura nos alimentos. O congelamento rápido proporciona formação de pequenos, numerosos e intracelulares cristais de gelo, que se distribuem uniformemente no alimento e provocam pouco rompimento de células. O congelamento lento promove o oposto. Tanto para o congelamento rápido como para o congelamento lento, a velocidade de congelamento é afetada pelo porcionamento, pela espessura, pela geometria e pela embalagem do produto. As formas de congelamento são a ar (congelamento doméstico), a ar circulante (–30 a –40 °C) e sob o sistema ultrarrápido, que utiliza substâncias como fréon 12 (T= –30 °C), gás carbônico (T = –79 °C) e nitrogênio (T = –186 °C). Enzimas não são desnaturadas e permanecem com baixa atividade. O processo provoca poucas mudanças na qualidade dos alimentos em termos de tamanho, forma, textura, cor, sabor.

Congelamento lento – quando o tempo necessário para a temperatura passar pela zona de máxima formação de cristais de gelo (0 °C a –3,8 °C) for maior que 30 minutos.

Congelamento rápido – quando o tempo necessário para a temperatura passar pela zona de máxima formação de cristais de gelo (0 a –3,8 °C) for menor que 30 minutos.

Conhaque – bebida com teor alcoólico de 36 a 54% em volume, obtida de destilados simples de vinho e/ou aguardente de vinho, envelhecidos ou não. A destilação deve ser efetuada de modo que o destilado tenha o aroma e o sabor dos elementos naturais voláteis contidos no vinho, derivados do processo fermentativo ou formados durante a destilação. Os termos *brandy* ou conhaque fino designam a bebida com teor alcoólico de 36 a 54% em volume, obtida de destilado alcoólico simples de vinho e/ou aguardente de vinho, envelhecidos em tonéis de carvalho, ou de outra madeira de características semelhantes, reconhecida pelo órgão competente, de capacidade máxima de 600 litros, por um período de 6 meses.

Conserva – alimento preparado de forma a manter suas propriedades por um período maior que em seu estado *in natura*. Geralmente, na produção de conservas, são utilizados processos térmicos, como a esterilização e a pasteurização, associados a outros, como acidificação, salga e adoçamento, visando a aumentar sua vida de prateleira. Tem, como vantagens, fácil armazenamento em temperatura ambiente, vida de prateleira de, aproximadamente, dois anos para frutas e hortaliças, e maior para carnes.

Conserva de ovos – produto resultante do tratamento térmico (cozimento) do ovo, seguido do descasque manual ou automático, imerso em salmoura ácida, adicionado ou não de outros ingredientes, conforme regulamento técnico específico, envasado em recipiente hermeticamente fechado, conservado em temperatura ambiente e com pH não superior a 4,5 (quatro inteiros e cinco décimos) durante toda a vida de prateleira do produto.

Conservação – refere-se ao conjunto de técnicas utilizadas para impedir a deterioração de produtos alimentícios: aplicação de calor, frio, radiação, defumação, secagem, fermentação, aditivos etc.

Conservadores – substâncias do grupo dos aditivos alimentares, legalmente regulamentadas, destinadas a ampliar o prazo de validade de alimentos industrializados. Os conservadores impedem ou retardam as alterações provocadas por micro-organismos e enzimas. O uso destas substâncias obedece a condições estabelecidas em legislação própria.

Conservas cárneas – produtos elaborados à base de carnes e/ou subprodutos cárneos comestíveis. Conservas cárneas podem ser adicionadas ou não de ingredientes autorizados, embaladas hermeticamente e submetidas a um tratamento de esterilização comercial.

Conservas mistas de carnes – produtos elaborados à base de carnes e/ou subprodutos cárneos comestíveis e vegetais, adicionados ou não de ingredientes autorizados, embalados hermeticamente e submetidos a um tratamento de esterilização comercial.

Consistência – propriedade de fluxo detectada pela estimulação dos receptores mecânicos e táteis, especialmente na cavidade bucal, e que varia com a textura do produto.

Consistência de pingo – ponto de massa, geralmente de bolos ou biscoitos, suficientemente fina para pingar da colher, porém, bastante consistente para manter sua forma.

Constante dielétrica – propriedade física que mede a capacidade de um material em armazenar energia elétrica em um campo elétrico.

Contagem bacteriana em placas – um dos métodos mais usados em laboratório para determinar a população de bactérias em uma amostra. A vantagem dessa técnica está na possibilidade de quantificar o número de células bacterianas viáveis e cultiváveis de um alimento ou bebida. Os resultados são expressos em unidades formadoras de colônias por grama (UFC/g) ou mililitro (UFC/ml) de amostra.

Contagem de bactérias anaeróbias – técnica usada para determinar o número de bactérias anaeróbias em uma amostra. Essas bactérias necessitam de um meio anaeróbio para poderem crescer (não crescem na presença de oxigênio); ou seja, deve-se privilegiar a eliminação de agentes oxidantes dos sistemas de cultivo, em particular o oxigênio, atingindo potenciais de oxirredução da ordem de –330 mV, o que equivale a 10 moléculas de oxigênio por litro do sistema.

Contagem de fungos em placas – técnica usada para quantificar fungos (bolores e leveduras) em alimentos ácidos e de baixa atividade de água. Fungos causam deterioração em alimentos e podem produzir micotoxinas prejudiciais à saúde humana e à animal. As placas de contagem devem ser incubadas a 25 °C, por 5 a 7 dias, e o pH do meio de cultura ajustado a 3,5.

Contagem em placa de bactérias aeróbias mesófilas – técnica analítica utilizada para a avaliar a qualidade sanitária dos alimentos, excetuando-se os alimentos fermentados. Para os alimentos perecíveis, o número elevado pode significar condições impróprias da matéria-prima, de processamento ou de armazenamento. Grande parte das bactérias patogênicas e das deteriorantes de origem alimentar são mesófilas. A incubação das placas de contagem pode ser feita à temperatura de 35 °C por 48 horas.

Contagem em placa de bactérias psicrotróficas – técnica usada para avaliar o grau de deterioração dos alimentos refrigerados (0 a 7 °C), como é o caso do leite e das carnes. Essas bactérias apresentam a capacidade de multiplicação em baixas temperaturas, independentemente da sua temperatura ótima de crescimento. A incubação das placas de contagem pode ser feita na temperatura de 7 °C por 5 a 7 dias. O método convencional é realizado por meio de contagem padrão em placas. Um número elevado de bactérias psicrotróficas em alimentos indica falha no processamento ou qualidade inadequada da matéria-prima.

Contagem em placa de bactérias termófilas – técnica analítica que avalia o grau de deterioração de alimentos submetidos ao tratamento térmico. Essas bactérias crescem em temperaturas entre 45 e 80 °C. A incubação das placas de contagem pode ser feita na temperatura de 55 °C por 48 horas. Um número elevado de bactérias termófilas em alimentos indica falha no processamento.

Contagem microbiana – estima o número de micro-organismos em uma determinada amostra. Os métodos de contagem mais empregados na microbiologia de alimentos são: a) contagem direta ao microscópio; b) contagem em placas de Petri, com meio de cultura adequado; c) técnica dos tubos múltiplos (número mais provável); d) filtração; e) turbidez.

Contagem padrão em placas – estimativa de número de micro-organismos em uma amostra líquida de alimento ou bebida, em placas de ágar e contagem do número de colônias microbianas em crescimento. Esse método estima o número de células viáveis na amostra; cada colônia crescida numa placa corresponde a uma unidade formadora de colônia (UFC) proveniente do material. Devem-se fazer diluições sucessivas da amostra para que as placas contenham de 30 a 300 colônias.

Contaminação – presença de elementos nocivos à saúde humana provenientes de organismos patógenos, substâncias químicas tóxicas, substâncias radioativas etc.

Contaminação cruzada – transferência aos alimentos de substâncias prejudiciais ou de organismos patogênicos. A contaminação cruzada é dita "direta", quando se dá de um alimento para outro; e "indireta", quando é feita por meio de utensílios empegados na manipulação de alimentos. Bactérias, fungos, vírus, parasitas, toxinas e agentes químicos são os principais contaminantes dos alimentos.

Contaminantes – substâncias de origem biológica, química ou física, estranhas ao alimento, não intencionalmente presentes no alimento, que comprometem sua integridade e que são nocivas à saúde humana.

Contrafilé – corte localizado na parte traseira da carcaça bovina, ao lado do filé-mignon; é longo e revestido com uma capa de gordura branca em uma das faces longitudinais. Também conhecido como filé curto ou lombo desossado, ou *bife de chorizo* (Argentina e Uruguai). Menos macio que o filé-mignon, apresenta-se saboroso e suculento.

Controle de qualidade – conjunto de atividades empregadas para se obter e manter a qualidade de um produto, processo ou serviço. Inclui atividades de monitoramento, mas também objetiva encontrar e eliminar causas de problemas de qualidade, de tal modo que os requisitos do cliente sejam continuamente atendidos.

Controle de qualidade total – atividades de melhoria contínua envolvendo todas as pessoas de uma organização em um esforço totalmente integrado na direção da melhoria do desempenho em cada nível da organização. Essa melhoria de desempenho é direcionada para satisfazer os objetivos como qualidade, custo, prazo, missão, objetivos.

Controle de processo – avaliação sistêmica do desempenho de um processo; a tomada de ações corretivas, quando o desempenho não está em conformidade com normas ou especificações, e a tomada de ações preventivas, quando aplicáveis, para evitar a recorrência das mesmas causas.

Controle estatístico de processo – coleta, análise e interpretação de dados para utilização nas atividades de melhoria e controle de qualidade de produtos e serviços.

Controle integrado de pragas – conjunto de técnicas que emprega controles físicos, químicos e biológicos para minimizar o uso abusivo de praguicidas, incorporando ações preventivas e corretivas destinadas a impedir que as pragas ambientais possam gerar problemas significativos. Nas áreas internas e externas, devem-se tomar todos os cuidados para evitar a proliferação de insetos, roedores e aves.

Controle integrado de vetores e pragas urbanas – sistema de ações preventivas e corretivas, incluindo medidas físicas, químicas e biológicas, destinadas a impedir a atração, o abrigo, o acesso e/ou a proliferação de vetores e pragas urbanas, que comprometam a qualidade higiênico-sanitária e a segurança do alimento.

Cookie – tipo de biscoito de massa macia ou crocante, simples ou com chocolate, adicionado de passas ou outras frutas secas.

Cook chill – *sistema de* produção de alimentos que consiste em cocção e resfriamento rápido das preparações, em rigorosas condições de tempo e temperatura, para consumo imediato ou não. Quando para consumo posterior, as preparações devem ser embaladas a vácuo. O prazo de validade é de até três semanas, em refrigeração. Essa técnica garante a manutenção da consistência e das características organolépticas e nutricionais dos alimentos, além de proporcionar maior economia e praticidade na operacionalização de cozinhas do tipo industrial, como hospitais, restaurantes de indústrias, escolas, *catering*, entre outros serviços.

Cooktop – parte superior do fogão, onde ficam os queimadores e as grelhas, nos quais são colocadas as panelas. Nos fogões mais modernos, são feitos em aço inoxidável ou vidro temperado, o que facilita a higienização.

Cooler – item destinado a manter alimentos e bebidas resfriados. Existem vários modelos, tamanhos e materiais, desde os que ficam na mesa, junto aos comensais (baldes de gelo), como aqueles de maior tamanho que ficam ao lado da mesa como equipamento auxiliar.

Copa – produto cárneo obtido do corte íntegro da carcaça suína, denominado de nuca ou sobrepaleta, condimentado, curado, com adição ou não de ingredientes, maturado, dessecado, defumado ou não.

Coquetel – bebida alcoólica mista, com graduação alcoólica superior a 0,5 e até 54% v/v, a 20 °C, obtida pela mistura de álcool etílico de origem agrícola, destilado alcoólico de origem agrícola ou bebida alcoólica com bebida não alcoólica, suco de fruta, fruta macerada, xarope de fruta, leite, ovo, outra substância de origem vegetal ou animal, podendo ser adoçada e gaseificada. A batida é o exemplo mais conhecido de coquetel, sendo a caipirinha o coquetel típico do Brasil.

Cor – propriedade física relacionada à absorção e reflexão da luz por um corpo e tem como atributos principais o matiz, a luminosidade e a saturação. Reflete as percepções do órgão visual, em radiação eletromagnética visível de comprimento de onda entre ~380-400 a 740-750 nm, determinado basicamente pela fonte de luz e a superfície refletora. A percepção humana sobre as cores as torna únicas e subjetivas porque resultam em estimulação da retina por raios luminosos de comprimentos de onda variáveis, na faixa do visível. A cor de um objeto depende de fatores como o iluminante, tamanho da amostra, textura e cores no seu entorno e do observador.

Coração da paleta – (centro da paleta, miolo-paleta, posta gorda, posta da paleta, carne de sete, cruz machado, pá, *corazón de paleta* (Espanha), *boule de macreuse* (França), *shoulder* (Inglaterra)) corte dianteiro do bovino. O coração da paleta tem fibras curtas e magras, sendo uma carne macia e saborosa. Essa peça pode ser preparada em calor misto. Se cozida em calor médio, fica suculenta.

Coralli – tipo de massa alimentícia de origem italiana que tem a forma de pequenos tubos semelhantes a corais.

Corante – qualquer substância utilizada para conferir ou intensificar a cor de produtos alimentícios. Há corantes naturais (caroteno, urucum, caramelo, indigotina) e artificiais (tartrazina, azul brilhante, *bordeaux*). Sempre houve interesse em intensificar a cor de produtos alimentares, na culinária ou na indústria, porque a cor é um atributo de qualidade que interfere na escolha do alimento. Inicialmente, somente produtos naturais eram usados; os artificiais surgiram como solução para custos e facilidade de obtenção. Muitos corantes artificiais ou sintéticos podem ser tóxicos ou alergênicos, e, assim, seu uso é controlado. Em alimentos infantis, seu uso não é permitido.

Corar – propiciar acabamento de cor dourada a marrom por ação do calor seco em produtos de forno ou frituras. Em massas assadas são usados alguns auxiliares para desenvolver um colorido atraente: gema de ovo, eventualmente misturada com café, manteiga misturada com açúcar e outras misturas, que são passadas na superfície de pães e de tortas.

Cordeiro – filhote novo da ovelha, com até um ano de idade; anho.

Corn whiskey – uísque de milho produzido nos Estados Unidos. A proporção mínima de milho na formulação dos grãos é de 80%. Pode ou não ser envelhecido em carvalho; se envelhecido no carvalho, utiliza-se a madeira não queimada. Apresenta sabor inferior ao *Bourbon*.

Corned beef – carne bovina em conserva; é o produto cárneo industrializado, curado, cozido, embalado hermeticamente, submetido à esterilização comercial e esfriado rapidamente. Tem cor rosada e sabor delicado.

Corpo – em análise sensorial, refere-se à consistência, ao grau de compactação da textura, preenchimento, sabor ou substância de um produto.

Cortar – subdividir peças de produtos alimentares atendendo às especificações das receitas. Há vários níveis de subdivisão: moer, picar, fatiar e outros. Ver *Subdividir*.

Corte cárneo – parte ou fração da carcaça, com limites previamente especificados pelo Departamento de Inspeção de Produtos de Origem Animal (Dipoa), com osso ou sem osso, com pele ou sem pele, temperada ou não, sem mutilações e/ou dilacerações.

Costela – corte cárneo obtido da parte mais alta das costelas dos animais de abate, formada por ossos ligeiramente encurvados, entremeados com músculos e gordura, em forma de T invertido.

Costela do dianteiro – costela, assado, costela de ripa, *asado de tira* (Argentina e Uruguai), *plat-de-côtes* (França), *short ribs* (Inglaterra), corte bovino do quarto dianteiro. Parte superior da caixa torácica que fica junto ao dorso. Carne macia, suculenta, com muita gordura e ossos grandes e largos, cuja presença propicia sabores e aromas especiais.

Costela do traseiro – pandorga, capa do bife, costelão, costela ponta da agulha, *tapa de bife* (Espanha), *flanchet* (França), *cube roll cover* (Inglaterra), corte bovino do quarto traseiro. O corte é formado pelas massas musculares que recobrem as oito últimas costelas da parte abaulada do ventre; e por fibras musculares, grossas, duras e longas. Está envolvida pelo matambre. Possui ossos finos e longos, muita cartilagem e gordura.

Costela minga – ver *Costela ponta de agulha*.

Costela ponta de agulha – (ou costela minga, também conhecida como capa do bife) é a parte inferior da caixa torácica do bovino, tendo, portanto, ossos mais finos e bastante cartilagem entremeada com gordura. Conhecida como *tapa de bife* (espanhol), *flanchet* (francês) ou *cube roll cover* (inglês). Fica muito bem em assados, ensopados ou sopa. É considerada a "rainha das churrasqueiras", sendo uma carne muito saborosa para churrasco. Deve ser cozida por tempo longo, distante do braseiro, para amaciar suas fibras. A costela minga pode estar envolvida pelo matambre, facilmente reconhecido por sua cor rosada, e que deve ser retirado e preparado em separado.

Costeleta – osso e carne adjacente à cavidade torácica (de carneiro, de vaca, de porco, de vitela, de borrego, de cabrito etc.). Cortada de forma que cada costeleta apresente uma costela. Pode ser preparada de várias formas: frita, empanada e grelhada, na chapa ou no carvão.

Cotilédone – folha ou cada uma das folhas que se forma no embrião das angiospermas e gimnospermas e que, em algumas espécies, pode ser um órgão de reserva para o desenvolvimento da plântula.

Coulometria – (ou titulação coulométrica) técnica em que a quantidade de uma substância analisada em uma solução é medida pela sua conversão de um estado de oxidação para outro, sendo a etapa final da reação, medido com um indicador também presente na solução. Uma fonte de corrente constante é utilizada para liberar a quantidade medida de carga (*Coulombs*). Um reagente intermediário, gerado eletroquimicamente a partir de um precursor, é usado, em geral, para causar uma oxidação química. A concentração do analisado é calculada a partir da quantidade de carga necessária para provocar a sua conversão completa.

Coupage – palavra de origem francesa ("corte", em português); refere-se à mistura de vinhos ou destilados com a finalidade de se obter um produto de melhor qualidade e aceitação. O corte é utilizado na produção de vários tipos de bebidas fermentadas e destiladas, como a cerveja, o champanhe, o xerez, o conhaque, o uísque, entre outros.

Courato – pele de porco que envolve o toucinho ou o bacon, rica em colágeno. É utilizada em preparações com carnes secas, cozidos, e na produção de aperitivos fritos.

Coxa e sobrecoxa – partes que compõem os membros inferiores das aves sem o pé. Por apresentarem reduzida quantidade de tecido conjuntivo, comparando-se às carnes de mamíferos, e elevada quantidade de gordura em relação ao peito, apresentam-se macias e suculentas. A coloração intensa reflete um maior teor de mioglobina que nas outras partes das aves; podem ser desossadas, com ou sem pele, sendo comercializadas inteiras ou em cortes, resultando em coxas e sobrecoxas separadamente.

Coxão duro – corte bovino também conhecido como coxão de fora, chandanca, posta-vermelha, perniquim, lagarto plano, lagarto chato, lagarto vermelho, chã de fora e lagarto atravessado. É um tipo de corte que se localiza na porção lateral da perna do animal, constituído da massa muscular da face lateral do coxão, separado do lagarto, com fibras grossas, pouco macias e gordura concentrada na parte externa. É uma carne magra e com quantidade importante de tecido conjuntivo principal, o que a torna rija e mais seca. Exige cozimento lento. Pode, ainda, ser chamado de *cuadrada* (espanhol), *gîte a la noix* (francês) ou *flat* (inglês).

Coxão mole – chã de dentro, chã, coxão de dentro, polpa e polpão, é o corte retirado da porção interna da parte superior da perna do animal. Localiza-se próximo ao patinho, ao lagarto e ao coxão duro; é um corte magro, com fibras curtas que proporcionam maciez e suculência à carne.

Cozinha – arquitetonicamente, uma cozinha, como se vê atualmente, está incluída na zona de serviços de uma moradia familiar ou de um restaurante. Esse espaço inclui quatro áreas: a) estocagem de alimentos, materiais de limpeza, descartáveis e outros; nesse espaço se inclui área fria com frigoríficos e freezers; b) área de trabalho culinário, onde ficam localizados balcões, cubas, fogões, fornos e outros necessários para a limpeza, pré-preparo, cocção e montagem de alimentos; c) área de higienização dos materiais utilizados; d) área de consumo das refeições. Cada área é dimensionada de acordo com o tipo de cardápio, tipo de serviço, quantidade de refeições que serão servidas. A expressão cozinha é utilizada também para definir certo tipo de culinária. Culturalmente, reflete a maneira de utilizar e preparar os alimentos, característica de cada povo ou região.

Cozinha científica – ver *CULINÁRIA MOLECULAR*.

Cozinha dietética – laboratório onde se desenvolvem as atividades de treinamento e orientação dos futuros profissionais da área de alimentação. Na área hospitalar, é uma seção da cozinha geral onde são preparadas as dietas especiais que têm restrições de certos alimentos.

Cozinha experimental – tipo de laboratório onde são feitas preparações com produtos novos ou a experimentação de receitas modificadas por exclusão, acréscimo ou substituição de ingredientes.

Cozinha industrial – cozinhas que atendem a coletividades sadias, como as cozinhas de quartéis, escolas e universidades, indústrias, repartições públicas e cozinhas hospitalares que têm dupla função, pois atendem à alimentação de seus funcionários e acompanhantes e dos pacientes internados. Nesse grupo, estão incluídas as cozinhas de redes de restaurantes, *fast food*, *catering*, onde são feitos os preparos iniciais ou mesmo a finalização de preparações que serão consumidas na extremidade da rede em restaurantes, lanchonetes, aviões.

Cozinha *show* – local destinado à finalização de algumas preparações feitas à vista e por escolha dos clientes. Nessas cozinhas, o pré-preparo é realizado antecipadamente. São exemplos algumas casas de massas.

Cozinhar – ação de submeter alimentos ao calor oriundo de fontes diversas. São várias as técnicas de cocção aplicadas em nível doméstico ou em nível industrial, com equipamentos específicos para cada uso ou quantidade.

Cozinhar *à poché* – ação que consiste em colocar o alimento para cozer em um líquido mantendo-o em fervura fraca. Tipo de cocção muito usado para preparar ovos.

Cozinhar ao vapor – ação de submeter o alimento à ação do vapor, utilizando uma panela com fundo perfurado sobre outra onde é colocada água para ferver. Somente o vapor penetra no alimento, minimizando perdas e conservando em maior grau as qualidades organolépticas e nutricionais. Essa técnica é muito usada para cozer hortaliças e preparações feitas com farinhas diversas, como os vários tipos de cuscuz.

Cozinhar com pressão – ação de cozer os alimentos em panela especial provida de tampa encaixada, que possibilita a formação de pressão interna. Esse utensílio é dotado de uma válvula de segurança que reduz a possibilidade de acidentes; acelera a cocção e é usado para cozinhar leguminosas secas e carnes rijas.

Cream cheese – queijo fresco, cremoso, leve, com aroma lático suave e gosto levemente salgado; produzido a partir de leite e creme de leite, contendo elevado teor de gordura. Devido à consistência cremosa, é usado para passar em pães, torradas e biscoitos, da mesma forma que a manteiga. Pode ser enriquecido com ervas, condimentos, frutas e legumes. Apresenta vida de prateleira curta, mesmo quando refrigerado. O *cream cheese* industrial pode apresentar os seguintes ingredientes: leite, creme de leite, soro de leite em pó, cloreto de sódio (sal de cozinha), fermento lácteo, espessante (goma jataí, goma carragena, goma de alfarroba) e conservador (sorbato de potássio).

Creep – (ou fluência) deformação permanente de um material quando sujeito a tensões constantes em função do tempo. A deformação resultante de ensaios de fluência (*creep test*) ocorre em etapas, envolvendo uma deformação elástica instantânea, seguida de deformação plástica gradualmente menor, com velocidade de deformação constante e de maior duração, até a ruptura ou fratura. No material viscoelástico, há uma deformação instantânea logo que uma força é aplicada; em seguida, o material continua a deformar enquanto a força estiver atuando: esta é a fluência (*creep*) ou deformação retardada. Quando a força é removida, ocorre alguma recuperação da forma original (componente elástico), mas não uma recuperação completa (componente viscoso). Muitos materiais alimentícios exibem comportamento viscoelástico, com a resposta sendo dependente do tempo, da magnitude e da duração da aplicação da força externa. Exemplos de materiais alimentícios viscoelásticos são misturas contendo alto teor de amido, incluindo cereais matinais e *snacks* extrusados, proteína vegetal texturizada e na agitação ou mistura da massa de pão e biscoitos, os quais formam uma rede de glúten altamente viscoelástica. Muitas soluções de polímeros e hidrocoloides apresentam comportamento viscoelástico, como as gomas guar e xantana em água, misturas para sorvetes, creme de leite e clara de ovo.

Crème – designação dada aos licores que contêm mais de 350 g de açúcar por litro. São chamados por *crème* seguido pelo nome da fruta ou ingrediente principal: *d'abricots, d'amande, d'ananas, de cacao, de cassis, de cerise, de menthe, de noyais, de rose, de violette*, entre outros.

Creme ácido – (ou cremor de tártaro [*cream of tartar*]); pó branco muito fino, derivado do ácido tartárico, obtido dos resíduos deixados pelo vinho nos seus tonéis. Utilizado para fazer crescer massas de bolos que não levam fermento. Também aplicado para deixar as balas e as claras em neve mais cremosas e consistentes. Em algumas receitas, é utilizado para adicionar acidez ao prato, podendo, nesses casos, ser substituído por limão. Foi muito usado antes de o fermento em pó se tornar comum. Encontrado em algumas casas de doces ou bons supermercados.

Creme chantili – produto emulsionado obtido pelo processo de aeração do creme de leite, com mais de 30% de gordura; do estado de creme líquido passa para sólido cremoso, pela formação de uma espuma substancial e estável. Pode ser consumido puro ou com frutas ácidas, principalmente o morango. Usado na cobertura de bolos, tortas, pudins, sorvetes e bebidas quentes, como café e *capuccino*.

Creme de arroz – farinha feita com arroz finamente moído, enriquecida de vitaminas e sais minerais; usada na preparação de mingaus e papas; indicada para a introdução de cereais na alimentação de bebês; não contém lactose e glúten, portanto, indicada para crianças com alergia ao glúten e intolerância à lactose.

Creme de confeitaria – preparação feita basicamente com leite, açúcar, amido, gemas de ovos e baunilha, utilizada para rechear e cobrir bolos, tortas, pães e doces. A receita básica pode ser adaptada para fins específicos. Pode ser adicionada de claras em neve ou creme de leite para dar leveza; pode, ainda, ser adicionada de chocolate, nozes, avelãs, amêndoas trituradas, café, bebida alcoólica, outros aromatizantes ou essências sintéticas.

Creme de cupuaçu – preparação gelada, obtida pela mistura da polpa do cupuaçu com leite condensado e creme de leite, bem batidos. Típico da região Norte do Brasil.

Creme de leite – produto lácteo rico em gordura que é retirada do leite por meio de centrifugação (indústria) ou flotação (casa), e que se apresenta na forma de emulsão de gordura em água. Destina-se ao consumo direto, para uso culinário, em confeitaria (chantili) ou para obtenção da manteiga. O teor de gordura em cada tipo encontrado no mercado é variável: de baixo teor de gordura (leve), semicreme ou de alto teor de gordura. Normalmente, é padronizado com um mínimo de 35% de gordura e, nesse caso, é conhecido como creme para bater. O creme com teor de gordura superior a 40% também é designado "duplo creme". Pode ser pasteurizado, esterilizado ou tratado pelo processo UHT. Quando submetido ao processo de homogeneização, deverá ser designado como creme de leite homogeneizado; este tipo de creme não é adequado para a produção de chantili. Pode ser adicionado de ácidos (creme ácido); pode ser adicionado também de agentes espessantes e/ou estabilizantes, sempre de acordo com a destinação. Sua cor é levemente branco-amarelada, proveniente de substâncias carotenoides presentes na alimentação do animal. Sua cremosidade é marcante, equilibrada entre as fases sólida e líquida. Suas características organolépticas se devem principalmente aos glóbulos de gorduras. Com exceção do creme esterilizado e o UHT, os demais deverão ser conservados, permanentemente, em geladeira, numa temperatura inferior ou igual a 5 °C. O prazo de validade desse produto varia de dias a meses, dependendo do tratamento a que foi submetido.

Creme de leite azedo – creme com 18% ou mais de gordura, submetido à fermentação com uma cultura bacteriológica para produzir ácido lático (±0,5%), o que o azeda e o encorpa.

Creme de leite de uso industrial – creme transportado a granel de um estabelecimento industrial a outro, para ser processado, e que não seja destinado diretamente ao consumidor final.

Creme de leite esterilizado – é o produto que foi submetido ao processo de esterilização, por um tratamento térmico tecnologicamente adequado. A temperatura é maior que a utilizada na pasteurização, mas o tempo de exposição ao calor é menor. A qualidade microbiológica é um parâmetro de distinção entre os produtos pasteurizados e esterilizados. A vida de prateleira é de 12 meses; quando a embalagem for aberta, deve permanecer refrigerado e ser consumido em no máximo 2 dias.

Creme de leite fresco – creme com teor de gordura entre 30 e 40%, naturalmente acidificado pelas bactérias nativas.

Creme de leite pasteurizado – é o produto que foi submetido ao procedimento de pasteurização por um tratamento térmico tecnologicamente adequado. Normalmente, o prazo de validade é de 15 dias, contados a partir da data de fabricação. Assim, a data de validade e a exposição em refrigeração são parâmetros importantes na escolha do produto. Uma vez aberta a embalagem, o produto deve ser mantido refrigerado e consumido em 24 horas.

Creme de leite UHT – também conhecido como creme UAT, creme esterilizado ou longa vida, é o creme de leite que foi submetido ao tratamento térmico de ultra-alta temperatura. A vida de prateleira é de 6 meses; quando a embalagem for aberta, deve permanecer em geladeira e ser consumido em, no máximo, 2 dias.

Crème fraîche – lacticínio de origem francesa usado na culinária, proveniente de uma ligeira fermentação bacteriana do creme de leite pasteurizado. Portanto, ao contrário do que o nome pode fazer crer, não se trata de um creme de leite fresco, mas de um produto já elaborado. No entanto, com a globalização cultural, o produto entrou na culinária de muitos países, mantendo a sua designação francesa. O *crème fraîche* apresenta propriedades culinárias interessantes, uma vez que pode ser fervido em fogo brando sem talhar.

Creme lácteo – produto que tem como base a gordura de leite, mas contendo outras gorduras, que podem não ser de origem láctea, ou outros ingredientes, de forma a se obter um produto com menor teor de gordura que a manteiga.

Creme vegetal – produto em forma de emulsão semelhante à margarina e muitas vezes confundido com ela, constituído principalmente de água e óleo vegetal e/ou gordura vegetal, podendo ser adicionado de outro(s) ingrediente(s), contendo, no máximo, 95%

(m/m) e, no mínimo, 10% (m/m) de lipídeos totais.

Cremor de tártaro – ver *Creme Ácido*.

Crioconservação – conjunto de técnicas que permitem conservar células e tecidos na temperatura de –196 °C (ponto de ebulição do nitrogênio líquido).

Criogenia – área do conhecimento científico e tecnológico cujas atividades são desenvolvidas em torno dos fenômenos que ocorrem em temperaturas muito baixas; bem como o desenvolvimento de meios, processos e equipamentos, para se atingir tais temperaturas, usualmente inferiores a –150 °C.

Crioprotetores – substâncias usadas para proteger o tecido biológico de danos provocados pela exposição a baixas temperaturas (de congelamento).

Crioscopia – propriedade coligativa que indica a diminuição de ponto de congelamento de um líquido, provocado pela adição de um soluto não volátil que diminui a pressão de vapor do líquido. A temperatura de ebulição desse líquido aumenta e a de fusão diminui.

Cristal – sólido com estrutura ordenada devido ao arranjo espacial dos átomos, dos íons ou das moléculas que o formam.

Cristalino – relativo aos cristais. Vários produtos alimentícios se apresentam na forma de cristais, como o sal de cozinha e o açúcar cristal; o grânulo de amido apresenta estruturas cristalinas e amorfas. Na tecnologia de bebidas, o termo expressa transparência.

Cristalização – processo natural ou artificial de formação de cristais. Consiste de dois eventos principais: a nucleação e o crescimento dos cristais. A nucleação é a etapa em que as moléculas do soluto, dispersas no solvente, começam a se juntar em *clusters* (agregados). O crescimento é o subsequente desenvolvimento do núcleo. É um fenômeno importante em produtos alimentícios açucarados, como bombons, balas e sorvetes, e nos processos de congelamento de carnes, entre outros.

Cristalografia – ciência que classifica e descreve os cristais, em suas estruturas, suas formas e nas leis que presidem o seu processo de formação.

Crocância – termo de textura relacionado à extensão em que um produto é crocante.

Crocante – característica relativa ao alimento que se quebra e estala ao ser partido com os dentes e/ou mastigado.

Cromaticidade – parâmetro relativo a cor, que é caracterizada por seu comprimento de onda dominante ou complementar e sua pureza, considerados em conjunto.

Cromaticidade a* – cor de uma radiação luminosa que varia de a* positivo (tendência da cor para tonalidade vermelha) até a* negativo (tendência da cor para tonalidade verde).

Cromaticidade b* – cor de uma radiação luminosa que varia de b* positivo (tendência da cor para tonalidade amarela) até b* negativo (tendência da cor para tonalidade azul).

Cromatografia – técnica analítica utilizada para separar e/ou purificar e identificar componentes de uma mistura. Essa separação se baseia na solubilidade, no tamanho e na massa do analito, e depende da interação dos analitos com duas fases, a fase móvel e a fase estacionária. A fase estacionária, fixa, é constituída por um material poroso, como um filtro. A fase móvel é um fluido que se move através dela no interior de uma coluna cromatográfica. A distribuição dos componentes da mistura em uma fase ou outra é influenciada por diferentes forças intermoleculares, incluindo iônica, polar, apolar, e específicos efeitos de afinidade e solubilidade. Assim, a cromatografia é definida pela separação dos componentes de uma mistura com base na sua interação com a fase estacionária e com a fase móvel: sólido-líquido (coluna, camada fina ou delgada, papel); líquido-líquido (CLAE – cromatografia líquida de alta eficiência); gás-líquido (CG – cromatografia gasosa).

Cromatografia a gás (CG) – técnica cromatográfica em que os componentes de uma amostra são analisados no estado gasoso. Consiste na injeção da amostra em uma coluna cromatográfica, onde a amostra é volatilizada, interagindo com um gás de arraste (fase móvel) que percorre o interior desta coluna, cuja superfície interna é revestida por uma fase estacionária. Os componentes da amostra são separados com base em sua afinidade pela fase estacionária; aqueles que têm maior afinidade ficam retidos por mais tempo e assim, são separados daqueles que têm menor afinidade e, portanto, são menos retidos.

Cromatografia a gás líquido (CGL) – técnica de separação que se baseia na migração diferencial dos componentes de uma mistura entre duas fases imiscíveis. A fase estacionária é um filme fino líquido depositado na superfície de um sólido inerte. Os componentes da amostra são separados de acordo com a sua interação com a fase líquida estacionária e a fase móvel gasosa.

Cromatografia líquida de alta pressão (CLAP/HPLC) – técnica cromatográfica em que os componentes de uma amostra são analisados no estado líquido. A amostra adentra a coluna por meio do bombeamento de um solvente líquido pressurizado (fase móvel) que percorre uma coluna preenchida com material sorvente. Cada componente da amostra interage de forma diferenciada com o material sorvente de forma que os componentes migram com velocidades diferentes e são identificados à saída do cromatógrafo.

Cromoplastos – plastídios encontrados em células vegetais, responsáveis pela síntese e pelo armazenamento de pigmentos, estando presentes em folhas, flores, frutos e raízes. Os pigmentos sintetizados nos cromoplastos são carotenoides, xantofilas e outros pigmentos vermelhos, sendo que sua cor depende do composto acumulado.

Crosta – camada que fica em torno ou em cima de uma preparação, feita com uma massa, um creme polvilhado com queijo e gratinado, uma camada de ervas picadas, fatias de pão sobre uma sopa ou ensopado, entre outros.

Cru[1] – ver *ALIMENTO IN NATURA*.

Cru[2] – termo usado para denominar um vinhedo específico ou uma zona delimitada (*terroir*) onde é produzido vinho de características particulares e originais. O termo *cru*, que significa "crescido, desenvolvido ou cultivado", tem origem na Idade Média, na região da Borgonha, com os monges da Ordem Cisterciense; o termo foi usado inicialmente para definir uma parte homogênea de um vinhedo cujo vinho apresentava características próprias. Mais tarde, esses monges criaram dois níveis qualitativos: o *grand cru* e o *premier cru*. Na região de Bordeaux, o termo *cru* passou a identificar não o *terroir*, mas os Châteaux, onde os vinhos são produzidos, sendo criados cinco níveis de classificação, do primeiro (*premier*) ao quinto (*cinquième*). Atualmente, o termo *cru* se refere tanto ao *terroir* quanto ao próprio vinho.

Cruz de Malta – ver *ESTRUTURA DO GRÂNULO DE AMIDO*.

Cuadrada – termo espanhol para o corte bovino conhecido como coxão duro; corte do quarto traseiro; músculo plano, magro, fibras longas, carne mais seca e rija; é um dos cortes mais magros. Ver *COXÃO DURO*.

Culinária – ciência ou arte, ou ciência e arte. Técnica pela qual se preparam alimentos melhorando textura, sabor, aroma e aparência, por meio de métodos e técnicas que envolvem conhecimentos diversificados tanto sobre a qualidade dos alimentos como sobre a melhor forma de se aproveitá-los. Recebe o título de arte, sendo o cozinheiro o artista que cria, inova e faz a adequação das receitas ou das maneiras empíricas de se preparar o alimento.

Culinária molecular – (ou cozinha molecular) objetiva a busca de novos sabores e sensações a partir da mistura e combinação de ingredientes, considerando suas propriedades físico-químicas e o uso de equipamentos que pertenciam, basicamente, ao ambiente de um laboratório de análises de alimentos. De fato, a ciência e a tecnologia dos alimentos sempre contextualizaram o ambiente culinário; apenas recentemente os estudiosos passaram a dedicar-se detalhadamente ao tema, que também passou a ser conteúdo curricular das escolas de arte culinária e de gastronomia. Assim, a culinária molecular é a ciência dedicada ao estudo dos processos químicos e físicos relacionados à culinária, possibilitando a mudança de texturas, formas e temperaturas dos pratos e ingredientes tradicionais. Praticamente, é uma parte da gastronomia molecular. A culinária molecular é a aplicação de princípios científicos para se compreenderem e aperfeiçoarem os processos envolvidos na preparação dos alimentos nas cozinhas domésticas nos e restaurantes.

Cultivar – grupo de vegetais semelhantes entre si que se distinguem por quaisquer características (morfológicas, fisiológicas, químicas, citológicas etc.). Tais características são mantidas inalteráveis durante a propagação da cultivar, por via sexual ou vegetativa.

Cultura *starter* – preparações de micro-organismos vivos ou em estado latente usadas como inóculo de meios de cultivos específicos. Geralmente, são empregadas com o propósito de alterar, positivamente, as propriedades dos alimentos. Essa cultura objetiva melhorar a segurança do produto por meio do controle de patógenos, pela competição entre eles; estender a vida útil do produto pela inibição de micro-organismos deteriorantes; diversificar o produto, modificando a matéria-prima, a fim de se obterem novas propriedades sensoriais; e promover benefícios à saúde por meio de efeitos positivos na microbiota intestinal. São, geralmente, compostas por mais de um tipo de micro-organismo, visando a somar suas ações para se obter o efeito desejado no produto. Os micro-organismos mais utilizados são as bactérias láticas e acéticas, as leveduras alcoólicas e alguns bolores.

Cultura-mãe – culturas microbianas usadas para iniciar uma fermentação: cultura-mãe de queijo, cultura-mãe de iogurte e cultura-mãe de manteiga, entre outras.

Cultura-mãe/*starter* de iogurte – culturas bacterianas, geralmente compostas por *Lactobacillus bulgaricus* e *Streptococcus thermophilus*, usadas na fermentação do leite para produzir iogurte.

Cultura-mãe/*starter* de manteiga – culturas microbianas, geralmente bactérias do gênero Streptococcus, usadas na maturação do creme na fabricação de manteiga cremosa e responsável pela formação de compostos aromáticos, como diacetil e acetoína.

Cultura-mãe/*starter* de queijo – culturas de bactérias láticas inoculadas no leite para produzir acidez por fermentação durante a fabricação de queijo. As preparações comerciais de culturas-mães estão disponíveis nas formas líquida, liofilizada ou em grânulos congelados. A composição da cultura varia de acordo com o tipo de queijo a ser produzido.

Cupim – giba, mamilo, corte bovino do quarto dianteiro. Refere-se à corcova do boi zebu, formada por fibras musculares entremeadas de gordura.

Cura – técnica de conservação de alimentos aplicada principalmente em carnes, que data de tempos remotos, e representa uma das primeiras tentativas satisfatórias na conservação dos alimentos. Consiste em alterações, de natureza física, química e biológica, promovidas pela adição de sal, nitratos e/ou nitritos, açúcar e condimentos, que resultam na melhoria das propriedades organolépticas, como sabor e aroma mais agradáveis e coloração vermelha ou rósea atraente. Os produtos cárneos curados têm maior prazo de validade, desde que submetidos às especificações indicadas nos rótulos dos produtos industrializados.

Curtir – ação de manter um alimento em determinadas condições, com a finalidade de se acrescentarem ou melhorarem sabores, como nas marinadas.

Cuve – dornas usadas na fermentação e conservação do vinho.

Cuvée – palavra de origem francesa com diversos significados: melhor vinho de uma dada vindima, proveniente de um único barril; qualidade do vinho de uma cuba (*Cuvée Supérieure*, *Cuvée Royale*); quantidade de vinho que é feito em uma cuba; quantidade de uva produzida por um vinhedo, colocado em cubas de uma só vez para a fermentação; mistura (corte) de vinhos que fazem alguns comerciantes.

D

DALTON

John Dalton (1766-1844) – importante cientista inglês que, no ano de 1808, formulou a primeira teoria atômica. De acordo com o modelo atômico criado por ele, o átomo seria uma esfera maciça, indivisível e indestrutível; mas não comprovou sua hipótese, possivelmente, por falta de tecnologia apropriada. Sua definição para átomo se originou de um estudo realizado com gases que lhe permitiu concluir que "a pressão total de uma mistura de gases é igual à soma das pressões parciais dos gases que a constituem".

Dairy-Lo – concentrado à base de proteínas do soro de leite, usado pela indústria para substituir e reduzir o teor de gorduras dos produtos. É constituído por 35% de proteína, sendo a beta-lactoglobulina no seu estado nativo a principal proteína, 3,5% de gordura, 52% de carboidratos e menos de 9% de fibra.

Dalton – unidade de massa atômica que expressa a massa de átomos, moléculas e partículas nucleares. Equivale a 1/12 da massa de um átomo de carbono-12, quando no seu estado fundamental.

Data de validade – vida útil, prazo de validade; data de vencimento impressa no rótulo das embalagens dos produtos industrializados, informando o período no qual se espera que o alimento mantenha as características de qualidade, desde que amazenado nas condições recomendadas, segundo o fabricante, e após o qual não deve ser consumido.

DATEM – sigla na língua inglesa para *diacetyl tartaric acid esters of mono and diglycerides;* emulsificante utilizado para fortalecer a rede de glúten nas massas de panificação. Também é usado na produção de biscoitos, branqueadores de café, sorvetes e molhos para salada.

DDT (diclorodifeniltricloroetano) – inseticida organoclorado, não sistêmico, e persistente utilizado para controlar uma ampla gama de insetos. Classificado pela Organização Mundial de Saúde como moderadamente tóxico (OMS II). Seu uso está proibido no Brasil em função dos malefícios causados ao ambiente e à saúde humana.

Debulhar – extrair os grãos ou sementes de uma espiga (de milho); remover cascas ou sementes das frutas antes do consumo; ato da debulha, descascamento ou escapelada.

Decantação – processo físico de separação, por açao da gravidade, de partículas sólidas em suspensão em um meio líquido.

Declaração de nutrientes – relação ou enumeração padronizada do conteúdo de nutrientes de um alimento apresentada no rótulo das embalagens dos alimentos industrializados.

Declaração de propriedades nutricionais – (ou informação nutricional complementar) refere-se a qualquer representação que afirme, sugira ou implique que um produto possui propriedades nutricionais particulares, especialmente, mas não somente, em relação ao seu valor energético e conteúdo de proteínas, gorduras, carboidratos e fibra alimentar, bem como ao seu conteúdo de vitaminas e minerais.

Decocção – processo de extração dos princípios ativos de produto vegetal pela ação de líquido em ebulição (geralmente água), como na produção do mosto de cerveja por decocção.

Defeito – não conformidade quanto à apresentação dos alimentos, como a cor, a forma, o tamanho, a massa e a geometria; devido à presença de larvas, *trips*, fragmentos de insetos, matéria estranha, micro-organismos indesejados (bactérias e fungos), pelos de rato, fezes de animais; e, ainda, não conformidade sensorial, ou seja, apresentação de sabores estranhos (*off-flavor*).

Defensivos agrícolas – (ou agrotóxicos) produtos químicos que são aplicados intencionalmente às culturas, tanto na fase pré-colheita como na fase pós-colheita, objetivando sua proteção contra micro-organismos, insetos e outras pragas.

Defumação – método de conservação dos mais antigos que consiste em submeter produtos cárneos e queijos à fumaça proveniente da combustão incompleta de madeira. Une as técnicas de secagem, cocção e defumação. Há alterações de aroma, sabor, cor e aumento da vida de prateleira, que pode ser maior ou menor, dependendo da temperatura de processo. A defumação pode ser a frio, quando ocorre em temperaturas mais baixas (15-30 °C) por 24 horas, ou por vários dias; ou a a quente, requerendo as etapas de salga, secagem e posterior defumação. Como fonte de calor, pode-se utilizar gás, carvão, madeira ou eletricidade. Como fonte de fumaça, visando a conferir cor, aroma e sabor ao produto, devem ser utilizadas madeiras duras e não resinosas. As madeiras duras, como o carvalho, bem como madeiras provenientes de árvores frutíferas, como laranjeira, limoeiro, pereira e outras, são as mais indicadas. A temperatura varia entre 50 e 90 °C, por algumas horas. A defumação pode ainda ser realizada por meio da adição de fumaça líquida.

Defumados – produtos cárneos que, após o processo de cura, são submetidos à defumação, para lhes dar aroma e sabor característicos, além de um maior prazo de vida de prateleira por desidratação parcial.

Deglaçar – *déglacer*; técnica de diluição, com água, caldo ou vinho, dos sólidos que se formam, em uma fôrma ou frigideira, no cozimento de carnes e sobremesas.

Dégorgement – refere-se à remoção das borras (levedura e clarificante) sedimentadas no gargalo das garrafas de vinhos espumantes (champanhe). Atualmente, usa-se a técnica de congelamento da parte superior do gargalo, onde se encontram as borras, que, com a abertura da garrafa, são expulsas pela pressão interna, deixando a bebida livre de impurezas.

Dégraisser – retirar, ou separar, o excesso de gordura da superfície de caldos, molhos, sopas, cozidos.

Degustação – *tasting*; ato de provar alimentos e bebidas com a finalidade de observar suas características organolépticas.

Degustador – provador; pessoa com habilidade específica e de paladar sensível às nuances apresentadas pelas substâncias alimentares capaz de avaliar as características organolépticas de alimentos sólidos, líquidos ou pastosos.

Delfinidina – pigmento do grupo das antocianinas que pode apresentar tons azulados, como nas flores de violeta, e tons azul-avermelhados, em frutas, como as uvas.

Delgado – expressão utilizada na enologia para designar que o vinho tem "pouco corpo", que na degustação passa a impressão de que não há quase nada entre a língua e o céu da boca.

Delibar – degustar em pequenos goles, provar, saborear, apreciar.

Delicado – expressão utilizada na enologia para designar que o vinho possui leveza de aroma e sabor, mas pouco robusto.

Demanda bioquímica de oxigênio (DBO) – medida da força poluente de um efluente; quantidade de oxigênio dissolvido (mg O_2/l) necessária para a oxidação microbiana da matéria orgânica em um ambiente aquático, como água de esgoto e efluentes da indústria de alimentos e bebidas.

Demerara – ver *AÇÚCAR DEMERARA*.

Demi-sec – meio seco ou meio doce; denominação dada aos vinhos levemente adocicados que apresentam concentração de açúcar de 4,1 a 25% (m/v), expressa em glicose.

Demolhar – técnica que consiste em manter alguns tipos de alimentos imersos em água por períodos maiores ou menores, dependendo da finalidade. Em alimentos secos e conservados com sal, essa técnica prevê a troca de água periodicamente para hidratar e retirar o sal do alimento.

Denominação de Origem (DO) – é definida pela União Europeia como o nome que identifica um produto agroalimentar que atenda aos seguintes critérios: i) seja originário de um local determinado, de uma região ou, em casos excepcionais, de um país específico; ii) cuja qualidade ou características se devam essencial ou exclusivamente a um meio geográfico específico, incluindo os seus fatores naturais e humanos; e iii) cujas fases de produção tenham todas lugar na mesma área geográfica delimitada. No Brasil, a DO é uma das modalidades do sistema de Indicações Geográficas do Brasil. Consiste no nome geográfico que designe produto ou serviço cujas qualidades ou características se devam exclusiva ou essencialmente ao meio geográfico, incluídos fatores natural e humano. O Brasil possui 22 produtos com DO. Destes, 13 são produtos brasileiros: arroz do litoral norte Gaúcho (RS); camarões da Costa Negra (CE); própolis vermelha dos manguezais de Alagoas (AL), própolis verde de Minas Gerais (MG); mel de abelha de Ortigueira (PR); vinho e espumantes do Vale dos Vinhedos (RS); banana da região de Corupá (SC); queijo artesanal Serrano (RS e SC); café da Mantiqueira, em Minas (MG), café do Cerrado Mineiro (MG). Além dos produtos agroalimentares, o Brasil possui três DO para pedras ornamentais: Pedra Carijó (RJ), Pedra Madeira (RJ), Pedra Cinza (RJ). Nove DO se referem a produtos estrangeiros, como vinhos: *Verde e Porto* (Portugal); *Champagne* (França); *Franciacorta* (Itália); *Napa Valley* (Estados Unidos); *Cognac* (França); *Tequila* (México); presunto*: San Daniele* (Itália); queijo: *Roquefort* (França).

Denominação de Origem Controlada (DOC) – na União Europeia, a DOC é parte de um sistema de proteção de marcas coletivas. A DOC é definida a partir de uma relação única entre solo, clima e planta, além do *savoir-faire* (*know-how*) do produtor. Essa designação é atribuída a produtos elaborados em regiões geograficamente delimitadas, que cumprem um conjunto de regras consignadas em legislação própria. O sistema DOC substitui o anterior "Região Demarcada", que vigorou desde o início do século XX. Equivale ao *Appellation d'Origine Contrôlée* (AOC), ao *Denominazione di Origine Controllata* (DOC) e ao *Denominación de Origen* (DO).

Denominação de Origem do Vale dos Vinhedos – de titularidade da Associação dos Produtores de Vinhos Finos do Vale dos

Vinhedos, designa os vinhos finos secos brancos e tintos e os vinhos espumantes finos brancos e rosados, cujas qualidades e características se devem ao meio geográfico, incluídos os fatores naturais e os fatores humanos. A área geográfica delimitada da DO localiza-se na região vitivinícola da Serra Gaúcha do estado do Rio Grande do Sul, nos municípios de Bento Gonçalves, Garibaldi e Monte Belo do Sul, constituída por um território de área contínua de 72,45 km^2. O Regulamento de Uso (RU) define, entre outros, os vinhos finos tranquilos e os vinhos finos espumantes protegidos no âmbito da DO; a área geográfica, as cultivares de videira autorizadas para cada produto, os sistemas de produção vitícola, a origem e a qualidade das uvas para vinificação, os sistemas de elaboração dos vinhos, a rotulagem dos produtos, os controles sobre a produção das uvas e vinhos, os padrões de qualidade química, as avaliações sensoriais dos vinhos e a gestão da certificação por meio do Conselho Regulador.

Denominação de Origem Protegida (DOP) – sistema de proteção de produtos agroalimentares de qualidade, no qual existe uma relação causal entre a qualidade ou características do produto e o meio geográfico, incluindo fatores naturais e humanos, e elementos da descrição do produto ou do método de produção que justifiquem essa relação. Tal certificação já está registrada para mais de 600 produtos nos diferentes países que compõem a União Europeia. Esses produtos englobam bebidas, laticínios, produtos cárneos, entre outros, exceto vinhos. Os vinhos possuem registros separados e incluem certificação de outros países. Para se ter o registro da certificação, é necessário cumprir com uma série de requisitos descritos na Legislação da União Europeia, que sempre agrega valor econômico ao produto. Alguns exemplos de DOP são: Presunto – *Jamón de Teruel, Jamón de Trevélez, Jamón ibérico de Guijuelo* (Espanha), *Prosciutto di Parma* (Itália); queijos – *Camembert de Normandie, Roquefort* (França), *Gorgonzola* (Itália), *Aceto balsâmico tradizionale di Modena* (Itália). Existem 1171 vinhos de diferentes países da União Europeia que possuem certificação PDO; fora da União Europeia são PDO os vinhos do Napa Valey (Estados Unidos) e vale dos Vinhedos (Brasil).

Denominación de Origen – ver *Denominação de origem*.

Denominación de Origen Protegida – ver *Denominação de origem protegida*.

Denominazione di Origine Controllata – ver *Denominação de origem controlada*. Na Itália, esse tipo de certificação foi criado especialmente para vinhos em 1963 e revisto em 1992 para se tornar equivalente à lei da União Europeia. Há aproximadamente 250 zonas de DOC e 700 vinhos italianos estão nessa classificação. Apenas vinte DOC representam 45% da produção total de DOC do país.

***Denominazione di Origine Controllata e Garantita* (DOCG)** – tipo de certificação que atesta o controle e a garantia da qualidade de vinhos italianos. Há quatorze tipos de vinhos com este selo: Barolo, Barbaresco, Chianti, Brunello di Montalcino, Vino Nobile di Montepulciano e Ovada.

Denominazione di Origine Protetta – ver *Denominação de origem protegida*.

Densidade – densidade, densidade absoluta ou massa específica de uma substância qualquer de massa m e volume V, é definida pela razão entre a massa do corpo pelo volume que ele ocupa, com unidade [kg m^{-3}] no sistema internacional. Trata-se de propriedade intensiva, isto é, não depende da quantidade de matéria. A densidade, como propriedade influenciada pela temperatura, deve ser acompanhada da temperatura na qual foi determinada. A propriedade termodinâmica denominada volume específico [$m^3 kg^{-1}$] é o recíproco da densidade. Dependendo da área de conhecimento ou do autor, encontra-se o termo "densidade real" para expressar a densidade de uma substância pura ou densidade de um material composto, neste caso, calculada a partir da densidade e da proporção dos seus constituintes, considerando-se a conservação da massa e volume. Recomenda-se atenção para eventuais interações moleculares entre os constituintes do material composto, e, caso existentes, vão influenciar nos resultados.

Densidade aparente – na sua forma mais genérica, é a densidade de um material incluindo todos os poros ("vazios") dele. Nesse sentido, pode-se conceituar porosidade como indicativo do volume dos espaços "vazios", normalmente ocupados pelo ar, contidos no interior de um material (e eventualmente relacionada com o volume total). Assim, pode-se definir "densidade granel" (no inglês, *bulk density*), por vezes denominada *volumetric density* (na tradução literal, que deve ser evitada, densidade volumétrica), definida como a razão entre a massa de um conjunto de partículas do material e o volume total ocupado, por vezes denominado "leito de partículas". Nesse caso, atenção deve ser dada ao grau de compactação do conjunto de partículas. Em outro conceito, pode-se definir "densidade de partícula" como a razão entre a massa da partícula e o volume ocupado por esta, que inclui seus poros internos. Exemplificando, pode-se usar o conceito de densidade granel para um leito (conjunto) de grãos de cereais ou para um leito de cristais de açúcar; e o conceito de densidade de partícula (ou densidade aparente) para expressar a densidade de um biscoito de polvilho (incluindo os poros internos do biscoito).

Densidade energética – indicador de qualidade da alimentação definido como a quantidade de energia disponível por unidade de massa (kcal/g) de alimentos, refeições e dietas; fortemente influenciada pelo conteúdo de água e de gordura. Exerce importante papel na saciedade, no consumo energético e, em longo prazo, no peso corporal dos indivíduos.

Densidade óptica – ou absorbância; medida de absorção de luz por um meio translúcido. Na indústria alimentícia, a densidade óptica é usada em medições de vários parâmetros, como cor, turbidez, escurecimento e crescimento bacteriano.

Densidade relativa – definida pela razão entre as densidades absolutas de duas substâncias. Essa forma adimensional facilita a comparação da densidade de um mesmo material entre os diferentes sistemas de unidades, utilizando a densidade de um material de referência, usualmente a água pura (na mesma temperatura). Atenção deve ser dada à terminologia, que pode ser diversa, como no inglês, por exemplo, no qual se utiliza o termo *specific gravity* para expressar a densidade relativa.

Densímetro – denominação genérica de instrumentos usados na medição da densidade de líquidos, como bebidas, leite, etanol combustível e soluções diversas.

Densitometria – técnica de imagem para medir a densidade óptica de um material pelo registro da transmissão de raios X.

Denso – expressão utilizada na enologia para designar um vinho encorpado.

Departamento de Inspeção de Produtos de Origem Animal (Dipoa) – órgão vinculado ao Ministério da Agricultura, Pecuária e Abastecimento, subordinado à Secretaria de Defesa Agropecuária, responsável pela inspeção de produtos de origem animal em casas de mel, entrepostos de carnes, pescados, laticínios, mel, ovos e na industrialização de seus derivados. As ações de inspeção são desenvolvidas em todo o Brasil com respaldo na legislação, cabendo a esse Departamento a coordenação, em nível nacional, da aplicação das leis, normas regulamentadas e critérios para a garantia da qualidade e a da segurança dos produtos de origem animal.

Depouiller – despelar, escumar, retirar as impurezas que sobem à superfície de molhos e caldos.

Depurador – também chamado exaustor, é um equipamento doméstico colocado na cozinha, acima do fogão, para retirar os vapores produzidos durante a cocção de alimentos.

Derivados de gordura – produtos obtidos a partir da gordura extraída de animais, como a manteiga produzida a partir da gordura do leite, da banha obtida da gordura de suínos e da manteiga de cacau extraída das sementes.

Derivados de ovos – produtos obtidos a partir do ovo, dos seus diferentes componentes ou de suas misturas, após eliminação da casca e das membranas. Esses produtos podem ser líquidos, concentrados, pasteurizados, desidratados, liofilizados, cristalizados, resfriados, congelados, ultracongelados, coagulados, ou apresentarem-se sob outras formas utilizadas como alimento.

Derreter – liquefazer, fundir por meio do calor ou de outro agente qualquer. Técnica usada para liquefazer gorduras sólidas, como banha e manteiga, derreter chocolate, afinar mel ou glicose.

Desarmônico – expressão utilizada na enologia para indicar que o vinho possui características mais intensas de um dos componentes gustativos (acidez, doçura, taninos), desequilibrando as características da bebida.

Desarrolhar – retirar a rolha de uma garrafa.

Descafeinação – processo que consiste na remoção da cafeína com o objetivo de minimizar seus efeitos fisiológicos no organismo humano.

Descafeinado – produto do qual se extraiu a cafeína. De acordo com a Anvisa, para que um produto seja considerado descafeinado, o valor máximo permitido de cafeína deve ser de 0,1% (g/100g) no café torrado, e de 0,3% (g/100g) no café solúvel.

Descansar – deixar em repouso alguns tipos de massas pelo tempo necessário para desenvolverem suas características.

Descaroçar – remover o caroço de uma fruta.

Descarolar – retirar a parte central, carolo, de frutas como a maçã, pera, abacaxi, por meio de utensílio que tem a forma de um canudo, geralmente feito em alumínio. Separar os grãos de milho do sabugo (carolo).

Descascar – retirar cascas e peles de frutas e hortaliças. Essa técnica deve ser feita cuidadosamente, para se evitarem grandes perdas do alimento. Pode ser manual, usando-se cortadores especiais, ou mecânica, com descascadores elétricos.

Descongelamento – processo que devolve aos alimentos o seu estado anterior. Etapa fundamental no processo de conservação, uma vez que afeta as características organolépticas, nutricionais e sanitárias dos alimentos. Deve ser feito o mais lentamente possível, de maneira natural e sempre em temperatura entre 2 e 10 °C.

Desequilibrado – expressão utilizada na enologia para designar um vinho que não tem harmonia nas suas características organolépticas.

Desidratação – (ou secagem artificial) processo de conservação de alimentos que tem como base a remoção de água, permitindo maior tempo de conservação. A desidratação pode ser feita por ar aquecido (calor por convecção), por contato com superfície quente (calor por condução), por calor de fonte radiante (micro-ondas e dielétrica) e por liofilização (congelamento e sublimação sob vácuo).

Desidratação (secagem) a vácuo – processo de remoção de umidade de um alimento (sólido, pastoso ou líquido) em uma câmara de vácuo aquecida. O vácuo diminui a temperatura de evaporação da água, permitindo a desidratação do alimento em temperaturas menores do que aquelas usadas nos secadores convencionais. Essa técnica é empregada para alimentos sensíveis ao calor, como suco de frutas, tomate concentrado e extratos de café.

Desidratação (secagem) solar – método de secagem que depende do sol como fonte de energia, mas também envolve o uso de algum tipo de estrutura para coletar e aumentar o aquecimento solar. A secagem solar gera temperaturas do ar mais altas e umidades mais baixas em relação à secagem ao sol, resultando em taxas mais rápidas de desidratação do produto, bem como de conteúdo de umidade mais baixo.

Desidratação osmótica – consiste na remoção parcial de água de um alimento sólido, inteiro ou em pedaços, por imersão em uma solução aquosa concentrada com agentes de alta pressão osmótica (sal ou açúcar). Tem como vantagens a redução de perdas de características organolépticas acompanhada de melhora na textura, aumento da estabilidade de pigmentos, modificação na proporção de açúcares/acidez e ganho energético por redução de gasto de energia em tratamentos finais. Na desidratação osmótica de alimentos sólidos com alto conteúdo de água em soluções aquosas concentradas (de açúcar ou sal), três tipos de fluxos estão envolvidos: o primeiro é um fluxo de saída de água do alimento para a solução; o segundo é o de transferência de sólidos da solução para o produto; e o terceiro fluxo é o de saída de solutos do produto (ácidos orgânicos, minerais, vitaminas etc.) para a solução, que é quantitativamente insignificante comparado aos dois primeiros fluxos, mas deve ser considerado na composição final do produto.

Designer food – ver *ALIMENTOS COM ALEGAÇÃO DE PROPRIEDADE FUNCIONAL.*

Desinfecção – processo que reduz, por método físico ou químico, o número de micro-organismos (de um equipamento, de um utensílio ou de uma matéria-prima) em um nível que não comprometa a segurança do alimento.

Desinfestação – eliminação de pragas (insetos, roedores, pássaros) presentes em indústria de alimentos.

Desinfetante – produto químico capaz de controlar, reduzir ou eliminar uma população microbiana (bactérias, fungos, vírus, protozoários, algas.). Elimina a forma vegetativa, mas não necessariamente as esporuladas. Os produtos desinfetantes devem ser aprovados para uso em locais, desde a cozinha doméstica até a indústria, que manipulam produtos alimentícios, devendo ser preparados e aplicados segundo as indicações do fabricante. Há produtos à base de iodo, de amônio quaternário, contudo, o cloro e os produtos à base de cloro compreendem o maior grupo de agentes desinfetantes.

Desintoxicação – processo de remoção, inativação ou neutralização de venenos ou toxinas de origem alimentar.

Desjejum – primeira refeição do dia. Deve ser composto por alimentos saudáveis e conter cerca de 1/3 do total das calorias diárias. Os alimentos recomendados são as frutas, fontes de minerais e vitaminas; cereais, pães ou biscoitos, de preferência integrais, fontes de energia e fibras; leite e queijos como fontes de proteína e cálcio.

Desnatar – remover a gordura do leite.

Desnaturação – alteração física que ocorre nas estruturas proteicas, exceto a primária, ocasionada pelo calor, variações de pH, radiações ionizantes, sais, provocando a perda de solubilidade, podendo ser reversível ou irreversível.

Desnutrição – situação que se estabelece pela escassez de alimentos. Pode, ainda, estar relacionada à falta de certos nutrientes ou à baixa ingestão calórica. É prevalente em populações carentes sujeitas à fome e ocasiona diminuição da resistência a infecções e altas taxas de mortalidade, além de baixos níveis de crescimento e desenvolvimento humano.

Desodorização – técnica utilizada para eliminar ou reduzir odores e sabores de óleos vegetais por meio de processos tecnológicos adequados. A desodorização é a última etapa do refino, sendo um processo de destilação a vácuo (2 a 6 mBar), em temperaturas elevadas (180 a 270 °C), para remoção de ácidos graxos livres, cetonas, aldeídos e álcoois, obtendo-se, assim, um produto desodorizado. Durante a desodorização, também há a redução de cor, em função da quebra e volatilização de substâncias carotenoides que são removidas do óleo.

Desossar – separar a carne dos ossos, manual ou mecanicamente.

Despolpar – retirar a polpa de frutos maduros, manual (com auxílio de uma peneira) ou mecanicamente (por meio de despolpadora).

Dessalgar – retirar o sal de alimentos salgados, como bacalhau, charque e outros, mantendo-os imersos em água ou leite por no mínimo um dia, em temperatura de refrigeração, com repetidas trocas de água.

Dessecar – evaporar a umidade de um alimento por meio de calor seco.

Dessorção – remoção de água ou outra substância adsorvida ou absorvida por um alimento sólido.

Destilação – processo de separação de duas ou mais substâncias de uma solução homogênea com base nos seus pontos de ebulição. Durante a destilação, a solução é mantida em ebulição na caldeira do destilador, os vapores emitidos são condensados no condensador, e o destilado resultante apresenta maior concentração do componente mais volátil. Utilizada na produção de bebidas destiladas (cachaça, uísque, conhaque, tequila, rum etc.) e retificadas (vodca, gim, steinhäeger). A destilação de bebidas em pequena escala é feita em destiladores descontínuos, conhecidos como *alambiques*, e, quando feita em grande escala, utilizam-se destiladores contínuos, conhecidos como *colunas de destilação*.

Destilado – produto resultante da destilação; termo usado para designar bebidas alcoólicas destiladas.

Destilado alcoólico simples – é o produto com graduação alcoólica superior a 54% e inferior a 95% em volume, a 20 °C, destinado à elaboração de bebida alcoólica e obtido pela destilação simples ou por destilo-retificação parcial seletiva de mosto ou subproduto proveniente unicamente de matéria-prima de origem agrícola de natureza açucarada ou amilácea, resultante da fermentação alcoólica. A destilação deverá ser efetuada de forma que o destilado apresente aroma e sabor provenientes da matéria-prima utilizada, dos derivados do processo fermentativo e dos formados durante a destilação.

Destilado alcoólico simples de cana-de-açúcar – produto obtido pelo processo de destilação simples do mosto fermentado de cana-de-açúcar.

Destilado alcoólico simples de cereal – produto obtido pela destilação simples do mosto fermentado de cereais, maltados ou não.

Destilado alcoólico simples de fruta – produto obtido da destilação do mosto fermentado de frutas.

Destilado alcoólico simples de malte – produto proveniente unicamente do mosto da cevada maltada, turfada ou não, obtido pelo processo de destilação em alambique *pot stills.*

Destilado alcoólico simples de malte envelhecido – *malt whisky,* o produto obtido pelo envelhecimento do destilado alcoólico simples de malte em tonéis de carvalho com capacidade máxima de 700 litros, por período não inferior a dois anos.

Destilado alcoólico simples de melaço – produto obtido da destilação simples do mosto fermentado do melaço, resultante da produção de açúcar de cana.

Destilado alcoólico simples de tubérculo – produto obtido da destilação do mosto fermentado de batata e outros tubérculos, bem como de mandioca ou de beterraba.

Destilado alcoólico simples de vegetal – produto obtido pela destilação do mosto fermentado de uma mistura de duas ou mais matérias-primas de origem vegetal.

Destilado de cereal envelhecido – produto obtido pelo envelhecimento do destilado alcoólico simples de cereal em tonéis de carvalho ou de madeira apropriada, com capacidade máxima de 700 litros, por um período não inferior a um ano.

Destilar – separar substâncias de uma solução homogênea mediante evaporação e subsequente condensação de seus vapores. A separação tem como base as diferentes volatilidades das substâncias que compõem a mistura, de forma que a mais volátil será predominante no destilado (produto da destilação). Técnica usada na produção de bebidas alcoólicas destiladas e retificadas.

Destrorrotatório – propriedade de uma substância oticamente ativa que, em solução, desvia o plano de luz polarizada para a direita.

Detergente – substância que age como emulsificante entre a água e matérias graxas (óleos e gorduras) imiscíveis, auxilia na remoção de sujidades e na redução do tempo de limpeza e de consumo de água. Os detergentes de "uso geral" são os destinados à limpeza doméstica ou para quando há intenso contato com as mãos. Para cozinhas industriais ou serviços de alimentação, de maneira geral, recomenda-se o uso de detergentes alcalinos ou clorados, porque são mais eficazes. Na indústria, para cada tipo de resíduo há um produto específico que deve ser usado segundo as indicações do fabricante. Normalmente, soluções quentes de soda (NaOH) são usadas para a remoção de sujidades orgânicas, enquanto soluções quentes de ácido nítrico (HNO_3) são utilizadas para a remoção de sujidades minerais.

Deterioração – transformação dos alimentos por meios físicos, químicos e biológicos, alterando as características organolépticas, nutricionais e sanitárias, e diminuindo a vida útil do alimento. Os micro-organismos são os principais agentes deteriorantes. A presença de oxigênio, temperaturas elevadas (>25 °C) e umidade são importantes fatores que afetam a velocidade de deterioração dos alimentos.

Determinação de espaço livre – teste realizado em produtos acondicionados em recipiente hermeticamente fechado para avaliar a relação entre a quantidade de líquido e de sólidos dentro da embalagem. Legalmente, o espaço livre não deve exceder 10% da altura do recipiente.

Dextrina – oligossacarídeo de D-glucose, de baixo peso molecular, solúvel em água, obtido industrialmente pela hidrólise ácida ou enzimática do amido. Pode ser usada como adesivos, agentes espessantes e substitutos de gomas naturais. As formas não digeríveis são usadas como complemento de fibras alimentares.

Dextrinização – processo de hidrólise do amido, por via ácida ou enzimática, para a produção de dextrinas.

Dextrose – (glicose ou glucose) açúcar do sangue, açúcar do milho; ocorre naturalmente nas frutas e em outras partes das plantas; pode se combinar para formar dissacarídeos (maltose), oligossacarídeos (maltotriose e dextrinas) e polissacarídeos (amido, celulose e glicogênio); produzida pelas plantas a partir de água e de gás carbônico no processo da fotossíntese. Industrialmente, é obtida a partir da hidrólise do amido.

Dextrose equivalente (DE) – medida que caracteriza a extensão da hidrólise do amido. Quanto maior o grau de hidrólise, menor o peso molecular dos produtos (da hidrólise) e maior o valor de DE. É uma medida empírica da quantidade de açúcar redutor presente no produto, expressa na base seca. A dextrose usada como padrão é o amido (DE=0) e a glicose (DE=100).

Diacetil (butanodiona) – cetona produzida durante a fermentação lática, conferindo odor e sabor característicos ao iogurte, à manteiga e ao queijo. Pode ser adicionada como aditivo a outros produtos. Na tecnologia de cerveja, sua presença é tolerada em algumas cervejas de alta fermentação (*Ale*), mas se constitui em defeito em cervejas de baixa fermentação (*Pilsen*, *American Lager*).

Dieta – refere-se aos tipos de alimentos ingeridos na alimentação diária, podendo ser normal ou terapêutica. A dieta é individual e deve atender à situação fisiológica, ao trabalho físico desempenhado e à ocorrência de fatores como doenças, deficiências, sensibilidades, idiossincrasias, além de respeitar valores culturais, tradições, hábitos e costumes. Ao mesmo tempo, deve ser orientada para a reeducação alimentar, se necessário.

Dieta afluente – dieta com excesso de alimentos de elevada densidade energética, rica em gorduras e açúcares e com menor consumo de carboidratos complexos, que são fontes de fibras alimentares.

Dieta cetogênica – dieta de emagrecimento baseada na forte restrição de carboidratos (máximo de 50 gramas por dia), criada na década de 1920 como parte do tratamento para epilepsia; na década de 1960, começou a ser usada para a perda de peso de pessoas obesas. Com a restrição aos carboidratos, o metabolismo humano passa a usar os lipídeos da alimentação e aquele acumulado no corpo para a produção de energia (gerando corpos cetônicos e ácidos graxos como compostos intermediários), causando o emagrecimento.

Dieta de *Hay* – dieta criada pelo médico norte-americano William Howard Hay (1866-1940) para combater perturbações digestivas. A principal recomendação era que se evitasse comer carboidratos, proteínas e frutos ácidos em uma mesma refeição, porque, segundo sua hipótese, as proteínas estimulam a produção de ácido no estômago, e o excesso de ácido dificulta a digestão dos carboidratos.

Dieta de restrição – (ou dieta "hipo") regime prescrito com restrição total ou parcial de certos alimentos ou grupo de alimentos, sempre com finalidade terapêutica, como diminuir taxas de colesterol, reduzir peso, aumentar massa muscular, ou, ainda, para pessoas que, por outros motivos, não podem consumir algum nutriente, como é o caso do açúcar, para os diabéticos; do sal, para os hipertensos; e do glúten para os celíacos.

Dieta de *Sippy* – tipo de dieta criada por Bertram Welton Sippy, médico norte-americano, em 1911, e recomendada para indivíduos com úlcera. Caracterizava-se pela ingestão de um alimento lácteo e substâncias alcalinizantes, como magnésio calcinado ou bicarbonato de sódio e carbonato de cálcio, em intervalos regulares. Passou a ser contestada a partir dos anos de 1950.

Dieta higienista – dieta proposta por Herbert Sheldon, cientista norte-americano, na década de 1950, que se fundamenta em três princípios básicos: não misturar os alimentos, alimentar-se nos horários certos e comer, preferencialmente, alimentos crus. O propósito é o de limpar o organismo das toxinas acumuladas em função de má alimentação, consumo de bebidas alcoólicas, falta de equilíbrio emocional, pouco descanso, bem como de doenças causadas por micro-organismos; contudo, a questão é polêmica entre os profissionais da área da saúde.

Dieta hipocalórica – dieta que restringe a quantidade de calorias a serem ingeridas por dia, por um determinado indivíduo portador ou não de patologias. Normalmente indicada para pessoas obesas, tem como meta a ingestão de apenas 800 calorias por dia, em vez de 2.000 calorias para as mulheres e 2.500 calorias para os homens. Essa dieta deve conter 51% de carboidratos, 23% de proteínas e 26% de lipídeos, não devendo afetar as necessidades nutricionais dos indivíduos, apenas as energéticas.

Dieta terapêutica – também chamada *especial*, caracteriza-se por restrições ou acréscimos de calorias ou nutrientes e modificações no tipo de preparo culinário. Pode ser de textura normal ou abrandada em níveis que variam entre a dieta branda até a líquida, passando pela pastosa. Esse tipo de dieta é utilizado como único recurso ou como auxiliar no tratamento de diversas patologias.

***Dietary Reference Intakes* (DRI)** – valores de recomendação de nutrientes e energia adotados pelos Estados Unidos e pelo Canadá para a população, estabelecidos segundo vários critérios e tipos de evidências científicas como estudos epidemiológicos de avaliação de consumo de quantidades de diversos nutrientes – suficientes para atender às necessidades diárias da maioria da população – e as faixas etárias. As DRI englobam quatro tipos de recomendações de nutriente para indivíduos saudáveis: ingestão adequada (AI), necessidade média estimada (EAR), nível de ingestão dietética recomendada (RDA) e os níveis superiores toleráveis de ingestão (UL).

Dietética – disciplina que estuda a aplicação das normas oriundas da Ciência da Nutrição, orientando a escolha e o melhor modo de preparar os alimentos para pessoas sadias ou enfermas. É a base do trabalho do profissional nutricionista ou dietista.

Dietético – popularmente, refere-se aos produtos industrializados preparados com restrições de certas substâncias para regimes alimentares especiais. Há legislação própria que define e classifica esses produtos.

Dietista – profissional que orienta o tipo de dieta adequada a cada indivíduo, sadio ou enfermo, nas diversas faixas etárias, situações fisiológicas e nível de atividade física.

Dietoterapia – aplicação dos conhecimentos dietéticos na preparação de dietas terapêuticas.

Difusão – movimento espontâneo e aleatório de moléculas ou partículas em um fluido (gás ou líquido) de uma região de alta concentração para uma região de baixa concentração. Depois de alcançar uma concentração uniforme (ou equilíbrio dinâmico), cessa a difusão. Os índices de difusão são amplamente usados em análises de alimentos; dois exemplos incluem a difusão de umidade, que é rotineiramente determinada em alimentos, durante a desidratação, e difusão do sal que afetará o índice de cura de alimentos.

Difusividade[1] – propriedade de um material que indica a rapidez com que uma alteração térmica é nele transmitida.

Difusividade[2] – capacidade que as substâncias possuem de se misturar. Pode ser dividida em difusividade molecular e difusividade convectiva. A primeira ocorre quando não há ação mecânica para prover a difusão. A segunda ocorre quando há forças que contribuem para essa dissolução.

Digestão – conjunto de processos físicos, químicos e bioquímicos que ocorre nos diversos segmentos do aparelho digestivo e que permite a quebra de componentes alimentares em moléculas menores que passam a ser absorvidas pelo sangue e utilizadas pelo organismo.

Digestibilidade – relação entre a massa do alimento que foi digerida e aproveitada pelo organismo e a massa total de alimento ingerida; é expressa em percentagem (%).

Digestivo – capacidade que algumas bebidas alcoólicas têm de colaborar com o processo da digestão, quando ingeridas após as refeições: vinho do Porto, conhaques, uísques, licores, entre outras.

1,25-dihidroxivitamina D_3 – (calcitriol ou 1,25 di-hidroxicolecalciferol) é a forma ativa da vitamina D. Junto com os hormônios calcitonina e PTH, regula o metabolismo do cálcio. A sua carência é responsável por atraso na mineralização óssea, causando raquitismo e osteomalácia.

Dilatância – propriedade dos fluidos (fluidos dilatantes) que consiste na relação entre o aumento da viscosidade aparente com o aumento na taxa de deformação (*shear thickening*). Esse comportamento é denominado não newtoniano porque a deformação (ou taxa de deformação) não é linearmente proporcional à tensão cisalhante aplicada. Esse comportamento pode ser matematicamente modelado pela lei da potência (*power law*), por meio da qual a tensão cisalhante é função somente da tensão aplicada (e não do tempo de aplicação da força), neste caso, n > 1, expoente da expressão da lei da potência [$t = K (g)^n$], em que t = tensão de cisalhamento, g = taxa de deformação e K = coeficiente de consistência, da qual se pode obter a viscosidade aparente [$m_{ap} = K (g)^{n-1}$]. A dilatância não é usualmente observada em materiais puros, mas pode ocorrer em suspensões, como é o caso de suspensões de amido de milho em água (na proporção de 1 parte de água para 1,5–2 partes de amido de milho). O comportamento de dilatância é determinado pelo tamanho, forma, porosidade e distribuição das partículas na suspensão, tipo e magnitude das interações partícula-partícula, viscosidade da fase contínua, e também do tipo, taxa e tempo de atuação da deformação. Esse comportamento usualmente ocorre em partículas relativamente pequenas e com fortes interações eletrostáticas e estéricas. Em baixas tensões de cisalhamento, a suspensão apresenta baixa viscosidade e atua como um lubrificante com facilidade de escoamento. Em altas tensões de cisalhamento, as forças de atração hidrodinâmicas são maiores do que as forças de repulsão entre as partículas, com a tendência de formação de aglomerados de partículas (*clusters*); situação em que o líquido não é capaz de ocupar os espaços entre as partículas, aumentando muito o atrito, com o subsequente aumento na viscosidade. Quando a energia se dissipa ou é removida, as partículas são novamente repelidas, situação na qual os aglomerados se desfazem, o efeito de aparente comportamento sólido se reverte, e a suspensão passa a exibir comportamento de líquido novamente.

Diluir – acrescentar líquido a um alimento ou preparação alimentar.

Dióxido de carbono (CO_2) – gás produzido nos processos de combustão, fermentação alcoólica e respiração aeróbica. Na panificação, responsável pelo crescimento da massa; na indústria de bebidas, principal gás utilizado na carbonatação de bebidas alcoólicas (cerveja, vinho, sidra) e não alcoólicas (refrigerante, água).

Dióxido de enxofre (SO_2) – gás utilizado na indústria de alimentos como desinfetante, antisséptico e antibacteriano, agente branqueador e conservante.

Dioxinas – grupo de compostos orgânicos tóxicos, contaminantes ambientais muito persistentes. Os principais representantes deste grupo químico são as dioxinas p-dibenzo policloradas, os dibenzofurano policlorados e os bifenóis policlorados. As dioxinas apresentam diferentes toxidades, dependendo do número e da posição dos átomos de cloro na molécula. São extremamente estáveis e tendem a acumular-se na cadeia alimentar; nos animais, acumulam-se no tecido adiposo. Muitas são carcinogênicas, teratogênicas e mutagênicas. Podem contaminar alimentos, especialmente produtos lácteos, peixes e mariscos. São liberadas no ambiente como subprodutos de processos industriais, como na fabricação de substâncias químicas e durante os processos de combustão e incineração.

Dipolo – sistema constituído por duas cargas de igual valor e sinais contrários, localizadas em pontos próximos. Já dipolo de uma molécula é um dipolo elétrico, com um campo elétrico decorrente de uma diferença de eletronegatividade entre seus átomos. Moléculas com polos elétricos identificáveis são polares, e aquelas que não apresentam polos elétricos identificáveis são apolares.

Dipsa – tipos de alimentos que produzem sede.

Dipsose – ou dipsético; sede extrema.

Dislipidemia – condição metabólica classicamente caracterizada por níveis séricos elevados de colesterol total, triglicerídeos ou ambos, envolvendo níveis anormais de espécies de lipoproteínas relacionadas, como a lipoproteína de baixa densidade (LDL).

Dispersante – em um coloide, é a fase contínua (ou solvente) que solubiliza a fase dispersa. No leite, a água é o agente dispersante, e a caseína, a partícula dispersa.

Dispersão coloidal – sistema no qual partículas de tamanho coloidal (1 a 1.000 nm) de qualquer natureza (sólida, líquida ou gasosa) estão dispersas em uma fase contínua de composição ou estado diferente. Numa dispersão, a espécie química disseminada é chamada de "disperso", e a outra espécie química (geralmente presente em maior quantidade) é chamada de "dispersante". De acordo com o tamanho das partículas do disperso, a dispersão é classificada em solução, dispersão coloidal, emulsão e mistura heterogênea grosseira. A composição das dispersões dos alimentos responde por sua textura. Numa solução, como a de xaropes ou salmouras, o tamanho das partículas dispersas está em torno de 10^{-9} m e, por isso, não são visíveis com nenhum aparelho óptico. Na dispersão coloidal, como no leite, o tamanho das partículas dispersas varia entre 10^{-9} m e 10^{-7} m, sendo visíveis ao ultramicroscópio. Numa emulsão, como a maionese, o tamanho das partículas dispersas está acima 10^{-7} m e são visíveis ao microscópio comum.

Dissacarídeo – açúcar constituído por duas unidades de monossacarídeos unidos por uma ligação glicosídica. São exemplos de dissacarídeos a sacarose (glicose + frutose), a lactose (glicose + galactose) e a maltose (glicose + glicose).

Dissolver – misturar, com o uso de agitação, uma substância sólida ou semissólida, incorporando-a em um líquido.

Dobra dupla – refere-se à técnica usada para dobrar a massa folhada em quatro, para aumentar o número de camadas do produto; também conhecida como quatro dobras e dobra de livro.

Dobra simples – refere-se à técnica usada para dobrar a massa folhada em três, para aumentar o número de camadas do produto; também conhecida como três dobras, carteira ou envelope.

Doce de leite – produto obtido por concentração e ação do calor a pressão normal ou reduzida do leite ou leite reconstituído, com ou sem adição de sólidos de origem láctea e/ou creme, adicionado de sacarose (parcialmente substituída ou não por monossacarídeos e/ou outros dissacarídeos). A concentração também pode ser realizada por filtração por meio de membranas. Dependendo do tipo de produto, pode ser adicionado de outras substâncias alimentícias, como frutas e/ou castanhas. Sensorialmente, tem as seguintes características: consistência cremosa ou pastosa, sem cristais perceptíveis, podendo ser mais firme para o doce de leite para confeitaria e/ou sorveteria; consistência semissólida ou sólida e parcialmente cristalizada, quando a umidade não superar 20% m/m; cor castanho-caramelada; sabor e odor característicos.

Documentos da qualidade – documentos gerados internamente ou obtidos de fontes externas e que fazem parte do sistema da qualidade: manuais de equipamentos, legislações, procedimentos operacionais padronizados, manual da qualidade, instruções, registros, dados brutos etc.

Doçura – característica organoléptica referente ao gosto doce observado pelas papilas da língua; é atribuída principalmente aos açúcares e varia com a quantidade e o tipo de açúcar presente. A doçura relativa influencia o paladar e resulta da combinação dos açúcares com outras substâncias químicas presentes no alimento. Alguns compostos usados como referência para o gosto doce: açúcares, mel, sacarina, ciclamato, aspartame, álcoois, glicóis.

Doenças diretamente veiculadas pela água – são aquelas transmitidas pela ingestão de água com a presença de patógenos: cólera, febre tifoide, giardíase, amebíase, hepatite infecciosa, diarreia aguda.

Doenças dispersadas pelo ar – são aquelas transmitidas quando os patógenos infectam os seres humanos pelo trato respiratório, como a meningite, a tuberculose e a covid-19.

Doenças priônicas – doenças cerebrais degenerativas supostamente transmitidas por príons (partículas infecciosas proteicas com ausência de ácidos nucléicos). As doenças priônicas são caracterizadas por período de incubação muito longo. Incluem a encefalopatia espongiforme bovina (EEB) no gado bovino, doença de Creutzfeldt-Jakob (DCJ) e kuru no ser humano, além de um tipo de encefalopatia espongiforme em ovinos. Podem ser conhecidas, ainda, como encefalopatias espongiformes transmissíveis.

Doenças transmitidas pela falta de limpeza e higienização com água – são aquelas transmitidas pela escassez ou falta de acesso à água para higiene pessoal: escabiose, pediculose, conjuntivite, salmonelose, ascaridíase, entre outras.

Doenças transmitidas por insetos vetores que se relacionam com a água – são aquelas transmitidas quando a água é o hábitat do inseto vetor da doença: malária, dengue, febre amarela, filariose.

Doenças transmitidas por vetores baseados na água – são aquelas transmitidas quando a água é o hábitat do patógeno ou hospedeiro intermediário que tem parte de seus ciclos de vida na água; a transmissão da doença ocorre por ingestão ou contato com a pele: leptospirose e esquistossomose.

Dose de radiação absorvida – na radiação de alimentos, a quantidade de energia absorvida pelo alimento por unidade de massa (kGy/kg).

Double-acting baking powder – refere-se a um tipo de fermento que libera dióxido de carbono, primeiramente na massa crua e, posteriormente, no aquecimento.

Dough – ver MASSA.

Dough conditioners – aditivos alimentares adicionados às massas para melhorar suas características de processamento e/ou a qualidade dos produtos de panificação; são constituídos por enzimas, nutrientes para leveduras, minerais, agentes oxidantes ou redutores e emulsificantes.

Dourar – conferir cor dourada ao alimento, pelo uso de técnicas que se baseiam no método de calor seco (fritar, assar, gratinar, saltear). As reações químicas responsáveis pelo aparecimento da cor dourada podem ser de caramelização, se o alimento for à base de carboidratos; ou podem ser classificadas como reação de Maillard, quando na formulação houver a presença de açúcares redutores e proteínas.

***Downregulation* (regulação negativa)** – processo pelo qual repressores se ligam a sítios específicos do DNA e bloqueiam a ligação da RNA polimerase, ou seu movimento ao longo do DNA após sua ligação.

Draft – na fabricação do uísque, resíduo sólido (bagaço de malte) que resta nas tinas de mosturação após a retirada do mosto; é vendido como alimento para ruminantes. Em cervejaria, o termo *draft beer* se refere à cerveja não pasteurizada (chope) servida em barris.

Dry goods – refere-se a quaisquer alimentos secos que podem ser armazenados por longos períodos sem deterioração; *commodities* sólidas comercializadas a granel, como chá, café, açúcar e grãos.

Dulçor – propriedade sensorial relacionada à doçura de um alimento, à extensão em que um dado produto tem gosto doce. Em adoçantes artificiais, o dulçor é, muitas vezes, expresso em relação ao da sacarose (açúcar de referência).

Dunder – borra da fermentação do caldo de cana ou do melaço para a produção do rum, utilizada como cultura *starter* para a próxima fermentação. Também, o líquido que permanece na caldeira após a destilação de uma batelada de rum (o mesmo que vinhaça).

Duro – expressão utilizada na enologia para designar que o vinho é excessivamente rico em tanino, acidez e extrato.

Durum wheat – variedade de trigo, *Triticum durum*, indicada para a produção de massas alimentícias porque tem maior teor de proteínas, forma um glúten mais resistente, permitindo uma textura firme após o cozimento.

E

EINSTEIN

Albert Einstein (1879-1955) – nasceu na Alemanha. Foi o cientista mais relevante do século XX e possivelmente o maior símbolo da ciência. Seus marcos mais notáveis foram a teoria da relatividade restrita (1905) e a da relatividade geral (1915). Recebeu o Prêmio Nobel de Física (1921) pelo estudo do efeito fotoelétrico. É autor da célebre equação $E = mc^2$, que evidencia a interconversão entre massa e energia.

Eau de vie – palavra de origem francesa que significa bebida destilada obtida do vinho, do bagaço de uva, de frutas e do bagaço de frutas. Em países de língua inglesa, significa bebida alcoólica destilada a partir de frutas, exceto uva.

Ecologia – ciência que estuda as relações dos organismos vivos com os seus ambientes, incluindo a inter-relação entre esses organismos.

Edible containers – recipientes comestíveis utilizados para conter produtos salgados ou doces, frios ou quentes, e que podem ser consumidos junto com os alimentos que contêm. São, principalmente, feitos à base de massas de panificação, como os cones para sorvetes, para tacos, entre outros.

EDTA – ácido etilenodiamino tetra-acético, composto orgânico que atua como agente quelante, formando complexos estáveis com diversos íons metálicos. Disponível comercialmente na forma de sais de cálcio ou sódio. Na indústria de alimentos, é utilizado como antioxidante, conservante, sinergista e sequestrante.

Educação alimentar – conjunto de ensinamentos sobre alimentação saudável que permite a familiarização de pessoas com regras e preceitos da arte da boa alimentação e nutrição.

Edulcorante – substância com gosto extremamente doce, não necessariamente à base de açúcares ou polióis, embora possa contê-los como parte integrante de suas moléculas, não necessariamente energéticas, com poder de doçura/edulcorante muito superior ao da sacarose. Alguns autores classificam os edulcorantes como nutritivos, como os peptídios e derivados (aspartame, N-formil carbamoil aspartame, alitame); não nutritivos (sacarina, ciclamato, acesulfame-K, fruto-oligossacarídeo, derivados clorados da sacarose – sucralose); e de extratos vegetais, como os produtos de *Stevia rebaudiana* (esteviosídeo). Usado para promover ou intensificar o gosto doce de um alimento, substituindo parcial ou totalmente o açúcar, ou os açúcares, na formulação de alimentos destinados a consumidores que necessitam de restrição calórica e/ou de restrição de açúcares.

Efeito estérico – efeito relativo à geometria da molécula, que ocorre quando existe sobreposição de nuvens de elétrons, podendo alterar sua conformação, sua reatividade e dificultar a aproximação de espécies reativas.

Efeito *shortening* – efeito obtido pela habilidade que uma molécula de gordura tem para lubrificar, enfraquecer ou encurtar a estrutura dos componentes de um alimento, de modo que eles forneçam propriedades desejáveis de textura em um produto alimentício. Nos produtos de panificação sem a adição de gordura tipo *shortening*, as partículas de glúten e de amido aderem-se umas às outras e dão a sensação de dureza e tenacidade quando mastigados. Se o *shortening* está presente, essa gordura rompe a continuidade da estrutura formada pela proteína e pelo amido, possibilitando a lubrificação das partículas de glúten, desenvolvendo uma textura mais tenra e produtos mais aerados.

Eficiência de encapsulação – refere-se à porcentagem de nutrientes encapsulados que são absorvidos pelo organismo humano.

Efluentes biológicos – despejos líquidos resultantes dos processos produtivos, que devem ser tratados de acordo com a concentração de matéria orgânica que possuem. Os tratamentos mais utilizados para esse tipo de resíduo são os processos aeróbio e anaeróbio, que utilizam agentes biológicos para degradar a matéria orgânica.

Égrappage – desengace; operação de retirada das uvas de suas respectivas hastes (engaço) antes da prensagem, para evitar uma concentração elevada de taninos no suco ou vinho.

Einkorn – espécie de trigo (*Triticum boeoticum* ou *T. monococcum*) cultivado em regiões áridas como ração para animais de criação e um dos primeiros cereais cultivados para alimento. É um ancestral das modernas variedades de trigo.

Elasticidade[1] – propriedade dos materiais resultante do alongamento das ligações ao longo dos planos cristalográficos em um sólido ordenado.

Elasticidade[2] – propriedade reológica relacionada à capacidade de um sistema alimentar para retornar aos seus tamanho e forma originais depois de deformado. A força deformante é conhecida como estresse, e a resultante deformação é a distorção.

Elastina – proteína animal presente no tecido conectivo de mamíferos e, portanto, componente da carne e seus derivados. Rica em resíduos de glicina, também contém níveis elevados de prolina, alanina e valina. É uma proteína formadora de fibras elásticas, que conferem elasticidade e resistência. Insolúvel, resistente à ação enzimática, contribui de modo significativo para a dureza da carne.

Elementos químicos – átomos da tabela periódica que são definidos pelo seu número atômico, ou seja, pelo número de prótons em seu núcleo. Referem-se às unidades químicas fundamentais pelas quais toda matéria é composta.

Elementos-traço – referem-se aos minerais necessários ao organismo em quantidades mínimas: iodo, cobre, manganês, selênio, flúor, cobalto e zinco.

Eletrodos – ponto de transição, em um circuito elétrico, de um condutor metálico para a condução por íons (em líquidos ou gases) ou por elétrons livres (no vácuo). Chama-se ânodo o eletrodo no qual entram as cargas negativas; e cátodo, aquele pelo qual elas saem.

Eletrodos enzimáticos – sistemas formados por um componente biológico (enzima) e um transdutor (eletrodo). A enzima faz o reconhecimento da substância de interesse por meio de uma reação química, gerando um sinal que pode resultar de uma variação na concentração de prótons, liberação de gases, emissão ou absorção de luz, emissão de calor, variação de massa, mudança de estado de oxidação etc.; o eletrodo converte esse sinal em uma resposta mensurável, como corrente elétrica, potencial elétrico, variação de temperatura, entre outros.

Eletroforese – técnica laboratorial que se baseia na separação de sustâncias eletricamente carregadas em um campo elétrico; os cátions se movem em direção ao cátodo, e os ânions, ao ânodo. Geralmente, é conduzida em papel (eletroforese em papel) ou em gel (eletroforese em gel), embora métodos mais rápidos, com o uso de colunas capilares (eletroforese capilar), tenham sido desenvolvidos com outras vantagens, como a possibilidade de detecção on-line de espécies distintas. A eletroforese em papel e em gel encontra aplicação na separação de macromoléculas como proteínas, DNA e RNA, enquanto a eletroforese capilar tem aplicação mais ampla, sendo usada na separação de hidrocarbonetos aromáticos, vitaminas, aminoácidos, peptídeos, proteínas, ácidos orgânicos, fármacos e muitos outros.

Eletrólitos – compostos líquidos ou sólidos que, em contato com a água, dissociam-se em íons e conduzem eletricidade. Sob o ponto de vista da fisiologia, o termo se refere a certos compostos inorgânicos, como sódio (Na^+), potássio (K^+) e cálcio (Ca^{+2}), que apresentam importante papel no controle do equilíbrio hídrico do corpo.

Elétron – partícula subatômica, fundamental ou elementar (nao pode ser dividida em constituintes menores), com carga elétrica negativa, localizada ao redor do núcleo atômico. Possui massa de repouso de $9,1093897 \times 10^{-31}$ kg, carga negativa de $1,60217733 \times 10^{-19}$ coulomb e *spin* ½.

Eliminadores (*scavengers*) de O_2 – substâncias quimicamente ativas que reagem e removem o oxigênio do meio.

ELISA (*Enzyme-Linked Immunosorbent Assay*) – teste imunoenzimático que pode ser usado para detectar e medir a presença de antígenos e de anticorpos numa grande variedade de amostras biológicas. Nesse teste, antígenos proteicos ou anticorpos são ligados a um marcador enzimático e imobilizados em um suporte; outras substâncias são lavadas, e o material imobilizado é quantificado pela atividade enzimática por espectroscopia.

Embalagem – invólucro, recipiente ou qualquer forma de acondicionamento, removível ou não, destinado a cobrir, empacotar, envasar, proteger ou manter, especificamente ou não, matérias-primas, produtos semielaborados ou produtos acabados. As embalagens exercem quatro funções básicas: conter, proteger, comunicar e conferir conveniência, com mínima interação com o produto alimentício durante as etapas de armazenamento. Para tanto, deve ser isenta de toxicidade; manter as condições de segurança contra agentes externos; não causar incompatibilidade com o produto; ser adequada à forma, ao tamanho e ao peso do produto; por sua aparência e poder visual, propiciar a venda do produto e informações ao consumidor; possuir qualidades funcionais de transporte, abertura e fechamento, observação do conteúdo; ser de baixo custo; indicar a origem do produto, seu fabricante e seu padrão de qualidade; contribuir o menos possível para a poluição ambiental; proteger o conteúdo do produto, sem por ela ser atacado; resguardar o produto contra ataques ambientais; favorecer ou assegurar os resultados dos meios de conservação; evitar contatos inconvenientes; melhorar a apresentação; favorecer o acesso ao produto; facilitar o transporte; educar o consumidor. As embalagens podem ser rígidas, semirrígidas ou flexíveis. Quanto à sua constituição, podem ser de diversos materiais, como vidro, metal, plástico, papel, papelão (cartão), madeira, têxteis, cortiça e as laminadas (multicamadas).

Embalagem ativa – embalagem que muda as condições do ambiente em que o alimento está inserido, para prolongar a sua vida útil, manter as suas propriedades organolépticas e de segurança, enquanto conserva a sua qualidade. Podem ser classificadas em sistemas absorvedores, quando removem compostos indesejáveis que aceleram a degradação do produto alimentício como o oxigênio, excesso de água, etileno, dióxido de carbono e outros compostos específicos; e sistemas emissores, quando adicionam ativamente compostos ao produto embalado ou ao espaço livre da embalagem como o dióxido de carbono, etanol, antioxidantes ou conservantes, entre outros. São utilizadas para produtos cárneos, massas frescas e pães, nozes e similares, queijos, frutas, hortaliças frescas e sucos, entre outros.

Embalagem de papel – embalagem usada para acondicionar alimentos secos, como arroz, feijão, açúcar, farinha de trigo, de milho e de mandioca; empregada também como acondicionante interno de embalagens de cartolina e papelão liso, para amidos de milho, de arroz e fécula de mandioca. Vem sendo progressivamente substituída por embalagens plásticas flexíveis. O papel apresenta uso generalizado em embalagens laminadas, associado aos plásticos e alumínio, para grande número de produtos alimentícios.

Embalagem de papelão – esse tipo de embalagem é bastante versátil, sendo utilizada para o acondicionamento de produtos secos, como embalagem secundária ou terciária, protegendo produtos já acondicionados, e como embalagem de transporte.

Embalagem de vidro – embalagem inerte, impermeável e rígida; desde que associada a um sistema de fechamento adequado, não transmite sabor nem gosto ao alimento ou à bebida. Por ser reciclável e, algumas vezes, retornável, e é amigável sob o ponto de vista ambiental. Encontra aplicação na área de bebidas, laticínios, molhos e extratos (tomate), geleias, café solúvel, entre outros.

Embalagem flexível – embalagem moldada no formato do produto a ser acondicionado, como as folhas de alumínio, os filmes plásticos, as folhas de papel e o celofane (celulose).

Embalagem hermética – embalagem utilizada com a finalidade de conferir integridade ao alimento, protegendo-o contra a entrada de micro-organismos, oxigênio e luz, principalmente. Seu nível de permeação deve estar próximo de zero; para tanto, os materiais mais apropriados para esses tipos de embalagem são vidros, metais, plásticos e laminados.

Embalagem inteligente – embalagem desenvolvida para detectar mudanças exteriores ou condições internas que podem comunicar risco ao consumidor. Também pode interagir com o alimento, promovendo o aumento de sua vida útil. A embalagem inteligente se comunica com os consumidores por meio de sensores de qualidade, os quais são capazes de indicar temperatura, tempo de consumo, estágio do produto, entre outras informações, proporcionando diferentes medidas para a segurança do alimento: rastreamento, detecção, gravação, comunicação e aplicação da lógica científica. Existem formas de embalagem inteligente, como a ativa, que emprega produtos que absorvem intencionalmente compostos liberados pelos alimentos (por exemplo, O_2, etileno, exsudatos), o que aumenta a vida útil dos produtos, ao interromper as reações de oxidação lipídica, senescência e crescimento microbiano. Também, esse tipo de embalagem ativa pode emitir compostos para os alimentos embalados (por exemplo, CO_2, antioxidantes e conservantes), com finalidade semelhante aos absorvedores.

Embalagem metálica – embalagens rígidas, conhecidas como *latas*; são fabricadas com aço (folha de flandres) e alumínio (folha de alumínio). As embalagens metálicas necessitam receber revestimentos internos, possuir resistência mecânica, conduzir calor, apresentar maleabilidade, permitir soldagem segura, apresentar fechamento hermético, ser impermeáveis e ter boa apresentação visual. Apresenta aplicação generalizada na indústria de alimentos e bebidas. Não apropriada para uso em micro-ondas.

Embalagem plástica – usualmente à base de polietileno (de alta e baixa densidade), polietileno tereftalato (PET), cloreto de polivinila (PVC), polipropileno, poliestireno, poliéster, policarbonatos, poliamida, nylon, acetato de celulose, entre outros polímeros. As embalagens rígidas são usadas como caixas no transporte e na guarda temporária, de produtos in natura ou já processados e embalados; são os sucedâneos das caixas de madeira. As embalagens semirrígidas são normalmente garrafas ou recipientes que contêm líquidos como óleo, vinagre, refrigerante, sucos e néctares, leite, molhos, entre outros, sendo os sucedâneos das garrafas e recipientes de vidro. As embalagens flexíveis são encontradas na forma de filmes simples ou combinados (laminados), apresentando uso generalizado na indústria de alimentos, para acondicionar produtos alimentícios sólidos, líquidos e pastosos.

Embalagem primária – a que entra em contato direto com o alimento, podendo ser de metal, vidro, plástico, laminado e papel.

Embalagem rígida – tipo de embalagem com formato definido, como as metálicas (latas em folha de flandres e alumínio); de vidros (garrafas e frascos); plásticas (caixas de bebidas e de produtos em geral); de papelão (caixas de papelão liso, ondulado e cartolina).

Embalagem secundária – tipo de embalagem que entra em contato com as primárias, podendo conter uma ou várias embalagens primárias; tem a finalidade de protegê-las das ações físicas e mecânicas durante a distribuição (caixas de papelão ou de cartolina).

Embalagem terciária – a que agrupa diversas embalagens secundárias, sendo responsável pela proteção durante o transporte, como as caixas de papelão ondulado ou os paletes envolvidos em filme plástico usados para o transporte de garrafas ou latas de bebidas, entre outros produtos. A escolha para esse tipo de embalagem depende da natureza da embalagem individual, da paletização e do custo.

Embalagens semirrígidas – são constituídas por garrafas e recipientes plásticos e usadas para acondicionar produtos alimentícios líquidos e pastosos.

Embeber – ensopar com água ou outros líquidos.

Embutido de pescado – produto elaborado com pescado, com adição de ingredientes, curado ou não, cozido ou não, defumado ou não, dessecado ou não, utilizados os envoltórios previstos em lei.

Embutidos cárneos – denominação dada a produtos à base de carnes, miúdos e gordura de diversos animais, que são moídos, em diferentes granulometrias, condimentados e adicionados de vários outros ingredientes. São introduzidos em tripas naturais (produzidas a partir do trato intestinal do aparelho digestivo de suínos, ovinos e bovinos) ou artificiais (derivadas do colágeno e da celulose), a fim de estas protegerem os produtos de influências externas, além de darem-lhes forma e estabilidade. Há diversos tipos de embutidos, com diferentes teores de umidade (desde os secos aos frescais), curados, fermentados, cozidos e emulsionados; muitos podendo ser classificados em mais de uma dessas categorias. Os embutidos frescos são aqueles que têm um período de consumo curto, de um a seis dias, porque são obtidos a partir da mistura de carne crua e não sofrem tratamento térmico, como alguns tipos de linguiças. Outros são secos e crus, como salames e *peperoni*, porque são submetidos ao processo de desidratação parcial, para favorecer a conservação por tempo mais prolongado. Os cozidos são aqueles que sofrem processo de tratamento térmico, suficientemente, em estufa ou água, para o cozimento e conservação em refrigeração. O tratamento térmico também pode ser realizado com a defumação em temperaturas mais elevadas. Incluem-se nesse grupo a salsicha e a mortadela. Existem também os embutidos fermentados, incubados com uma cultura *starter*, não emulsionados, classificados como secos e semissecos. Os curados têm maior vida útil. São adicionados de sal, nitratos e/ou nitritos, açúcar e condimentos, que levam à melhora das propriedades organolépticas (sabor, aroma, cor). O salame e a linguiça são exemplos de produtos curados que também podem ser defumados após a cura. Nos produtos desidratados, a remoção de parte da água aumenta a vida útil dos produtos e concentra os componentes do sabor.

Empanar – técnica culinária que consiste no revestimento de um alimento antes de fritá-lo ou cozinhá-lo, para protegê-lo durante a cocção, concentrar o aroma, evitar perda de líquidos e dispersão do conteúdo, mantendo sua forma. Esses revestimentos são à base de ovos, farinhas de vários tipos, biscoitos esfarelados, farelo de trigo, aveia, massas finas.

Emulsão – mistura coloidal entre líquidos imiscíveis. O líquido, em maior quantidade, que se encontra numa fase contínua, é o dispersante; o líquido em menor quantidade é o disperso, distribuindo-se em gotículas muito pequenas difundidas em suspensão. Como a estabilidade é variável, a estrutura da emulsão deve ser mantida pela adição de emulsificantes.

Emulsificação – processo que permite que líquidos não miscíveis permaneçam dispersos um no outro, sem separação de fase, formando uma emulsão (coloide). Por exemplo, a gordura e a água presentes no leite homogeneizado, ou o óleo e a água, na maionese.

Emulsificante – emulsionante; substância que torna possível a formação ou manutenção de uma emulsão (coloide) a partir de dois componentes líquidos inicialmente imiscíveis. Os emulsificantes alimentícios são, em geral, ésteres anfifílicos, possuindo uma fração apolar, que se liga aos lipídeos, e uma fração polar, que se liga à água. Muito usado na indústria de alimentos para a fabricação de produtos como sorvetes, maionese, margarinas. Exemplos de emulsionantes são as carragenas, as lecitinas e os glicerídeos.

Emulsificar – emulsionar; formar uma emulsão.

En chemise – envolver um alimento, geralmente carne, ave ou pescado, em algum tipo de massa, antes de assar.

Encamisar – cobrir o fundo de uma fôrma com uma camada de gelatina, sorvete ou geleia.

Encapsulação – tecnologia/processo de empacotamento de partículas de compostos de sabor, pigmentos, acidulantes, nutrientes, enzimas, conservantes, em cápsulas comestíveis de tamanho diversos. As cápsulas podem ser classificadas por tamanho em 3 categorias: macro (>5.000 µm), micro (0,2-5.000 µm) e nanocápsulas (<0,2 µm). O material encapsulado é denominado de recheio ou núcleo, e o material que forma a cápsula, encapsulante, cobertura ou parede. Objetiva reduzir as interações do núcleo com fatores ambientais, retardando alterações que podem resultar em perda de aroma, alteração de cor ou perda do valor nutricional; separar componentes reativos ou incompatíveis; reduzir a taxa de migração do material do núcleo para o ambiente externo; evitar reações prematuras de um substrato; mascarar compostos de sabor indesejável; promover melhor solubilidade do núcleo e melhor incorporação em sistemas secos, permitir que a liberação do material do núcleo ocorra lentamente, ou a partir da ocorrência de certo evento. Carboidratos como maltodextrinas, amido modificado, xarope de milho e goma acácia, goma arábica, alginato, carragena e quitosana são comumente usados como agentes encapsuladores.

Encapsular – empacotar ou revestir substâncias alimentares ou nutritivas (núcleo ou recheio) com um componente à base de carboidratos, proteínas e lipídeos comestíveis (encapsulante, cobertura ou parede).

Enchidos – designação dada aos embutidos em Portugal e Espanha.

Encurtamento pelo frio – grau de contração do tecido muscular causado pela exposição do músculo a baixas temperaturas antes do estabelecimento do *rigor mortis*.

Endopeptidases – enzimas que hidrolisam ligações peptídicas dentro das moléculas de proteínas. Essas enzimas apresentam aplicação na área farmacêutica, têxteis e alimentícia.

Endosperma – tecido nutritivo triploide, presente nas sementes de plantas angiospérmicas que envolve o embrião e fornece substâncias, como amido, proteínas e lipídeos para o seu desenvolvimento.

Endotoxina – toxina presente na parede celular das bactérias Gram-negativas composta por lipídeos, proteínas e polissacarídeos. A fração lipídica é a responsável pela sua toxidade. A toxina somente é liberada após a ruptura da parede celular da bactéria.

Endrina – inseticida organoclorado usado no controle de grande variedade de insetos. Seu uso tem sido descontinuado e substituído por inseticidas menos persistentes. Proibido aos signatários da Convenção de Estocolmo, de 2001, por ser inseticida persistente. Entra no organismo humano por meio da alimentação, acumula-se nos tecidos adiposos e está associado ao câncer de fígado.

Energético – (bebida energética ou *energy drink*) definido pela legislação brasileira como composto líquido pronto para o consumo. Essa bebida contém como ingredientes principais a taurina e/ou a cafeína, podendo ser adicionada de vitaminas e/ou minerais até 100% da Ingestão Diária Recomendada (IDR) na porção do produto. Pode ser adicionado de outros ingredientes (glucuronolactona, aromatizantes e corantes), desde que não descaracterizem o produto. Os teores de taurina e cafeína nessas bebidas não devem ultrapassar 400 e 35 mg/100 ml, respectivamente.

Energia de ativação – energia mínima necessária para ocorrer uma reação química; um dos fatores determinantes para que ocorra uma reação química, junto com a colisão favorável entre as moléculas dos reagentes; seu valor pode ser calculado pela diferença entre a energia do complexo ativado e a energia dos reagentes; pode ser reduzida pelo uso de um catalisador.

Energia de radiação – é uma propriedade fixa para um tipo específico de radiação. A energia das partículas constituintes, ou fótons das radiações ionizantes, é expressa em elétron-volts (eV), ou mais convenientemente em mega elétron-volts (1 MeV = $1,602 \times 10^{-13}$ J).

Um elétron-volt é igual à energia cinética adquirida por um elétron ao ser acelerado por uma diferença de potencial de 1 V ao longo de um metro.

Energia nuclear – energia liberada em reações nucleares (fissão e fusão), isto é, aquela que ocorre no núcleo dos átomos. Utilizada nas usinas nucleares (fissão) para a geração de energia elétrica.

Enfarinhar – técnica de envolver um alimento em uma camada de farinha que pode ser de trigo, milho, mandioca, leguminosas, nozes, ou misturas de farinhas com ingredientes condimentantes ou não. Também significa revestir (polvilhar) com farinha a fôrma em que se vão assar bolos e tortas, para impedir que a massa fique aderida à fôrma.

Engenharia agronômica – parte da engenharia que se ocupa da produção agrícola e pecuária. Ciência multidisciplinar que envolve conhecimentos nas áreas de agrometeorologia e climatologia; avaliação e perícias; biotecnologia, fisiologia vegetal e animal; cartografia, geoprocessamento e georreferenciamento; comunicação, ética, legislação, extensão e sociologia rural; construções rurais, paisagismo, floricultura, parques e jardins; economia, administração agroindustrial, política e desenvolvimento rural; energia, máquinas, mecanização agrícola e logística; genética de melhoramento, manejo e produção e florestal; zootecnia e fitotecnia; gestão empresarial, marketing e agronegócio; hidráulica, hidrologia, manejo de bacias hidrográficas, sistemas de irrigação e drenagem; manejo e gestão ambiental; microbiologia e fitossanidade; sistemas agroindustriais; solos, manejo e conservação do solo e da água, nutrição de plantas e adubação; técnicas e análises experimentais; tecnologia de produção, controle de qualidade e pós-colheita de produtos agropecuários.

Engenharia dos alimentos – segmento da engenharia que se ocupa da industrialização de alimentos. Ciência multidisciplinar que envolve conhecimentos nas áreas de eletricidade aplicada, fenômenos de transporte, estatística, mecânica dos sólidos, análise sensorial, bioengenharia e biotecnologia de alimentos, química e bioquímica de alimentos, embalagens, gestão e controle de qualidade, higiene na indústria de alimentos, instrumentação, controle e automação, microbiologia de alimentos, modelagem, análise e simulação de sistemas, operações unitárias, processos de conservação, projetos de indústrias de alimentos, química analítica e instrumental, tecnologia de alimentos de origem animal e vegetal, tecnologias limpas e novas tecnologias, físico-química e termodinâmica aplicada, tratamento de resíduos da indústria de alimentos.

Engenharia genética – conjunto de técnicas, baseadas na tecnologia do DNA recombinante, utilizadas para alterar a composição genética de um ser vivo, incluindo o isolamento, a manipulação e a transferência de genes intra e interespecíficos para produzir organismos novos ou melhorados. A engenharia genética tem aplicação na medicina, na indústria e na agricultura, podendo ser usada em plantas, animais e micro-organismos. São produtos da engenharia genética a produção em escala industrial de insulina, de hormônio do crescimento, de interferon alfa humano, de vacinas e anticorpos monoclonais humanos; produção de alimentos geneticamente modificados como soja, milho, peixes.

Engenho de açúcar – estabelecimento industrial, situado em zona canavieira, destinado à moagem da cana para a fabricação de açúcar e álcool.

Engrossar – espessar, dar corpo às preparações líquidas como sopas, molhos, manjares e outros, usando agentes espessantes como amido e farinhas diversas, cereais em flocos, ovos e outros. Também se pode engrossar uma preparação com fervura lenta e prolongada, evaporando parte da água e concentrando as demais substâncias.

Enlatamento asséptico – ver *ESTERILIZAÇÃO COMERCIAL*.

Enocianina – pigmento do grupo das antocianinas presente na casca de uvas tintas. Devido à solubilidade e à mudança de cor em função do pH, esse corante possui uso restrito a produtos que normalmente são fabricados a partir de uvas como sorvetes, geleias e vinhos compostos.

Enologia – ciência que trata da produção, conservação e serviço do vinho. A enologia abrange áreas da entomologia, fisiologia, matemática, estatística, geologia, botânica, microbiologia, física, marketing, economia, climatologia, química, viticultura, vinificação, operações unitárias, controle de qualidade e análise sensorial.

Enriquecimento – ver *ALIMENTO ADICIONADO DE NUTRIENTES E FORTIFICAÇÃO DE ALIMENTOS COM MICRONUTRIENTES*.

Ensaio – teste experimental que faz parte de uma pesquisa.

Ensaio de proficiência – ferramenta para avaliar o desempenho de laboratórios de calibração ou de ensaios, mediante comparações interlaboratoriais. A participação do laboratório em ensaios de proficiência é um mecanismo indispensável para avaliar a sua competência técnica e aumentar a credibilidade dos resultados de suas medições.

Ensopar – embeber com água ou outro líquido.

Entalpia – medida de energia, na forma de calor, à pressão constante, comumente usada para estudar a termodinâmica das reações químicas. As mudanças na estrutura das macromoléculas dos alimentos em reações de desnaturação, gelatinização e cristalização são sempre associadas com mudanças na entalpia.

Enterotoxicidade – grau do efeito tóxico sobre o trato gastrointestinal.

Enterotoxinas – toxinas produzidas por diversos micro-organismos que agem no intestino causando principalmente dores abdominais, diarreias e vômitos. É uma das causas de intoxicação alimentar.

Enterovírus – vírus do gênero *Enterovirus* (por exemplo, *Coxsackievirus*, *Echovirus* e poliovírus), transmitidos por meio de alimentos e água contaminados e que podem ser patogênicos a seres humanos.

Entomologia – ramo da zoologia que estuda a relação dos insetos com o homem, os animais e as plantas. Está relacionada a diferentes áreas de conhecimento como ecologia, fisiologia, genética, taxonomia, toxicologia, entre outras.

Entrecôte – (bisteca, contrafilé com osso ou filé de costela) retirado entre a quinta e a décima primeira costela do corte bovino, também conhecido como bife ancho e *noix*, caracteriza-se pelo seu elevado grau de marmoreio, maciez, suculência e sabor.

Entropia – propriedade termodinâmica que mede a desordem num sistema. Quanto mais alta a entropia, mais desordenado é o sistema. A entropia de um sistema isolado aumenta no decorrer de uma mudança espontânea. O conceito de entropia vale tanto para a matéria quanto para a energia.

Envelhecimento de cachaça – diz respeito ao período de guarda da cachaça dentro de barricas ou tonéis de madeira, em ambiente de microaeração devido aos poros da madeira. Durante o período de guarda, há mudança de cor, aroma e sabor da bebida, com evidente ganho nos atributos sensoriais da cachaça.

Envelhecimento da cerveja – *aging*; exceto em casos de estilos especiais em que a cerveja é envelhecida em barricas de carvalho (*Oak Aged Beer*), o envelhecimento de cerveja em garrafas, latas ou barris (de alumínio ou aço) não é desejável, devendo ser consumida o mais rapidamente possível, após a sua produção.

Envelhecimento de pão – alteração que ocorre com os produtos de panificação, expressa na modificação da textura e aroma, em consequência da perda de umidade pelo amido gelatinizado, ocasionada pelo fenômeno da retrogradação.

Envelhecimento de vinho – em vinhos tintos engarrafados, refere-se às alterações físicas e químicas que ocorrem em ambiente redutor (dentro da garrafa), resultando na mudança de cor, passando do vermelho-violeta para o vermelho-amarronzado, e na formação do buquê da bebida. O envelhecimento na garrafa é benéfico às qualidades sensoriais do vinho.

Envoltório de embutidos – tripas naturais, produzidas a partir do intestino de suínos, ovinos e bovinos, ou artificiais, derivadas do colágeno ou da celulose, onde são colocadas as massas dos embutidos, a fim de proteger os produtos de influências externas, além de lhe dar forma e estabilidade.

Envolver – técnica usada para adicionar claras em neve às massas leves para incorporar ar. A massa é levantada e dobrada cuidadosamente sobre as claras, sem desmanchá-las. Operação delicada feita manualmente, utilizando-se uma espátula em movimentos suaves de baixo para cima, até que toda a clara batida seja incorporada; requer cuidado e leveza de movimentos. Pode ser feita com muito cuidado em batedeira, mas o resultado nem sempre é satisfatório. Pode ainda se referir à incorporação de ingredientes por meio de uma espátula, em suaves movimentos circulares de baixo para cima, rodando simultaneamente o recipiente.

Enzimas – são proteínas que apresentam propriedades catalíticas e exibem seletividade sobre o substrato. As principais enzimas são compostas por cadeias polipeptídicas múltiplas, apresentando estrutura quaternária. Algumas enzimas requerem componentes não proteicos chamados de cofatores, coenzimas ou grupos prostéticos para exercerem suas atividades catalíticas. Geralmente, são substâncias solúveis em água e em solução alcoólica diluída; quando em solução, são precipitadas pela adição de sulfato de amônio, álcool ou ácido tricloroacético. Fatores como temperatura, pH, concentração de enzima e de substrato afetam a velocidade das reações enzimáticas. As enzimas diminuem a energia de ativação e, com isso, aumentam a velocidade das reações bioquímicas. São divididas em seis grupos: oxidorredutases (catalisam reações de oxidação e de redução), transferases (transferem grupos funcionais entre doadores e aceptores), hidrolases (catalisam a cisão de compostos orgânicos por meio da água), liases (adicionam ou removem substâncias), isomerases (catalisam a interconversão de isômeros) e ligases (catalisam a ligação entre moléculas). As ribozimas são enzimas não proteicas constituídas por RNA que catalisam processos biológicos fundamentais.

Equipamento de proteção coletiva (EPC) – todo dispositivo ou sistema de âmbito coletivo que se destina à preservação da integridade física e da saúde dos trabalhadores de uma empresa, bem como de terceiros. São os lava-olhos e chuveiros de segurança, exaustores, piso antiderrapante, protetor de partes moles de máquinas, enclausurador de máquinas, placas sinalizadoras, extintor de incêndio, escadas externas contra incêndio, entre outros.

Equipamento de proteção individual (EPI) – dispositivo de uso individual destinado a proteger a saúde e a integridade física do trabalhador, conforme definido pela Norma Regulamentadora do Ministério do Trabalho e Emprego – NR 6. São os óculos, luvas, protetores auriculares, botas, roupas adequadas ao ambiente de trabalho, entre outros.

Epidemiologia – ciência que estuda a incidência, distribuição e fatores causais de doenças infecciosas em uma população, bem como seu controle e prevenção.

Epóxidos – compostos orgânicos que contêm um éter cíclico (epóxi), isto é, um átomo de oxigênio ligado a dois átomos de carbono saturados por ligações covalentes, formando um anel na forma de triângulo. Vários plásticos utilizados como materiais de embalagem de alimentos contêm um grupo epóxido.

Equipamento de conservação a frio – equipamento especialmente projetado para conservar os alimentos por meio do frio. Na refrigeração, são empregadas temperaturas entre -1,5 °C e 10 °C, enquanto, no congelamento, são utilizadas temperaturas de –40 a –10 °C.

Equipamentos de conservação a quente – equipamento especialmente projetado para conservar alimentos sob temperaturas de 60 °C ou acima. São os balcões térmicos ou *buffets* utilizados nos restaurantes comerciais e industriais.

Ergocalciferol – calciferol, vitamina D_2; tipo de vitamina D encontrado em fungos, líquens e plantas. É usado como suplemento dietético para prevenir e tratar deficiência de vitamina D no organismo humano.

Ergosterol (D_2) – precursor da vitamina D_2. É transformado em viosterol por ação da luz ultravioleta e, depois, é convertido em ergocalciferol, que é uma forma de vitamina D.

Ergotamina – alcaloide produzido pelo *ergot*, fungo *Claviceps purpurea*, que ataca cereais, especialmente o centeio. É também um metabólito secundário de algumas espécies de *Penicillium*, *Aspergillus* e *Rhizopus*. Pode causar envenenamento (ergotismo) caso contamine algum grão usado como alimento. Os processos de limpeza e de moagem atuais removem a maior parte do *ergot*, deixando-o em baixos níveis na farinha, que são ainda reduzidos no cozimento.

Eritritol – eritrol; edulcorante obtido na fermentação da glucose por micro-organismos; solúvel em água e pouco solúvel em álcool. Usado em coberturas de doces. Presente em baixas concentrações em frutas e em concentrações mais elevadas em molhos de soja, vinhos, cervejas e queijos.

Escala Celsius – escala termométrica do sistema métrico, tendo como base os pontos de fusão e ebulição da água em condição atmosférica padrão, aos quais foram atribuídos os valores de 0 °C e 100 °C, respectivamente. Devido à divisão centesimal, é conhecida também como escala centígrada (em desuso).

Escala de Baumé – par de escalas hidrométricas desenvolvida pelo farmacêutico francês Antoine Baumé, em 1768, para medir a densidade de vários líquidos. A unidade da escala Baumé foi simbolizada de várias formas, como graus Baumé, B°, Bé°, ou, simplesmente, Baumé. Uma escala mede a densidade dos líquidos mais pesados do que a água, e a outra, os líquidos mais leves que ela. O Baumé de água destilada é 0 Bé. A escala Baumé foi definida na temperatura de 15,5 °C (60 °F).

Escala de Brix – escala montada a partir de soluções de água e sacarose, em que a água assume o valor 0 °Brix, e a sacarose, 100 °Brix. Um grau Brix (1 °Brix) representa a concentração de 1 g de sacarose em 100 g de solução.

Muito usada na indústria de alimentos e bebidas para estimar a concentração de açúcares. Os valores de graus Brix de soluções açucaradas (sucos de frutas, caldo de cana, mostos de vinho, cerveja, sidra etc.) podem ser medidos por meio de refratômetros ou densímetros.

Escala de pH – escala numérica adimensional utilizada para especificar a acidez ou basicidade de uma solução aquosa. O pH é definido como o cologaritmo da concentração de prótons (H^+). Os valores de pH variam de 0 a 14, sendo que os valores de 0 a 7 são considerados ácidos; valores acima de 7 são denominados básicos ou alcalinos; o valor 7 (pH neutro) corresponde ao pH da água pura. Além da química, a escala de pH encontra aplicação generalizada na biologia e nas engenharias (de alimentos, agronômica, florestal, ambiental, civil, materiais, mecânica, química etc.).

Escala de Scoville – usada para medir o grau de ardência ou pungência de pimentas (*Capsicum*) e seus derivados. Foi desenvolvida em 1912, pelo químico Wilbur Scoville. Esse químico desenvolveu um método denominado teste organoléptico de Scoville, ou procedimento de diluição e prova, de caráter sensorial, para mensurar o nível de ardência ou "de calor" de soluções feitas com as diversas variedades de pimentas, em concentrações progressivamente diluídas. Para se realizar o teste, uma solução do extrato de pimenta é diluída em água com açúcar até que a ardência não seja mais detectável para um grupo de provadores. A classificação da unidade de calor Scoville (SHU) é, então, atribuída com base na quantidade de diluição. Uma pimenta fraca, que não contém capsaicina, tem uma classificação na escala Scoville de zero (nenhuma ardência detectável mesmo sem diluir). Uma pimenta Habanero, por exemplo, tem classificação de 300.000 ou mais, indicando que seu extrato foi diluído 300.000 vezes, antes da capsaicina presente ser indetectável.

Escala Fahrenheit – escala de temperatura proposta pelo físico alemão Daniel Gabriel Fahrenheit em 1724. Sua unidade é o grau Fahrenheit (°F). Nesta escala, o ponto de fusão da água é de 32 °F, e o ponto de ebulição é de 212 °F, sob a pressão de 1 atmosfera. Foi utilizada principalmente pelos países que foram colonizados pelos britânicos, mas seu uso atualmente se restringe a poucos países de língua inglesa, como os Estados Unidos.

Escala Gay-Lussac – escala centesimal (grau) que indica a concentração volumétrica de etanol em água na temperatura de 15 °C. Essa escala é ligeiramente diferente da escala Álcool por Volume (ABV), que considera a temperatura de 20 °C. Atualmente, utiliza-se a escala ABV para se mensurar o teor alcoólico de bebidas.

Escala hedônica – teste sensorial afetivo que mede a aceitação de um produto alimentício. Quando utilizada em testes com mais de um produto, mensura a preferência dos consumidores.

Escala Kelvin – de acordo com o Sistema Internacional de Unidades (SI) é a escala específica para a temperatura absoluta. Foi determinada com base na escala Celsius, mas com um ponto de partida no zero absoluto. O Kelvin é definido como a fração 1/273,16 da temperatura termodinâmica do ponto triplo da água. Por acordo internacional, o ponto triplo da água recebeu um valor de 273,16 K (0,01 °C; 32,02 °F), a uma pressão de vapor parcial de 611,66 pascal (6,1166 mbar; 0,0060366 atm).

Escaldar – técnica culinária utilizada para dessalgar carnes e peixes secos, retirar a pele de tomates e certas frutas, diminuir o sabor acre das cebolas, preparar hortaliças para o congelamento, entre outras aplicações. Consiste em submeter o alimento a um banho rápido em água fervente, escoando-se toda a água em seguida. Pode ser feita por imersão ou regando o alimento com a água fervente.

Escalfador – recipiente em que se conserva água quente para o chá, café ou mate.

Escalfar – técnica culinária que consiste em cozinhar o alimento em um líquido a uma temperatura próxima da fervura; muito usada para cozer ovos, por exemplo.

Escamar – retirar as escamas do peixe com faca ou utensílio apropriado. A técnica consiste em passar uma lâmina, que não possua corte, no sentido da cauda para a cabeça, removendo as escamas sem ferir a pele.

Escurecimento – distúrbio fisiológico que afeta várias partes das plantas, incluindo frutas e tubérculos. Processo pelo qual os alimentos se tornam escurecidos, resultante de reações enzimáticas ou não enzimáticas.

Escurecimento central – distúrbio fisiológico que afeta maçãs e peras, supostamente resultante de lesão causada por dióxido de carbono. Caracterizado por escurecimento da polpa interna da fruta, que se origina no núcleo, ou perto dele. A extensão é variável, indo desde uma pequena mancha marrom até quase o acometimento de toda a polpa. O defeito não é detectável externamente. Os sintomas podem aumentar conforme a extensão do tempo de armazenamento.

Escurecimento enzimático – processo oxidativo catalisado pelas enzimas polifenoloxidases (PPO) e peroxidases (POD), na presença de compostos fenólicos, em que frutas e vegetais sofrem alterações organolépticas (cor, sabor, aroma). O escurecimento das frutas e hortaliças, que ocorre quando as superfícies de corte ou dano mecânico são expostas ao ar, ocorre em função da oxidação enzimática de fenóis a ortoquinonas, que se polimerizam rapidamente para formar pigmentos marrons (melaninas). O processo pode ser inibido por ácidos, como o málico, o cítrico e o ascórbico. Frutas que serão desidratadas podem ser expostas ao SO_2, mergulhadas em sulfito, bissulfito ou metabissulfito, para que se mantenham suas cores brilhantes e isentas de escurecimento.

Escurecimento não enzimático – conjunto de reações químicas que conduzem ao escurecimento de alimentos. Há três tipos de reações de escurecimento não enzimático: a) reação de Maillard (reação entre açúcares redutores, aldeídos e cetonas com proteínas, peptídeos e aminoácidos, levando à formação de pigmentos coloridos); b) caramelização de açúcares (desidratação de açúcar em meio ácido ou alcalino, com formação de pigmentos); c) degradação do ácido ascórbico (reação de oxidação na presença ou ausência de oxigênio, com formação de pigmentos). Nos três casos, a coloração final formada é devida a um polímero chamado melanoidina.

Escutelo – estrutura em forma de escudo e que constitui o único cotilédone (modificado) de gramíneas, como milho, trigo, centeio, aveia, arroz e cevada, por meio da qual os nutrientes são transferidos do endosperma para o embrião.

Espaço livre – (*head space*) espaço existente entre a superfície do alimento ou bebida e a face interna da tampa da embalagem.

Espaguete – massa alimentícia longa, redonda e fina, que pode apresentar mais de uma espessura. Tradicionalmente, é preparada com molhos de tomate.

Espalhamento – na panificação, esse termo se refere à tendência que algumas massas para biscoito têm de abaixar e crescer para os lados durante o assamento.

Especial – (ou serrote) corte bovino do quarto traseiro, de onde foram retiradas as partes da ponta da agulha.

Especialidade Tradicional Garantida (ETG) – tipo de certificação (selo) criado pela União Europeia que destaca o caráter tradicional na formulação/composição (ingredientes) ou nos meios de produção de produtos agrícolas e gêneros alimentícios. Assim, é um sistema de proteção de produtos agroalimentares de qualidade, com objetivo de salvaguardar os métodos de produção e as receitas tradicionais, ajudando os produtores na comercialização e comunicação aos consumidores dos atributos desses alimentos, bem como as suas receitas. Podem ser registrados como ETG produtos resultantes de um modo de produção, transformação ou composição que correspondam a uma prática tradicional, produzidos a partir de matérias-primas ou ingredientes utilizados tradicionalmente. A sigla ETG deve ser acompanhada dos dizeres "produzido segundo a tradição de", imediatamente seguida do nome do país ou da região em que é produzido. A União Europeia possui registros de 62 ETG. Alguns exemplos são de mexilhões (*Moules de Bouchot* – França); pizza (*Pizza Napolitana* – Itália); queijo (*Mozzarella* – Itália); bacalhau (Bacalhau de Cura Tradicional – Portugal); leite (*Leche Certificada de Granja* – Espanha); presunto (*Jamón Serrano* – Espanha); peru (*Traditional Farm-fresh Turkey* – Reino Unido).

Especiarias – produtos constituídos de partes (raízes, rizomas, bulbos, cascas, folhas, flores, frutos, sementes, talos) de uma ou mais espécie(s) vegetal(is), tradicionalmente utilizadas para agregar sabor ou aroma aos alimentos e bebidas.

Espectrofotometria – técnica que se baseia na medida da absorção de radiação eletromagnética nas regiões visível e ultravioleta por espécies químicas (moléculas ou íons) em solução. Cada composto químico absorve, transmite ou reflete luz ao longo de um determinado intervalo de comprimento de onda. Na análise quantitativa, a atenuação do feixe de radiação é, dentro de certos limites, proporcional à concentração da espécie química a ser determinada. Na microbiologia, é usada na determinação da concentração de bactérias e leveduras em uma suspensão turva. Também se constitui em ferramenta valiosa para a identificação de grupos funcionais.

Espectroscopia – conjunto de métodos utilizados para estudar a interação entre a radiação eletromagnética e a matéria, por meio da transmissão, absorção ou reflexão da energia radiante incidente em uma amostra. Os fenômenos físico-químicos se caracterizam como interações (reflexão, refração, espalhamento elástico, interferência e difração) ou alterações nos níveis de energia de moléculas ou átomos. Os métodos espectroscópicos de análise consistem na medida da quantidade de radiação emitida ou absorvida por moléculas ou átomos. Tais métodos são classificados nas diferentes regiões do espectro eletromagnético – como raios gama, raios x, ultravioleta, visível, infravermelho e radiofrequência), que fornecem diferentes informações sobre a matéria em estudo.

Espectroscopia de absorção atômica – técnica que mede a absorção da radiação eletromagnética, proveniente de uma fonte de radiação primária, por átomos gasosos no estado fundamental. Utilizada nas determinações qualitativa e quantitativa de elementos (metais, semimetais e alguns não metais) em uma ampla variedade de amostras, como materiais biológicos (tecidos e fluidos), ambientais (águas, solos, sedimentos e plantas), alimentos, geológicos e tecnológicos.

Os dois tipos de atomizadores mais usados são a chama e o forno de grafite. A espectrometria de absorção é a técnica mais utilizada para análises elementares em níveis de mg/L, enquanto a espectrometria de absorção atômica com atomização eletrotérmica em forno de grafite é utilizada para determinações de baixas concentrações (μg/l).

Espectroscopia de emissão atômica – técnica analítica que se baseia na emissão de radiação eletromagnética nas regiões visível e ultravioleta do espectro eletromagnético por átomos neutros ou átomos ionizados, no estado gasoso, quando excitados. A excitação pode ser feita com arco ou centelha, chama, plasma ou laser. Técnica utilizada na determinação de metais alcalinos e alcalinos terrosos em amostras biológicas e não biológicas.

Espelho – ponto de calda, que se identifica pela temperatura de 117 °C ou pela formação de uma espécie de cortina quando se escorre, com um garfo, uma quantidade da calda. Nesse ponto, a calda está pronta para preparar baba de moça, frutas cristalizadas e bom-bocado.

Espelta – *Triticum spelta*, também conhecido como trigo-vermelho, é um cereal da família das gramíneas, parente do trigo. É um dos tipos de cereais mais antigos conhecidos pelo homem (5.000 a.C.). Consumido na Europa desde a Idade do Bronze até a Idade Média, vai se tornando raro porque a produção do trigo comum se tornou mais vantajosa. Ainda cultivado na Europa Central e na Itália, volta a ser consumido como "alimento saudável", sob a forma germinada ou de granola. Pode ser ingerido em substituição ao arroz e a outros cereais. Por suas características específicas, é cultivado sem o uso de agrotóxicos.

Espessante – aditivo alimentar usado para aumentar a viscosidade de alimentos e bebidas na forma de soluções, de emulsões e de suspensões, melhorando a textura/o corpo e a consistência. Usado, ainda, para dispersar, estabilizar ou evitar a sedimentação de partículas em suspensão. Na indústria de alimentos e bebidas, atua como agentes estabilizadores de sistemas dispersos, como suspensões (sólido-líquido), emulsões (líquido-líquido) ou espumas (gás-líquido). Amido, goma guar, goma arábica, ágar-ágar, alginatos, carragenas e carboximetilcelulose são alguns exemplos de substâncias espessantes.

Espirituosas – bebidas alcoólicas, exceto as fermentadas, com graduação alcoólica superior a 15% em volume. No Brasil, enquadram-se nessa classificação as bebidas destiladas, as retificadas e as alcoólicas por mistura que apresentem teor alcoólico acima de 15%.

Espumante – vinho cujo gás carbônico provém de uma segunda fermentação alcoólica em garrafas (método *Champenoise*/tradicional) ou em grandes recipientes (método *Chaussepied*/*Charmat*), com uma pressão mínima de 4 atmosferas a 20 °C, e com teor alcoólico de 10 a 13% em volume. Já o Moscatel espumante é o vinho cujo gás carbônico provém da fermentação em recipiente fechado, com uma pressão mínima de 4 atmosferas a 20 °C e com um teor alcoólico de 7 a 10% em volume, e no mínimo 20 gramas de açúcar remanescente por litro da bebida. No Brasil, mais especificamente no Rio Grande do Sul, em razão do clima e do solo, têm sido produzidos espumantes de excelente qualidade. As uvas brancas utilizadas são a *Chardonnay*, a *Riesling* Itálico e a *Trebbiano*, e as tintas vinificadas em branco, *Pinot noir* e *Cabernet Franc*, que, nessa região, amadurecem com muita acidez, pouco açúcar e muito aroma, o que favorece a produção desse tipo de bebida. Espumantes brasileiros têm sido premiados em concursos internacionais. Acompanham muito bem a maior parte das preparações culinárias. São espumantes: *Champagne* (França); *Asti spumante, Franciacorta, Prosecco, Lambrusco* (Itália); *Cava* (Espanha); *Sekt* (Alemanha).

Espumar – produzir espumas, soltar espumas, cobrir de espumas.

Espumas – sistemas dispersos com duas fases distintas: uma líquida, que circunda; e outra dispersa, constituída de bolhas de ar, separadas por uma fina camada de líquido (lamela), formando uma interface ar líquido. A formação de espuma está relacionada com a velocidade de mistura e as propriedades de superfície do material a ser espumado, necessitando de agentes formadores e estabilizadores de espumas; estes formam as membranas das bolhas de ar, uma vez que são instáveis. Exemplos de espumas são as formadas pela clara do ovo (merengues e suflês) e as proteínas da gelatina e do leite modificado. Nas cervejas, que também formam espumas, o ar é substituído pelo gás carbônico e/ou nitrogênio.

Espumífero – que forma espuma, por meio da modificação da tensão superficial dos produtos. Exemplos: a clara de ovo, usada para a produção de merengues e suflês; gelatina e proteínas dos leites modificados, para a produção de espumas, na fabricação de produtos de confeitaria; aditivos adicionados aos alimentos com o propósito de gerar espumas estáveis e de tornar duradouras as já existentes.

Essência – substância aromática concentrada obtida por meio de diversos processos, como a destilação e a extração por solventes orgânicos, como óleo ou álcool. É usada para conferir sabor ou aroma aos alimentos; as mais comuns são as essências de frutas (limão, laranja, abacaxi, morango, cereja, *tutti-frutti*), baunilha, chocolate, menta e mel. As essências também são utilizadas na produção de perfumes e cosméticos.

Estabilidade da massa (EST) – parâmetro que indica a resistência que a massa possui ao tratamento mecânico e ao tempo do processo fermentativo na fabricação de pão. A estabilidade da massa é um indicativo para a aplicação da farinha. Quanto maior a estabilidade, maior é a sua tolerância a longos períodos de fermentação e produção de pães congelados. Quanto menor, mais indicada é a farinha para uso em produtos de confeitaria e biscoitos.

Estabilidade ao etanol 68% (teste do álcool) – análise realizada no controle da qualidade microbiológica do leite que consiste em estimar a estabilidade térmica do leite por meio da reação com solução alcoólica. Quando o leite coagula, significa que está com uma acidez alta e, na pasteurização, coagulará no pasteurizador, causando sérios problemas. Um leite de má qualidade favorece o crescimento de micro-organismos, que, por sua vez, degradam a lactose, produzindo em ácido lático e fazendo com que haja uma elevação no valor da acidez (redução do pH).

Estabilizante – aditivo que estabiliza emulsões e suspensões alimentares. Usado em molhos de saladas, sopas cremosas, maioneses industrializadas, entre muitos outros produtos. São exemplos de estabilizantes as gomas (arábica, guar, jataí, xantana), ágar-ágar, alginato, carboximetilcelulose, lecitina, polifosfatos, polissorbato, tartarato de sódio, entre outros.

Estaquiose – tetrassacarídeo não redutor encontrado em leguminosas, principalmente aquelas cuja hidrólise resulta em duas moléculas de galactose, uma de glicose e outra de frutose.

Estender – em culinária, significa abrir em toda a sua extensão, espalhar uma porção de massa uniformemente em uma superfície lisa, com a finalidade de enrolá-la, mantendo um recheio no interior; cortar biscoitos; fazer modelos variados em massas de pães.

Esterase – enzima que rompe moléculas de ésteres, restituindo seus componentes originais – ácidos orgânicos e álcoois. Como alguns ésteres são aromáticos, essa enzima pode alterar o sabor e aroma de alimentos.

Estereoisômeros – moléculas com a mesma fórmula molecular e os mesmos grupos funcionais, mas com diferentes arranjos espaciais, como os isômeros ópticos.

Ésteres – compostos orgânicos formados pela combinação de um ácido orgânico com um álcool. Alguns ésteres possuem aroma agradável, geralmente frutado ou floral; estão presentes em óleos essenciais de plantas. São usados como aromatizantes em gomas de mascar, balas, gelatinas, refrigerantes, sorvetes, refrescos artificiais, entre outros. Ainda são ésteres os óleos e gorduras, e as ceras.

Esterificação – reação química na qual um ácido carboxílico reage com um álcool, produzindo éster e água.

Esterilidade comercial – condição atingida por aplicação de calor suficiente, isolado ou em combinação com outros tratamentos apropriados ou tecnologia equivalente, para tornar o alimento isento de micro-organismos capazes de reproduzir-se em condição ambiente de armazenamento e distribuição do produto.

Esterilização – processo de conservação de alimentos que destrói micro-organismos e esporos presentes, aumentando sua vida de prateleira. O método mais comum é a esterilização convencional, em que o produto é submetido a 115 °C a 120 °C durante 20 a 30 minutos. Contudo, entre outros fatores, a resistência térmica dos micro-organismos e enzimas, as condições de processamento, o estado físico dos alimentos influenciam a relação tempo/temperatura de processo. O binômio tempo/temperatura, de maneira geral, é baseado na destruição da bactéria *Clostridium botulinum*, considerada a mais patogênica, e seus esporos. Normalmente, os alimentos recebem mais do que esse tratamento mínimo porque outras bactérias deteriorantes, como a *Clostridium sporogenes* e a *Bacillus stearothermophilus*, com maior resistência térmica, podem estar presentes.

Esterilização comercial – expressão utilizada pela indústria de alimentos processados para indicar que o alimento teve sua população de micro-organismos reduzida a um limite seguro.

Esteviosídeo – edulcorante natural e não calórico, descoberto em 1899 e classificado por Bertoni em 1905, obtido da *Stevia rebaudiana*. Utilizado originalmente pelos índios guaranis do Paraguai e do Brasil para adoçar bebidas. É o único edulcorante utilizado na substituição da sacarose que pode ser produzido totalmente no Brasil. É cultivado no Paraguai, no Brasil, na Argentina, na Colômbia, nos Estados Unidos, na China, na Índia e na África. Seu poder de doçura é 180 vezes maior que o da sacarose. Age sinergicamente com aspartame, acesulfame-K e ciclamato. Tem um perfil de sabor semelhante ao da sacarose, porém, mais persistente, apresentando sabor residual em função do grau de pureza; boa estabilidade ao calor e a diferentes valores de pH; baixa solubilidade em água e excelente estabilidade em sólidos e líquidos; realça sabores e aromas e contribui para diminuição da adstringência.

Estimulação elétrica – (ou eletroestimulação) técnica utilizada para acelerar a etapa de *rigor mortis* em carcaças, principalmente de bovinos e ovinos. A estimulação elétrica causa um aumento na taxa de glicólise e evita o encurtamento pelo frio, aumentando a maciez, melhorando a coloração e diminuindo as perdas evaporativas de peso. Os parâmetros importantes para aplicação de eletroestimulação são a voltagem (baixa, de 50-100 volts, e alta, de 500-1500 volts), frequência e tempo de aplicação.

Esturricar – cozer até passar do ponto, secar ou torrar um alimento até o ponto de iniciar a carbonização de algumas das suas substâncias.

Etanal – aldeído acético; em sua forma pura, é um composto líquido, volátil e incolor, com sabor frutado pungente, solúvel em água e álcool.

Etano – hidrocarboneto; gás altamente inflamável, sem cor e sem odor, usado como combustível e em refrigeração.

Etanol – álcool; álcool etílico; líquido incolor, solúvel em água, odor agradável, sensação na boca de ardência; presente em bebidas alcoólicas. Por ser inflamável, é utilizado como combustível carburante no Brasil e em vários países. Apresenta uso doméstico (limpeza e higienização), farmacêutico, medicinal e na cosmetologia.

Etanolamina – composto orgânico de dois carbonos que contém uma hidroxila e uma amina; na forma pura, existe como líquido incolor, viscoso, higroscópico, miscível em água, com odor de amônia. É um membro do grupo das aminas biogênicas, que ocorre em vários alimentos, entre os quais, vinhos e queijos.

Éter – molécula orgânica cuja estrutura é caracterizada pela presença de um átomo de oxigênio ligado a dois (e entre estes) átomos de carbono da cadeia. Sua fórmula genérica é R-O-R', em que R e R' são radicais orgânicos (alquila ou arila). É usado como solvente e anestésico.

Etilcarbamato – ver CARBAMATO DE ETILA.

Etileno – hidrocarboneto; hormônio vegetal, gasoso e incolor, produzido por diversos órgãos vegetais como resposta a fatores de estresse – por exemplo, seca, poluição do ar e ferimentos – e distribuído pela planta por difusão a partir do local onde é produzido. O aumento do teor de etileno leva ao amadurecimento de frutos, à queda de folhas (abscisão) e à senescência.

Etileno acetato de vinila (EVA) – (etil vinil acetato, acetato de vinila) polímero de aplicação restrita em embalagens flexíveis para alimentos, na forma de filmes mono ou multicamadas.

Etnobotânica – ciência que estuda as contribuições da botânica e da etnologia, evidenciando as interações entre as sociedades humanas e as plantas como sistemas dinâmicos. É uma ciência multidisciplinar, de prática multiprofissional que envolve botânicos, antropólogos, farmacologistas, médicos e engenheiros agrônomos e florestais. Consiste no estudo das aplicações e dos usos tradicionais dos vegetais pelo homem, permitindo um melhor entendimento das formas pelas quais as pessoas pensam, classificam, controlam, manipulam e utilizam as espécies de plantas de interesse comunitário.

Evaporação – passagem de uma substância do estado líquido para o estado gasoso. Na redução de molhos, a água evapora e os demais constituintes se concentram. Transformação importante na elaboração de produtos à base de leite, molhos, caldos, sucos de frutas concentrados, bem como na culinária.

Evisceração – processo de extração das vísceras de pescados, anfíbios (rã), aves e mamíferos (bovinos, caprinos, ovinos, suínos).

Exopolissacarídeos – polissacarídeos extracelulares sintetizados e excretados por micro-organismos durante a fermentação de alimentos e que influenciam a viscosidade do produto.

Exotoxinas – toxinas extracelulares excretadas por certas espécies de bactérias, como *Clostridium botulinum, Clostridium perfringens, Bacillus cereus, Streptococcus faecalis* e *Staphylococcus aureus*.

Expansão – propriedade física relacionada ao aumento de volume de produtos alimentícios. Aplicação de pressão, altas temperaturas, extrusão, remolho/hidratação e fermentação podem resultar em expansão.

Expansão de gases – na panificação, refere-se ao crescimento das massas levedadas que ocorre durante o cozimento das massas, em função da expansão dos gases produzidos no processo de fermentação, por ação do calor. Nas massas não levedadas, o crescimento se deve às reações químicas, mediadas pelo calor, provocadas pelo fermento químico.

Expressão gênica – transcrição; processo pelo qual uma informação hereditária contida em um gene, como a sequência de DNA, é utilizada para formar um produto gênico funcional, como proteínas ou RNA.

Exsudado – exsudato; líquido liberado do alimento quando ele é descongelado ou quando é cozido. Ou, ainda, o líquido liberado pelos poros de uma planta ou de um animal que adquire consistência viscosa na superfície onde aparece.

Extensibilidade de massas – propriedade reológica que se relaciona com a capacidade de uma massa de ser esticada sem se romper; é um indicativo do volume do pão. As características da massa são medidas em diferentes períodos de descanso, o que permite avaliar a influência do tempo de fermentação na sua extensibilidade.

Extensografia – análise realizada, em um extensógrafo para avaliar a qualidade de panificação de uma farinha. Os resultados expressam as propriedades viscoelásticas (extensibilidade e elasticidade) das massas. Os parâmetros avaliados pela extensógrafo são: 1) energia (A), que se refere à área total da curva, em cm^2, medida com um planímetro; quanto maior a área, maior será a energia exercida e maior será a força da massa, portanto, mais forte será a farinha. 2) Resistência à extensão (R), que se refere à capacidade da massa em reter o gás carbônico, formado durante a fermentação; o valor de R é expresso em unidades extensográficas (UE). A glutenina, que possui alto peso molecular, é a proteína responsável por essa propriedade, porque tende a formar ligações dissulfídicas intermoleculares e intramoleculares. 3) Resistência máxima (RM), valor em UE, obtido no ponto mais alto da curva. 4) Extensibilidade (E), parâmetro, expresso em mm, que indica o quanto a massa consegue se esticar sem se romper. Essa propriedade está relacionada com a gliadina, proteína que possui baixo peso molecular e tende a formar ligações dissulfídicas intramoleculares. 5) Número proporcional (R/E) representa a relação entre a resistência à extensão e a extensibilidade. Indica a força, em UE, necessária para esticar a massa. Na prática, esse valor indica o comportamento da massa: se R/E for pequeno, maior é a tendência da massa em esticar sem se romper; e, se R/E for grande, maior a tendência da massa em se esticar e voltar ao seu estado original.

Extra brut – segundo a legislação brasileira, classificação do vinho espumante que contém de 3 a 8 g/l de glicose.

Extração – operação unitária que envolve a separação de componentes específicos por meio do uso de solventes, de pressão ou concentração por membranas.

Extrato – produto obtido do tratamento de componentes animais ou vegetais com solventes apropriados, seguido de evaporação até a concentração desejada. Termo usualmente aplicado para concentrados aromatizantes obtidos por extração com solventes ou extração supercrítica de produtos como ervas, carnes, frutas, entre outros. Esses produtos devem conter as características organolépticas próprias e são, de maneira geral, usados para reforçar a condimentação de preparações doces ou salgadas, ou para a elaboração de bebidas. São os extratos de carnes, aves e peixes, de legumes, de tomates, de cafés, entre muitos outros.

Extrato de tomate – produto elaborado a partir da polpa obtida de tomates firmes, em ponto maduros, escolhidos, sãos, sem pele e sementes. Pode ser adicionado de açúcar (1%) e sal (5%), e seu valor do Brix varia entre 18 e 23 °Brix. É uma massa mole, de cor vermelha, cheiro e sabor próprios. O extrato de tomate simples concentrado deve apresentar teor mínimo de matéria seca de 18% m/m, descontado o teor de cloreto de sódio. O extrato de tomate duplo concentrado deve apresentar teor mínimo de matéria seca de 25% m/m, descontado o teor de cloreto de sódio. O extrato de tomate triplo concentrado deve apresentar teor mínimo de matéria seca de 35% m/m, descontado o teor de cloreto de sódio.

Extrato hidrossolúvel de soja – conhecido como leite de soja; é o produto obtido a partir da emulsão aquosa resultante da hidratação dos grãos de soja, convenientemente limpos, seguida de processamento tecnológico adequado, adicionado ou não de ingredientes opcionais permitidos, podendo ser submetido à desidratação total ou parcial.

Extrato seco total e desengordurado – análise realizada no controle de qualidade do leite; compreende os constituintes sólidos do leite, excetuando-se a gordura, devendo apresentar teor mínimo estabelecido de 8,4% para leite cru.

Extrusão – processo que envolve a combinação de várias operações unitárias: mistura, cozimento, amassamento, cisalhamento e modelagem, para produzir alimentos extrudados. O tratamento térmico é do tipo HTST (*High Temperature Short Time*), que, por uma combinação de calor, umidade e trabalho mecânico, modifica profundamente as matérias-primas, proporcionando novos formatos e estruturas com diferentes características funcionais e nutricionais. A tecnologia de extrusão, em virtude da sua versatilidade operacional e das suas múltiplas funções, tem um vasto campo de aplicações, seja na área alimentar para consumo humano ou animal, seja na área industrial (fabricação de embalagens plásticas, recheios de espumas, material para perfuração de poços petrolíferos etc.). Massas alimentícias, *snacks*, cereais prontos para consumo, cereais fortificados são alguns dos produtos obtidos a partir desse processo.

F

FARADAY

Michael Faraday (1791-1867) – físico e químico britânico que contribuiu fortemente para os estudos do eletromagnetismo e eletroquímica. Suas descobertas englobam os princípios básicos da indução eletromagnética, diamagnetismo e eletrólise. Tais descobertas forneceram a base para os trabalhos de engenharia no fim do século XIX para que Edison, Siemens, Tesla e Westinghouse tornassem possível a eletrificação das sociedades industrializadas.

Fabricação – conjunto de operações pelas quais passa a matéria-prima até a sua transformação em produto pronto para consumo.

Falling number – ver *Número de queda*.

FAO (*Food and Agriculture Organization*) – agência da Organização das Nações Unidas para a Agricultura e Alimentos que lidera os esforços internacionais para erradicar a fome. O objetivo é alcançar a segurança alimentar de todos e garantir que as pessoas tenham acesso regular a alimentos de alta qualidade suficientes para levar uma vida ativa e saudável.

Farelo – subproduto proveniente do processamento de grãos de cereais (trigo, arroz, milho, cevada, centeio, aveia, milheto) e de leguminosas (soja). Utilizado na produção de alimentos, industrializados ou não, por ser uma boa fonte de proteína (soja) e fibras alimentares. Também utilizado na produção de ração animal.

Farelo de trigo – subproduto da produção de farinha; constituído pela película (pericarpo) que recobre a parte comestível do grão; rico em fibras e minerais.

Farfalle – tipo de massa alimentícia cortada em forma de "borboletas" ou "gravatinhas". As extremidades normalmente são plissadas e o meio é estreito.

Farináceos – produtos alimentares à base de farinhas, amidos e féculas.

Farinha – produto obtido de partes comestíveis de cereais, leguminosas, frutos, sementes, tubérculos e rizomas, por moagem ou outros processos tecnológicos. Cada matéria-prima tem suas características físicas, químicas, organolépticas e funcionais, e por isso se comportam diferentemente nas preparações, sobretudo na produção de massas alimentícias e na panificação.

Farinha comum – no Brasil, farinha de trigo do tipo 2. Ver *Farinha de trigo*.

Farinha de alfarroba – produto obtido pela secagem, torrefação e trituração da semente de alfarroba (*Ceratonia siliqua* L.), de cor e sabor similares ao cacau. Usado na preparação de bolos, pudins, biscoitos e doces; na forma de goma, pode ser usado como espessante.

Farinha de amaranto – produto obtido da moagem de sementes de *Amaranthus* (pseudocereal), usado em misturas para biscoitos, panquecas, barra de cereais. Também usada como espessante em geleias, substituindo a pectina.

Farinha de amendoim – produto obtido pela moagem das sementes torradas de *Arachis hypogaea* L. Como é rica em lipídeos, contém menor teor de carboidratos que as farinhas de cereais.

Farinha de arroz – obtida pela moagem dos grãos polidos de arroz (*Oryza sativa* L.), seguida da classificação granulométrica e embalagem. Quando a moagem é do grão integral, obrigatoriamente, faz-se o tratamento térmico para inativar enzimas e assegurar um maior tempo de vida de prateleira do produto. A farinha pré-gelatinizada, de sabor neutro, é ingrediente de muitas preparações, como cuscuz e sobremesas cremosas; também é usada para engrossar molhos, podendo ser misturada a outras farinhas, para preparar massas, bolos e pães. Pela rápida digestibilidade, é também usada na produção de alimentos infantis e geriátricos. Por não possuir glúten, é ingrediente básico na elaboração de alimentos para celíacos.

Farinha de aveia – produto obtido pela moagem de semente de aveia (*Avena sativa* L.); usado na elaboração de "leite ou iogurte vegetal", como cereal matinal, no preparo de mingau, no enriquecimento de produtos de panificação, entre outros.

Farinha de banana verde – obtida pela desidratação e moagem dos frutos não maduros, é utilizada na preparação de diversos produtos alimentares, como sopas e *shakes*, ou, ainda, misturada a outras farinhas na produção de pães e massas. Pode ser acrescentada a sucos, iogurtes, frutas, bolos e panquecas. Fatores como tipo de cultivar, presença ou ausência de casca, técnica de desidratação, condições de operação do equipamento, entre outros, podem influenciar em suas características físico-químicas, tecnológicas e funcionais.

Farinha de barco – denominação atribuída à farinha de mandioca transportada por mar e que adquiria odor de maresia.

Farinha de batata-doce – produção típica e muito antiga entre os índios *Krahô* da região do Tocantins. Considerada herança cultural, em 2003, ganhou o Prêmio *Slow Food* para a Biodiversidade. É obtida a partir de muitas variedades de batata-doce e conservada em bolsas de palha, chamadas *pocotu*, fabricadas com as folhas das mesmas palmeiras usadas na fabricação das esteiras, trançadas manualmente pelas mulheres da aldeia. O produto, assim, é conservado por cerca de um ano. Segundo tecnologia desenvolvida pela Embrapa, o processo de produção dessa farinha compreende as seguintes etapas: colheita, lavagem, descascamento, ralação 1, prensagem, ralação 2, torração e peneiramento. Pode ser usada em misturas para panificação, no preparo de *shakes* e alimentos para fins especiais.

Farinha de castanha-de-caju – obtida pela moagem das castanhas, é um ingrediente usado em preparações doces ou salgadas. Por não conter glúten, é indicada para a preparação de alimentos a celíacos.

Farinha de centeio – produzida a partir da moagem dos grãos do centeio (*Secale cereale* L.), é usada na produção de pães, misturada à farinha de trigo, e, ainda, em bolos, biscoitos, torradas, *snacks*, entre outros.

Farinha de cevada – obtida da moagem dos grãos de cevada (*Hordeum vulgare*), pode ser usada na panificação, em mistura com a farinha de trigo. Quando obtida da cevada torrada, pode ser utilizada em infusão, produzindo uma bebida semelhante ao café.

Farinha de copioba – tipo de farinha de mandioca, de cor branca ou amarela, de produção artesanal, fina, crocante, de excelente qualidade. Recebe essa denominação porque é produzida no Vale do Copioba, no Recôncavo Baiano.

Farinha de *custard* – (*custard powder*) genericamente conhecida como creme em pó, é um produto à base de farinha de milho e indicado para a confecção de bolos, pães doces, sonhos e outras massas doces.

Farinha de frutas e hortaliças – ver *Farinha*.

Farinha de gérmen de trigo – farinha elaborada a partir do embrião da semente do trigo, por isso mais nutritiva que a farinha desse cereal. Pode ser usada como alimento matinal (leite, iogurte, sucos, vitaminas), para o enriquecimento de massas (pães, bolos, tortas) e na cosmetologia (óleo).

Farinha de glúten – obtida da farinha de trigo, privada de quase todo o seu amido. A retirada do amido se dá pelo processo de lavagem da massa, que em seguida passa pela secagem e moagem. Pode ser usada na panificação para aumentar a proporção de glúten na farinha e na preparação de carne vegetal (seitan e glutadela).

Farinha de *Graham* – obtida do endosperma do grão de trigo, que é finamente moído para se obter uma farinha branca e delicada. A ela, são adicionados posteriormente o farelo e o gérmen grosseiramente moídos, em proporções menores. O resultado é uma farinha marrom e adocicada. Essa farinha foi desenvolvida pelo médico presbiteriano Sylvester Graham (1794-1851) em 1829, nos Estados Unidos. Graham defendeu a utilização dessa farinha de trigo com ingredientes menos refinados, dando ênfase ao consumo do pão integral.

Farinha de mandioca – obtida de raízes de mandioca e submetida a processo tecnológico adequado de fabricação e beneficiamento, a farinha de mandioca é classificada em grupos, classes e tipos: a) farinha grupo seca – produto obtido das raízes de mandiocas sadias, devidamente limpas, descascadas, trituradas, raladas, moídas, prensadas, desmembradas, peneiradas, secas em temperatura adequada, podendo novamente ser peneiradas e, ainda, beneficiadas; b) farinha grupo d'água – produto predominantemente fermentado, obtido das raízes de mandiocas sadias, maceradas, descascadas, trituradas ou moídas, prensadas, desmembradas, peneiradas e secas em temperatura adequada, podendo ser novamente peneiradas; c) farinha grupo beiju, ou beijuzada – produto de baixa densidade, obtido das raízes de mandiocas sadias, limpas, descascadas, trituradas, raladas, moídas, prensadas, desmembradas, peneiradas e laminadas em temperatura adequada, na forma predominante de flocos irregulares. A farinha de mandioca do grupo seca, de acordo com a sua granulometria, será classificada em três classes: a) fina – quando 100% do produto passar através da peneira com abertura de malha de 2 mm e ficar retido em até 10%, inclusive, na peneira com abertura de malha de 1 mm; b) grossa – quando o produto fica retido em mais de 10% na peneira com abertura de malha de 2 mm; e c) média – quando a farinha de mandioca não se enquadrar em nenhuma das classes anteriores. A farinha de mandioca do grupo d'água, de acordo com a sua granulometria, será classificada em três classes: a) fina – quando o produto fica retido em até 10%, inclusive, na peneira com abertura de malha de 2 mm; b) média – quando o produto fica retido em mais de 10% até 15%, inclusive, na peneira com abertura de malha de 2 mm; c) grossa – quando o produto fica retido em mais de 15% na peneira com abertura de malha de 2 mm. A farinha de mandioca será classificada em três tipos ou "tipo único", de acordo com os parâmetros estabelecidos nos anexos I, II e III da Instrução Normativa 52, de 7 de novembro de 2011, podendo, ainda, ser enquadrada como fora de tipo ou desclassificada. A farinha de mandioca, de acordo com a coloração, será classificada em 3 classes: a) cor natural – produto que não recebeu qualquer adição de corante; b) colorida – produto que, no processo de produção, é misturado a corante autorizado, conforme legislação específica, intensificando-se a coloração original ou conferindo ao produto nova coloração; c) torrada – produto que, após o seu processo de produção, passa por nova torração, assumindo uma coloração amarelada, típica de produto torrado.

Farinha de mandioca de Jacupiranga – tipo de farinha de mandioca produzido por tecnologia tradicional do município de Jacupiranga (SP).

Farinha de *matzá* – tipo de farinha preparada com o pão ázimo, com granulometria semelhante à da farinha de trigo, utilizada em substituição a esta.

Farinha de pão – ver FARINHA DE ROSCA.

Farinha de pau – (musseque, farinha de guerra, farinha suruí, farinha de mesa, farinha da terra) é a farinha de mandioca comum, branca e fina.

Farinha de rosca – farinha obtida pela moagem do pão seco ou torrado, utilizada, geralmente, para cobrir ou engrossar alimentos, como na produção de empanados ou em pratos com carne moída, ou, ainda, para integrar farofas e recheios.

Farinha de soja – produto obtido por torra, descascamento e moagem do grão de soja; a moagem deve ser fina o suficiente para que o produto passe por uma peneira de 100 *mesh*; deve ter 50% de proteína, 5% de fibra e teores variáveis de lipídeos.

Farinha de tapioca – produto característico da região Norte do Brasil, elaborado de forma artesanal e semi-industrial a partir da fécula extraída das raízes da mandioca. O processo consiste na hidratação da fécula, decantação, enxugamento, trituração, encaroçamento, classificação do caroço cru, escaldamento, classificação do caroço escaldado, esfriamento, torragem, peneiramento, classificação (média, fina, pó) e embalagem. A farinha apresenta grânulos irregulares, poliédricos ou esféricos. É usada no preparo de doces, cuscuz, pudins e bolos.

Farinha de trigo – obtida por meio do processo de moagem controlada dos grãos de trigo. Cada país regulamenta os tipos de farinha produzidos localmente. A composição química varia conforme o tipo de trigo, a origem e a época de plantio. Pela legislação brasileira, a farinha de trigo é o produto elaborado com grãos de trigo (*Triticum aestivum* L.) ou outras espécies de trigo do gênero *Triticum*. É classificada em grupos (doméstico e industrial) e tipos. A farinha do grupo doméstico apresenta três tipos: tipo 1 – teor máximo de cinzas de 0,8%, teor mínimo de proteína de 7,5%; tipo 2 – teor máximo de cinzas de 1,4%, teor mínimo de proteína de 8,0% (ambas as farinhas devem apresentar umidade máxima de 15%, acidez graxa máxima de 50 mg de KOH/100 g de farinha, e sua granulometria deve permitir a passagem de 95% do produto em peneira de 250 μm); integral – teor máximo de cinzas de 2,5%, teor mínimo de proteína de 8,0%, umidade máxima de 15% e acidez graxa máxima de 100 mg de KOH/100 g de farinha (a legislação não define granulometria dessa farinha). As farinhas de trigo do grupo industrial são classificadas em Tipo Único e apresentam as mesmas características químicas da farinha integral e a granulometria como as do tipo 1 e 2. As farinhas domésticas do tipo 1 são indicadas para a preparação de pães, bolos, macarrão, pastel, pizzas e confeitaria em geral; as do tipo 2, para biscoitos, *cookies* e *waffles*; as integrais, para pães, massas e bolos; e as industriais (tipo único) são destinadas às padarias e indústrias de pães e massas.

Farinha de trigo com fermento – farinha de trigo adicionada de sais e fermento químico. É comumente usada em biscoitos, tortas, panquecas, entre outros.

Farinha de trigo comum – ver *FARINHA COMUM.*

Farinha de trigo duro – (farinha *grano duro*, semolina) de maior granulometria e de aspecto arenoso, farinha obtida de grãos com elevado teor de proteínas; forma glúten forte, e por isso é indicada para panificação. Os grânulos de amido do trigo duro não se quebram durante a moagem dos grãos.

Farinha de trigo *durum* – obtida da variedade *Triticum durum*, que apresenta alto teor proteico e forma um glúten mais forte, permitindo uma textura firme da massa após o cozimento, além de apresentar cor, sabor e aroma próprios. Por tais características, essa farinha é empregada na produção de massas alimentícias.

Farinha de trigo e/ou milho fortificada – refere-se à adição obrigatória de 4 a 9 mg de ferro/100 g e de 140 a 220 µg de ácido fólico/ 100 g às farinhas de trigo e milho. No Brasil, podem ser utilizados os seguintes compostos: sulfato ferroso desidratado (seco); fumarato ferroso; ferro reduzido – 325 *mesh* Tyler; ferro eletrolítico – 325 *mesh* Tyler; EDTA de ferro e sódio (NaFeEDTA) e ferro bisglicina quelato.

Farinha de trigo especial – no Brasil, farinha de trigo do tipo 1. Ver *FARINHA DE TRIGO.*

Farinha de trigo integral – produto elaborado a partir da moagem do grão integral, com ou sem o gérmen. Ver *FARINHA DE TRIGO.*

Farinha de trigo integral reconstituída – mistura da farinha branca com o farelo de trigo. É rica em fibras, porém, não possui todos os nutrientes presentes na farinha integral. Ver *FARELO DE TRIGO.*

Farinha de trigo modificada – obtida por uma mistura de farinhas acrescidas de aditivos ou submetidas a processos específicos com a finalidade de modificar suas características tecnológicas e sensoriais, para atender às demandas do mercado. Farinhas tratadas com cloro, na forma de gás, são indicadas para produzir bolos com altas concentrações de açúcar e de líquido, como o pão de ló. O tratamento térmico das farinhas é outra estratégia utilizada pela indústria para modificar suas características funcionais, como o encurtamento do glúten até o ponto de sua desnaturação, a redução da atividade enzimática, a gelatinização parcial do amido e a redução da população microbiana. Essas farinhas, normalmente, são usadas no preparo de empanados, coberturas, sopas, molhos, biscoitos, farinhas para bolos, massas frescas, como ligantes em embutidos, entre outros.

Farinha de trigo mole – produto obtido do trigo que apresenta endosperma mole, cujos grânulos de amido se quebram durante a moagem. Indicada para a produção de biscoitos.

Farinha de trigo orgânica – obtida de grãos que são cultivados segundo as técnicas para a produção de alimentos orgânicos.

Farinha de trigo para panificação – farinha desenvolvida para atuar com grande desempenho e rendimento em todos os produtos de panificação e confeitaria. Normalmente, as misturas para panificação são adicionadas de melhoradores de farinha.

Farinha de trigo para pastifícios – farinha desenvolvida especialmente para produção de massas frescas ou secas.

Farinha de trigo para pizzaria – farinha especialmente desenvolvida para a elaboração de pizzas. A massa obtida tem grande extensibilidade, o que facilita o processo de abrir a massa, seja com rolo ou com as mãos.

Farinha de trigo para todo uso *(All-Purpose Flour)* – feita a partir de uma mistura de trigos duro e mole, esse tipo de farinha tem um teor "médio" de proteína/glúten e amido, o que a torna adequada tanto para pães quanto para bolos caseiros. Classificada como farinha do tipo 1.

Farinha de trigo-sarraceno – produto obtido da moagem dos grãos de trigo-sarraceno ou mourisco (*Fagopyrum esculentum*).

Farinha de *triticale* – produto obtido da moagem do *triticale*, híbrido obtido pelo cruzamento de espécies de trigo (*Triticum*) e centeio (*Secale*), que combina as propriedades de ambos os cereais, aliando a excelente qualidade tecnológica e o elevado rendimento agrícola do trigo à resistência às pragas do centeio. Seu uso na alimentação humana mostra algumas desvantagens, se comparado ao trigo: o glúten obtido é de qualidade inferior, e o rendimento na produção de farinha é menor; a cor mais escura da farinha é uma desvantagem competitiva, uma vez que se torna pouco utilizada na indústria de panificação. Entretanto, no que diz respeito ao sabor, produtos como pães, biscoitos e massas, feitos a partir da farinha de *triticale*, apresentam um paladar igual ou superior, quando comparados com os mesmos produtos feitos com farinha de trigo.

Farinha desengordurada de soja – produto obtido a partir dos grãos de soja convenientemente processados para a remoção da sua fração lipídica. Quando acrescentada de lecitina de soja, é indicada para produtos de panificação.

Farinha forte – farinha de trigo duro para uso em panificação. Com teor de proteínas em torno de 12%, necessita de sova intensa, absorve mais água e apresenta ótima qualidade tecnológica. Produz massas estáveis, de elevada tolerância à mistura e à fermentação.

Farinha fraca – farinha de trigo mole, com teor de proteínas inferior a 10% e maior teor de amido. De qualidade tecnológica inferior, propicia a formação de massas com glúten mais fraco, com pouca capacidade para reter gás. Tem, ainda, menor tolerância à mistura e à fermentação, sendo os pães obtidos desta farinha geralmente pequenos e com poros irregulares; indicada para bolos e biscoitos.

Farinha integral – produto obtido pela moagem ou raladura da parte comestível dos grãos, rizomas, frutas ou tubérculos integrais.

Farinha temperada – farinha de mandioca ou de milho temperada com condimentos diversos.

Farinha-d'agua – ver FARINHA DE MANDIOCA.

Farinografia – teste que avalia e registra a resistência de uma massa à mistura sob condições de velocidade e temperatura constantes. Assim, determina as características do glúten e da massa formada. A curva resultante é chamada de farinograma, na qual são obtidos os parâmetros relacionados à qualidade tecnológica da farinha de trigo. Quatro resultados são obtidos a partir da farinografia: a) absorção de água (%); b) tempo de desenvolvimento da massa (TDM); c) índice de tolerância à mistura (ITM); d) estabilidade (EST).

Farinógrafo – equipamento reológico para medição de estabilidade e consistência da farinha. O farinógrafo gera um gráfico em que se visualiza a diferença entre farinhas para cada aplicação, como pães, massas, bolos ou biscoitos.

Fast-food – denominação genérica dada a refeições ou alimentos preparados e servidos rapidamente. Trata-se de setor diferenciado no serviço de alimentação, em que a padronização, a mecanização e a rapidez, além da garantia da procedência dos ingredientes, atraem os clientes. Esses serviços são uma evolução dos restaurantes e lanchonetes do tipo drive-in, que surgiram na década de 1940, no sul da Califórnia. A ideia de aperfeiçoar o atendimento, agilizando o serviço, foi de Maurice e Richard McDonald, donos de um drive-in por mais de 10 anos. Eles apostaram num sistema de produção parecido com uma linha de montagem e idealizaram uma cozinha que comportasse os equipamentos para o preparo de pouca variedade de alimentos, mas em grande quantidade.

Fat extender – substituto de gordura usado para prover algumas ou todas as funções tecnológicas e nutricionais da gordura em produtos cárneos, mas com menor quantidade de calorias.

Fat replacer – produto alimentar com as mesmas funções, estabilidade, características físicas e químicas que a gordura comum, com menos calorias por grama que gordura. Eles são utilizados na produção de alimentos com baixo teor de gordura e baixa caloria.

Fator de qualidade – atributo selecionado para avaliar a qualidade global de um produto.

Fator intrínseco – glicoproteína de 50 kDA secretada pelas células parietais do estômago, essencial para a absorção intestinal da vitamina B_{12}.

Fatores antinutricionais – substâncias presentes nos alimentos de origem vegetal, como grãos *in natura*, que podem causar efeitos fisiológicos adversos ou diminuir a biodisponibilidade de nutrientes. Inibidores de proteases, lectinas, taninos, nitrato, oxalato são alguns dos exemplos. Alguns podem ser destruídos, total ou parcialmente, durante o processo térmico/cozimento de alimentos.

Fatores intrínsecos e extrínsecos dos alimentos – são fatores que afetam o desenvolvimento de micro-organismos em alimentos, determinando a vida útil do produto ou do alimento in natura. Atividade de água, potencial redox, oxigênio disponível, nutrientes/composição do alimento e microbiota natural são fatores intrínsecos, enquanto o binômio tempo/temperatura no processamento, temperatura de armazenamento, temperatura na distribuição dos produtos, luz, atmosfera controlada são fatores extrínsecos.

Fécula – amido extraído de tubérculos, raízes e rizomas. As féculas comerciais são identificadas no rótulo das embalagens com a expressão "Fécula de...", acrescido do nome do vegetal do qual procede. Em algumas regiões brasileiras, refere-se ao polvilho doce ou à goma. É um pó fino, branco, inodoro e insípido, que produz ligeira crepitação/ligeiro estalo quando comprimido entre os dedos. Tem muitas aplicações nas indústrias alimentícias, de plásticos e na siderurgia. Os termos *cassava starch*, *tapioca flour* e *tapioca starch* se referem à fécula de mandioca.

Feixe de elétrons – tecnologia utilizada para o processamento de materiais, utilizando o calor gerado pelo impacto dos elétrons com o material a trabalhar.

Fenilcetonúria – doença hereditária, causada pela deficiência da enzima necessária à metabolização da fenilalanina, aminoácido presente em todos os alimentos de origem animal ou vegetal. Para os fenilcetonúricos, a ingestão de proteínas deve ser rigorosamente controlada para se evitar o acúmulo de fenilalanina no plasma. O tratamento para esses indivíduos é uma dieta restrita em fenilalanina. A Anvisa dispõe, no seu site, de uma tabela de conteúdo de fenilalanina em alimentos. A fenilalanina também é encontrada em adoçantes à base de aspartame e em alimentos diet à base de aspartame.

Fenólicos – quimicamente, são compostos que têm um grupo hidroxila ligado a um grupo de hidrocarboneto aromático. Podem ser classificados como fenóis simples e polifenóis (dependendo do número de unidades de fenol da molécula). Estão presentes em pequenas concentrações em alimentos de origem vegetal, têm atividade antioxidante não enzimática, exercendo efeitos preventivos e curativos em distúrbios fisiológicos no ser humano.

Feofícea – classe de algas pardas que possuem raízes, caules e folhas. As algas do gênero *Sargassum* são usadas como alimento, e as do gênero *Fucus*, como produto medicinal. Possuem clorofila, fucoxantina, laminarina e manitol, além de algina. Essa é uma mucilagem utilizada como espessante na indústria de alimentos.

Feofitina – pigmento de cor verde-amarronzada originário da degradação da clorofila (cor verde-oliva) e decorrente, quando em meio ácido, da substituição do átomo do magnésio por dois átomos de hidrogênio durante a cocção de vegetais; é um indicador de qualidade no processamento de vegetais verdes.

Feofitinização – transformação da clorofila, pigmento de cor verde, em feofitina, pigmento de cor verde-amarronzada; é um indicador de qualidade do processamento de vegetais verdes.

Feoforbídeo – pigmento de cor verde-amarronzada originário da degradação da feofitina e decorrente, quando em meio ácido, da liberação do fitol presente na molécula; é um indicador de qualidade do processamento de vegetais verdes.

Fermentação – processo catabólico de produção de energia celular realizado na ausência de oxigênio e do sistema citocromo. A fermentação está presente no metabolismo de bactérias láticas, leveduras alcoólicas e nos músculos de animais. A fermentação lática encontra aplicação na produção de laticínios (iogurtes, queijos, manteigas), carnes curadas (salames), vegetais fermentados (picles, azeitonas, chucrutes); a fermentação alcoólica, na produção de bebidas fermentadas e destiladas, produtos de panificação e álcool (farmacêutico, medicinal, doméstico e carburante). Os fermentos artificiais, ou químicos, são compostos principalmente de bicarbonato de sódio e um ácido fraco, que, quando aquecidos na presença de umidade, liberam gás carbônico, apresentando aplicação em produtos de massas moles (bolos, tortas, produtos de confeitaria, sobremesas de liquidificador).

Fermentação acética – do ponto de vista bioquímico, não se trata de fermentação; oxidação parcial do álcool etílico (etanol) a ácido acético por bactérias acéticas, na presença de oxigênio; o processo é chamado de acetificação. Os substratos alcoólicos para acetificação podem ser obtidos de várias fontes, como frutas, grãos, vegetais, bebidas fermentadas (vinho, sidra, fermentados de frutas), fermentados de cereais e álcool. A fermentação acética encontra aplicação na produção de vinagre e ácido acético.

Fermentação alcoólica – processo em que certos micro-organismos, principalmente leveduras, metabolizam açúcar, via anaeróbica, para produzir álcool etílico e gás carbônico. Uma ampla variedade de substratos pode ser utilizada para a fermentação alcoólica: a) açucarados – cana-de-açúcar, sorgo sacarino, frutas, melado e melaço; b) amiláceos – cereais, raízes e tubérculos; c) celulósicos – subprodutos de madeira, restos de cultura (palha); d) outros carboidratos (inulina). A fermentação alcoólica encontra aplicação na indústria de bebidas fermentadas e destiladas, de panificação, e de álcool (farmacêutico, medicinal, doméstico, carburante).

Fermentação biológica – fermentação resultante do uso de fermento biológico natural e/ou fermento biológico industrial. É também chamada de levedação.

Fermentação butírica – processo catabólico anaeróbio realizado por bactérias do gênero *Clostridium* que convertem carboidratos em ácido butírico.

Fermentação cítrica – processo catabólico em que alguns micro-organismos produzem ácido cítrico. O bolor *Aspergillus niger* e a levedura *Candida lipilytica* são os micro-organismos mais usados na produção desse ácido, enquanto o melaço de cana-de-açúcar ou beterraba e hidrolisados de amido são os substratos mais comuns.

Fermentação em estado sólido – fermentação semissólida, ou fermentação em meio semissólido; refere-se ao processo de crescimento de micro-organismos sobre meios sólidos. O meio sólido sobre o qual ocorre o crescimento pode fornecer os nutrientes para o micro-organismo ou pode ser inerte; neste caso, os nutrientes são fornecidos pelo meio líquido circundante. Os meios sólidos tradicionalmente usados são produtos agrícolas como o arroz, o trigo, a cevada, o milho e a soja, além de meios não convencionais, como os resíduos agroindustriais e florestais, destacando-se o bagaço de cana-de-açúcar, o sabugo de milho, o farelo de trigo e a palha de arroz.

Fermentação lática – processo catabólico anaeróbio em que bactérias produzem ácido lático a partir de açúcares. Elas são conhecidas como "bactérias do ácido lático" (BAL), ou, simplesmente, "bactérias láticas", e são classificadas como homofermentativas, quando o ácido lático é o único produto de seu metabolismo; e hetrofermentativas, quando, além do ácido lático, produzem gás carbônico, etanol e ácido acético.

Fermentação malolática – processo catabólico anaeróbio em que a bactéria lática *Leuconostoc oenos* quebra uma molécula de ácido málico para produzir uma molécula de ácido lático e uma de gás carbônico. Ocorre logo após a fermentação alcoólica nas vinificações em tinto. Reduz a acidez, aumenta a estabilidade microbiológica e melhora o aroma do vinho, reduzindo as notas vegetais e elevando os aromas frutados.

Fermentação nociva – crescimento indesejado de micro-organismos que podem produzir compostos prejudicais à saúde ou alterações sensoriais negativas nos alimentos.

Fermentação propiônica – processo pelo qual certas bactérias (*Propionibacterium* spp., *Clostridium propionicum* e *Megasphaera elsdenii*) fermentam substratos e produzem ácido propiônico ou propionato. Entretanto, essas bactérias produzem diferentes enzimas para degradar os substratos e utilizam diferentes rotas de fermentação para produção de propionato ou ácido propiônico. *Propionibacterium freudenreichii* subsp. *shermanii* usa lactato como substrato e produz propionato, acetato e elevada quantidade de

CO_2. É utilizada como cultura adjunta na fabricação de queijos do tipo suíço (*emmenthal* e *gruyère*), para a produção de olhaduras. *Clostridium propionicum* decompõe aminoácidos (α-alanina, β-alanina ou serina) a acetato, propionato, H_2O e CO_2. *Megasphaera elsdenii* é uma bactéria do rúmen que fermenta o lactato em ácidos graxos voláteis, acetato, propionato e butirato.

Fermentado de cana – bebida com graduação alcoólica de 4 a 14% em volume, a 20 °C, obtida do mosto de caldo de cana-de-açúcar fermentado. Indicada para elaboração de coquetéis, sangrias, *Vermouth*, entre outros.

Fermentado de fruta – bebida com graduação alcoólica de 4 a 14% em volume, a 20 °C, obtida da fermentação alcoólica do mosto de fruta sã, fresca e madura, do respectivo suco integral ou concentrado, ou polpa, que poderá, nesses casos, ser adicionado de água. Pode ser adicionado de açúcares, água e outras substâncias permitidas para cada tipo de fruta. Se adicionado de dióxido de carbono, o fermentado de fruta será denominado fermentado de fruta gaseificado. As especificações de cada bebida são detalhadas em legislação própria.

Fermentado de fruta composto – bebida obtida do fermentado de frutas, cuja graduação alcoólica fica entre 15 e 20% em volume, a 20 °C, sendo adicionado de macerados ou extratos de plantas aromáticas ou amargas, podendo receber, ainda, caramelo, sacarose e álcool etílico potável de origem agrícola.

Fermentado de fruta licoroso – bebida fermentada de fruta, doce ou seco, com graduação alcoólica de 14 a 18% em volume, a 20 °C, adicionado ou não de álcool etílico potável de origem agrícola, caramelo e sacarose.

Fermented cream – creme fermentado ou *sour cream*, é produzido pela fermentação de creme de leite padronizado, homogeneizado e termicamente tratado, inoculado com bactérias láticas (*Lactococcus lactis* subsp. *lactis*, *Lactococcus lactis* subsp. *cremoris*, *Lactococcus lactis* subsp. *lactis* biovariante *diacetylactis* e *Leuconostoc mesenteroides* subsp. *cremoris*), resultando em produtos com agradável sabor ácido, aroma amanteigado, com maior rendimento e maior segurança pelo menor risco de desenvolvimento de patógenos ou deteriorantes, em comparação com o creme de leite pasteurizado. Contém de 14 a 18% de gordura láctea e pode ser adicionado de outros ingredientes, como sal, adoçantes, citrato de sódio e ingredientes para melhorar a textura e evitar sinérese.

Fermento – micro-organismo capaz de fermentar um meio de cultivo com a finalidade de produzir produtos benéficos ao homem. No sentido bioquímico, restrito, apenas os micro-organismos que catabolizam substratos na ausência de oxigênio e da cadeia respiratória para a produção de energia celular (bactérias e leveduras). No sentido biotecnológico, amplo, podem ser considerados fermentos as bactérias, os bolores e as leveduras que catabolizam substratos na presença ou ausência de oxigênio.

Fermento biológico – cultura de micro-organismos, vivos e selecionados, específica para a fermentação desejada.

Fermento biológico industrial para panificação – fermento de padaria ou levedura para pães. Cultura selecionada de leveduras *Saccharomyces cerevisiae* responsável pela fermentação dos açúcares da massa, produzindo gás carbônico, álcool e outras substâncias aromáticas. O gás carbônico é o responsável pelo crescimento e pela leveza das massas; o álcool evapora no calor da cocção ou reage com outros componentes para produzir substâncias aromáticas do pão fresco. No mercado, é encontrado como fermento fresco, em tabletes de 15 g ou em pacotes de 500 g, devendo ser armazenado sob refrigeração, e seu prazo de validade é de 45 dias a partir da data de fabricação. O fermento biológico seco instantâneo não requer armazenamento refrigerado e tem maior vida útil, dois anos a partir da data de fabricação. É comercializado em sachês com 10 g ou em embalagens com 100, 125 ou 500 g. No mercado, são encontradas cepas específicas para massas salgadas, doces e congeladas.

Fermento biológico natural para panificação – (fermento caseiro, *levain, leaven, sourdough, lievito naturale, yeast*, fermento de Cristo) é o produto obtido a partir da seleção natural de cepas de leveduras e lactobacilos presentes na farinha de trigo e no ar.

Fermento de ação dupla – fermento químico em pó que libera parte dos gases ao ser misturado com a água e o restante dos gases ao ser aquecido.

Fermento lácteo – fermento lático; cultura constituída por uma ou mais espécies de bactérias láticas que é utilizada para elaborar queijos, manteigas e leites fermentados.

Fermento químico – *baking powder*; agente de crescimento de ação rápida, formado por uma mistura de substâncias, geralmente um ácido (pirofasfato ácido de sódio, fosfato monocalcio) e uma base (carbonato de calcio e bicarbonato de sódio). Em meio úmido e quente, libera gás carbônico pela reação entre o ácido e a base, conferindo à massa o crescimento, o caráter esponjoso e a leveza desejados. É um pó fino, branco, solto e misturado ao amido, que lhe confere maior estabilidade.

Fernet – aperitivo amargo; obtido por meio da maceração em álcool de diversas ervas e raízes medicinais, entre elas o ruibarbo, a genciana, a quina, o alóes e o agárico (cogumelo); é usado como digestivo e tônico. O *fernet* foi criado em 1845 por Bernardino Branca, em Milão (Itália). O uso do *fernet* popularizou-se a partir da epidemia de cólera de 1865, surgida na Europa Mediterrânea, pois ele é anticolérico.

Ferritina – proteína globular produzida pelo fígado, responsável pelo armazenamento de ferro no organismo; importante por subsidiar a produção de glóbulos vermelhos do sangue.

Ferro heme (férrico) – ferro orgânico presente, particularmente, em alimentos de origem animal. Por estar associado à partícula heme, é bem absorvível pelo organismo humano.

Ferro não heme (ferroso) – ferro inorgânico presente especialmente em alimentos de origem vegetal e que não está associado à partícula heme que protege e auxilia na absorção desse mineral.

Ferroquina – (ou ferro-quina) aperitivo que possui teor mínimo de 120 mg de citrato de ferro amoniacal e de 5 mg de quinino, expresso em sulfato de quinino, por 100 ml da bebida. *Ver* APERITIVO.

Fertilizante – qualquer substância, mineral ou orgânica, natural ou sintética, capaz de fornecer um ou mais nutrientes para as plantas quando aplicada no solo ou nas folhas.

Fertirrigação – aplicação de adubos na forma líquida por meio da água de irrigação.

Fiambre – produto obtido da carne de uma ou mais espécies de animais, com adição ou não de miúdos, transformado em massa, condimentado e submetido a processo térmico específico.

Fibras alimentares[1] – fibra dietética; são não nutrientes (celuloses, hemiceluloses, gomas, mucilagens, substâncias pécticas) associados a polifenóis, proteínas e fitatos, encontrados nos vegetais que não são digeridos pelas enzimas do sistema digestivo humano. Pertencem ao grupo dos carboidratos e fazem parte da categoria dos polissacarídeos não amiláceos, derivados de paredes celulares de plantas (carboidratos complexos).

Fibras alimentares[2] – segundo a Anvisa, é qualquer material comestível que não seja hidrolisado pelas enzimas do trato gastrintestinal humano.

Fibras alimentares insolúveis – grupo de substâncias que compõem as fibras alimentares e que, de maneira geral, são insolúveis em água: celulose, hemiceluloses insolúveis, pectinas insolúveis e lignina (único constituinte do grupo que não é polissacarídeo). Fisiologicamente, aumentam o volume e a maciez fecal, estimulam o peristaltismo e aceleram o trânsito intestinal. Desde 1998, a classificação das fibras alimentares em solúveis ou insolúveis foi abandonada por recomendação de relatório da FAO/WHO, considerando-se que as fibras alimentares nem sempre correspondem ao comportamento fisiológico esperado.

Fibras alimentares solúveis – grupo de substâncias que compõem as fibras alimentares e que, de maneira geral, são solúveis em água: substâncias pécticas, hemiceluloses solúveis, mucilagens. Fisiologicamente, retardam o tempo de esvaziamento do estômago, mantendo a sensação de saciedade por um período mais prolongado, bem como reduzem a absorção de nutrientes como carboidratos e lipídeos. Desde 1998, a classificação das fibras alimentares em solúveis ou insolúveis foi abandonada por recomendação de relatório da FAO/WHO, considerando-se que as fibras alimentares nem sempre correspondem ao comportamento fisiológico esperado.

Fibras musculares – estruturas alongadas e com diâmetro variável que compõem os músculos. São compostas por miofibrilas, com filamentos de actina e miosina, responsáveis pela contração muscular.

Fibras proteicas – estruturas filamentosas dos tecidos dos animais, em forma de feixes e com filamentos proteicos.

Ficha Técnica de Preparação (FTP) – instrumento de apoio operacional utilizado em unidades de produção de alimentos para subsidiar o planejamento de cardápio. Inclui as seguintes informações sobre o produto: ingredientes, peso bruto, peso líquido, fator de correção, per capita, custo total, custo por porção, tamanho da porção, valor calórico total, valor calórico/porção, rendimento, ordenação do preparo, tempo total de preparo, incluindo o pré-preparo e o preparo. A FTP é, ainda, um indicador indireto da complexidade da preparação, permitindo avaliar se a unidade dispõe de tempo hábil para sua execução.

Filé de costela – *rib-eye*, também conhecido como filé das costas; é a peça do dianteiro, massa muscular que inclui o longo dorsal, o ílio costal torácico, o semiespinhal torácico, o multifido torácico, os intercostais e os elevadores costais, correspondentes às cinco primeiras vértebras torácicas, na divisão do contrafilé. É uma carne mais rija e apropriada para cozidos e refogados. Pode ser comercializada com ou sem osso e gordura.

Filé de frango – bifes retirados do peito de frango para determinados tipos de preparações, como milanesa, parmegiana, grelhado, medalhão e outros.

Filé de peixe – geralmente retirado em sentido longitudinal, da cabeça à cauda, em tamanhos variáveis, conforme a espécie de peixe.

Filé *en croûte* – filé assado envolvido em massa de farinha de trigo, ovos e leite. Assemelha-se ao filé Wellington.

Filé powder – (*file* ou *gumbo filé*, na culinária *creole*) é um condimento preparado com as folhas desidratadas e moídas do sassafrás. Sua origem é presumivelmente indígena dos grupos *Chocraw*, de Louisiana, nos Estados Unidos. Espessante de caldos de cozidos e para fazer *gumbo*.

Filé suíno – constituído por duas peças de pequeno tamanho que ficam ao lado do lombo, com mais ou menos 200 g cada um; mais suculento e macio que o lombo.

Filé-mignon – (*lomo*, *filet*, *tenderloin*) denominação dada ao corte situado ao longo do dorso do bovino, acima do contrafilé, abaixo das três últimas costelas, formado pelos músculos psoas maior, psoas menor, ilíaco e quadrado lombar. É a massa muscular bovina que menos se movimenta, e por esse motivo é uma carne magra, tenra, macia e suculenta. Comercializado em corte inteiro, é comum vir acompanhado de uma tira de carne entremeada com gordura que é conhecida como o cordão do filé-mignon.

Filme comestível – película usada como revestimento sobre os alimentos. Aumenta a vida útil dos alimentos porque reduz a perda de umidade, a respiração, a mudança de cor, a oxidação. Pode ser feito a partir de materiais como celuloses, amidos, proteínas de cereais, proteínas de soja e proteínas de leite.

Filme de alumínio – matéria-prima usada na confecção de embalagens das mais variadas formas, como as embalagens rígidas (latas de refrigerantes, néctares e sucos), embalagens semirrígidas (formas e bandejas), embalagens flexíveis (sacos e caixas), associada ao plástico e/ou papel. Os filmes de alumínio protegem os alimentos de fatores externos como luz, oxigênio, micro-organismos e odores. Os filmes laminados autoclaváveis são muito utilizados para frutas e hortaliças apertizadas, em substituição a latas e vidros. Esses filmes resistem a tratamentos térmicos a temperaturas próximas a 121 °C e normalmente se apresentam associados aos filmes polipropileno, polietileno, poliéster e nylon. As embalagens cartonadas, usadas atualmente para leite, iogurte, sucos, achocolatado, creme de leite e leite condensado, são compostas basicamente de três materiais: papel, alumínio e polietileno, em multicamadas, de modo que o alumínio contribui com 4% em sua composição, o qual também contribui para a indução da selagem interna e para a rigidez do material.

Filme plástico – material orgânico polimérico, de baixa espessura (até 0,25 mm), maleável, facilmente transformável mediante o emprego de calor e pressão. A composição química desse filmes varia em função dos requisitos de cada alimento. Suas principais características como matéria-prima de embalagens são permeabilidade ao vapor de água e aos gases, resistência térmica e mecânica, absorção de aromas, aparência, toxicidade e custo. Os principais polímeros usados na confecção de embalagens de alimentos são os termoplásticos à base de polietileno, polipropileno, poliestireno, policloreto de vinila, policloreto de vinilideno, poliamidas, polietileno tereftalato, polietileno naftalato e policarbonato. É a película de PVC para uso doméstico, vendida em rolos, destinada a embalar produtos alimentícios, com o objetivo de protegê-los da desidratação, de contaminações e de odores provenientes de outros alimentos. Não deve ser utilizada em fornos ou sobre a chama do fogão.

Filoxera – denominação dada ao inseto e à doença causada por ele nas videiras. O inseto é um hemíptero sugador de seiva de tamanho pequeno, com a fêmea alada medindo entre 2 e 3 mm, e o macho aptero, de 0,2 a 0,3 mm.

O sintoma da doença é a presença de galhas tanto na face inferior da folha como nas raízes, causando a murchidão das vinhas. Sua presença na Europa ocorreu em meados do século XIX, sendo a França o país mais atingido pela doença, que praticamente dizimou a viticultura francesa. A origem da filoxera é norte-americana e provavelmente tenha sido levada para a Europa em videiras que foram usadas em enxertos. A reconstituição da viticultura europeia se deu lentamente e graças ao uso de porta-enxertos americanos resistentes à filoxera.

Filtração – processo de remoção de sólidos insolúveis de uma suspensão pela sua passagem através de um material poroso.

Filtrar – retirar sólidos insolúveis de uma suspensão ao passá-la por um material poroso (filtro).

Finger food – alimento preparado para ser degustado com as mãos, dispensando o uso dos talheres.

Fining – designação da substância ou do processo de clarificação (filtração) de vinhos, cervejas ou bebidas destiladas. Termo também aplicado à maturação (acabamento) de queijos e embutidos.

Fio – fibra natural (de animal ou planta) ou sintética, de forma cilíndrica, flexível, delgada. Refere-se ao filamento fibroso exterior de vagens, aipo, ruibarbo e outras hortaliças e que deve ser retirado no pré-preparo.

Fios de açúcar – filamentos finos que são produzidos ao se mergulhar um garfo ou outro talher numa calda quente de açúcar e suspendendo-o no ar.

***Fish protein concentrates* (FPC)** – produtos desidratados à base de peixes inteiros que contêm alto teor de proteína (cerca de 80%). Comercializados como produtos granulados, em pó ou pasta, são utilizados como ingredientes alimentares. Sua cor varia do claro ao escuro e apresenta sabor intenso de peixe.

Física – ciência de conteúdo vasto e de fronteiras não muito bem definidas que estuda a matéria, os campos de força e a interação entre os campos de força e a matéria. Investiga também as propriedades e a estrutura da matéria, bem como as leis fundamentais do comportamento dos campos de força e dos sistemas materiais.

Fisiologia – ciência que estuda o funcionamento do organismo dos seres vivos com foco em funções celulares, tecidos, órgãos, e as interações do sistema como um todo. Divide-se em fisiologia vegetal, animal, esta que abrange os seres humanos (fisiologia humana).

Fitatos – sais do ácido fítico; classe complexa de compostos de ocorrência natural formados durante o processo de maturação de sementes de cereais e leguminosas. Os fitatos são considerados compostos antinutricionais, porque o ácido fítico é um forte quelante de aminoácidos e minerais essenciais como cálcio, ferro, magnésio e zinco, por isso interferindo negativamente na biodisponibilidade desses nutrientes e reduzindo o valor nutricional dos alimentos.

Fitocoloides – substâncias à base de polissacarídeos, como alginatos e gomas, com capacidade para formar géis (hidrocoloides) procedentes de matérias vegetais e que são usadas como espessantes alimentares.

Fitoquímicos – metabólitos secundários de baixo peso molecular que são produzidos naturalmente nas plantas para sua proteção. Os fitoquímicos podem ser derivados de várias fontes, como grãos integrais, frutas, hortaliças, nozes e ervas. Alguns dos fitoquímicos são carotenoides, polifenóis, isoprenoides, fitoesteróis, saponinas, fibras dietéticas e certos polissacarídeos. Esses fitoquímicos possuem atividades antioxidante e antimicrobiana, antidiarreico, anti-helmíntico, atividades antialérgicas e antivirais

Flash point – temperatura na qual um composto orgânico específico produz vapores suficientes para entrar em combustão. Esse conceito pode ser usado para o óleo de cozinha.

Flavonoides – compostos fenólicos; pigmentos vegetais de ampla distribuição na natureza, hidrossolúveis, bastante reativos, cuja cor varia do azul ao vermelho, em flores e frutas; são divididos em seis grupos: antocianinas, catequinas, flavonóis, flavonas, flavononas e isoflavonas; são sensíveis às variações de pH, de temperatura, luz, oxigênio.

Flavor – (ou *flavour*) termo da língua inglesa utilizado para designar o sabor dos alimentos. Por sabor, deve-se entender a interação dos aromas com os gostos (doce, salgado, azedo, amargo, umami) dos alimentos.

Flavorizante – substância ou mistura de substâncias com propriedades odoríferas e/ou sápidas, capazes de conferir ou intensificar o aroma e/ou sabor dos alimentos. Excluem-se dessa definição os produtos que conferem exclusivamente gosto doce, salgado ou ácido.

Flavour enhancer – substância insípida ou que possui sabor suave, como o glutamato monossódico, que intensifica ou melhora o sabor dos alimentos.

Flocos de cereais – produtos obtidos de cereais, livres do seu tegumento, cozidos, secos, laminados e tostados. Atualmente, há flocos de trigo, milho, centeio, aveia, cevada, espelta; puros, em misturas ou em formulações acrescidas de açúcares, xaropes, mel, chocolate, frutas secas, passas, entre outros ingredientes.

Floculação – aglomeração ou aglutinação de pequenas partículas para a formação de flocos; possui aplicações variadas na tecnologia de alimentos.

Flor – contaminação do vinho causada pela levedura *Candida mycoderma*. Essa levedura transforma o etanol do vinho em etanal (acetaldeído) e oxida os ácidos orgânicos da bebida, reduzindo sua acidez. A presença da flor torna o vinho insípido, aguado, com odores de acetaldeído e turvo, prejudicando sua qualidade sensorial. Esse defeito, que está associado à guarda inadequada do vinho em tonéis, barris e garrafas, é raro atualmente. A flor causada por *Candida mycoderma* não deve ser confundida com a flor formada por *Saccharomyces cerevisiae*, que é responsável pela produção de vinhos de alta qualidade como o *Jerez* (Espanha) e o *Vin Jaune* (França).

Flor de dendê – fração mais pura e transparente do óleo de dendê.

Flour improver – melhorador de farinha; aditivo utilizado para melhorar as características de panificação de uma farinha. É constituído por amido de milho, estabilizante estearoillactilato de sódio e polissorbato 80, azodicarbonamida, ácido ascórbico e alfa-amilase.

Flour strength – indica a força da farinha e sua resistência ao crescimento. Quanto maior a força da farinha, maior o tempo de crescimento da massa. Ver FARINHA FORTE.

Fluxo de preparação do alimento – sequência das etapas de preparação de alimentos em serviços de alimentação: recebimento, armazenamento, pré-preparo, preparo, distribuição.

Fluxograma de processo – representação gráfica da sequência de operações de um processo.

Folatos (vitamina B_9) – denominação genérica utilizada para designar qualquer membro da família dos pteroil-glutamatos; vitamina hidrossolúvel encontrada naturalmente em alguns alimentos e na sua forma sintética, ácido fólico. O ácido fólico é mais estável, altamente biodisponível e, portanto, bastante utilizado nos suplementos e fortificação dos alimentos. Essa vitamina é essencial para diversos processos bioquímicos do nosso organismo, como formação de DNA e RNA, metabolização de proteínas, produção de células sanguíneas, crescimento adequado de tecidos, principalmente durante a gestação e o desenvolvimento do embrião.

Folha de alumínio – produto de uso doméstico com espessura entre 0,2 e 0,06 mm, utilizado para armazenar, grelhar, assar e congelar alimentos. Comercializado na forma de rolos com larguras e comprimentos variáveis.

Folha de flandres – matéria-prima para a fabricação de latas. É constituída de aço laminado com baixo teor de carbono (0,06 a 0,15%) para conferir maleabilidade à folha. É produzida no formato de folhas, com diferentes têmperas e espessuras, que são enroladas para formar bobinas. Na produção de latas para acondicionar alimentos, a folha de flandres deve apresentar os seguintes requisitos: receber revestimentos protetores (estanho e vernizes), ser resistente química e fisicamente, conduzir calor, apresentar maleabilidade e permitir soldagem segura.

Folhas comestíveis – hortaliças cujas folhas são utilizadas de formas diversas em preparações culinárias.

Folhosos – hortaliças cujas folhas são as partes comestíveis: alface, chicória, almeirão, acelga etc.

***Food and Drug Administration* (FDA)** – agência federal do Departamento de Saúde e Serviços Humanos dos Estados Unidos responsável pela proteção e promoção da saúde pública por meio do controle e supervisão da segurança alimentar, produtos de tabaco, suplementos dietéticos, medicamentos, vacinas, transfusões de sangue, dispositivos médicos, radiação eletromagnética, cosméticos, ração para animais e produtos veterinários.

***Food for Specified Health Uses* (FOSHU)** – certificação oficial usada no Japão e apresentada, nos rótulos dos produtos, na forma de um selo, para indicar que o alimento é funcional.

***Food Standards Agency* (FSA)** – Agência de Normas Alimentares, órgão governamental do Reino Unido responsável pela proteção da saúde pública relacionada aos alimentos.

Food technology – tecnologia de alimentos; aplicação de métodos e técnicas para preparo, processamento, embalagem, armazenamento, controle, distribuição e utilização dos alimentos.

Food truck – espaço móvel utilizado para preparar e vender alimentos de preparo rápido, como sanduíches, crepes, tapiocas, *tacos*, *kebab*, entre outras.

Força do glúten (W) – representa o trabalho de deformação da massa e indica a qualidade panificativa da farinha (força da farinha). Está relacionada à quantidade de proteínas do glúten (gliadina e glutenina) presentes na farinha. Uma farinha forte absorve mais água e permite massas com hidratação maior, mais resistentes e que tendem a crescer mais. A força do glúten é expressa em Joules (10^{-4} J).

Forças de Van der Walls – correspondem à soma de todas as forças atrativas ou repulsivas, excetuando-se as forças devidas às ligações do tipo covalente entre moléculas, ou entre partes da mesma molécula, ou forças devido à interação eletrostática de íons.

Fórmula infantil de seguimento para lactentes e crianças de primeira infância destinada a necessidades dietoterápicas específicas – produto cuja composição foi alterada, ou especialmente formulada, para atender a necessidades específicas decorrentes de alterações fisiológicas e/ou doenças temporárias ou permanentes e/ou para a redução de risco de alergias em indivíduos predispostos, de lactentes a partir do sexto mês de vida até doze meses de idade incompletos (11 meses e 29 dias) e de crianças de primeira infância, constituindo-se o principal elemento líquido de uma dieta progressivamente diversificada.

Fórmula infantil para lactentes – produto em forma líquida ou em pó, utilizado sob prescrição, especialmente fabricado para satisfazer, por si só, as necessidades nutricionais dos lactentes sadios durante os primeiros seis meses de vida (5 meses e 29 dias).

Fórmula para nutrição enteral – alimento industrializado para fins especiais, especialmente processado ou elaborado para ser utilizado de forma exclusiva ou complementar na alimentação de pacientes com capacidade limitada de ingerir, digerir, absorver ou metabolizar alimentos convencionais ou de pacientes que possuem necessidades nutricionais específicas determinadas por sua condição clínica. Apto para uso por tubo e, opcionalmente, por via oral, consumido somente sob orientação médica ou de nutricionista.

Fórmula[1] – modo de indicar a composição de um composto químico, por exemplo, H_2O (água).

Fórmula[2] – preparação láctea, ou não, para lactentes.

Formulação – combinação, em quantidade apropriada, de matérias-primas e ingredientes, definidos qualitativamente, de acordo com os critérios legais, utilizada para a produção de um alimento composto. A formulação deve estar devidamente descrita, documentada e deve incluir todas as etapas do processo e demais características de produção. Assemelha-se às receitas domésticas e às Fichas Técnicas de Preparação. No entanto, o termo *Formulação* normalmente é utilizado para definir a composição de produtos industrializados.

Fórmulas dietoterápicas para erros inatos do metabolismo – alimentos para fins especiais formulados especificamente para o manejo dietético de indivíduos portadores de erros inatos do metabolismo, administrados por via oral e, opcionalmente, para uso via tubo, apresentados em formas farmacêuticas e utilizados sob supervisão de médico ou nutricionista.

Fórmulas infantis de seguimento para lactentes e crianças de primeira infância – produtos em forma líquida ou em pó, utilizados quando indicado, para lactentes sadios a partir do sexto mês de vida até doze meses de idade incompletos (11 meses e 29 dias) e para crianças de primeira infância sadias (crianças de doze meses até três anos de idade, ou seja, até os 36 meses), constituindo-se o principal elemento líquido de uma dieta progressivamente diversificada.

Fortificação de alimentos com micronutrientes – estratégia de saúde pública adotada desde o início do século XX e repetidamente recomendada pela Organização Mundial da Saúde, como uma abordagem eficaz para reduzir deficiências nutricionais por micronutrientes.

Forno de micro-ondas – forno que aquece alimentos por meio de radiação eletromagnética na frequência de 2.450 MHz. Nessa frequência, a radiação eletromagnética aumenta o estado de vibração das moléculas de água do alimento, causando o seu aquecimento.

Fosfatase – grupo de enzimas, entre elas, a fosfatase alcalina, que remove o grupo fosfato do seu substrato (proteínas, nucleotídeos e alcaloides) ao hidrolisar ésteres monofosfóricos; pode estar presente naturalmente no alimento ou decorrer unicamente da presença de micro-organismos. A pesquisa de fosfatase alcalina em leite é um indicador de qualidade da eficiência do processo de pasteurização. A temperatura de pasteurização inativa essa enzima que não deve ser detectada no leite devidamente processado. Se essa enzima for encontrada no leite comercializado, deve-se suspeitar que a pasteurização não foi adequada ou, ainda, que o leite pasteurizado foi misturado com leite cru.

Fotólise – clivagem de uma ou mais ligações covalentes em uma molécula devido à absorção de energia da luz ou alguma outra forma de radiação eletromagnética. Um exemplo clássico é a fotólise da água durante a fotossíntese.

Fotossíntese – processo pelo qual plantas, algas e algumas bactérias utilizam a energia luminosa para produzir glicose, a partir de gás carbônico e água; nesse processo há liberação de oxigênio molecular. Praticamente todo o oxigênio que compõe a atmosfera atual da Terra é resultado da fotossíntese.

Fraldinha – (bife do vazio ou aba de filé) corte bovino composto por parte da parede lateral do abdome do animal, formando a ponta do corte, denominado costela minga. Composta por fibras longas, nervos e gorduras. Em função da posição das fibras musculares deve ser cortada no sentido longitudinal, de lado oposto à direção das fibras.

Fraturabilidade – facilidade com que um material se quebra ou se desintegra com a aplicação de uma força relativamente pequena. Em análise sensorial se refere ao atributo de textura relacionado à dureza ou à coesividade, ou seja, à força necessária para desintegrar um alimento, o qual é considerado quebradiço ou crocante, quando apresenta baixa propensão a deformar-se antes da fratura.

Fraude – prática desonesta que leva ao engano o consumidor por meio de adulteração ou falsificação de alimentos ou bebidas.

Free Farmed – tipo de certificação concedido nos Estados Unidos, no Canadá, no México, na Coreia e no Japão que garante que os produtos alimentícios de origem animal derivam de animais tratados de forma humanitária com base em requisitos determinados pela Associação Humanitária Americana: acesso adequado a comida e a água limpa, proteção perante as variações climáticas, espaço suficiente para mover-se, treinamento adequado às pessoas responsáveis pelos cuidados com os animais. O processo é conduzido pelo Serviço de Animais de Granja (*Farm Animal Service* – FAS).

Fréon – gás usado nos sistemas de refrigeração e como propulsor de spray. Quimicamente definido como clorofluorcarbono (CFC), foi proibido no Brasil e no mundo por destruir a camada de ozônio da atmosfera.

Fressura – conjunto das vísceras de animais de abate e que compreende o coração, o fígado, o bucho, os pulmões e as tripas. Tradicionalmente, tinha como significado todas as partes do animal que eram descartadas depois da matança, que podiam incluir a cabeça, as patas e tudo o mais que não era aproveitado no açougue.

Friabilidade – condição que o alimento tem de esfarelar-se, de reduzir-se a pó.

Frios – carnes pré-cozidas, fermentadas e/ou curadas que são servidas frias, normalmente fatiadas.

Frisante – vinho com teor alcoólico de 7% a 14% em volume e uma pressão mínima de gás carbônico de 1,1 a 2,0 atmosferas a 20 °C, natural ou gaseificado.

Fritadeira – equipamento destinado ao preparo de frituras em banho de óleo. Há modelos com capacidade para cozinha doméstica e modelos para cozinha industrial; há os tipos adaptados para a fritura de pastel, batata, churros e outros. O aquecimento se faz por energia elétrica ou gás. Também existem no mercado fritadeiras que funcionam com corrente de ar seco aquecido, conhecidas como *air fryer*.

Fritura – técnica de cocção que utiliza óleos e gorduras como meio de transferência de calor. A cocção em óleo ou gordura é mais rápida que a assadura por ar quente e a cocção úmida. O mecanismo físico-químico do processo de cocção se deve ao bombeamento da água, presente no interior dos alimentos para o exterior. Essas moléculas de água, ao consumirem parte da energia proveniente do óleo aquecido, passam para o estado de vapor, evitando a queima ou a carbonização do produto; o alimento é cozido a uma temperatura menor que a do meio de fritura. Em tais condições, as moléculas dos óleos e gorduras sofrem muitas alterações químicas que respondem pela deterioração de seus componentes biologicamente importantes, pelas diversas mudanças nas suas características sensorial, nutricional, funcional, além de ainda responderem pelo aparecimento de substâncias tóxicas. Na fritura dos alimentos, o óleo está exposto a três agentes que provocam mudanças em sua estrutura: a água, proveniente do alimento, que produz alterações de natureza hidrolítica; o oxigênio, que entra em contato com o óleo a partir de sua superfície e, assim, provoca alterações oxidativas; e a temperatura, que promove alterações térmicas. A fritura é uma técnica que apresenta inúmeras variações e tem muita aplicação na culinária.

Fruta – designação genérica de frutos, pseudofrutos e infrutescências comestíveis, de gosto doce, geralmente apresentando acidez e aroma característico.

Fruta cristalizada – fruta glaceada; produto obtido pela substituição de parte da água da sua constituição por açúcares, por meio de tecnologia adequada, recobrindo-as ou não com uma camada de sacarose.

Fruta desidratada – produto obtido pela remoção parcial da água da fruta madura, inteira ou em pedaços, por processos tecnológicos adequados.

Fruta liofilizada – produto obtido pela liofilização (remoção de água por meio de sublimação sob baixa temperatura e vácuo) da fruta madura, inteira ou em pedaços.

Fruticultura – ramo da agricultura que utiliza um conjunto apropriado de técnicas e práticas visando a produção racional de frutas.

Fruto – estrutura formada pelo desenvolvimento do ovário após a fecundação dos óvulos e que protege as sementes nas plantas angiospermas. Eventualmente, outras estruturas podem somar-se ao ovário e fazer parte do fruto, como o hipanto (maçã) e o pedúnculo floral (caju). O fruto é constituído pelo epicarpo (porção mais externa; casca); mesocarpo (porção intermediária, entre o epicarpo e o endocarpo; polpa rica em água e nutrientes); endocarpo (porção mais interna, geralmente mais rígida, que envolve a semente).

Fruto climatérico – fruto que, logo após o início da maturação, apresenta rápido aumento na intensidade respiratória, ou seja, as reações relacionadas com o amadurecimento e o envelhecimento ocorrem rapidamente e com grande demanda de energia, responsável pela alta taxa respiratória. A fim de retardar a maturação e o envelhecimento e aumentar o período de conservação, frutas e hortaliças climatéricas costumam ser colhidas ainda verdes. São exemplos de frutos climatéricos a banana, o abacate, a manga, a goiaba, o mamão, a maçã, a pera, a ameixa, o pêssego, o caqui, o maracujá, o tomate, entre outros.

Fruto não climatérico – fruto que não apresenta aumento da taxa respiratória durante o amadurecimento; pelo contrário, sua respiração diminui durante o processo de maturação. Só deve ser colhido quando apresentar todas as características do fruto maduro. São exemplos de frutos não climatéricos os citros, a uva, o melão, o abacaxi, o morango, a cereja, a framboesa, o mirtilo, a romã, entre outros.

Fruto-oligossacarídeos (FOS) – oligossacarídeos compostos de monômeros de frutose utilizados como ingredientes funcionais em alimentos prebióticos; não são metabolizados pelo organismo humano. São produzidos a partir da hidrólise da inulina ou pela ação da enzima frutosiltransferase a partir da sacarose. Os FOS são encontrados em frutas, vegetais e cereais como banana, cebola, alho, espargos, cevada, trigo, alcachofra de Jerusalém e *yacon*.

Frutose – açúcar das frutas; monossacarídeo de seis átomos de carbono presente nas frutas e no mel. Seu poder de doçura é maior que o da sacarose. Por ser mais doce que a sacarose, é utilizado em menor quantidade para se obter o mesmo poder adoçante nos alimentos e bebidas.

Fubá comum – farinha de milho; produto obtido por meio da moagem do grão de milho (*Zea mays*), degerminado ou não, e peneirado. Apresenta alto teor de amido e elevada pureza, cor amarela, com odor e sabor característicos do milho. O fubá comum tem granulometria média, enquanto o fubá mimoso é mais fino; a sêmola e o *grits* são mais grossos. Ver *Grits*.

Fubá mimoso – farinha de milho; produto obtido por meio da moagem do grão de milho (*Zea mays*), degerminado e peneirado. O fubá mimoso apresenta granulometria mais fina que o fubá comum, por isso, de uso corrente na indústria confeiteira e na culinária.

Fumaça – produto obtido pela queima de certos tipos de madeira, como de frutíferas, que é usada no processo de defumação de alimentos de origem animal (carnes, embutidos, peixes, aves e queijos).

Fumaça de madeira – fumaça produzida pela queima de madeira; o tipo de madeira utilizado (videira, abacateiro, goiabeira, citros) influencia as propriedades da fumaça e rege a aplicação. Tem ação flavorizante e conservante.

Fumaça líquida – produto obtido da condensação em um solvente da fumaça produzida pela queima de madeira. Proporciona sabor, aroma e cor de defumado ao alimento. A técnica de defumação com fumaça líquida é mais rápida e de menor custo.

Fumeiro – local destinado à defumação de alimentos como carnes, embutidos, queijos, aves e peixes, construído de tal forma que a fumaça obtida pela queima lenta de madeiras especiais se dirija aos alimentos proporcionando aquecimento e aromatização.

Fumonisina – micotoxina produzida por bolor do gênero *Fusarium*, frequentemente detectada em milho, trigo, sorgo e outros cereais. Pode causar danos à saúde animal, a exemplo da leucoencefalomalácia em equinos e do edema pulmonar em suínos, além de estar associada a câncer de esôfago, micotoxicose aguda e defeito no tubo neural em humanos.

Funcionalidade das proteínas[1] – do ponto de vista fisiológico, refere-se à propriedade que algumas proteínas têm de participar de processos metabólicos. A qualidade funcional das proteínas é determinada pelo tipo, variedade e concentração dos aminoácidos constituintes. Suas funções incluem construção e manutenção de tecidos, formação de hormônios, enzimas e anticorpos, fornecimento de energia e regulação de processos metabólicos; controle do balanço ácido/básico nos tecidos.

Funcionalidade das proteínas[2] – quaisquer propriedades físico-químicas que influenciam seu desempenho nos sistemas alimentares durante o processamento, armazenamento, preparo e consumo. As funções das proteínas nos sistemas alimentares são solubilidade, viscosidade, hidratação, gelificação, coesão-adesão, elasticidade, emulsificação, formação de espuma, fixação de lipídeos e aromas. Diversas propriedades funcionais das proteínas são manifestações de três aspectos moleculares: propriedade de hidratação, propriedades relacionadas à superfície proteica; propriedades hidrodinâmicas e reológicas. Por serem as proteínas as substâncias mais reativas entre os componentes macromoleculares, podem interagir com açúcares, lipídeos, produtos resultantes da oxidação de lipídeos e outros componentes, afetando a qualidade organoléptica dos alimentos.

Fundo – caldo resultante da cocção de aves, pescados, carnes vermelhas ou de caças e de hortaliças, cozidos em água ou vinho. São concentrados e podem ser claros ou escuros. Usados como base para a preparação de sopas e molhos.

Fusilli – massa alimentícia de origem italiana em forma de espiral.

Fusilli lunghi – massa alimentícia de origem italiana em forma de fios longos e torcidos em espiral.

G

GAY-LUSSAC

Louis Joseph Gay-Lussac (1778-1850) – francês, foi químico e físico; tornou-se conhecido pela formulação da lei dos gases e estudou também o magnetismo. Realizou importante trabalho com misturas hidroalcoólicas, propôs a escala centesimal volumétrica usada atualmente para medir o teor alcoólico de bebidas (graus Gay-Lussac, °GL). Aperfeiçoou métodos de análises químicas, processos industriais de síntese e, junto com Louis Jacques Thénard, conseguiu isolar o elemento químico boro em 1808. Por seus trabalhos, foi eleito para as academias de ciência da França e Inglaterra.

g – abreviação de grama, unidade de medida de massa no sistema CGS (sistema de medidas físicas, acrônimo maiúsculo para centímetro–grama–segundo), equivalente a 0,001 kg.

Galactanas sulfatadas – polissacarídeos presentes nas algas vermelhas, são os principais constituintes da goma carragena. Têm uma estrutura formada por unidades repetitivas de beta-D-galactopiranose ligadas glicosidicamente pelas posições 1 e 3, sendo estas chamadas de unidades A; e por unidades de alfa-galactopiranose ligadas glicosidicamente por meio das posições 1 e 4, chamadas de unidades B. A diversidade estrutural das galactanas sulfatadas se deve aos diferentes tipos de substituintes, que são responsáveis por converter as estruturas básicas e repetitivas desses biopolímeros em estruturas altamente complexas. Na indústria alimentícia, as galactanas sulfatadas das algas marinhas são utilizadas, por suas propriedades físico-químicas, como agentes geleificantes e espessantes.

Galactomanana – denominação atribuída a polissacarídeos neutros, extraídos do endosperma de sementes, são os principais componentes da goma guar e da goma locusta (jataí ou caroba). Tais polissacarídeos são constituídos por um esqueleto formado por unidades repetidas de beta-D-manose, ligadas entre si por ligações do tipo 1→ 4. Unidades alfa-D-galactose encontram-se ligadas à cadeia principal por ligações de oxigênio do tipo 1→ 6. O teor e a distribuição das unidades D-galactose dependem da origem e da espécie de leguminosa, e das técnicas de extração utilizadas para a sua obtenção. A goma alfarroba e a goma guar têm sido extensamente produzidas para fins comerciais. As galactomananas produzem soluções aquosas de viscosidade elevada, o que as torna comercialmente úteis, principalmente como espessantes de sistemas aquosos.

Galactose – monossacarídeo de seis carbonos que, quando combinado com a glicose, forma a lactose (açúcar do leite); açúcar constituinte de algumas gomas; tem aproximadamente 40% da doçura da sacarose.

Galactosidases – hidrolases classificadas como alfa ou beta-galactosidase que decompõem galactosídeos, produzindo monossacarídeos. A alfa-galactosidase hidrolisa substratos que contêm resíduos de alfa-galactosídeos, como as glicoproteínas e a glicoesfingolipídeo. As beta-galactosidases são dissacaridases capazes de realizar a reação de hidrólise das ligações beta 1→4 de um galactosídeo, tendo a lactose como principal substrato natural. Essas enzimas são amplamente utilizadas na indústria, com elevado potencial biotecnológico. Além das propriedades hidrolíticas, as beta-galactosidases possuem a característica de sintetizar açúcares complexos chamados galacto-oligossacarídeos, conhecidos como prebióticos.

Gallon (gal) – galão; unidade de medida de volume de líquidos em países de língua inglesa. Há três definições de galão: a) galão líquido (Estados Unidos), 3,785 litros; b) galão seco (Estados Unidos), 4,405 litros; c) galão imperial (Reino Unido), 4,546 litros.

Garantia da qualidade – parte da gestão da qualidade focada em prover confiança de que os requisitos da qualidade serão atendidos. A garantia da qualidade tem foco nos processos, para prevenir que erros, falhas ou defeitos aconteçam. Por isso, atua no mapeamento de processos, na tratativa de não conformidades e na análise de riscos.

Gasto energético total – somatório do gasto de energia em repouso, energia gasta em atividades físicas e o efeito térmico dos alimentos, em 24 horas.

Gastronomia – cultura alimentar de um povo expressa nas diferentes formas de empregar, preparar e apresentar os alimentos; a arte de cozinhar de maneira a proporcionar o máximo de prazer para quem come.

Gastrônomo – profissional graduado no curso de Gastronomia; está habilitado para trabalhar em todas as funções da cozinha, seja chefiando equipes, produzindo eventos ou mesmo na indústria de alimentos, havendo, portanto, diversas opções de carreira.

Gauntlet – luva industrial para forno que cobre a mão, o antebraço e o cotovelo.

Gayal meat – carne bovina do *Bos frontalis*, espécie de boi encontrado na Índia, na China, em Bangladesh e em Myanmar.

Gel – dispersão coloidal em que a fase contínua/dispersante é sólida, e a fase dispersa é líquida, como a gelatina comestível.

Gelado – termo que generaliza a nomenclatura de todos os alimentos servidos gelados, inclusive o sorvete.

Gelados comestíveis – produtos alimentícios obtidos a partir de uma emulsão de gorduras e proteínas, com ou sem a adição de outros ingredientes e substâncias, ou de uma mistura de água, açúcares e outros ingredientes e substâncias que tenham sido submetidas ao congelamento, em condições que garantam a conservação do produto no estado congelado ou parcialmente congelado, durante o armazenamento, o transporte, a comercialização e a entrega ao consumo. Segundo a legislação vigente, os gelados comestíveis são classificados, quanto à composição básica, em "sorvetes de creme", quando elaborados basicamente com leite e/ou derivados lácteos e/ou gorduras comestíveis, podendo ser adicionados de outros ingredientes alimentares; "sorvetes de leite", quando elaborados basicamente com leite e/ou derivados lácteos, podendo ser adicionados de outros ingredientes alimentares; "sorvetes", quando elaborados basicamente com leite e/ou derivados lácteos e/ou outras matérias-primas alimentares, nos quais os teores de gordura e/ou proteína são total ou parcialmente de origem não láctea, podendo ser adicionados de outros ingredientes alimentares; *sherbets*, produtos elaborados basicamente com leite e/ou derivados lácteos e/ou outras matérias-

-primas alimentares e que contêm apenas uma pequena proporção de gorduras e proteínas, as quais podem ser total ou parcialmente de origem não láctea, podendo ser adicionados de outros ingredientes alimentares; "gelados de frutas" ou *sorbets*, quando elaborados basicamente com polpas, sucos ou pedaços de frutas e açúcares, podendo ser adicionados de outros ingredientes alimentares. Quanto ao processo de fabricação e à forma de apresentação, classificam-se em "sorvetes de massa" ou "cremosos", quando são misturas homogêneas, ou não, de ingredientes alimentares, batidas e resfriadas até o congelamento, produzindo massa aerada; "picolés", quando são porções individuais de gelados comestíveis de várias composições, geralmente suportados por uma haste, obtidas por resfriamento até congelamento da mistura homogênea, ou não, de ingredientes alimentares, com ou sem batimento; "produtos especiais gelados", quando são gelados mistos constituídos por qualquer das modalidades de gelados comestíveis, em combinação com alimentos não gelados, representados por porções situadas, interna e/ou externamente, ao conjunto, como sanduíche de sorvete, bolo de sorvete, torta gelada.

Gelana – conhecida comercialmente como goma gelana, é um polissacarídeo extracelular produzido pela bactéria *Pseudomonas elodea*. Suas características variam de acordo com o grau de acetilação: baixo grau de acetilação forma gel firme e a forma não acetilada forma géis elásticos. Solúvel em água fria, exige baixa concentração para formar gel. Gelifica rapidamente e mostra possibilidade de formação de géis a frio. O maior potencial para a aplicação de gelana está na adição em produtos como congelados, sorvetes, geleias, barras nutricionais, bebidas nutricionais e dietéticas. Tem sido recomendada para o uso em geleias com baixo teor calórico, nas quais atua como substituto de pectinas.

Gelatina – proteína de origem animal obtida de diversas fontes, como bovina e suína; aves e peixes. Resulta da hidrólise ácida ou alcalina do colágeno, resultando numa mistura heterogênea de polipeptídios. Na sua produção industrial, são utilizados todos os tecidos conectivos, pele, ossos e tendões de animais abatidos. Seu processamento envolve a extração, purificação, concentração, secagem, moagem e peneiramento. Há uma grande variedade de produtos disponíveis no comércio: sem sabor e incolor, sem sabor e colorida, sem sabor em pó ou em folhas, com sabor e colorida, em pó pronto para uso. Seu uso na indústria alimentar é amplo: balas, recheios de confeitos, iogurtes, margarinas, produtos dietéticos, espessantes de sobremesas geladas e, inclusive, para a clarificação de bebidas à base de frutas, como a cajuína. Na culinária, tem grande número de aplicações em preparações doces ou salgadas como sobremesas geladas, *aspic*, *galantines* e outros.

Gelatina de pescado – produto obtido a partir de proteínas naturais solúveis, coaguladas ou não, obtidas pela hidrólise do colágeno presente em tecidos de pescado como a bexiga natatória, os ossos, as peles e as cartilagens.

Gelatinização – processo que envolve a quebra da ordem molecular dentro de grânulos de amido quando este é aquecido em água. As alterações causadas incluem intumescimento do grânulo, perda da birrefringência e da cristalinidade, opacidade, lixiviação da amilose e maior suscetibilidade ao ataque enzimático. Com o inchaço do grânulo, ocorre o rompimento da membrana proteica que o envolve e a lixiviação da amilose da fase intergranular para a fase aquosa, resultando no aumento substancial das propriedades reológicas do sistema. A gelatinização do amido está relacionada às propriedades de viscosidade, cremosidade, estabilidade, adesividade e formação de filme. Cada tipo de amido tem a sua própria faixa de temperatura de gelatinização.

Geleia – produto obtido pela cocção de frutas, inteiras ou em pedaços, polpa ou suco de frutas, com açúcar e água, concentrado até consistência gelatinosa. Pode ser adicionado de açúcar, pectina, acidulante, mas não pode ser colorido nem aromatizada artificialmente. As geleias são classificadas em: a) comum – quando preparadas numa proporção de 40 partes de frutas frescas, ou seu equivalente, para 60 partes de açúcar (as geleias de marmelo, laranja e maçã podem ser preparadas com 35 partes de fruta, ou seu equivalente à fruta fresca, e 65 partes de açúcar); b) extra – quando preparadas numa proporção de 50 partes de frutas frescas, ou seu equivalente, para 50 partes de açúcar.

Geleia de mocotó – tecnicamente esse produto não é uma geleia. É obtido pela gelificação de cartilagens e tendões (de bovinos), durante seu cozimento prolongado em água. Nesse processo, ocorre a transformação do colágeno insolúvel em gelatina solúvel, que pode ser adoçada e aromatizada com especiarias.

Geleia real – secreção glandular produzida por abelhas operárias e utilizada para a nutrição larval e da rainha da colônia. A geleia real é conhecida por ser um superalimento, devido ao seu alto valor nutritivo. Em sua composição, podemos encontrar proteínas, açúcares, lipídeos, todas as vitaminas do complexo B, vitamina D, vitamina, além de pequenas quantidades de hormônios como o estradiol, testosterona e progesterona.

Geleificação – fenômeno que consiste na obtenção de produtos com consistência de geleia; processo no qual a pectina, na presença de água, açúcar e acidulante, em quantidades e condições adequadas, adquire consistência de geleia; reação fundamental no preparo de geleias.

Gelificação – fenômeno que consiste na obtenção de um gel, que resulta da propriedade funcional de algumas proteínas envolvidas na preparação de alimentos como produtos lácteos, clara de ovo coagulada, géis de gelatina, produtos cárneos, proteínas vegetais texturizadas por extrusão, produtos panificados.

Gelling agent – qualquer substância que dissolvida em líquido transforma-o em gel, como a pectina, ágar-ágar, goma guar, gelatina, entre outros.

Gelling capacity – propriedade de uma substância relacionada à sua capacidade para formar gel.

Gema – componente de reserva nutricional constituído por uma mistura complexa de água, lipídeos, proteínas e outros compostos, de cor amarela e forma esferoide, e que, envolvida pela clara, constitui o interior do ovo de uma ave ou de um réptil. Não é uma substância homogênea, mas consiste em frações granulares suspensas em uma fase contínua. Ovovitelina, fosfovitina, livetina, lipoproteína e lipovitelina são as suas proteínas. A maioria dos lipídeos presentes na gema está sob a forma de lipoproteínas, que costumam formar complexos com cálcio e ferro. Fosfolipídeos, como a lecitina e a cefalina, também são encontrados em quantidades substanciais. Na preparação de alimentos, pode atuar como emulsificante e contribui positivamente para a cor e o *flavor* dos produtos. As gemas podem apresentar diferentes colorações, dependendo do tipo de ovo, da raça, do tipo de criação e da alimentação do animal.

Gene – unidade fundamental da hereditariedade, localizada no interior da molécula do DNA, determina as características de um indivíduo. É constituído por uma sequência específica de nucleotídeos que contém as instruções necessárias para a síntese de uma proteína ou molécula de RNA.

Generally Recognized/Regarded As Safe Status (GRAS status) – designação dada a aditivos alimentares pela FDA para indicar que esses aditivos não são considerados de risco para a saúde dos consumidores.

Genética – parte da Biologia que estuda a transmissão e a expressão dos genes nos organismos vivos e a diversidade observada nos indivíduos da mesma espécie e de espécies diferentes.

Gerenciamento do risco – ver *GESTÃO DO RISCO*.

Germe – gérmen; o embrião das sementes. Esse componente, rico em proteínas, gorduras e carboidratos, é um subproduto da fabricação da farinha de trigo. Por ser rico em nutrientes, o germe é usado como complemento alimentar, podendo ser adicionado ao leite, vitaminas, sucos, pães, pizzas e bolos.

Gestão – ato de gerir, gerenciar, administrar. Atividades que, por meio de indivíduos especializados e de ações gerenciais, objetivam a melhoria da produtividade e da competitividade de uma empresa ou negócio.

Gestão da qualidade – conjunto de atividades da gerência de uma organização que determina a política de qualidade, seus objetivos e responsabilidades. Está focada na qualidade dos produtos e dos serviços de determinada organização. A gestão da qualidade possui uma série de pilares que, somados, constituem um processo; são eles: foco no cliente, liderança proativa, melhoria contínua, decisão baseada em fatos, boa relação com fornecedores, visão sistêmica, gerenciamento por processos e conscientização dos colaboradores. Atualmente, as empresas buscam certificações em gestão da qualidade como as normas ISO.

Gestão do risco – (ou gerenciamento do risco) conjunto de ações estratégicas, como identificação, administração, condução e prevenção dos riscos ligados a uma determinada atividade. Entendido como um processo contínuo que deve ser aplicado em situações como a necessidade de implementar novos controles (quando forem realizadas mudanças significativas em processos), após a ocorrência de incidente com potencial de perda ou dano significativo, em revisões de atividades rotineiras, não rotineiras, emergenciais e planejamento de ações futuras ou mesmo por força de regulamentos técnicos ou legais e suas modificações.

GI diet – plano alimentar baseado na escolha de alimentos de acordo com sua classificação de índice glicêmico. Alimentos com baixo índice glicêmico resultam numa liberação constante e lenta de açúcar, reduzindo os picos e as quedas de glicose no sangue.

Gim – (ou *gin*) é a bebida com graduação alcoólica de 35 a 54% v/v, a 20 °C, obtida pela redestilação de álcool etílico potável de origem agrícola, na presença de bagas de zimbro (*Juniperus communis*), com adição ou não de outra substância vegetal aromática, ou pela adição de extrato de bagas de zimbro, com ou sem outra substância vegetal aromática, ao álcool etílico potável de origem agrícola, e, em ambos os casos, o sabor do zimbro deverá ser preponderante, podendo ser adicionada de açúcares até 15 g/l. Essa bebida foi produzida pela primeira vez na Holanda, no século XVII, quando os destilados eram usados com fins medicamentosos, nesse caso, para enfermidades do rim, em função da propriedade diurética do zimbro. O termo *gin* tem origem na palavra francesa *genièvre*, que significa "zimbro".

Gliadinas – proteínas de cadeias simples, monoméricas (gliadina alfa, gama e ômega), presentes no trigo, na aveia, no centeio, na cevada, entre outros cereais. São responsáveis pela viscosidade das massas. Não se polimerizam. Junto com a glutenina, formam a rede denominada glúten.

Glicação – a sigla IUPAC (International Union of Pure na Applied Chemistry) é usada para descrever uma reação não enzimática entre açúcares e outras biomoléculas, em meio biológico ou em alimentos. Também é usada para descrever a sequência de reações não enzimáticas que se inicia quando açúcares redutores, como glicose e frutose, reagem com grupos nucleofílicos de aminoácidos constituintes de proteínas, lipídeos ou ácidos nucleicos, gerando os chamados produtos de glicação avançada (AGEs - *Advanced Glycation End-Products*). Esses produtos, também formados por outras rotas metabólicas, estão associados a diversas disfunções fisiológicas no organismo, como aterosclerose, osteoporose, asma, artrite, sarcopenia, doença de Alzheimer, câncer, e diversas complicações diabéticas.

Glicemia – teor de açúcar no sangue. Esse indicador determina a normalidade ou a presença de distúrbios relacionados com o metabolismo dos carboidratos, como a diabetes.

Glicerina – ou glicerol; líquido viscoso, incolor, higroscópico e com gosto adocicado, de origem sintética (a partir do petróleo) ou natural (a partir de óleos e gorduras). Pode atuar como solvente, emoliente, emulsificante, amaciante, plastificante, estabilizante e umectante, com aplicação na indústria de alimentos, cosméticas e farmacêuticas.

Glicoalcaloides – família de compostos químicos derivados de alcaloides aos quais são adicionados grupos de açúcares; naturalmente presentes em todas as partes da planta da batata (*Solanum tuberosum* L.); envolvidos no mecanismo de defesa da planta contra a ação de insetos e micro-organismos. Os principais componentes em batatas são alfa–solanina e alfa–chaconina. As concentrações mais elevadas desses compostos se encontram na casca dos tubérculos e em seus brotos.

Glicogênese – processo anabólico que transforma a glicose em glicogênio. Ocorre em todos os tecidos animais, mas é proeminente no fígado e músculos.

Glicogênio – principal polissacarídeo de reserva dos animais, constituído por unidades de glicose em ligação glicosídica alfa-1-4, com ramificação em alfa-1-6; é armazenado especialmente no fígado e no músculo esquelético.

Glicogenólise – processo catabólico de degradação enzimática do glicogênio, resultando na liberação de moléculas de glicose.

Glicólise – processo catabólico por meio do qual uma molécula de glicose é quebrada em duas moléculas de piruvato, produzindo como saldo energético duas moléculas de ATP e duas moléculas de NADH.

Glicopeptídios – compostos nos quais um carboidrato é covalentemente ligado a um oligopeptídeo composto de resíduos de D e/ou L-aminoácidos.

Glicoproteínas – proteínas conjugadas compostas de estruturas polipeptídicas às quais carboidratos são ligados covalentemente. Estão presentes nas ovalbuminas, mucinas e proteínas anticongelamento dos peixes.

Glicose – (glucose ou dextrose) monossacarídeo de seis átomos de carbonos, sólido cristalino, de gosto adocicado, produzido pela fotossíntese a partir do CO_2 e H_2O, na presença de enzimas. Pode ser encontrado na forma livre ou combinada; presente em frutas, hortaliças e méis. É a unidade monomérica a partir da qual o amido, a celulose e o glicogênio são sintetizados. A glicose é um dos constituintes da sacarose. É obtida pela hidrólise do amido por via ácida ou enzímica. A glicose livre tem de 0,7 a 0,8 vez a doçura da sacarose.

Glicosídio cianogênico – composto orgânico que, ao ser hidrolisado, libera moléculas de açúcar e ácido cianídrico. Ocorre naturalmente em alimentos de origem vegetal, como cereais, leguminosas, frutas, tubérculos, oleaginosas, geralmente em partes que não são comestíveis e em baixas concentrações que não apresentam risco à saúde. Entretanto, na mandioca, os glicosídeos cianogênicos podem ocorrer em elevadas concentrações. O consumo de produtos de mandioca mal processados, com elevado teor de glicosídeos cianogênicos, pode provocar intoxicação aguda e até levar à morte. Os glicosídeos cianogênicos da mandioca estão ainda associados a problemas de saúde como hipertiroidismo, diabetes tropical, distúrbios neurológicos e malformação congênita.

Glicosídeos – compostos orgânicos formados por uma porção de glicona (açúcar) e uma porção aglicona. Por hidrólise, produzem uma ou mais moléculas de açúcares, geralmente glicose.

Glicosilatos – compostos orgânicos que, quando hidrolisados por processo físico (calor) ou por processo bioquímico (enzimas), liberam tiocianatos (SCN^-) que interferem no metabolismo de absorção do iodo, favorecendo o desenvolvimento do bócio.

Glicosinolatos – beta-tioglicosídeo-N-hidroxissulfatos; são compostos precursores dos isotiocianatos. Ocorrem em plantas cultivadas do gênero *Brassica*, como repolho, couve-flor, brócolis, nabo, couve-de-bruxelas; são responsáveis pelo sabor picante dos condimentos. São conhecidos pelo menos 120 diferentes glicosinolatos. Alguns estudos mencionam efeitos negativos na saúde, como a formação de bócio, pela interferência dos tiocianatos no metabolismo de absorção do iodo, entre outros.

***Global Environment Monitoring System - Food Contamination Monitoring and Assessment Programme* (GEMS/*Food*)** – organismo da Organização Mundial da Saúde (OMS) que informa aos governos, à Comissão do *Codex Alimentarius*, a outras instituições relevantes, bem como ao público em geral, sobre os níveis de contaminantes nos alimentos, sua contribuição à exposição humana e sua significância, com vistas à saúde pública e ao comércio de alimentos.

Globinas – proteínas globulares que contêm um grupo prostético heme, que é a sua parte funcional. As globinas mais conhecidas são hemoglobina (transporte de oxigênio), mioglobina (armazenamento de oxigênio), citocromos (transferência de elétrons), catalases (decomposição do peróxido de hidrogênio) e peroxidases (oxidação de substratos orgânicos com decomposição do peróxido de hidrogênio).

Globulinas – proteínas encontradas em plasma sanguíneo, músculo, leite, ovos, sementes (linhaça, feijão, ervilha, amendoim, nozes e amêndoas). No plasma sanguíneo, as globulinas atuam no transporte de metais, lipídeos e bilirrubina; são indicadoras de processos infecciosos e inflamatórios e apresentam função imunológica.

Glutamato monossódico – sal sódico do ácido glutâmico, aminoácido não essencial. É produzido comercialmente a partir da fermentação do melaço (subproduto da fabricação do açúcar). É um aditivo alimentar usado como realçador de sabor, proporcionando equilíbrio e harmonização do sabor geral de certos produtos.

Glutelinas – ver GLUTENINAS.

Glúten – rede heterogênea de proteínas formada, principalmente, por gliadinas e gluteninas. Essas proteínas de reserva são encontradas na semente de alguns cereais, como trigo, cevada, centeio, aveia, triticale, espelta etc. As proteínas do glúten apresentam aminoácidos hidrofóbicos e hidrofílicos; assim, o glúten pode se combinar tanto com moléculas hidrofílicas como com moléculas hidrofóbicas. O glúten, pouco solúvel em água, apresenta propriedades viscoelástica e adesiva, conferindo às massas sua elasticidade (glutenina), viscosidade (gliadina), ajudando no seu crescimento (retenção do gás carbônico produzido na fermentação), na manutenção da forma e na contribuição para a textura dos produtos de panificação. Os aminoácidos sulfurados são responsáveis pelas ligações dissulfetos que se formam durante o desenvolvimento da massa, com a polimerização das suas proteínas. Algumas pessoas apresentam reação alérgica à ingestão de glúten, conhecida como doença celíaca, causando uma inflamação no revestimento do intestino delgado e, por consequência, diminuindo a absorção de nutrientes; o sintoma clássico da doença celíaca é a diarreia, seguida de inchaço abdominal, flatulência, anemias e osteoporose.

Gluten-free – refere-se aos alimentos que não contêm glúten.

Gluteninas – grupo heterogêneo de proteínas encontradas no endosperma de sementes de plantas da família das gramíneas, como trigo, aveia, centeio, cevada. São insolúveis em álcool e água, e solúveis em soluções ácidas diluídas. Têm alto peso molecular, baixa extensibilidade, alta elasticidade em função das ligações do tipo dissulfeto intra e intermoleculares). Em virtude de sua capacidade de polimerizar-se extensivamente, mediante ligações dissulfeto, contribui para a elasticidade das massas, respondendo pelo volume dos produtos de panificação. Formam, junto com a gliadina, a rede elástica denominada glúten.

GLUT – denominação de uma família de proteínas da membrana plasmática que permite a difusão facilitada da glicose a favor de seu gradiente de concentração.

Golpear – fazer cortes pouco profundos em carnes, para facilitar a penetração de temperos ou gorduras, facilitando, ao mesmo tempo, a cocção.

Goma adraganta – exsudato obtido de plantas das espécies *Astragalus gummifer Labillardier* e *Astragalus Microcephalus Willd.* Usada como agente estabilizante, emulsificante e espessante nas indústrias de alimentos, farmacêuticas e de cosméticos.

Goma ágar – polissacarídeo mucilaginoso extraído de algas vermelhas dos gêneros *Gelidium*, *Pterocladia*, *Gracilaria* e *Ahnfeltia*, denominadas algas agaríferas ou agarófilas. Essa goma é conhecida como ágar-ágar, gelose e *kanten*. Insolúvel em água fria, solúvel em água em ebulição, quando se expande consideravelmente e forma um gel não absorvível, não fermentável, firme e transparente. Usada como espessante e estabilizante em geleias, produtos de confeitaria, gelados, xaropes, maioneses, queijos, produtos dietéticos; conferem ainda textura macia e firme.

Goma arábica – exsudato da planta *Acacia senegal* e/ou de outras espécies africanas de acácia, como a *Acacia seyal*. Estabilizante de emulsões e encapsulante. Bastante solúvel em água e, devido a seu baixo peso molecular e sua estrutura ramificada, forma soluções pouco viscosas. Utilizada frequentemente na produção de confeitos, como gomas, pastilhas, *marshmallows*, caramelos, entre outros.

Goma curdlana – produzida por espécies de *Alcaligenes faecalis*, variedade *myxogenes*. Em suspensão aquosa, forma gel termorreversível, *low-set*, quando é aquecida a até 50 °C; e gel termoirreversível, quando aquecida à temperatura de 80 °C, *high-set*. É insípida, inodora e incolor, e suas aplicações na indústria de alimentos são variadas, como melhoradora da retenção de água em linguiças e presuntos; substituinte de gorduras em queijos; prevenção de sinérese em iogurtes; suculência, maciez e textura pós-cozimento de hambúrgueres.

Goma de alcatira – ver GOMA ADRAGANTA.

Goma de mascar – produto constituído por base gomosa, elástica, mastigável e não deglutível. Pode conter outros ingredientes, desde que não descaracterizem o produto, e apresenta recheio, cobertura, formato e consistência variados.

Goma de tapioca – tapioca ou goma; produto obtido a partir da secagem do polvilho doce, na forma granulada.

Goma dextrana – biopolímero produzido pela bactéria *Leuconostoc mesenteroides*, formado por resíduos de glicose unidos por ligações α-1,6. Quimicamente é uma substância neutra e inerte, compatível com as diversas matrizes alimentares, onde atua como emulsificante e estabilizante em sistemas água/óleo.

Goma do cajueiro – extraída do exsudato do cajueiro, essa goma tem como constituinte principal a beta-D-galactose. Usada como agente espessante, emulsificante, clarificante e como suporte para microcápsulas.

Goma do marmeleiro – mucilagem obtida das sementes do marmelo que se comporta como a goma arábica.

Goma *ghatti* – exsudato de uma árvore nativa da Índia, *Anogeissus latifolia*, popularmente conhecida como *dhawa* ou *dava*. Comporta-se como a goma arábica.

Goma guar – obtida da semente de *Cyamopsis tetragonolobus*, leguminosa muito cultivada nos Estados Unidos, na Índia e no Paquistão. Forma dispersões altamente viscosas quando hidratada em água fria. Na indústria de alimentos, é utilizada como espessante e estabilizante, sendo indicada para o preparo de sorvetes, cremes, produtos à base de queijo, molhos, sopas e produtos de panificação.

Goma *karaya* – obtida do exsudato das plantas *Sterculia urens* ou da *Cochlospermum gossypium*, comuns na Índia; absorve grandes quantidades de água, atua como estabilizante de emulsões e como espessante em produtos lácteos.

Goma locusta – também conhecida como jataí, alfarroba, LGB, caroba, obtida da *Ceratonia siliqua*, leguminosa comum no Mediterrâneo. Insolúvel em água fria. Fornece viscosidade máxima após aquecimento a 95 °C e posterior resfriamento. Isoladamente não forma gel, mas pode fazê-lo com as gomas xantana e carragena tipo *Kappa*. Atua como espessante, estabilizante de emulsões e inibidor de sinérese.

Goma xantana – de origem microbiana, é produzida pela bactéria *Xanthomonas campestris* num substrato contendo D-glicose. Solúvel em água fria ou quente, produz solução viscosa que é pouco afetada pelo pH ou pela temperatura. Não geleifica. Tem comportamento pseudoplástico. Na indústria de alimentos, é utilizada como agente estabilizante e espessante.

Gomas – polissacarídeos complexos obtidos de algas marinhas, de sementes e exsudados de plantas e de micro-organismos. São moléculas de alto peso molecular, com características hidrofílicas ou hidrofóbicas, com propriedades coloidais e capacidade de produzir géis ao combinar-se com o solvente apropriado. Nos alimentos, as gomas exercem pelo menos, três funções: emulsificantes, estabilizantes e espessantes. Algumas gomas são também gelificantes, formadoras de corpo, como as gomas locusta, arábica, adraganta, ágar, carragena, alginato, *karaya*, xantana.

Gomosidade – em análise sensorial, relaciona-se à energia necessária para desintegrar um produto semissólido, com baixo grau de dureza e elevado grau de coesividade. O produto gomoso apresenta dissolução relativamente lenta no palato, cujos sabor e aroma vão se acentuando durante o processo de mastigação.

Gordura – ver *Óleos e gorduras vegetais*.

Gordura de coco – óleo ou manteiga de coco; produto extraído do fruto da espécie *Cocos nucifera* L.; não é submetida aos processos de refinamento e desodorização. Essa gordura se solidifica sob temperatura menor que 25 °C.

Gordura emulsificada – tipo de gordura ao qual são adicionados agentes emulsificantes, como lecitina, hidrocoloides e outros, com a função de estabilizar sistemas heterogêneos como o da mistura óleo/água. Utilizada na produção de bolos, produtos cárneos, entre outros.

Gordura hidrogenada – obtida pela hidrogenação industrial de óleos vegetais (que são líquidos em temperatura ambiente), formando uma gordura de consistência mais firme, por isso conhecida como "banha vegetal"; melhora a palatabilidade e a textura, e aumenta a vida de prateleira dos produtos. Esse tipo de gordura é muito usado para frituras em fast-foods e restaurantes. Também pode fazer parte da formulação de margarinas, sorvetes, biscoitos, bolos, tortas, pães, salgadinhos, pipoca de micro-ondas e bombons.

Gordura insaturada – encontrada, em geral, em alimentos de origem vegetal, como azeite de oliva, óleo de soja, de girassol, de canola, castanhas, nozes, amêndoas, linhaça, chia e abacate, mas também em peixes de águas frias, como atum, salmão, bacalhau e sardinha.

Gordura interesterificada – produto substituto da gordura trans, obtido pela mistura de óleo vegetal hidrogenado e óleos vegetais líquidos em proporções adequadas, sob ação de um catalisador e condições específicas de processamento. A interesterificação consiste em alterar a posição dos ácidos graxos nos triglicerídeos e tem vantagem sobre a hidrogenação, pois não leva à formação indesejável dos ácidos graxos trans. Atuam como a gordura hidrogenada. As mudanças nas propriedades de fusão e solidificação de óleos e gorduras interesterificados são devidas às proporções dos componentes acilglicerídicos após o rearranjo dos ácidos graxos. Na maioria dos casos, a interesterificação acarreta o aumento do ponto de fusão do produto, mediante a introdução de ácidos graxos saturados na posição *sn-2* do glicerol e resultante aumento nos níveis de triacilgliceróis dissaturados e trissaturados. Logo, é possível a obtenção de produtos plásticos com consistência característica de *shortenings*.

Gordura monoinsaturada – constituída por ácidos graxos contendo uma ligação dupla entre os átomos de carbono. Os ácidos oleico, palmitoleico e erúcico são alguns desses compostos, sendo encontrados em azeites, óleos de peixe, de *colza*, abacate, amendoim etc. São substâncias mais estáveis que as gorduras poli-insaturadas.

Gordura poli-insaturada – constituída por ácidos graxos contendo mais de uma dupla ligação entre os átomos de carbono, como os ácidos linoleico, linolênico e araquidônico, com 2, 3 e 4 ligações duplas, respectivamente. Em geral, são abreviados como PUFA (*Polyunsaturated Fatty Acids*). Têm pontos de fusão mais baixos do que os ácidos graxos monoinsaturados ou ácidos graxos saturados com um número idêntico de átomos de carbono. Assim, os lipídeos contendo uma elevada proporção de ácidos graxos poli-insaturados serão mais fluidos sob temperatura ambiente. Seu uso industrial tem a finalidade de melhorar a consistência e o sabor de biscoitos, salgadinhos, bolos, margarinas, pães, sorvetes, doces e outros.

Gordura saturada – constituída por ácidos graxos que contêm apenas ligações saturadas entre os átomos de carbono, isto é, não apresenta duplas ligações. Característica de produtos de origem animal, mas também presente em algumas gorduras de origem vegetal, como o azeite de dendê e o óleo de babaçu. Mais estável que as gorduras insaturadas; sólida em temperatura ambiente.

Gordura trans – formada por ácidos graxos insaturados na configuração trans. É mais estável que a gordura *cis*. Pode ser formada por processo de hidrogenação, natural (no rúmen de animais) ou artificial (hidrogenação catalítica). É sólida em temperatura ambiente. Seu uso industrial tem a finalidade de melhorar a consistência e o sabor de biscoitos, salgadinhos, bolos, margarinas, pães, sorvetes, doces e outros. O consumo de gorduras trans tem sido associado a problemas de saúde, como aumento do risco de doença arterial coronariana.

Gorduras de origem animal – obtidas do tecido adiposo retirado da carcaça de animais abatidos para alimentação humana e do leite produzido pelas fêmeas de mamíferos. No Brasil, fazem parte desse grupo de gorduras o sebo bovino, a banha de porco, a gordura de cabras e ovelhas, o óleo de frango e o de peixe, o creme de leite e a manteiga. São gorduras geralmente sólidas sob temperatura ambiente.

Gorduras de origem vegetal – gorduras com elevada quantidade de ácidos graxos saturados, como a manteiga de cacau e os óleos de plantas tropicais, como o coco, entre outros. As gorduras de origem vegetal apresentam-se na forma sólida, e os óleos vegetais, na forma líquida, em temperatura ambiente (25 °C).

Gorgulhos – denominação comum de vários insetos da família Curculionidae. Também são conhecidos como besouros com tromba. Em geral, são pragas altamente destrutivas de grãos de cereais estocados; por exemplo, gorgulho-da-alfafa (*Hypera postica*), gorgulho-do-grão (*Sitophilus granarius*) e gorgulho-do-arroz (*Sitophilus oryzae*).

Gossipol – alcaloide polifenólico, de cor amarela, tóxico aos monogástricos; é composto por quatro anéis de benzeno ligados a cadeias laterais de isopropil, hidroxila, aldeído e cetona. Ocorre em algumas variedades de sementes de algodão, sendo removido durante o processo de refinamento de óleo de semente de algodão.

Gosto – sensação percebida pelo sistema gustativo quando estimulado por certas substâncias solúveis. Identifica, por meio das papilas gustativas da língua, características básicas (ou gostos primários) dos alimentos: ácido, amargo, doce, salgado e umami.

Gosto ácido – gosto produzido por soluções aquosas diluídas da maioria das substâncias ácidas, como ácido cítrico, ácido acético, ácido lático, entre outros, percebido pelas papilas das laterais da língua.

Gosto amargo – gosto produzido por soluções aquosas diluídas de substâncias amargas, como quinino e cafeína, percebido pelas papilas localizadas na base da língua.

Gosto azedo – ver GOSTO ÁCIDO.

Gosto básico – na análise sensorial, refere-se a qualquer um dos distintos gostos: ácido, amargo, salgado, doce e umami.

Gosto doce – gosto produzido por soluções aquosas diluídas de açúcares (sacarose, glicose, frutose etc.) ou edulcorantes naturais ou artificiais (estévia, sacarina, ciclamato, aspartame, sucralose etc.). O gosto doce é percebido pelas papilas da ponta da língua.

Gosto salgado – gosto produzido por soluções aquosas diluídas de sais como o cloreto de sódio e, em menor escala, o cloreto de potássio. O gosto salgado é percebido pelas papilas localizadas próximas às laterais da língua.

Gosto umami – gosto básico associado às soluções diluídas de glutamato monossódico. a palavra *umami* tem origem na palavra japonesa *umai*, que significa "saboroso" ou "delicioso". Pesquisadores japoneses, no início do século XX, descobriam que o glutamato na forma livre estava associado à sensação agradável de alguns alimentos. A partir daquele momento, o glutamato monossódico passou a ser produzido industrialmente, sendo utilizado como realçador de sabor.

Gotejamento – líquido perdido quando os alimentos, como carnes vermelhas, aves e peixes, são descongelados.

Gracilaria gracilis – *Gracilaria confervoides* e *Gracilaria verrucosa*, algas marinhas de talos cilíndricos, utilizadas para obtenção de ágar.

Grain – semente pequena e dura; coletivo de sementes de cereais como trigo, aveia e milho.

Granary flour – farinha produzida com grãos de trigo, cevada e centeio que passaram por um processo de maltagem, o que lhe confere um sabor diferenciado.

Granola – produto alimentar constituído por uma mistura de frutas secas, castanhas, grãos de cereais e sementes oleaginosas, óleo vegetal e uma fonte de açúcar, como mel, açúcar mascavo ou açúcar invertido, podendo conter chocolate e outros ingredientes. Geralmente, é consumida em refeições matinais.

Grânulo do amido – estrutura botânica do amido que contém, principalmente, amilose e amilopectina, e pequenas quantidades de proteínas, lipídeos e minerais. O grânulo de amido é birrefringente quando visto em microscópio de luz polarizada. A formação da "cruz de Malta" resulta da orientação radial das macromoléculas de amilose e amilopectina nas suas regiões cristalinas e amorfas. O *hilum* é a região encontrada no centro da cruz, considerada como ponto original de crescimento do grânulo. Os grânulos podem ser classificados como simples, quando cada plastídio contém um grânulo (trigo, milho, cevada, centeio e sorgo); ou compostos, quando muitos grânulos estão dentro de cada amiloplasto (arroz e aveia). Quanto à forma, os grânulos podem ser esféricos, ovais, poliédricos; quanto ao tamanho, podem variar de 2 a 100 μm; essas variáveis dos grânulos são características da sua origem botânica. Os grânulos de amido são insolúveis em água fria, mas podem absorver água de forma reversível. Quando aquecidos em água, eles incham de forma irreversível, perdem o ordenamento molecular, a birrefringência e a cristalinidade, para formar um gel; este processo é conhecido como gelatinização.

Granulometria – termo utilizado para expressar o tamanho/diâmetro de partículas.

Granulosidade – em análise sensorial, é um atributo geométrico de textura relacionado à percepção de tamanho, forma e orientação de partículas de um alimento, as quais representam estruturas altamente organizadas. Os produtos poderão ser classificados como liso, arenoso, granuloso, perolado, granulado, grosso, grumoso, quando tiverem, respectivamente, ausência, nível baixo, moderado, com pequenas partículas esféricas, com partículas angulares e nível alto com partículas maiores.

Grãos – todas as sementes que em sua forma seca são usadas como alimento: cereais, como o arroz, e leguminosas, como o feijão, entre outros.

Grãos de *kefir* – massa constituída por uma colônia de micro-organismos simbióticos – leveduras fermentadoras de lactose (*Kluyveromyces marxianus*) e leveduras não fermentadoras de lactose (*Saccharomyces omnisporus* e *S. cerevisiae*, e *S. casei*, *Bifidobacterium* sp. e *Streptococcus salivarius* subsp. *thermophilus* – imersa em uma matriz composta de polissacarídeos e proteínas.

Grate – ralar; triturar um produto alimentício.

Grater – ralador; utensílio de metal com superfície dura e rugosa ou com orifícios, utilizado para ralar alimentos como queijo.

Gratinar – técnica de cocção que utiliza o calor seco; levar ao forno, ao *grill* ou à salamandra alimentos cobertos com molho e/ou queijo ralado e/ou polvilhado com farinha de rosca para dar uma textura crocante por fora, permanecendo macio por dentro, e dourar a parte superior do alimento.

Grau *Baumé* – ver ESCALA DE BAUMÉ.

Grau *Brix* – ver ESCALA DE BRIX.

Grau *Celsius* – ver ESCALA CELSIUS.

Grau de extração de uma farinha – refere-se ao grau de retirada das camadas periféricas dos grãos de trigo no processo de moagem para obtenção da farinha. Essa separação é possível em função das diferentes propriedades físicas do farelo (película), do gérmen e do endosperma. Na medida em que se aumenta o grau de extração, a farinha se torna mais branca.

Grau *Dornic* (°D) – expressa o grau de acidez do leite. É um dos parâmetros mais usados pela indústria leiteira no controle da matéria-prima. Refere-se à quantidade de substância alcalina (NaOH) que é capaz de neutralizar o ácido lático presente no leite. Para o leite normal, in natura, a acidez varia entre 15 °D e 18 °D.

Grau *Fahrenheit* – ver ESCALA FAHRENHEIT.

Grau Gay-Lussac – ver ESCALA GAY-LUSSAC.

Gravidade – na tecnologia de bebidas, o termo *gravidade* é usado para expressar a densidade (*original gravity* [OG], *final gravity* [FG], *specific gravity* [SG]).

Grelhar – técnica de cocção que utiliza o calor seco para cozer os alimentos, que são postos sobre chapas ou grelhas aquecidas por resistência elétrica, chama de gás ou brasa. É provavelmente uma das técnicas culinárias mais antigas.

Grill – superfície metálica aberta que produz calor sobre e sob os alimentos, utilizada para gratiná-los.

Grinder – triturador; moinho de produtos secos como café ou especiarias.

Grinding – moagem, redução de alimentos em pequenas partículas.

Grits – farinha grossa; grãos, especialmente de milho, descascados, degerminados e moídos grosseiramente.

Groats – grãos integrais que são descascados e usados para preparar alimentos.

Grocer – proprietário ou gerente de uma loja que vende comida ou outros artigos domésticos.

Groceries – produtos, especialmente comidas, vendidos em mercearias (*grocer's shops*).

Grocery – mercearia; loja que vende comida e outros artigos domésticos; comércio ou profissão de merceeiro.

Grumo – pequenas porções de misturas feitas com líquido e farinhas que ficam agregadas quando cozidas.

Grupo prostético – componente ou fração não proteica que compõe a molécula de uma enzima; podem ser orgânicos ou inorgânicos e encontram-se ligados de forma firme à enzima; essencial para a sua atividade biológica.

Guias alimentares – ferramentas de educação, informação e orientação sobre hábitos e práticas alimentares adequadas que visam à promoção da saúde, considerando-se os hábitos alimentares, as recomendações nutricionais e a composição dos alimentos. Devem ser elaborados com simplicidade e praticidade, permitindo o seu uso tanto para profissionais da área de alimentação e nutrição como para o público em geral. São baseados nas Leis da Alimentação de Pedro Escudero e são adaptados de acordo com os avanços de pesquisas científicas sobre alimentos e nutrição, tendo como objetivo reduzir o risco de doenças crônicas não transmissíveis e obesidade. Esses guias devem se ajustar às recomendações de nutrientes de cada grupo populacional, respeitando-se a faixa etária. Independentemente de qual representação gráfica se adote, o material sempre deve expressar os conceitos de variedade, frequência e proporção dos alimentos. Vários guias têm sido propostos desde a década de 1970 para diversos grupos populacionais, com diferentes formas de apresentação. Um exemplo de Guia Alimentar é a roda dos alimentos, que, inicialmente considerou três grupos de alimentos: energéticos, construtores e reguladores. Os guias alimentares em forma de pizza e prato também têm objetivos semelhantes. A "locomotiva" foi o modelo divulgado em países da América Latina, especialmente na Colômbia e no Paraguai. O que muda na representação dessa figura é o tamanho diferenciado dos vagões, seguindo o mesmo raciocínio da roda. O "arco-íris" e a "flor" foram os guias usados no Canadá e no Uruguai, respectivamente. Também seguem os mesmos princípios dos guias anteriores. O "pião" foi o modelo utilizado no Japão, porém, diferencia-se na sua divulgação, pois não expressa alimentos isolados, e sim preparações à base dos alimentos que fazem parte da cultura do país. No Brasil, o mais recente guia alimentar foi produzido pelo Ministério da Saúde e intitulado *Guia Alimentar para a População Brasileira*. Segundo as diretrizes desse guia, a alimentação deve estar em acordo com as necessidades de cada fase do curso da vida e com as necessidades alimentares especiais, referenciadas pela cultura alimentar e pelas dimensões de gênero, raça e etnia, acessível do ponto de vista físico e financeiro, harmônica em quantidade e qualidade, baseada em práticas produtivas adequadas e sustentáveis, e quantidades mínimas de contaminantes físicos, químicos e biológicos.

Gustação – ver DEGUSTAÇÃO.

H

HODGKIN

Dorothy Hodgkin (1910-1994) – química britânica que desenvolveu a aplicabilidade da cristalografia de raios x para determinar estruturas tridimensionais de diferentes tipos de moléculas. Esse estudo lhe conferiu o Prêmio Nobel de Química, em 1964. Sua pesquisa teve importante impacto na bioquímica e na medicina. Ela e sua equipe trabalharam na estrutura da penicilina, da vitamina B_{12} e, principalmente, da insulina.

Hábitos alimentares – expressão que designa os costumes e o modo de se alimentar de pessoas e comunidades. São influenciados por vários fatores comportamentais e socioeconômicos: idade, localização geográfica, produção agropecuária, condições socioeconômicas, valores culturais. São formados pelos indivíduos a partir da seleção e utilização de alimentos disponíveis e das tradições culinárias, mas podem ser modificados pelos avanços socioculturais e econômicos.

Hazard Analysis Critical Control Point (HACCP) – ver *ANÁLISE DE PERIGOS E PONTOS CRÍTICOS DE CONTROLE.*

Halal – tudo o que é permitido, lícito e autorizado pela lei mulçumana, inclusive alimentos. Antônimo de *Haram*.

Half butter – manteiga com baixo teor de gordura, aproximadamente 39%-41%.

Half cream – creme de leite com baixo teor de gordura, em torno de 10%-12%.

Half fat – produto que contém metade da quantidade de gordura quando comparado ao original.

Half fat milk – leite semidesnatado.

Halifagia – consumo excessivo de sal.

Hallec – resíduos de carne de peixes utilizados na fabricação do *garum*. Faziam parte da ração dada aos escravos, em Roma, quando em ocasiões de escassez.

Hambúrguer – produto cárneo industrializado obtido da carne moída dos animais de açougue, adicionado ou não de tecido adiposo e ingredientes, moldado e submetido a processo tecnológico adequado. Classificado como um produto cru, semifrito, cozido, frito, congelado ou resfriado. É designado de *hambúrguer*, seguido do nome da espécie animal, acrescido ou não de recheio. Exemplo: hambúrguer de carne bovina, ou de bovino; de carne suína, ou de suíno; hambúrguer de carne de peru, ou de peru; hambúrguer de carne de frango, ou de frango; hambúrguer de carne bovina com queijo, entre outros.

Hanseniaspora – gênero de leveduras apiculadas da classe Saccharomycetes cujos anamorfos são as espécies *kloeckera*. Podem ocorrer em frutas e hortaliças. Espécies desse gênero estão presentes na uva e no seu mosto antes e no início da fermentação alcoólica; há relatos que essas espécies contribuem com o aroma do vinho por produzirem compostos aromáticos como ésteres, aldeídos e álcoois.

Hansenula – gênero de leveduras da classe Saccharomycetes que ocorre em árvores, frutas e no solo. As espécies podem ser responsáveis pela deterioração de vinhos e cerveja (*Hansenula anômala*), sendo consideradas contaminantes da fermentação alcoólica. São utilizadas na produção de alimentos fermentados, sendo encontradas no leite e nos queijos cru, cremoso e curado, onde formam películas. *Pichia* é o seu gênero teleomorfo.

Haram – (ou *Haraam*) qualquer coisa proibida pela fé mulçumana, inclusive alimentos. Antônimo de *Halal*.

Hard to cook defect – condição irreversível que se desenvolve em leguminosas durante o armazenamento em temperatura ambiente elevada e umidade. Essas leguminosas absorvem água durante a cocção, mas não se tornam macias, como desejado.

Hard wheat – variedade de trigo denominada trigo duro, com maior quantidade de proteínas (10-12%); indicada para produzir pães.

Hardness – propriedade mecânica; descreve a habilidade dos sólidos de resistirem à deformação. Relacionada a parâmetros como força, firmeza, solidez, impenetrabilidade, resistência, densidade, dureza. Pode também se referir à dureza da água quando esta contém elevados teores de cálcio e magnésio (água dura).

Haugh score – unidade Haugh. Estimativa do frescor de ovos, proposta por Raymond Haugh, por meio da medida da densidade da clara em relação à gema quando os ovos são quebrados numa superfície plana e lisa. Altas pontuações denotam ovos mais frescos, já que a viscosidade da clara decresce com o tempo.

Hay diet – dieta criada pelo médico norte-americano William Howard Hay, com o objetivo de combater perturbações digestivas. A principal recomendação era que se evitasse comer carboidratos (amidos e açúcares), proteínas e frutos ácidos na mesma refeição. Hay mostrou que as proteínas estimulam a produção de ácido no estômago e que o ácido em excesso dificulta a digestão dos carboidratos.

Health beverages – bebidas formuladas com ingredientes para o benefício da saúde do consumidor e/ou protegê-lo de doenças.

Health claims – alegações indicadas no rótulo de produto alimentício sobre os seus benefícios à saúde.

Health foods – termo geralmente utilizado no rótulo, sugerindo que o produto é saudável aos consumidores.

Heart-smart – usado para descrever alimentos com baixo teor de gordura e colesterol, reduzindo, assim, o risco de doenças cardíacas.

Heat exchangers – trocadores de calor; equipamentos que têm a finalidade de transferir calor de um fluido para o outro. São utilizados para o aquecimento (pasteurização e esterilização) de alimentos e bebidas, bem como para sua refrigeração.

Heat lamp – lâmpada de radiação infravermelha.

Heat stability – propriedade termofísica relacionada à habilidade de produtos alimentícios manterem a estabilidade física, química e sensorial quando submetidos à aplicação de temperaturas elevadas.

Hectolitro – unidade física de volume que corresponde a 100 litros. No SI, o volume é expresso em metros cúbicos (m^3), assim 1 hl = 0,1 m^3.

Helminthosporium – gênero de fungo fitopatogênico, mitospórico, da classe Hypomycetes. A espécie *H. oryzae* pode ocorrer em gramíneas, como arroz, aveia, cevada e milho. A espécie *H. maydis* ataca preferencialmente a cultura do milho, causando a doença helmintosporiose.

Helminto – vermes parasitas, como trematódeos, tênias e nematódeos encontrados nos intestinos de vertebrados. *Ascaris lumbricoides* (ascaridíase), *Trichuris trichiura* (tricuríase), *Ancylostoma duodenale* (ancilostomíase) e *Taenia solium* (teníase ou cisticercose) são exemplos de helmintos.

Hemaglutininas – lectinas; glicoproteínas que têm a habilidade de aglutinar células, especialmente células vermelhas sanguíneas – as hemácias – provocando o fenômeno da hemaglutinação. São encontradas em leguminosas como soja, ervilhas e feijões, e são desnaturadas pelo calor. Também, proteína que se situa na camada mais externa do vírus, o envelope. Ela reconhece um açúcar da nossa membrana celular – o ácido siálico – e é a responsável pelo reconhecimento e ligação do vírus às nossas células do sistema respiratório. Seu nome vem da capacidade de reconhecer e ligar-se às células e aglutinar hemácias, um dos primeiros testes desenvolvidos para diagnosticar o vírus.

Hemiceluloses – polissacarídeos que, junto com a celulose, a pectina, a lignina e as glicoproteínas, formam a parede celular das células vegetais. A hemicelulose é uma mistura de polímeros de hexoses, pentoses e ácidos urônicos, que podem ser lineares ou ramificados, são amorfos e possuem peso molecular relativamente baixo.

Hemoglobina – metaloproteína de cor vermelha que contém ferro, encontrada nos glóbulos vermelhos do sangue dos animais e responsável pelo transporte de oxigênio do pulmão para os tecidos e de gás carbônico dos tecidos para o pulmão, além de nutrientes para as células.

Hermesetas – nome comercial de vários tipos de adoçantes em pó, em comprimidos ou em gotas. O mais tradicional é elaborado com sacarina. Esses adoçantes são produzidos pela empresa suíça Hermes Sweeteners Ltd. desde 1932, pioneira na fabricação de edulcorantes artificiais.

Hexoses – monossacarídeos formados por uma cadeia de seis átomos de carbono ($C_6H_{12}O_6$). Açúcares simples cuja principal função é a de produzir energia para os organismos vivos por meio de metabolismo aeróbio ou anaeróbio. Um grama de qualquer hexose produz quatro quilocalorias de energia. As mais importantes, do ponto de vista biológico, são glicose, frutose e galactose.

25-hidroxi vitamina D_3 ou calcidiol – metabólito produzido a partir da hidroxilação do colecalciferol no fígado por ação da 1-hidroxilase.

Híbrido – organismo resultante do cruzamento genético entre duas espécies, variedades ou raças diferentes de vegetais ou animais. O cruzamento entre duas espécies distintas pode resultar em descendentes inférteis.

Hidratação – na química, associação de uma ou mais moléculas de água a um composto químico; na medicina, reposição de água ao organismo humano desidratado; na cosmetologia, reposição de água na pele e aos cabelos.

Hidratante – ação exercida pela água ou por outros líquidos para a manutençao do organismo, no qual atua como meio para as reações químicas, enzimáticas, de transporte de nutrientes e de constituinte dos fluidos corporais. Hidratantes possuem características hidrofílicas e são mais absorvíveis dada a sua origem bioquímica.

Hidrocarbonetos aromáticos policíclicos (HAP) – família de hidrocarbonetos caracterizada por possuir dois ou mais anéis aromáticos condensados. São produzidos pela combustão incompleta da matéria orgânica, apresentando ampla distribuição na natureza: solo, água, ar e alimentos. São carcinogênicos e mutagênicos; devido à sua ubiquidade, apresentam riscos à saúde animal e humana.

Hidrocoloides – proteínas ou carboidratos complexos que são utilizados na indústria de alimentos e bebidas para espessar e/ou gelificar soluções aquosas, estabilizar espumas, modificar a textura dos alimentos líquidos e das bebidas, inibir a formação de cristais de gelo e de açúcar, controlar a liberação de sabores, bem como modificar as propriedades de deformação de produtos semissólidos.

Hidrófilo – hidrofílico; substância que tem afinidade com a água, portanto, solúvel nesse solvente; apresenta polaridade ou carga elétrica, como o açúcar e o sal.

Hidrófobo – hidrofóbico; substância que, não tendo afinidade com a água, não é solúvel nesse líquido; não apresenta carga elétrica ou polaridade, como gorduras e óleos.

Hidrogenação – reação química em que o hidrogênio molecular reage com ácidos graxos insaturados, geralmente na presença de catalisadores, incorporando átomos de hidrogênio à molécula. A hidrogenação é usada no processamento de óleos, influenciando suas propriedades físicas e químicas, como viscosidade, densidade e temperatura de fusão, e melhorando a sua estabilidade oxidativa.

Hidrólise – refere-se à quebra de moléculas por ação da água, com a incorporação de íons hidrogênio ou hidroxila.

Hidrólise ácida – hidrólise favorecida pela presença de substâncias ácidas, em pH baixo (inferior a 7).

Hidrólise alcalina – hidrólise favorecida pela presença de substâncias alcalinas ou básicas, em pH elevado (superior a 7).

Hidrólise enzimática – hidrólise que ocorre na presença de enzimas.

Hidrólise térmica – hidrólise que ocorre em temperaturas elevadas. Encontra aplicação no tratamento de esgoto urbano e de efluentes da indústria de alimentos.

Hidromel – bebida com graduação alcoólica de 4 a 14% v/v, a 20 °C, obtida pela fermentação alcoólica de solução de mel de abelha, sais nutrientes e água potável.

Hidroponia – método de produção de hortaliças em ambiente protegido (casa de vegetação), onde o solo é substituído por uma solução nutritiva.

Hidroximetilfurfural (HMF) – aldeído cíclico, resultante da transformação dos monossacarídeos, glicose e frutose, principalmente por calor, envelhecimento e pH. Fruto de reações não enzimáticas, como a reação de Maillard. Esse composto é usado como indicador de aquecimento, processamento inadequado, armazenamento prolongado e adulterações, que podem ocorrer em xaropes, mel e produtos similares.

High-calorie foods – expressão usada para se referir aos alimentos que possuem grande quantidade de calorias em relação ao volume, como manteiga, calda de chocolate etc. Também inclui produtos dietéticos e energéticos que foram fabricados especificamente para ter valores calóricos aumentados.

***High Fat, Salt and Sugar* (HFSS)** – designação usada para identificar a densidade calórica de alimentos ricos em gordura, sal e açúcar, como os salgadinhos.

***High-energy foods*[1]** – alimentos ricos em calorias.

***High-energy foods*[2]** – expressão usada para descrever alimentos como bebidas açucaradas ou alimentos ricos em açúcar, como o mel, que podem ser facilmente digeridos e absorvidos para fornecer energia rapidamente.

High-fibre foods – alimentos ricos em fibras dietéticas.

Higiene alimentar – refere-se às condições e medidas necessárias de higiene para manipular, processar, armazenar, distribuir e consumir alimentos, adequadas para garantir produto inócuo, seguro e saudável para consumo humano.

Higiene ambiental – refere-se às condições e medidas necessárias de higiene para remover do local de processamento dos alimentos, mediante limpeza e sanificação, sujidades que possam contribuir para uma contaminação biológica, química e física, capaz de prejudicar a saúde do consumidor.

Higiene de equipamentos e utensílios – refere-se ao processo de remoção de sujidades e sanificação da superfície de equipamentos e utensílios, dentro de um intervalo de tempo por meio da aplicação de produtos químicos e ações mecânicas.

Higiene pessoal – refere-se aos hábitos higiênicos que incluem a manutenção do corpo, cabelo e dentes limpos, o uso de roupas e acessórios (toca, luva, óculos) limpos e a lavagem regular das mãos, especialmente ao se manipular alimentos e bebidas.

Higienização – processo que consta de duas etapas: limpeza e sanificação. Limpeza é o processo que corresponde à remoção de sujidades de superfícies pelo uso de detergentes. Sanificação é o processo que visa à redução de micro-organismos por meio de agentes químicos, como álcalis, ácidos e demais produtos de grau alimentício.

Higroscopicidade – propriedade que algumas substâncias têm de absorver moléculas de água.

Hilum – centro do grânulo de amido; é considerado o ponto original de crescimento do grânulo. Ver *Grânulo do amido*.

Hipertônico – um meio é hipertônico quando a concentração de um soluto é maior em relação ao outro meio.

Hipoglicemia – diminuição do teor normal de glicose no sangue; o valor normal varia entre 70 e 100 mg de glicose/100 ml de sangue.

Hipotônico – um meio é hipotônico quando a concentração de um soluto é menor em relação ao outro meio.

Histonas – proteínas de baixo peso molecular, globulares e de caráter básico; encontram-se ligadas ao DNA. São responsáveis pelo processo de compactação e descompactação do DNA. Importantes na regulação dos genes, tornando-os acessíveis à ação da RNA-polimerase.

Hogs – porcos castrados para engorda, também chamados de *barrows*.

Home-baked – feito à mão, em pequena escala, em oposição à produção industrial.

Home-cooked meal – refeição preparada de forma caseira.

Homeostase metabólica – manutenção de um estado estacionário dinâmico por mecanismos de regulação que compensam alterações nas condições externas.

Homogeneização – ato de misturar para que um alimento ou bebida apresente a mesma composição química e física em toda sua extensão; operação usada na indústria de alimentos para diversas finalidades. No leite, a homogeneização previne a separação da sua gordura.

Honey beverages – bebidas nas quais o mel é o principal adoçante, flavorizante ou material fermentável.

Hop substitutes – substâncias utilizadas para substituir o lúpulo, com a finalidade de conferir sabor e amargor à cerveja. Como o lúpulo é ingrediente indispensável, por força de lei, na fabricação de cerveja, o uso dos seus substitutos só é aplicável na produção caseira da bebida (*homebrew*).

Hoppers – grandes recipientes para armazenamento temporário de grãos; tipicamente, são aqueles que afunilam para baixo e descarregam seu conteúdo por meio de aberturas com válvulas na base.

Hopping – lupulagem; adição de lúpulo ao mosto cervejeiro durante sua fervura, visando a conferir aroma e amargor à cerveja. O lúpulo também pode ser adicionado à cerveja durante sua maturação, processo conhecido como *dry hopping*, para realçar o aroma de lúpulo na bebida.

Hops – ver *Lúpulo*.

Hordeína – proteína que pertence ao grupo das prolaminas e que está presente na cevada. Essa proteína pode desencadear distúrbios relacionados à doença celíaca e a outros referentes à sensibilidade ao glúten.

Hormônios – componentes orgânicos que são sintetizados em pequenas quantidades pelos órgãos do sistema endócrino e transportados pela corrente sanguínea até os tecidos estimulados por eles. Em plantas, a produção é limitada a locais específicos, e seus compostos induzem seus efeitos localmente.

Hortaliças – denominação genérica para plantas ou partes de plantas utilizadas na alimentação humana, como folhas, flores, frutos, sementes, tubérculos, rizomas e raízes. São espécies e segmentos varietais que figuram entre as plantas que compõem o reino vegetal. Segundo a FAO, são plantas anuais, bianuais ou perenes cultivadas em hortas ou em campo aberto, ou em cultivo protegido, utilizadas quase exclusivamente como alimento. As hortaliças também são denominadas por cultura olerácea. Incluem-se nesse grupo as plantas classificadas como cereais, leguminosas (grãos e/ou vagens), cujos produtos são colhidos verdes (tenros ou imaturos); melões e melancias, por seu comportamento hortícola no cultivo e por serem culturas temporais como as demais hortaliças. São plantas que apresentam, em sua maioria, as seguintes características: consistência tenra (não lenhosa); ciclo de vida curto; exigência de tratos culturais intensivos; áreas de cultivo geralmente menores em comparação às grandes culturas. Tecnicamente se classificam em: 1) hortaliças de fruto (tomate, melão, melancia, berinjela, pimentão, quiabo, abóbora, feijão-vagem, ervilha); 2) hortaliças herbáceas, quando os órgãos consumidos estão acima do solo, sendo tenras e suculentas (folhas, talos e hastes de alface, aspargos, aipo e funcho, ou flores ou inflorescências da couve-flor, brócolis e alcachofra); 3) hortaliças tuberosas (raízes, como cenoura, batata-doce, nabo, rabanete, mandioca de mesa; tubérculos, como batata, inhame ou cará; rizomas, como taro, gengibre; bulbos como alho e cebola). São classificadas, ainda, com base na adaptação climática: de clima quente e de clima frio; no ciclo de vida: anuais, bianuais e perenes, na origem: exóticas e autóctones. De acordo com a forma de apresentação do produto ao consumidor, são classificadas em frescas e processadas (conservas, desidratadas, congeladas) e minimamente processadas. Podem também ser classificadas quanto às partes comestíveis: raízes, tubérculos, rizomas, folhas, frutos, talos tenros, brotos, inflorescências/flores, bulbos, sementes imaturas, cogumelos cultivados; e com base na classificação botânica (família, gênero, espécie, variedade botânica, cultivar). Segundo a Anvisa, hortaliça é a planta herbácea da qual uma ou mais partes são utilizadas como alimento na sua forma natural ou processada; são legumes, verduras, temperos e condimentos.

Horticultura – refere-se à produção de culturas comestíveis, ou ornamentais, como a fruticultura (cultura de fruteiras), a cultura de cogumelos comestíveis, a jardinocultura (cultura de plantas ornamentais), o cultivo de plantas bulbosas (como a tulipa), o cultivo de plantas medicinais, o cultivo de plantas condimentares e a produção de mudas diversas (viveiricultura). Sua característica marcante é o caráter intensivo, quanto à utilização do solo, aos tratos culturais, à mão de obra e aos insumos agrícolas. São, geralmente, agrupadas em função das particularidades de cada cultura, por meio de um método que evidencie as semelhanças e as diferenças botânicas ou de ordem tecnológica. A classificação mais antiga considera as partes utilizadas na alimentação humana, com valor comercial. A mais atual e usada pelo Sistema Nacional de Centrais de Abastecimento (Sinac) considera: 1) hortaliças tuberosas – aquelas cujas partes utilizáveis desenvolvem-se dentro do solo e compreendem: os tubérculos (batatinha, cará), os rizomas (inhame), bulbos (cebola, alho) e as raízes tuberosas (cenoura, beterraba, batata-doce, mandioquinha-salsa e mandioca); 2) hortaliças herbáceas – aquelas cujas partes aproveitáveis situam-se acima do solo, sendo tenras e suculentas: folhas (alface, taioba, repolho, espinafre), talos e hastes (aspargo, funcho, aipo), flores e inflorescências (couve-flor, brócolis, alcachofra); 3) hortaliças-fruto – aquelas das quais se utiliza o fruto, verde ou maduro, todo ou em parte, como melancia, pimentão, quiabo, ervilha, tomate, jiló, berinjela, abóbora. Outro tipo de classificação, mais simples, reúne todas as hortaliças em dois grandes grupos: "verduras" e "legumes". O critério se baseia na possibilidade de uso da caixa tipo "K" (de querosene, pois esses produtos eram transportados nessas caixas, na época da Segunda Guerra), e ainda conhecida como caixa tipo "tomate", como embalagem para hortaliças tuberosas e hortaliças frutos. As demais, como as hortaliças herbáceas, são denominadas "verduras", mesmo que a cor verde não predomine. Esses termos são utilizados, frequentemente, como sinônimos de hortaliças. Todavia, o critério correto, do ponto de vista científico, para agrupar as culturas oleráceas deve levar em conta o parentesco/a característica botânico(a) das plantas, uma vez que as denominações populares podem variar entre os países e mesmo entre as regiões de um mesmo país. Três unidades taxonômicas são importantes para se estabelecer essa classificação: a família botânica, que se refere à reunião dos gêneros botânicos afins; o gênero botânico, que se refere ao agrupamento de espécies afins; a espécie botânica, que é a unidade taxonômica básica, englobando indivíduos vegetais muito semelhantes entre si (Karl von Linné, [1707-1778]). Linné propôs a adoção de um sistema binário de nomenclatura, em latim, aceito universalmente, que compreende o nome do gênero e o epíteto específico para designar uma espécie botânica.

Hot peppers – *Capsicum*, frutos produzidos por várias plantas desse gênero que variam em relação a tamanho, forma e cor, mas sempre possuem numerosas sementes. Também incluem as pimentas.

Hot-smoke – defumação e cocção de alimentos em temperaturas entre 40 e 105 °C.

Hydrocooling – processo industrial de resfriamento de alimentos, especialmente frutas e vegetais, que consiste em submetê-los a um banho em água gelada para reduzir a respiração celular, a velocidade de amadurecimento, retardar a deterioração natural e aumentar a vida de prateleira.

Hydrodyne process – processo para amaciar a carne usando-se ondas de choque na água para quebrar as fibras musculares.

ISAAC NEWTON

Isaac Newton (1643-1727) – inglês, é considerado um dos maiores cientistas de todos os tempos. Produziu obras que marcaram a revolução científica dos séculos XVI e XVII. Formulou as leis básicas da mecânica e a lei fundamental da gravitação: o princípio da inércia, ou "primeira lei de Newton"; a força, ou "segunda lei de Newton"; e o princípio da ação e reação, ou a "terceira lei de Newton". Além disso, o desenvolvimento da lei da gravitação universal; o estudo sobre os fenômenos ópticos que possibilitaram a elaboração da teoria sobre a cor dos corpos; a criação e o desenvolvimento dos cálculos diferencial e integral. Foi presidente da *Royal Society*. Em 1705, foi sagrado cavaleiro pela Rainha Ana (Sir Isaac Newton).

Ice – sorvete à base de água, açúcar, suco de frutas e, às vezes, claras em neve, mas nunca leite e seus derivados.

Ice cream – ver SORVETE.

Ice cream mixes – produtos comerciais utilizados na produção de sorvete que incluem leite, creme de leite, açúcar, flavorizantes e emulsificantes.

Ice crystals – cristais de gelo que podem se formar em alimentos congelados, afetando sua textura.

Ictiosarcotoxinas – toxina presente na carne, vísceras e pele de algumas espécies de peixes. Geralmente, essas toxinas são termoestáveis, sendo que a única maneira de evitar a intoxicação alimentar é evitar o consumo da espécie em que a toxina está presente. Algumas ictiosarcotoxinas são letais.

Imitadores de gordura – conhecidos também como substitutos de gordura, gorduras de baixa caloria, extensores de gordura; são substâncias com propriedades físicas e sensoriais idênticas às gorduras, mas não fornecem calorias.

Imitation cheese – produto com aparência e propriedades sensoriais de queijo, mas diferente dos queijos tradicionais em relação à composição química e nutricional.

Imitation crab meat – produto semelhante à carne das patas de caranguejo, feito com carne de peixes marinhos.

Imitation cream – produto com aparência e propriedades sensoriais de creme de leite, mas que se difere desse produto em relação à composição química e nutricional. Geralmente preparado com proteínas e gorduras vegetais, como substitutos dos componentes à base de leite. Também chamado de creme não lácteo (*non-dairy cream*).

Imitation dairy products – substitutos de produtos lácteos preparados à base de componentes vegetais (geralmente produtos da soja), usados para substituir os constituintes do leite de forma parcial ou integral. Esses produtos possuem aparência e propriedades sensoriais de produtos lácteos, mas diferem em relação à composição química e nutricional.

Impulse food – alimentos de conveniência.

Imunoglobulinas – anticorpos; glicoproteínas de conformação globular mediadoras da Resposta Imune Adquirida Humoral (RIH). As imunoglobulinas constituem uma família de proteínas de elevado peso molecular e que apresentam diversas propriedades físicas, químicas e imunológicas. As imunoglobulinas ocorrem no soro sanguíneo e em outros fluidos corporais. Aparecem em elevada concentração no colostro, transmitindo imunidade passiva aos recém-nascidos.

In natura – alimento fresco.

Incisão – pequeno corte feito em diversos tipos de carnes ou produtos cárneos, para lardear ou preencher com misturas de condimentos.

Incorporar – acrescentar ingredientes e misturá-los até formar mistura homogênea.

Indicação Geográfica Protegida (IGP) – tipo de certificação (selo) criado pela União Europeia que objetiva proteger a autenticidade de certos produtos agrícolas e gêneros alimentícios. Busca valorizar a qualidade do produto, fruto da interação do homem com seu território. Pelo menos uma das etapas de produção, processamento ou preparação deve estar localizada na respectiva área.

Indicador ácido/base – solução à base de um ácido orgânico fraco ou de uma base orgânica fraca, cuja forma não dissociada possui cor diferente daquela exibida por sua base conjugada ou seu ácido conjugado. A característica de um indicador ácido/base é que este exibe coloração diferenciada em função do pH da solução.

Índice crioscópico – parâmetro utilizado para detectar adulteração do leite com água. É a medida do ponto de congelamento do leite, ou da depressão do ponto de congelamento do leite, em relação ao da água. O ponto de congelamento máximo do leite, de acordo com a legislação brasileira, é –0,512 °C. Quando se adiciona água ao leite, o ponto de congelamento aumenta em direção ao ponto de congelamento da água (0 °C). Esse valor negativo (–0,512 °C) se deve à concentração de solutos, como lactose e minerais dissolvidos no leite, que reduz a sua temperatura de congelamento.

Índice da Qualidade Nutricional (IQN) – método de análise qualitativa e quantitativa de alimentos, refeições e dietas que têm especial significado na avaliação de problemas clínicos nutricionais. IQN é a razão entre o teor de nutrientes/calorias de um alimento.

Índice de acidez – indicador do estado de deterioração do óleo ou da gordura presente no alimento. Refere-se à quantidade (em mg) de base/solução alcalina (KOH ou NaOH) necessária para neutralizar os ácidos graxos livres presentes em 1 g de gordura.

Índice de elasticidade (Ie) – em panificação industrial e produção de biscoitos, refere-se à relação entre o valor da tenacidade$_{200}$ e a tenacidade máxima do alveograma, expressa em porcentagem. Está intimamente correlacionado aos fenômenos de recuperação da forma inicial da massa após a deformação, permitindo melhor predição do seu comportamento reológico. O Ie varia de 25 a 75%, sendo o Ie ótimo de 45 a 50%, para fabricação do pão do tipo francês, em farinha sem correção. Após adição de ácido ascórbico, o valor fica entre 50 e 55%.

Índice de iodo – medida do grau de insaturação dos ácidos graxos presentes em óleos e gorduras, após a homogeneização da amostra, expresso como a massa de iodo absorvido por 100 g da amostra. O índice de iodo é determinado por titulação, pela capacidade de uma dupla ligação de carbono em reagir com o iodo.

Índice de peróxido – parâmetro que avalia o grau de oxidação de um óleo ou gordura, expresso em meq O_2/kg (miliequivalente de oxigênio ativo por quilograma) da amostra.

Índice de refração – relação da velocidade da luz no vácuo com a velocidade da luz incidente no material.

Índice de saponificação – valor em mg de KOH (miligramas de hidróxido de potássio) necessário para saponificar um grama de óleo.

Índice de Tolerância à Mistura (ITM) – é a diferença expressa em unidades farinográficas entre o topo da curva no pico e o topo da curva, medido 5 minutos após o pico ser alcançado. Esse parâmetro indica a maior ou a menor tolerância da massa à mistura.

Índice glicêmico (IG) – indica a rapidez com que o açúcar presente nos alimentos chega à corrente sanguínea e altera os níveis de glicemia.

Indigo carmine – (indigotina, índigo ou anil) tipo de corante alimentício que confere cor azul intensa. Tem aplicação na fabricação de gomas de mascar, balas, caramelos, pós para refrescos artificiais e iogurtes. Também usado como corante das fibras de algodão na indústria têxtil, principalmente no tingimento de calças de brim (jeans).

Indústria alimentar – (ou indústria alimentícia) instalação empresarial que tem por objetivo o processamento de alimentos ou ingredientes alimentares para comercialização.

Industrialização de alimentos – processamento de alimentos por uma indústria alimentar. Esse termo supõe o processamento em larga escala, em contraposição à manufatura ou processamento artesanal.

Infestação – situação na qual as pragas, em grande número, estão presentes em alimentos (caruncho nos cereais e feijões) ou numa indústria alimentícia (insetos, roedores e aves).

Infusão – processo que consiste na imersão de um produto alimentício (café, chá, mate, malte, folhas, flores etc.) em água quente, com o objetivo de extrair seus princípios ativos.

Ingestão Diária Recomendada (IDR) – quantidade de proteína, vitaminas e minerais que deve ser consumida diariamente para atender às necessidades nutricionais da maior parte dos indivíduos e grupos de pessoas de uma população sadia.

Ingrediente – qualquer substância, incluindo-se os aditivos alimentares, empregada na fabricação ou preparação de um alimento e que permanece no produto, ainda que de forma modificada.

Inibidores enzimáticos – substâncias que, reversível ou irreversivelmente, diminuem a atividade de uma enzima. A inibição pode ser competitiva, quando o inibidor compete com o substrato pelo sítio ativo da enzima, ou não competitiva, quando o inibidor se liga a um sítio diferente do ativo, provocando a inativação da enzima independentemente de o substrato estar a ela ligado.

Inorgânico – material formado unicamente por substâncias inorgânicas.

Inseticidas – substâncias químicas ou biológicas utilizadas no controle de populações de insetos. São empregados na agricultura e na pecuária, para proteger a produção vegetal e animal, bem como no ambiente urbano, para o controle dos vetores de doenças transmitidas por insetos (dengue, zika, *chikungunya*).

Insetos – vasto grupo de artrópodes que inclui cerca de 700 mil espécies. Possuem, tipicamente, um corpo segmentado com cabeça contendo um par de antenas, tórax com três pares de patas e abdome. Quando alados, as asas, em número de duas ou quatro, se inserem no tórax. Possui exoesqueleto formado por uma capa de quitina. Alguns são benéficos ao homem, como o bicho-da-seda, abelhas e joaninhas, enquanto outros são prejudiciais, como são os casos das pragas agrícolas e pecuárias, e aqueles que são vetores de doenças humanas e animais.

Inspeção – ação fiscal para verificação das condições operacionais de estabelecimentos, produtos, sistemas de controle de produtos, matérias-primas, processamento e distribuição com enfoque na preservação da saúde do consumidor e na garantia preventiva da conformidade dos produtos e processos, nos diversos elos da cadeia produtiva.

Inspeção sanitária – procedimento de fiscalização efetuado pela autoridade sanitária para avaliar o controle sanitário na fabricação, distribuição e comércio de produtos alimentícios, assegurando aos consumidores a qualidade sanitária desses produtos e dos respectivos estabelecimentos de produção.

Instantâneo – refere-se a alimentos desidratados que, dependendo dos seus ingredientes, podem se reconstituir rapidamente quando adicionados em água ou outro líquido.

Instituto Agronômico de Campinas (IAC) – órgão de pesquisa da Agência Paulista de Tecnologia dos Agronegócios da Secretaria de Agricultura e Abastecimento do Estado de São Paulo; fundado em 1887 pelo Imperador D. Pedro II; está sediado na cidade de Campinas (SP). Tem a missão de gerar e transferir ciência, tecnologia e produtos para otimização dos sistemas de produção vegetal, com responsabilidade ambiental, visando ao desenvolvimento socioeconômico e à segurança alimentar, por meio da pesquisa, da formação de recursos humanos e da preservação do patrimônio. Sua estrutura física conta com a sede, Centro Experimental de Campinas e doze centros de pesquisa distribuídos entre Campinas, Cordeirópolis, Jundiaí, Ribeirão Preto e Votuporanga, ocupados com casas de vegetação, laboratórios, demais infraestrutura adequada aos trabalhos de pesquisa.

Instituto Brasileiro de Café (IBC) – autarquia do Governo Federal, vinculada ao Ministério da Indústria e Comércio, que definia as políticas agrícolas do produto no Brasil, desde a produção até a comercialização no mercado interno e externo, e mantinha uma rede de assistência técnica e pesquisa voltada à cafeicultura. Foi criado no ano 1952 e extinto em 1989.

Instituto de Manejo e Certificação Florestal e Agrícola (Imaflora) – organização não governamental brasileira criada em 1995 que desenvolve ações para a conservação do meio ambiente, para a melhoria da qualidade de vida de trabalhadores rurais e florestais, populações tradicionais, indígenas e quilombolas.

Instituto de Pesquisas Energéticas e Nucleares (Ipen) – instituição pública de pesquisa técnico-científica, desenvolvimento e ensino, gerida técnica e administrativamente pela Comissão Nacional de Energia Nuclear, autarquia do Ministério da Ciência, Tecnologia e Inovações. Dispõe de onze Centros de Pesquisa (Cento de Biotecnologia, Células a Combustível e Hidrogênio, Ciência e Tecnologia de Materiais, Centro do Combustível Nuclear, Centro de Energia Nuclear, Centro de Lasers e Aplicações, Centro de Metrologia das Radiações, Centro de Química e Meio Ambiente, Centro de Radiofarmácia, Centro de Reator de Pesquisas, Centro de Tecnologia das Radiações) e Serviços de Gestão Técnica (Radioproteção e Rejeitos Radioativos). O Centro de Tecnologia das Radiações é pioneiro nas atividades direcionadas às aplicações da tecnologia das radiações no país em diversos seguimentos das indústrias, da saúde e do meio ambiente. Suas atividades estão voltadas a indústrias químicas, petroquímicas, de embalagens, farmacêuticas, clínicas, hospitais, automobilísticas, alimentícias, agrícola, mecânica pesada, saneamento básico.

Instituto Nacional de Metrologia, Qualidade e Tecnologia (Inmetro) – criado em 1973, substituiu o Instituto Nacional de Pesos e Medidas (INPM). Tem por objetivo fortalecer as empresas nacionais, aumentando sua produtividade por meio da adoção de mecanismos destinados à melhoria da qualidade e da segurança de produtos e serviços. Compete ao Inmetro executar as políticas nacionais de metrologia e da qualidade; verificar e fiscalizar a observância das normas técnicas e legais, no que se refere às unidades de medida, métodos de medição, medidas materializadas, instrumentos de medição e produtos pré-medidos; manter e conservar os padrões das unidades de medida; planejar e executar as atividades de acreditação de laboratórios de calibração e de ensaios; planejar e executar as atividades de pesquisa, ensino, desenvolvimento tecnológico em metrologia e avaliação da conformidade; entre outras.

Insulina – hormônio secretado pelo pâncreas que controla a entrada de glicose nas células, promovendo o controle da glicemia (concentração de glicose no sangue). Atua no metabolismo de carboidratos, proteínas e lipídeos. A produção deficiente de insulina no corpo humano causa o acúmulo de glicose no sangue e na urina, patologia conhecida como diabetes *mellitus*. A insulina é um polipeptídio com estrutura química conhecida.

Insumos – fatores de produção utilizados no processamento de bens ou serviços: matérias-primas, coadjuvantes de produção, equipamentos, energia etc.

Intensificador de sabor – aditivo alimentar adicionado ao alimento para realçar e/ou intensificar seu sabor, como o glutamato monossódico, maltol, inosinato de potássio, entre outros.

Interação dipolo-dipolo – atração que ocorre entre os polos positivo e negativo de moléculas polares. É uma interação intermolecular, menos intensa que as pontes de hidrogênio, que ocorre quando as moléculas são constituídas por átomos diferentes. A distribuição irregular da densidade eletrônica da molécula torna um lado ligeiramente mais positivo (átomo menos eletronegativo), e outro ligeiramente mais negativo (átomo mais eletronegativo).

Interesterificação – reação pela qual os ácidos graxos são trocados de posição nas moléculas de triglicerídeos. Pode ser catalisada por lipases e geralmente tais reações são utilizadas para modificar a composição e as propriedades físicas e químicas dos óleos e gorduras.

***International Association for Food Protection* (IAFP)** – associação civil, sem fins lucrativos, de caráter científico e educacional que tem como objetivos: promover discussões para profissionais da área de inocuidade e qualidade de alimentos; auxiliar no aprimoramento profissional de seus sócios por meio do intercâmbio de informações técnicas e científicas e da divulgação de informações relativas à segurança alimentar; cooperar com outros grupos profissionais na melhoria e na promoção da inocuidade dos alimentos. No Brasil, a Associação Brasileira para Proteção dos Alimentos (Abrapa) é a sua afiliada.

***International Federation of Organic Agriculture Movements* (Ifoam – *Organics International*)** – Federação Internacional de

Movimentos de Agricultura Orgânica, sediada na Alemanha, e que representa as afiliadas instaladas em diversos países. Tem como visão a "adoção mundial de sistemas ecológicos, social e economicamente saudáveis, baseados nos princípios da agricultura orgânica". Tem, assim, como missão "liderar, unir e ajudar o movimento orgânico em toda a sua diversidade".

***International Life Sciences Institute* (ILSI)** – organização mundial sem fins lucrativos e de integração entre academia, indústria e governo. Sua missão é estimular a discussão e aplicação da ciência em temas que visam ao melhoramento da saúde e do bem-estar público e à preservação do meio ambiente.

***International Network of Food Data Systems* (Infoods)** – criada em 1984, essa rede mundial de sistemas de dados de alimentos, composta por especialistas em composição de alimentos, objetiva o melhoramento da qualidade, da disponibilidade, da confiabilidade e do uso de dados de composição de alimentos. Nesse contexto, Infoods e FAO fornecem normas de procedimento, padrões, ferramentas de compilação, bases de dados, ferramentas de desenvolvimento de capacidades, política de aconselhamento, assistência técnica e ferramentas de advocacia. A instituição representa um fórum para conectar a agricultura, a biodiversidade, os sistemas alimentares, para melhorar a nutrição em escala mundial.

***International Organization for Standartization* (ISO)** – entidade não governamental criada em 1947, com sede em Genebra, na Suíça, que tem por objetivo promover no mundo o desenvolvimento de normas que representam o consenso entre os países signatários, por meio da cooperação intelectual, científica, tecnológica e econômica, com a intenção de facilitar o intercâmbio internacional de produtos e serviços. No Brasil, é representada pela Associação Brasileira de Normas Técnicas (ABNT).

Intolerância alimentar – termo usado para designar reações a certos alimentos ou a alguns de seus componentes causadas aos indivíduos quando certa substância não é digerida e absorvida. São exemplos a intolerância à lactose do leite, ao glúten, aos crustáceos e a certos aditivos, como a tartrazina (corante) e benzoatos (conservante), utilizados na industrialização e na culinária dos alimentos.

Intoxicação – conjunto de sinais e de sintomas que mostra o desequilíbrio orgânico do organismo, promovido pela ação de substância tóxica, por ingestão ou contato com pele, olhos ou mucosa.

Intoxicação aguda de curto prazo – reação que ocorre em um curto espaço de tempo (24 h) após a absorção do agente tóxico.

Intoxicação alimentar – doença causada por micro-organismos infecciosos ou suas toxinas presentes em alimentos. Os sintomas de intoxicação alimentar podem incluir cólicas, náuseas, vômitos ou diarreia. A maioria dos casos de intoxicação alimentar é leve; uma hidratação adequada é o aspecto mais importante do tratamento.

Intoxicação crônica (longo prazo) – reação que ocorre em um longo espaço de tempo (após 1 semana) depois da absorção do agente tóxico.

Intoxicação subaguda (médio prazo) – reação que ocorre em médio espaço de tempo (entre 24 h e 1 semana) depois da absorção do agente tóxico.

Inulina – polissacarídeo cujo grau de polimerização (GP) se aproxima de sessenta unidades de frutose. Por não ser digerido pelas enzimas do intestino humano, é considerada como fibra alimentar solúvel. Quando o GP $\leq$ 10 unidades de frutose, é chamada de fruto-oligossacarídeo e usada como substituto de adoçantes. Quando o GP > 10, perde o poder adoçante. Por sua consistência e baixa solubilidade em água, é excelente substituto de gorduras, principalmente em formulações de sorvetes. Pode aumentar o teor de fibras de um produto sem mudar sua viscosidade. Chicória, cebola, alho-poró, alho, aspargos, alcachofra, trigo, cevada, centeio e *yacon* são algumas fontes de inulina, e o teor depende da variedade, da maturação, das condições de armazenamento, entre outros.

Invertase – sacarase; enzima hidrolítica, também denominada de β–frutofuranosidase, que hidrolisa sacarose, produzindo uma solução equimolar de glicose e frutose, conhecida como açúcar invertido. Tem aplicação industrial na produção de xaropes com maior poder de doçura que o da sacarose em função da presença de frutose.

Iogurte – leite fermentado que utiliza obrigatoriamente as bactérias láticas *Streptococcus thermophilus* e *Lactobacillus delbrueckii* subsp. *bulgaricus*. Outras bactérias láticas (incluindo os micro-organismos probióticos) podem ser utilizadas de forma complementar, visando ao desenvolvimento de características tecnológicas e/ou sensoriais no produto. O produto pode receber adição de outros ingredientes, como açúcares, concentrados proteicos, frutas, polpas e preparados de frutas, entre outros. Os iogurtes podem ser classificados em função do seu teor de gordura (como integral, parcialmente desnatado ou desnatado) e/ou em função das características físicas do coágulo (firme natural, batido ou líquido).

Ionização – processo no qual um átomo ou uma molécula perde ou ganha elétrons, adquirindo uma carga elétrica, positiva ou negativa.

Íons – átomos que perderam ou ganharam elétrons; ânion é o átomo que recebeu elétrons e, assim, ficou carregado negativamente, enquanto o cátion é o átomo que perdeu elétrons e tornou-se carregado positivamente.

Irradiação de alimentos – processo físico de conservação que consiste em submeter o alimento, já embalado ou a granel, a doses controladas de radiação ionizante, com finalidade sanitária. Ou, ainda, processo no qual o alimento é intencionalmente exposto à radiação ionizante, utilizando radiação gama, emitida por radioisótopos de ^{60}Co (ou muito raramente por ^{137}Cs), raios x gerados por máquinas de, no máximo 5 MeV, ou elétrons acelerados no máximo até 10 MeV de energia cinética.

Irradiador de alimentos – tipo de instalação com capacidade para processar alimentos, utilizando a tecnologia da irradiação. Geralmente, dispõe de uma câmara de irradiação que contém uma estrutura de concreto, denominada *bunker*, que aloja a fonte de radiação. A alimentação dessa câmara pode ser manual ou automática. Os produtos a serem irradiados, embalados ou a granel, passam pela câmara de irradiação, na qual são submetidos a um campo de irradiação numa velocidade precisa e controlável, para receber a quantidade exata de energia para o tratamento previsto. Os irradiadores podem ser de três tipos: gama (^{60}Co e ^{137}Cs); de feixe de elétrons; e com conversão para raios x.

Isoenzimas – enzimas com diferentes sequências de aminoácidos, mas que catalisam a mesma reação química.

Isoflavonas – ver FLAVONOIDES.

Isolante térmico – material ou estrutura de alta resistência térmica destinado a dificultar a dissipação de calor, estabelecendo uma barreira à passagem do calor entre dois meios que naturalmente tenderiam rapidamente a igualarem suas temperaturas. Aplicação: isolar o calor de fornos e fogões para o meio externo; isolar o frio de congeladores e geladeiras.

Isomalte – adoçante poliálcool obtido da sacarose; é uma mistura equimolar de dois poliálcoois: glicossorbitol e glicomanitol. Ao contrário da sacarose, tem alta estabilidade química, enzimática, térmica e microbiana. Como tem baixa higroscopicidade, pode ser usada em balas, caramelos, goma de mascar, pois não torna o produto pegajoso.

Isomaltitol – poliálcool obtido por meio da hidrogenação da isomaltulose. Esse ingrediente possui como característica principal a substituição do açúcar em formulações *diet*/*light* e, em suplementos, o fornecimento de energia, mantendo um baixo índice glicêmico. Possui, ainda, excelente sabor e estabilidade térmica; não provoca cáries e é totalmente apto para diabéticos.

Isomaltulose – carboidrato dissacarídeo composto de glicose e frutose. Está naturalmente presente no mel e na cana-de-açúcar, sendo produzido industrialmente a partir da sacarose e utilizado como alternativa ao açúcar. Tem gosto semelhante à sacarose, com metade da sua doçura. Apresenta o mesmo valor calórico da sacarose, mas é digerido mais lentamente, resultando em índice glicêmico e resposta à insulina favoráveis.

Isômero – moléculas que apresentam a mesma fórmula química, ou seja, mesmo número de átomos de cada elemento, mas com diferentes arranjos de átomos no espaço; por isso, apresentam distintas propriedades físicas, químicas, biológicas e sensoriais.

Isotônicos – bebidas não alcoólicas que contêm repositores hidroeletrolíticos, formuladas a partir de concentrações variadas de eletrólitos, associada a diferentes concentrações de carboidratos. Usada para reposição hídrica e eletrolítica decorrente da prática de atividade física. Devem apresentar concentrações variadas de sódio, cloreto e carboidratos. Opcionalmente, esses produtos podem conter potássio, vitaminas e outros minerais. Portadores de enfermidades devem fazer uso dessas bebidas de acordo com a orientação de médico ou de nutricionista. A água de coco pode ser considerada um isotônico natural.

J

JOHANNA DÖBEREINER

Johanna Döbereiner (1924-2000) – nasceu na República Tcheca e naturalizou-se brasileira. Formou-se em engenharia agronômica pela Universidade de Munique, em 1950. No Brasil, trabalhou no Instituto de Ecologia e Experimentação Agrícola, atual Centro Nacional de Pesquisa de Agrobiologia da Embrapa. Reconhecidas internacionalmente, suas pesquisas foram fundamentais para que o Brasil desenvolvesse o Proálcool e tornasse-se o segundo produtor mundial de soja. Seu trabalho com fixação biológica do nitrogênio permitiu que milhares de pessoas consumissem alimentos mais baratos e saudáveis e valeu-lhe a indicação ao Prêmio Nobel de Química, em 1997.

Jellies – doces pequenos, moles, geralmente com sabor de frutas, com textura gelificada, feitos em várias formas e geralmente cobertos com açúcar; ou alimentos semitransparentes preparados com gelatina e, geralmente, adoçados.

Jerked beef – produto cárneo obtido de carne bovina, com adição de sal e de agentes de cura, submetido a processo de secagem.

Joint FAO/WHO Expert Committee on Food Additives (JECFA) – comissão do *Codex Alimentarius* que realiza a avaliação de risco de aditivos alimentares, contaminantes, toxinas de ocorrência natural e resíduos de medicamentos veterinários em alimentos. Assessora os comitês de aditivos alimentares (CCFA), contaminantes em alimentos (CCCF) e o de resíduos de medicamentos veterinários em alimentos (CCRVDF).

Joint FAO/WHO Expert Meetings on Microbiological Risk Assessment (JEMRA) – comissão do *Codex Alimentarius* que realiza a avaliação de risco de micro-organismos patogênicos selecionados relevantes em alimentos. Assessora o comitê de higiene de alimentos (CCFH).

Joint FAO/WHO Meeting on Pesticide Residues (JMPR) – comissão do *Codex Alimentarius* que realiza a avaliação de risco de pesticidas de aplicação em alimentos e estabelece seus limites máximos de resíduos. Assessora o comitê de resíduos de pesticidas (CCPR).

Joule – unidade do sistema internacional usada para medir energia mecânica (trabalho), mas também utilizada para medir energia térmica. Um *joule* compreende a quantidade de energia correspondente à aplicação de uma força de 1 Newton durante um percurso de 1 metro. Ou seja, é a energia que acelera uma massa de 1 kg a 1 m/s^2 num espaço de 1 metro.

Jowar – variedade de sorgo (*Sorghum vulgare*), conhecido também como painço grande, milho Kaffir e milho-da-guiné.

K

KELVIN

William Thomson, ou Lorde Kelvin (1824-1907) – nasceu na Irlanda, físico-matemático e engenheiro, foi considerado um líder nas ciências físicas do século XIX. Formulou importantes contribuições na análise matemática da eletricidade e da termodinâmica. Desenvolveu a escala Kelvin de temperatura absoluta (em que o zero absoluto é definido como 0 ºK). O título de Lorde Kelvin lhe foi conferido pela importância de seu trabalho científico.

Kappa caseína – (ou k-caseína) fração proteica localizada na superfície das micelas de caseína, representando 12% da caseína total. Contém proporções relativamente altas de isoleucina e treonina. Encontrada em variantes genéticas no leite que diferem na composição de aminoácidos e influenciam as propriedades e o rendimento do leite. Atribui-se à κ-caseína a estabilidade do leite mediante os tratamentos térmicos.

Kashrut – lei dietética do judaísmo que indica quais alimentos podem ser ingeridos (*kosher*) e quais são proibidos (*treifá*). Todas as leis alimentares judaicas derivam de preceitos bíblicos, enumerados principalmente no Capítulo 11 do livro Levítico.

kcal – unidade de medida de energia equivalente a 1.000 calorias, mas que não pertence ao Sistema Internacional de Unidades. Ver *Caloria*.

KCl – cloreto de potássio; sal usado na indústria de alimentos para substituir parcialmente o sal de cozinha ou sal comum (NaCl) e na fabricação do sal *light*; em ambos os casos, visando à redução de sódio nos alimentos.

Kefir – (ou quefir) bebida láctea fermentada, originária do Cáucaso, produzida pela ação de grãos de kefir sobre o leite de bovinos, ovinos e caprinos. Esses grãos são compostos por populações de bactérias láticas (principalmente) e leveduras. A fermentação por diferentes espécies de bactérias e leveduras resulta na produção de ácido lático, etanol, gás carbônico e uma infinidade de compostos de aroma. O *kefir* é considerado um alimento probiótico em função da presença de micro-organismos vivos que confere um efeito benéfico à saúde humana.

Keg – barril com capacidade máxima de 114 litros (30 galões) de madeira, metal (aço inoxidável ou alumínio) ou PET, utilizado para transportar e/ou armazenar cerveja ou outras bebidas carbonatadas.

kg – quilograma; unidade fundamental de medida de massa do Sistema Internacional de Unidades, equivalente a 1.000 gramas.

kGy (gray) – no Sistema Internacional de Unidades, representa a quantidade de energia de radiação ionizante absorvida por unidade de massa; 1 kGy = um joule de radiação absorvida por um quilograma de matéria (J/kg).

Kneading – sovar a massa, mecânica ou manualmente, para torná-la coesa, suave e elástica, objetivando a formação da matriz de glúten que se estende e expande-se, permitindo o aprisionamento de bolhas de gás carbônico formadas por ação do fermento.

Knock back, knock down – amassar uma segunda vez, e, levemente, a massa que já cresceu para eliminar bolhas de gás e ajudá-la a desenvolver o glúten.

Koji – arroz embolorado com *Aspergillus oryzae* utilizado na fermentação dos grãos de soja para a produção de missô, *shoyu* e outros alimentos orientais. Também é empregado na fabricação do saquê e outras bebidas orientais.

Kombu – (*konbu* ou *dashima*) tipo de alga marinha dos gêneros *Saccharina* e *Laminaria* muito consumida no Noroeste da Ásia. Comercializada como produto desidratado, tem cor brilhante, verde-amarronzada ou preta.

Kombucha – bebida obtida pela fermentação de chá preto ou verde (*Camellia sinensis*), adoçado, por uma cultura mista de bactérias e leveduras, conhecida como "mãe do kombucha" ou *scoby*.

Konjac[1] – *konnyaku*; tipo de produto elaborado a partir da batata *konjac*. De aparência gelatinosa e translúcida, em bloco, fios ou em pó, é um dos ingredientes para o preparo do *sukiyaki* e do *gyudon*.

Konjac[2] – *Amorphophallus konjac*; também conhecida como *konjaku*, língua-do-diabo. Essa planta é uma importante fonte de amido da qual se prepara uma farinha e uma pasta com o mesmo nome. Usado no veganismo como substituto da gelatina.

Korn – bebida alcoólica produzida principalmente na Alemanha e nos Países Baixos, feita a partir da destilação da mistura de grãos fermentados. No Brasil, *korn* ou *corn*, bebida com graduação alcoólica de 35 a 54% em volume, a 20 °C, obtida pela retificação do destilado alcoólico simples de cereal ou pela retificação de uma mistura mínima de 30% de destilado alcoólico simples de cereal com álcool etílico potável de origem agrícola, podendo ser aromatizada com substância natural de origem vegetal.

Kriek – cerveja *lambic* aromatizada com cerejas, obtida por fermentação natural e consumida durante o verão. É uma cerveja ácida (*sour beer*), tipicamente belga, produzida nos arredores de Bruxelas.

Krill – nome dado ao conjunto de espécies de pequenos crustáceos que fazem parte do zooplâncton e que habita as águas de todos os mares, servindo de alimento a baleias, raias-jamantas, tubarões-baleias, lulas, entre outros. O *krill* pode ser pescado comercialmente e usado na alimentação humana, como ração de peixes, isca de peixe na pesca desportiva e até na indústria farmacêutica.

Kumis – leite fermentado da Ásia Central obtido pela ação de cultivos de *Lactobacillus delbrueckii* subsp. *bulgaricus* e *Kluyvera*; obtido do leite de égua, de camela e de mula. É uma bebida refrescante contendo 0,7 a 1,8% de ácido lático e 0,6 a 2,5% de etanol. Também conhecido como *Ayran*.

L

LONSDALE

Kathleen Lonsdale (1903-1971) – nasceu na Irlanda. Como cristalografista, mostrou que o anel de benzeno é plano. Foi a primeira a usar métodos espectrais quando estudou estrutura do hexaclorobenzeno em 1931. Em 1945 foi eleita como membro da *Royal Society*, a primeira mulher a ter o título de professora da University College London, a primeira mulher presidente da International Union of Crystallography e a primeira mulher presidente da Associação Britânica para o Avanço da Ciência.

Laboratório Nacional de Metrologia (LNM) – conjunto de laboratórios do Inmetro e de outras entidades por ele conveniadas que têm por finalidade reproduzir, manter e conservar os padrões nacionais das unidades de medida do Sistema Internacional de Unidades.

Lactitol – molécula constituída por galactose (sacarídeo) e sorbitol (poliol), obtida pela hidrogenação da lactose. Não é higroscópica e tem poder edulcorante menor do que o da sacarose (30%). Usada como adoçante de volume em associação com outros adoçantes de baixa caloria (sacarina, ciclamato, sucralose, aspartame, estévia) em alimentos dietéticos (sem açúcar). O lactitol é uma molécula prebiótica que não sofre ação da lactase no intestino delgado, sendo metabolizada pelas bactérias láticas e bifidobactérias do intestino grosso, reduzindo o pH e aumentando a retenção de água e o volume do bolo fecal.

Lactoalbuminas – alfa-lactoalbuminas; proteínas presentes no leite. É a principal proteína do soro do leite humano e a segunda mais importante no leite bovino (15 a 25%). São solúveis em água e desnaturadas pelo calor. Dentre todas as proteínas alimentares, é a que apresenta maior concentração do aminoácido triptofano (6%). Possui elevada digestibilidade e atividade antimicrobiana contra bactérias patogênicas, como *Escherichia coli*, *Staphylococcus aureus* e *Klebsiella pneumoniae*.

Lactoferrina – glicoproteína presente no leite que apresenta elevada afinidade pelo íon Fe^{+3}; por consequência, é a principal proteína carreadora desse cátion no leite. Entre suas funções, destaca-se a capacidade de fixação de Fe^{+3}, exercendo atividade bacteriostática contra organismos patogênicos Fe-dependentes do leite, bem como no intestino de animais que ingerem o leite. Em nível intestinal, a lactoferrina exerce, ainda, função imunoestimulatória e age como fator de crescimento e maturação dos enterócitos. Com o ferro ligado, apresenta resistência ao calor e à ação química ou enzimática. No leite humano, está presente em concentrações mais elevadas no colostro.

Lactoglobulina – beta-lactoglobulina; fração proteica presente em maior concentração no leite bovino (45 a 57%), a mais alergênica e antigênica. É carreadora de retinol (vitamina A). Não está presente no leite humano. A polimerização dessa proteína é um recurso técnico usado para diminuir a sinérese e aumentar a viscosidade e a consistência de iogurtes e para diminuir sua alergenicidade.

Lactose – açúcar do leite; dissacarídeo fermentável formado por uma molécula de glicose e uma de galactose. Seu poder de doçura é o menor entre os açúcares, correspondendo a 30% da doçura da sacarose. É o substrato que as bactérias láticas utilizam durante a produção de leites fermentados, queijos e manteigas.

Lagarto – lagarto redondo, lagarto paulista, lagarto branco, posta branca, paulista e tatu. Tipo de corte bovino, rígido, com formato arredondado, localizado entre o coxão duro e o coxão mole, constituído pelo músculo semitendinoso. Carne de cor clara, fibras longas e magras, com uma parte externa gordurosa.

Lard – tipo de gordura macia, branca e sólida, tradicionalmente obtida pela transformação ou fusão das gorduras de suínos. Tem sabor e aroma suaves. Usado na culinária e panificação.

Lardeadeira – tipo de agulha grossa utilizada para furar uma peça de carne e introduzir condimentos, pedaços de toucinho ou de linguiça.

Lardo – gordura de porco retirada das costas do animal, na camada logo abaixo da pele. É cortada em quadrados e condimentada com sal marinho, cravo, canela, alecrim, tomilho, louro e sálvia, entre outros. Sofre um processo de cura que dura seis meses, tempo para que o produto sofra modificações físicas, relacionadas à textura, e químicas, com o desenvolvimento do sabor característico.

Laticínios – produtos derivados do leite: manteiga, queijo, coalhada, soro, doce de leite, leite evaporado, leite condensado, creme de leite, entre outros.

Laudo de inspeção – documento, baseado em critérios técnicos e legais, emitido pela autoridade sanitária após a inspeção de uma unidade de produção.

Lean – corte cárneo com pouca gordura.

Lecitina – nome genérico dado para uma mistura de glicolipídeos, triglicerídeos e fosfolipídeos (fosfatidilcolina, fosfatidiletanolamina e fosfatidilinositol). Devido à presença de regiões hidrofílicas e hidrofóbicas, as moléculas são utilizadas como emulsificante em alimentos. Soja e gema de ovo são alimentos ricos em lecitinas.

Lecitina de soja – lecitina obtida de grãos de soja; geralmente, um subproduto da extração do óleo. Muito usada comercialmente como emulsificante na indústria de alimentos.

Lectina – glicoproteínas encontradas em sementes de leguminosas e oleaginosas; ligam-se às células da mucosa intestinal, interferindo negativamente na absorção de aminoácidos.

Legume[1] – vagem ou legume é designação botânica para um fruto derivado de um único pistilo, cuja deiscência se faz por duas fendas longitudinais: a da sutura do carpelo e a da nervura mediana da folha carpelar. Os legumes são característicos da maioria das plantas da família Fabaceae, antiga Leguminosae.

Legume[2] – termo popular usado para designar frutos, como tomate, berinjela, pepino, chuchu; raízes, como cenoura, beterraba e mandioca; tubérculos, como batata-inglesa; bulbos, como cebola; flores, como alcachofra, couve-flor; folhas, como alface, rúcula, agrião; talos, como aipo, aspargos, alho-poró; grãos/sementes, como milho; leguminosas, como feijão, ervilha, lentilha.

Leguminosas – plantas pertencentes à família Fabaceae que têm como característica a presença de frutos em forma de vagem (embora haja exceções), compreendendo desde espécies arbóreas até espécies herbáceas, muitas de grande importância econômica e alimentar, como a soja e o feijão.

Leitão – suíno jovem com idade entre 1 e 2 meses de idade.

Leite A2 – também conhecido por leite A2A2, é uma variedade de leite de vaca que contém a proteína beta-caseína A2. A beta-caseína possui 13 diferentes variantes genéticas, sendo as variantes beta-caseína A1 e beta-caseína A2 as mais comuns. A beta-caseína A1 está presente no leite normal. A diferença entre essas proteínas está na sequência dos aminoácidos que compõem a proteína. No leite A2, na posição 67 está o aminoácido prolina, enquanto no leite normal (A1A1 ou A1A2), o aminoácido é a histidina. Essa diferença na estrutura da beta-caseína pode resultar em diferenças na digestão e absorção do leite pelo corpo humano.

Leite acidófilo – um tipo de leite fermentado cuja fermentação se realiza exclusivamente com cultivos de *Lactobacillus acidophilus*.

Leite aromatizado – produto lácteo, convenientemente homogeneizado, resultante da mistura preparada com leite, açúcar, aromatizantes (cacau, sucos ou essências de frutas) ou outras substâncias permitidas pela legislação. O produto deve apresentar proporção mínima de 85% de leite (massa/massa). Os tratamentos térmicos utilizados incluem pasteurização, processo a ultra-alta temperatura (UAT ou UHT) e esterilização.

Leite aromatizado esterilizado – leite aromatizado, embalado, submetido a aquecimento suficiente para ser esterilizado pelo calor e imediatamente resfriado. A esterilização do produto embalado obedecerá a diferentes condições de tempo e temperatura, segundo a capacidade da embalagem do produto.

Leite concentrado – produto resultante da remoção parcial da água do leite. Inclui o leite evaporado e o leite concentrado com adição de açúcar, também denominado leite condensado. O processo de concentração é realizado a vácuo, para reduzir a temperatura de ebulição da água e evitar alterações no produto. O processo de concentração visa ao aumento da vida de prateleira, à estocagem sem refrigeração e à redução dos custos de transporte.

Leite condensado – tipo de leite concentrado, produto resultante da desidratação parcial do leite, leite concentrado ou leite reconstituído, com adição de açúcar, podendo ter seus teores de gordura e proteína ajustados unicamente para o atendimento das características do produto. É classificado conforme o conteúdo de matéria gorda láctea: com alto teor de gordura, integral, parcialmente desnatado ou semidesnatado, desnatado. Tem consistência viscosa e semilíquida, cor branco-amarelada, odor e sabor próprios e textura homogênea com ausência de arenosidade. Pode ser reconstituído por adição de água.

Leite cru refrigerado – leite produzido em propriedades rurais, refrigerado e destinado aos estabelecimentos que processam leite e derivados, sob serviço de inspeção oficial.

Leite de búfala – produto oriundo da ordenha completa e ininterrupta, em condições de higiene, de búfalas sadias, bem alimentadas e descansadas. É utilizado na fabricação de queijos, leites fermentados e manteiga. Comparado ao leite de vaca, possui cor mais branca (pela ausência de carotenos) e maiores teores de lipídeos, de proteínas e de cálcio. Apresenta odor suave e sabor adocicado.

Leite de cabra – produto oriundo da ordenha completa, ininterrupta, em condições de higiene, de animais da espécie caprina sadios, bem alimentados e descansados. É utilizado para consumo humano e para a fabricação de queijos e de leites fermentados. Apresenta composição similar ao leite de vaca, entretanto, difere no perfil de lipídeos, pela maior concentração de ácidos graxos de cadeia curta e média (de 6 a 10 carbonos na cadeia).

Leite de retenção – leite produzido no período de 30 dias imediatamente antes do próximo parto. Tem sabor salino por apresentar alto teor de sais, especialmente de sódio e pequena concentração de lactose. É considerado inadequado para o consumo humano.

Leite de vaca – produto oriundo da ordenha completa, ininterrupta e em boas condições de higiene, de vacas sadias, bem alimentadas e descansadas. Sua composição química apresenta água (87%), açúcares (4,7%), lipídeos (3,8%), proteínas (3,2%), sais e vitaminas (0,9%).

Leite desidratado – produto que se obtém por desidratação do leite de vaca, integral, desnatado ou parcialmente desnatado e apto para a alimentação humana, mediante processos tecnologicamente adequados. É classificado, conforme seu teor de gordura, em integral (≥ 26%), parcialmente desnatado (> 1,5 e < 26%) e desnatado (< 1,5%), e de acordo com a sua umectabilidade e dispersabilidade, pode ser instantâneo ou não.

Leite desidratado instantâneo – produto obtido por processo de secagem, em que as partículas de pó são aglomeradas, resultando em partículas grandes, irregulares e porosas (com baixa massa específica), que se dissolvem instantaneamente em água. A água penetra rapidamente pelos capilares sem formar grumos ou pelotas durante a reconstituição. Nos produtos integrais, que contêm elevado teor de lipídeos, geralmente a lecitina é adicionada ao pó para facilitar a dissolução em água.

Leite desnatado – leite em que praticamente toda a gordura foi retirada (teor de gordura máximo de 0,5%). Em função da retirada da gordura e, consequentemente, redução do teor de sólidos, o produto apresenta baixa viscosidade e sabor diferente quando comparado ao leite integral. A gordura retirada é usada na fabricação de nata, creme de leite, manteiga e queijos.

Leite em pó – ver *Leite desidratado*.

Leite em pó modificado – produto resultante da desidratação do leite previamente preparado, considerando-se como tal, além do acerto de teor de gordura, a acidificação por adição de fermentos láticos ou de ácido lático e o enriquecimento com açúcares, com sucos de frutas ou com outras substâncias permitidas, que a dietética e a técnica indicarem. Quanto ao teor de gordura pode ser classificado em integral (≥18,0%); semidesnatado ou parcialmente desnatado (entre 1,5 e 17,9%) e desnatado (≤1,5%).

Leite esterilizado (UHT, UAT) – leite homogeneizado que foi submetido, durante 2 a 4 segundos, a uma temperatura entre 130 °C e 150 °C, mediante um processo térmico de fluxo contínuo, imediatamente resfriado, sob uma temperatura inferior a 32 °C e envasado em condições asssépticas em embalagens estéreis e hermeticamente fechadas. Também conhecido como leite longa vida. Em função do teor de gordura, pode ser classificado como integral, semidesnatado ou desnatado.

Leite evaporado – produto resultante da remoção parcial da água, sem adição de açúcar. O teor de sólidos varia de 31,5 a 34,0% e pode ser integral, semidesnatado ou desnatado. O produto é homogeneizado, esterilizado e concentrado a vácuo para garantir a estabilidade e segurança durante a vida de prateleira. Geralmente é acondicionado em latas ou embalagens cartonadas.

Leite fervido – leite que foi aquecido até o ponto de ebulição. Geralmente é utilizado em propriedades rurais para tratar o leite cru para consumo doméstico para humanos. Não pode ser utilizado para fins comerciais.

Leite fluido a granel de uso industrial – segundo a legislação brasileira, é o leite higienizado, refrigerado, submetido opcionalmente à termização (pré-aquecimento), à pasteurização e à padronização da matéria gorda, transportado a granel, em veículos isotérmicos lacrados e etiquetados, de um estabelecimento industrial a outro para ser processado e que não seja destinado diretamente ao consumidor final.

Leite homogeneizado – leite submetido ao processo de homogeneização, que objetiva diminuir o tamanho dos glóbulos de gordura e reduzir a separação do creme, aumentando, assim, a vida útil. O processo é realizado de forma contínua por aplicação de pressão (temperatura de 60-70 °C e pressão de 10-25 MPa) ou ultrassom, em que são formados pequenos glóbulos de gordura, que evitam a coalescência (união dos glóbulos formando glóbulos maiores e posterior separação da gordura). Ocorrem modificações na estrutura da caseína com melhora da digestibilidade do leite e os pequenos glóbulos de gordura, devido ao aumento de área de superfície de contato com as papilas gustativas, dão sabor mais intenso. O leite homogeneizado apresenta-se mais branco que o não homogeneizado, é mais sensível à luz e menos à oxidação.

Leite humano – leite produzido por mulheres durante a lactação humana; também chamado de leite materno. É um fluido complexo que contém proteínas, carboidratos, vitaminas, minerais e lipídeos, em quantidade e qualidade apropriadas para a nutrição do recém-nascido e do lactente. A composição difere consideravelmente do leite de vaca, principalmente no perfil de proteínas (caseínas e proteínas do soro), aminoácidos e ácidos graxos. O teor de lactose, oligossacarídeos, algumas vitaminas e atividade de algumas enzimas é maior no leite humano; entretanto, o teor de minerais é menor do que no leite de vaca. Uma diferença notável é a composição das proteínas do soro; a alfa-lactalbumina (α-la) é a principal no leite materno, mas não contém beta-lactoglobulina (β-lg), presente no leite bovino. As imunoglobulinas IgG, IgA, IgM, IgD e IgE estão presentes no leite. A principal imunoglobulina no leite humano é a IgA, enquanto, no leite bovino, é IgG. A qualidade biológica do leite humano está relacionada ao conteúdo lipídico, que é a principal fonte de energia para o recém-nascido, contribuindo com 40 a 55% do total de energia consumido, sendo também veículo para os ácidos graxos essenciais e para as vitaminas lipossolúveis.

Leite integral – leite sem remoção de gordura. De acordo com a legislação brasileira, leite integral é o que contém, no mínimo, 3% de gordura.

Leite modificado – ver *LEITE EM PÓ MODIFICADO*.

Leite pasteurizado – leite submetido a processo de beneficiamento com o objetivo de minimizar os possíveis riscos para a saúde, decorrentes de micro-organismos patogênicos eventualmente presentes, mediante um tratamento térmico que produza mínimas mudanças químicas, físicas e sensoriais no produto. Esse tratamento também elimina a maior parte da microbiota natural do leite e inativa enzimas. O tratamento pode ser realizado por pasteurização lenta, que utiliza temperatura mais baixa durante um longo período de tempo (pasteurização LTLT, 62-65 °C durante 30 minutos), ou pasteurização rápida, que utiliza uma temperatura elevada durante um curto período de tempo (pasteurização HTST, 72-75 °C, durante 15-20 segundos). Em função do teor de gordura, pode ser classificado como integral, semidesnatado ou desnatado.

Leite pasteurizado tipo A – leite fluido produzido, beneficiado e envasado exclusivamente em granja leiteira, submetido a um dos processos de pasteurização previstos na legislação vigente e destinado ao consumo humano direto. Em função do teor de gordura, pode ser classificado como integral, semidesnatado ou desnatado. Devido à qualidade da matéria-prima e das condições do processo de beneficiamento, o leite pasteurizado tipo A tem padrões microbiológicos mais rígidos do que o leite pasteurizado.

Leite reconstituído – produto resultante da dissolução em água do leite em pó ou leite concentrado, adicionado ou não, de gordura láctea, até atingir o teor gorduroso fixado para o respectivo tipo, seguido de homogeneização e pasteurização.

Leite sem lactose – produto submetido a processo que hidrolisa a lactose em galactose e glicose, pela ação da enzima β-galactosidase, ou a processo de filtração por membranas para retirada da lactose. O produto pode ser tratado termicamente por processo de pasteurização (72-75 °C/15-20 segundos) ou UHT (130-150 °C/2-4 segundos). Esse produto é adequado para indivíduos com intolerância à lactose ou para dietas com restrição de lactose. Os alimentos isentos em lactose devem conter quantidade de lactose ≤ 100 mg/100 g ou ml do alimento pronto para o consumo. Os alimentos com baixo teor de lactose devem conter quantidade de lactose maior que 100 (cem) miligramas por 100 (cem) gramas ou mililitros e igual ou menor do que 1 (um) grama por 100 (cem) gramas ou mililitros do alimento pronto para o consumo.

Leite semidesnatado – produto submetido à retirada parcial da gordura, contendo de 0,6 a 2,9% de gordura.

Leite talhado – leite acidificado pela adição de ácidos orgânicos presentes, por exemplo, no suco de limão ou no vinagre, ou ainda acidificado pela ação de bactérias naturalmente presentes no leite. Com a acidificação, ocorre a precipitação da caseína, que se separa do soro e forma grumos.

Leite[1] – sob o ponto de vista biológico, é o líquido secretado pelas glândulas mamárias das fêmeas dos mamíferos, pouco antes e principalmente após o parto. Assim, é o primeiro alimento para o recém-nascido, constituído por uma combinação de substâncias solúveis e insolúveis em água. Os principais componentes sólidos são os lipídeos, carboidratos, proteínas, sais minerais e vitaminas, perfazendo um total que varia entre 12 e 13% para o leite de vaca. Para o leite de mamíferos de outras espécies, essa composição é variada; para o leite de búfala, pode ter cerca de 15 a 19% sólidos. A fração aquosa equivale a 88--87%. Entretanto, cada mamífero produz o leite adequado nutricionalmente ao desenvolvimento do lactente da sua espécie. A composição do leite pode variar de acordo com o estágio de lactação, com a espécie e raça, alimentação, manejo e intervalo entre as ordenhas.

Leite[2] – segundo a legislação brasileira, é o produto oriundo da ordenha completa e ininterrupta, em condições de higiene, de vacas sadias, bem alimentadas e descansadas. O leite de outros animais deve denominar-se segundo a espécie de que proceda – leite de cabra, leite de ovelha, leite de búfala etc.

Leite[3] – do ponto de vista físico-químico, é uma mistura homogênea de grande número de substâncias (açúcares, lipídeos, proteínas, sais, vitaminas, enzimas etc.), das quais algumas estão em emulsão (lipídeos e substâncias associadas); algumas, em suspensão (caseínas ligadas a sais minerais); e outras, em solução verdadeira (lactose, sais minerais, vitaminas hidrossolúveis, proteínas do soro etc.). De cor branco-opaca até levemente amarelada, gosto levemente adocicado, aroma típico e suave. A composição química do leite determina sua aptidão para o processamento. As micelas de caseínas e a fração lipídica respondem pela maior parte das características físicas (estrutura e cor) dos produtos lácteos. Os termos sólidos totais (ST) ou extrato seco total (EST) englobam todos os componentes do leite exceto a água. Por sólidos não gordurosos (SNG) ou extrato seco desengordurado (ESD) compreendem-se todos os elementos do leite, exceto a água e a gordura.

Leitelho – também chamado de *buttermilk* ou leite de manteiga; produto lácteo resultante da batedura do creme pasteurizado durante o processo de fabricação da manteiga. Tem baixo teor de gordura, mas é rico em fosfolipídeos e proteínas. Pode ser comercializado na forma líquida, concentrada ou em pó e ser utilizado na elaboração de derivados lácteos. Muito usado na culinária norte-americana.

Leites fermentados – produtos adicionados ou não de outras substâncias alimentícias, obtidos por coagulação e diminuição do pH do leite, ou reconstituído, adicionados ou não de outros produtos lácteos, por fermentação lática mediante ação de cultivos de micro-organismos específicos. Esses micro-organismos específicos devem ser viáveis, ativos e abundantes no produto final durante seu prazo de validade. Isso inclui vários produtos: iogurte, leite fermentado ou cultivado, leite acidófilo ou acidofilado, *kefir*, *kumys* e coalhada. Em função do teor de gordura, podem ser classificados em: com creme (mínimo de 6,0 g/100 g), integral (mínimo de 3,0 g/100 g), parcialmente desnatado (máximo de 2,9 g/100 g) e desnatado (máximo de 0,5 g/100 g). O teor de acidez varia de 0,6 a 2,0 g de ácido lático/100 g e o teor mínimo de proteínas deve ser 2,9 g/100 g.

Levedar – submeter massas de pães à ação do levedo (fermento).

Liaison à l'albumine – mistura de ingredientes que se faz mediante adição de sangue ou gema de ovo.

Liaison à l'amidon – mistura de ingredientes que se faz mediante adição de amido, fécula ou farinha.

Liaison avec un corps gras – mistura de ingredientes que se faz mediante adição de manteiga ou nata. A gordura confere untuosidade e sabor.

Libra – unidade de massa de origem inglesa que corresponde a 453,59237 gramas; símbolo lb.

Licor – bebida alcoólica por mistura, com teor alcoólico entre 15 e 54% v/v, a 20 °C, e percentual de açúcar superior a 30 g /l. Deve ser elaborado com álcool etílico potável de origem agrícola, destilado alcoólico simples de origem agrícola ou bebida alcoólica, adicionado de extrato ou substância de origem vegetal ou de extrato ou substância de origem animal, podendo, ainda, receber aditivos como aromatizante, saborizante e corante. Em função de seu teor de açúcar, os licores são classificados pela legislação brasileira (Mapa) em seco (30 a 100 g de açúcares/l), fino ou doce (100 e 350 g de açúcares/l), creme (mais de 350 g de açúcares/l), escarchado ou cristalizado (saturada de açúcares parcialmente cristalizados). São permitidas as denominações *Cherry*, *Apricot*, *Peach*, *Curaçau*, *Prunelle*, *Maraschino*,

Peppermint, *Kümmel*, *Noix*, *Cassis*, *Ratafia*, *Anis* e outras aos licores elaborados principalmente com as frutas, plantas ou partes delas. Quando o licor contiver em sua composição, no mínimo, 50% v/v de conhaque, uísque, rum ou outras bebidas alcoólicas destiladas, poderá ser denominado "licor de ...", acrescido do nome da bebida utilizada.

Liquor – massa de cacau refinada, que é prensada para obtenção da manteiga e da torta, a partir das quais se originam o cacau em pó e suas diferentes versões.

Liga – mistura de gema e creme de leite, usada para engrossar molhos, sopas e ensopados.

Liga neutra – aditivo adicionado à calda preparada para a fabricação de sorvetes e que favorece a textura cremosa e suave do produto.

Ligação apolar – ligação covalente que ocorre entre dois átomos de um mesmo elemento químico. Por apresentarem a mesma eletronegatividade, a distribuição eletrônica ao redor do núcleo é simétrica, não havendo formação de polos elétricos. Esse tipo de ligação ocorre nos gases nitrogênio (N_2), hidrogênio (H_2), oxigênio (O_2), entre outros.

Ligação covalente – ligação química em que ocorre o compartilhamento de um ou mais pares de elétrons entre átomos vizinhos e preenchimento das camadas eletrônicas externas, permitindo uma distribuição eletrônica mais estável. O compartilhamento pode ser de um único par de elétrons (ligação simples), dois pares (ligação dupla) ou três pares (ligação tripla). Há também a ligação covalente dativa (ou coordenada), onde um único átomo fornece seus dois elétrons.

Ligação cruzada – ligações que ocorrem entre moléculas lineares ou ramificadas, produzindo polímeros tridimensionais de elevado peso molecular. Ocorre em proteínas e amidos modificados.

Ligação de Van der Waals – força atrativa que deriva da flutuação na densidade eletrônica de um átomo ou molécula neutra, criando, momentaneamente, um dipolo que pode induzir o átomo ou molécula adjacente a uma orientação semelhante. É, portanto, uma interação dipolo-dipolo. São forças fracas quando comparadas às covalentes ou iônicas. É o tipo de força que provoca a atração entre os glóbulos de gordura de uma emulsão provocando sua coalescência (separação da gordura).

Ligação hemiacetálica – ligação intramolecular que ocorre entre o carbono da carbonila (carbono anomérico) com uma das hidroxilas nos monossacarídeos, formando uma estrutura cíclica.

Ligação iônica – ligação química baseada na atração eletrostática de íons com cargas opostas (geralmente um metal e um ametal ou metal e hidrogênio). É o tipo de ligação que existe no sal de cozinha (NaCl). Esses íons podem formar estruturas sólidas, como os cristais iônicos que apresentam pontos de fusão e ebulição elevados e conduzem eletricidade quando fundidos ou dissolvidos em água.

Ligação peptídica – ligação química entre duas ou mais moléculas de aminoácidos para formar um polipeptídio (proteína). Na formação da ligação peptídica, ocorre uma reação de condensação entre o carbono do grupo carboxílico e o nitrogênio do grupo amino.

Ligação polar – tipo de ligação covalente em que os átomos ligados têm diferentes eletronegatividades. Assim, o átomo mais eletronegativo torna-se o polo negativo; o outro átomo, o polo positivo, formando-se, portanto, um dipolo elétrico.

Light – ver ALIMENTO LIGHT.

Limiar de detecção – em análise sensorial corresponde à intensidade mínima de um estímulo necessária para produzir uma sensação.

Limiar de diferença – em análise sensorial, é a menor diferença perceptível na intensidade de um estímulo.

Limiar de reconhecimento – em análise sensorial, corresponde à intensidade mínima de um estímulo necessária para identificar a sensação percebida.

Limiar terminal – em análise sensorial, é a intensidade mínima de um estímulo abaixo da qual nenhuma diferença pode ser percebida.

Limite máximo de resíduos – (*Higher residue limit* [HRL]) quantidade máxima de resíduos de uma substância química expressa mg/kg, presente em um alimento ou ração, segundo as recomendações do *Codex Alimentarius*.

Limite superior tolerável (UL) – nível mais alto de ingestão diária continuada de nutriente que aparentemente não oferece nenhum efeito adverso à saúde em quase todos os indivíduos de um estágio de vida ou gênero.

Limoneno – hidrocarboneto da família dos terpenos, encontrado nos óleos essenciais das frutas cítricas, volátil, contribui para o aroma dessas frutas.

Limonina – dilactona triterpenoide; substância amarga que pode aparecer nos sucos de frutas cítricas. A limonina não está presente em frutas intactas, mas, dependendo do processo de obtenção dos sucos, ela pode ser sintetizada a partir de precursores e conferir o sabor amargo à bebida.

Limpadores de paladar – líquidos ou sólidos, como água, água com gás, biscoitos de água e sal, pão, usados para "limpar" o paladar entre duas degustações de uma análise sensorial.

Limpeza – operação unitária realizada para a remoção de sujidades de alimentos e de equipamentos de processamento.

Língua[1] – órgão muscular recoberto de mucosa, situado na boca e na faringe, relacionado ao sentido do paladar, à deglutição dos alimentos e à formação dos fonemas da fala.

Língua[2] – tipo de víscera de origem suína, bovina, entre outros animais, de sabor característico, usada em muitas preparações culinárias.

Língua eletrônica – equipamento que tem por princípio de funcionamento a condutividade elétrica entre sensores e os líquidos em que estão imersos. Foi desenvolvido para diferenciar e classificar vários tipos de bebidas, entre elas, águas, vinhos, chás e cafés, mas não é capaz de atestar a sua qualidade. Tem sensibilidade mil vezes mais apurada que a do paladar humano. Sua aplicação potencial está no monitoramento da qualidade de águas, leite e outros líquidos.

Linguiça – produto cárneo industrializado, obtido de carnes de animais de açougue, adicionados ou não de tecidos adiposos, ingredientes, embutido em envoltório natural ou artificial, e submetido ao processo tecnológico adequado. Em função da tecnologia de fabricação, as linguiças se apresentam na forma fresca, seca, curada e/ou maturada, cozida e defumada. No Brasil, as linguiças são fabricadas com carnes suínas, bovinas, de frango, de peru, havendo também as mistas, que contêm carnes suínas e bovinas juntas.

Linguiça calabresa – produto curado obtido exclusivamente de carne suína, adicionado de ingredientes, devendo ter o sabor picante característico da pimenta calabresa, submetido ou não ao processo de estufagem ou similar para desidratação e/ou cozimento, sendo opcional o processo de defumação.

Linguiça colonial – produto cárneo industrializado, elaborado exclusivamente a partir de carnes suínas, adicionado de toucinho, e outros ingredientes, moído em granulometria variável, embutida em envoltório natural, curado, que sofre um processo rápido de fermentação, defumado e dessecado por tempo indicado pelo processo de fabricação. A presença de "mofos" característicos é consequência natural do seu processo tecnológico de fabricação.

Linguiça paio – produto obtido de carnes suína e bovina (máximo de 20%) embutida em tripas natural ou artificial comestível, curado e adicionado de ingredientes, submetido a ação do calor com defumação.

Linguiça portuguesa – produto curado, obtido exclusivamente de carne suína, adicionado de ingredientes, submetido à ação do calor com defumação. A forma de apresentação consagrada do produto é a de uma "ferradura", e com sabor acentuado de alho.

Linguiça toscana – produto cru e curado obtido exclusivamente de carne suína, adicionada de gordura suína e ingredientes.

Linhagem – grupo de indivíduos, geralmente obtidos por autofecundações sucessivas e que apresentam uniformidade para grande número de características. Também se refere à sequência evolutiva de uma dada espécie. Ou, ainda, populações celulares originadas de uma única célula ou grupo de células específicas.

Liofilização – (criossecagem ou *freeze-drying*) processo de conservação de alimentos que consiste na desidratação destes sob baixa temperatura e baixa pressão, conservando a maior parte de suas características organolépticas e seus valores nutricionais. Na liofilização, os alimentos são congelados e, depois, submetidos a vácuo, para sublimação da água. Os produtos são microbiologicamente estáveis, com elevado tempo de conservação, sem necessitar de condições especiais de armazenagem. O produto final é poroso em função da sublimação dos cristais de gelo, o que permite a sua rápida reidratação.

Lion quality – símbolo de qualidade usado no Reino Unido para identificar ovos que foram produzidos sob os requerimentos estritos do British Lion Code of Practice. Este é um projeto de segurança alimentar criado em 1998 com o objetivo de reduzir a presença da bactéria salmonela em ovos. O Código abrange toda a cadeia de produção, tornando rastreável todos os ovos, galinhas e rações.

Lipídeos – substâncias que formam, com os carboidratos e as proteínas, o grupo dos compostos de maior importância em alimentos de origem animal e vegetal. Grupo heterogêneo de substâncias derivadas da condensação entre glicerol e ácidos graxos monocarboxílicos alifáticos, saturados ou não. São insolúveis em água e solúveis em solventes orgânicos, classificadas em lipídeos simples, lipídeos compostos e lipídeos derivados. Os lipídeos são simples quando, por hidrólise total, originam apenas ácidos graxos e álcoois. Os lipídeos compostos, por hidrólise total, produzem ácidos graxos e álcoois, apresentando em suas moléculas outro grupo funcional (fosfolipídeos, glicolipídeos e sulfolipídeos). Os lipídeos derivados são provenientes da hidrólise dos lipídeos simples e compostos: ácidos graxos, hidrocarbonetos, vitaminas lipossolúveis, pigmentos, compostos nitrogenados. Por representarem até 96,0% da massa total dos lipídeos, os triacilgliceróis contribuem de forma significativa para as propriedades físico-químicas dos diferentes óleos e gorduras. Ainda, o tamanho das cadeias de ácidos graxos, o grau de insaturação e a posição das duplas ligações influenciam as propriedades físicas e químicas dos lipídeos.

Lipogênese – via anabólica de síntese de ácidos graxos e triacilgliceróis para deposição no tecido adiposo.

Lipólise – processo de hidrólise de triacilgliceróis armazenados, para liberar no plasma ácidos graxos não esterificados (ligados à proteína carreadora albumina) e glicerol, para que possam ser captados por outros tecidos.

Lipoproteínas (LDL, HDL, VLDL, quilomícrons) – complexos multicomponentes de proteínas e lipídeos que formam agregados moleculares distintos com uma estequiometria aproximada entre os componentes proteicos e lipídicos dentro do complexo. Esses complexos têm uma ampla variedade de papéis no sangue, incluindo a transferência de lipídeos de um tecido para outro e a participação no metabolismo lipídico. As lipoproteínas de muito baixa densidade (VLDL) e os quilomícrons são responsáveis por distribuir triglicerídeos a partir do fígado e do intestino para os demais tecidos, respectivamente. As lipoproteínas de baixa densidade (LDL) constituem um complexo transportador de colesterol. As lipoproteínas de alta densidade (HDL) estão envolvidas na remoção de colesterol dos tecidos e no transporte deste para o fígado para excreção

Liqueur d'expédition – licor de expedição ou licor de dosagem; líquido com o qual uma garrafa de champanhe é complementada após a retirada dos sedimentos acumulados no seu gargalo, para compensar a perda de volume.

Lisozima – enzima presente na clara de ovo e na lágrima que digere os carboidratos da parede celular de bactérias, ocasionando sua morte.

Litro – unidade de volume ou capacidade do sistema métrico aceita pelo Sistema Internacional de Unidades, embora não seja unidade oficial, correspondendo ao volume de um cubo de um decímetro de aresta. A unidade oficial do Sistema Internacional de Unidades para volume ou capacidade é expressa em metros cúbicos.

Logística – parte da cadeia de suprimentos que se encarrega dos processos de planejamento, implementação e controle do fluxo e da armazenagem de produtos, bem como dos serviços e informações associadas, desde o ponto de origem até os pontos de consumo, com o objetivo de atender os requisitos do consumidor.

Lombinho – corte de carne suína, localizado na parte inferior da porção mediana do lombo e da ponta traseira.

Lombinho canadense – versão brasileira do *back bacon*, preparado do corte que envolve partes da barriga e do lombo de suíno. Embutido de cor rosada, suave ao paladar, com aroma agradável, delicado e saboroso. Ingrediente para elaboração de sanduíches e outros tipos de lanches.

Lombo – produto cárneo industrializado, obtido por meio do corte da região lombar de suínos, ovinos e caprinos, podendo ser adicionado de ingredientes e submetido ao processo tecnológico adequado. Sua classificação varia de acordo com a tecnologia de fabricação.

Lombo bovino – contrafilé; longa peça de corte constituída por massa muscular situada de forma longitudinal nas costas do bovino.

Lombo cozido – é o produto obtido a partir do corte de carcaças denominado "lombo", inteiro ou em pedaços, adicionado de ingredientes, embutido em envoltórios naturais e/ou artificiais, e submetido ao processo tecnológico adequado de cozimento, defumado ou não.

Lombo curado dessecado – é o produto obtido a partir do corte de carcaças denominado "lombo", adicionado de sais de cura e ingredientes, embutido ou não, e submetido ao processo tecnológico adequado, defumado ou não.

Lombo suíno – longa peça de corte constituída por massa muscular, situada de forma longitudinal nas costas do suíno. Macia e saborosa, usada para inúmeras preparações, apresentando características diferenciadas em função dos métodos e técnicas de cocção.

Lombo temperado – produto obtido a partir do corte de carcaças, denominado *lombo*, inteiro ou em pedaços, adicionado de ingredientes, submetido ao processo tecnológico adequado.

Lombo tipo canadense – produto obtido a partir do corte de carcaças de suínos, denominado *lombo*, em peça íntegra ou parcial, adicionado de ingredientes, embutido em envoltórios naturais e/ou artificiais, e submetido ao processo tecnológico adequado, defumado ou não.

Lop chong – designação atribuída aos muitos tipos de linguiças de origem chinesa; são curadas, defumadas e secas, não muito condimentadas, apresentam formato de salsicha. Tradicionalmente, a *lop chong* é feita com carne e gordura suína, mas, com sua popularização, outros ingredientes passaram a ser utilizados, como carne de frango, de pato, fígado e sangue. Ingredientes inusitados como molho de soja, açúcar e água de rosas também podem ser usados.

Lote – (ou partida) quantidade de um produto obtida em um ciclo de fabricação, identificada por número, letra ou combinação dos dois, cuja característica principal é a homogeneidade.

Luminosidade (L) – ou o tom da cor do produto; propriedade física que descreve a quantidade de luz que um objeto emite, reflete ou transmite. Varia de zero (negro) a cem (branco). Amostras com as mesmas cores, ou seja, que têm os mesmos valores de a^* e b^*, podem ser diferentes entre si pela variação da luminosidade (tom), apresentando-se como claras, com valores mais próximos de cem, ou mais escuras, com valores mais próximos de zero. Ver *COLORIMETRIA*[1].

Lumpiness – relaciona-se à presença de grumos em produtos como molhos à base de amidos.

Lúpulo – planta da espécie *Humulus lupulus*, nativa das regiões temperadas do Hemisfério Norte. Trepadeira dioica cujas flores femininas encerram a lupulina, pó resinoso que confere gosto amargo e aroma característico à cerveja, além de ser um conservante natural (bacteriostático) que aumenta o tempo de vida útil da bebida.

Luteína – carotenoide de cor amarela presente em alimentos como espinafre, abobrinha, couve-flor, ervilha, brócolis, laranja, mamão, pêssego, kiwi e gema de ovo. É um antioxidante natural usado na medicina para melhorar ou prevenir a degeneração ocular.

M

MENDELEEV

Dmitri Mendeleev (1834-1907) – nasceu na Sibéria, estudou química, matemática, física, literatura e línguas estrangeiras. Delineou a tabela periódica de elementos químicos (tabela periódica) a partir dos 63 elementos químicos que apresentavam propriedades físicas diferentes: alguns eram leves; alguns, pesados; alguns eram líquidos em condições normais e sólidos em outras situações. Alguns eram tão ativos que se tornava perigoso manuseá-los sem proteção; outros permaneciam inalterados durante anos. Dispôs todos eles segundo a ordem crescente das massas atômicas, começando pelo hidrogênio e terminando no urânio; depois, distribuiu-os em sete grupos, segundo suas propriedades físicas e químicas.

Macarrão – massa alimentícia; produto obtido, exclusivamente, a partir de farinha de trigo comum e/ou sêmola/semolina de trigo e/ou farinha de trigo *durum* e/ou sêmola/semolina de trigo *durum*.

Macarrão instantâneo – ver *Massa alimentícia instantânea*.

Macerar – manter alimentos de molho em líquidos (água, vinhos, licores, vinagre, sucos de frutas) por períodos curtos ou longos, de acordo com a sua finalidade, como amaciar ou enriquecer o sabor de carnes, frutas, cereais, entre outros.

Macronutrientes – nutrientes que devem ser ingeridos em maiores quantidades (carboidratos, gorduras, proteínas) por suas funções específicas: produzir energia, fornecer os componentes de construção dos tecidos e órgãos e sintetizar os materiais necessários para o seu funcionamento.

Mãe do vinagre – denominação atribuída ao material celulósico coriáceo formado na superfície de líquidos alcoólicos em processo de acetificação; a mãe do vinagre é formada por bactérias do gênero *Acetobacter*, responsáveis pela transformação de etanol em ácido acético, na presença do oxigênio.

Maionese – produto cremoso em forma de emulsão estável, óleo em água, preparado a partir de óleos vegetais, água e ovos, podendo ser adicionado de outros ingredientes, desde que estes não descaracterizem o produto. A maionese deve ser acidificada.

Malaxagem – amassamento da manteiga; operação que tem por finalidade retirar o leitelho (sobrenadante resultante da batação da manteiga), dando-lhe homogeneidade e elasticidade, bem como regular seu teor de água. Quando incompleta, origina excesso de água na manteiga, que favorece o crescimento microbiano, podendo se constituir numa fraude, se esse teor estiver acima do legalmente permitido. Quando excessiva, origina uma manteiga de aspecto sebáceo e, por eliminação da água, uma perda de rendimento. O tempo de malaxagem depende fundamentalmente da temperatura da manteiga, que deve estar entre 12 e 14 °C, por aproximadamente 10 minutos. Ver *Leitelho*.

Malbec – variedade francesa de uva da região do Gironde (Bordeaux). Foi a variedade responsável pelas grandes produções dessa região, porém, um inverno rigoroso e a filoxera praticamente a extinguiram na França. Levada para a Argentina no início do século XX, tornou-se um grande sucesso, a ponto de ter um dia só para o seu nome, o *Malbec World Day*, dia 17 de abril. Apresenta casca grossa e rica em taninos, coloração intensa, seu aroma é de amora, ameixas e mel. A Malbec também está presente na África do Sul, na Austrália, no Canadá, nos Estados Unidos, na Itália, no Marrocos e na Suíça.

Maltagem – (ou malteação) processo de produção de malte a partir do grão de cereais. A maltagem envolve três operações unitárias: a maceração, que visa a hidratar o grão; a germinação, para a produção de enzimas (amilases principalmente) no interior do grão; a secagem, para conferir estabilidade física, química e biológica ao grão. A cevada é o principal cereal utilizado nos processos de maltagem.

Maltase – enzima que hidrolisa a maltose, produzindo duas moléculas de glicose.

Malte – produto obtido da maltagem (ou malteação) do grão de cevada. O termo "malte" indica que o cereal utilizado na maltagem foi a cevada. Quando se usam outros cereais, deve-se identificar o malte com o nome do cereal de origem (malte de trigo, malte de aveia etc.). O malte é utilizado como matéria-prima na produção de cerveja e uísque. Na forma de extrato, tem uma ampla aplicação na indústria de alimentos. O malte é produzido em grandes unidades fabris chamadas *maltarias* (ou *malterias*), passando por três operações unitárias fundamentais: maceração do grão em água, germinação e secagem. Nessas condições, produz-se o malte claro, que é usado na fabricação de cervejas claras; entretanto, o malte pode ser torrado para conferir aromas e sabores característicos (café e chocolate), bem como coloração escura à cerveja.

Malteação – ver *Maltagem*.

Malting properties – propriedades de maltagem. A qualidade do malte e, consequentemente, a qualidade da cerveja dependem das características físicas, químicas e biológicas do grão (normalmente de cevada) que vai ser maltado. O grão é avaliado de quatro diferentes formas: a) sensorial ou nas mãos – odor, umidade, cor e brilho, aspecto da casca, quantidade de impureza, grãos danificados, tamanho e forma dos grãos, uniformidade, grãos brotando, presença de pragas; b) físicas – classificação por tamanho de grão, peso de mil sementes, peso do hectolitro (de sementes), dureza do endosperma; c) químicas – teor de umidade, teor de proteína; d) fisiológica – capacidade germinativa, energia germinativa, sensibilidade a água, capacidade de absorção de água.

Maltitol – adoçante poliol, com baixo valor calórico, não cariogênico, que tem gosto doce semelhante à sacarose; possui cerca de 90% da capacidade adoçante deste açúcar. Não escurece nem carameliza como os açúcares. Seu efeito de resfriamento na boca é insignificante, se comparado a outros polióis. Não existe livre na natureza; é produzido industrialmente, a partir da hidrogenação catalítica da maltose. Tem aplicação na produção de balas, gomas de mascar e chocolate.

Maltodextrinas – polímero de glicose contendo de cinco a dez moléculas. As maltodextrinas são obtidas pela hidrólise parcial do amido de diferentes fontes botânicas. Devem apresentar DE (dextrose equivalente) menor que 20 (DE do amido = 0 e DE da glicose = 100). Os valores de DE definem as propriedades físico-químicas das maltodextrinas; assim, higroscopicidade, solubilidade, osmolaridade, capacidade de reduzir o ponto de congelamento e doçura aumentam com o aumento da DE, enquanto viscosidade, coesividade e prevenção de formação de cristais aumentam com a diminuição da DE. Maltodextrinas com baixa DE (em torno de 5) são usadas como agente gelificante e espessante, e ainda como substitutas de gorduras. As principais aplicações das maltodextrinas na indústria de alimentos são em formulações de molhos para saladas, bebidas, produtos lácteos, embutidos, panificação, confeitaria e encapsulamento de aromas.

Maltol – composto orgânico de ocorrência natural nos maltes torrados e nas folhas aciculadas de pinheiro, em óleos e alcatrão de madeira. Apresenta odor de algodão-doce e caramelo, sendo usado como melhorador de sabor em pães e bolos; também é usado para conferir aroma doce às fragrâncias.

Maltose – açúcar do malte; dissacarídeo formado por duas moléculas de glicose obtido a partir da hidrólise do amido do malte pelas enzimas alfa e beta-amilases. Apresenta menor doçura em relação à sacarose (40%) e aplicação como adoçante, nutriente em meios microbiológicos de cultura, na fermentação da cerveja, no preparo de alimentos para abelha, como suplemento parenteral de açúcar para diabéticos.

Maminha da alcatra – (ou ponta de alcatra) tipo de corte bovino muito macio, suculento e sabor suave, tirado da peça inteira da alcatra, com capa de gordura.

Mandioca – (ou aipi, aipim, costelinha, uaipi, macaxeira, mandioca-doce, mandioca-mansa, maniva, maniveira, pão-de-pobre, mandioca-brava, mandioca-amarga, de acordo com a região em que é consumida) planta com raízes tuberosas que acumulam amido como substância de reserva. Denominada *Manihot esculenta*, da família Euphorbiaceae. Tem sua origem na Amazônia, mas encontra-se disseminada pela América do Sul e Central. Antes da chegada do europeu ao continente americano, já era consumida pelos povos indígenas. Há dois tipos de plantas comerciais: a mandioca-doce, que apresenta baixo teor de ácido cianídrico e é usada como mandioca de mesa; e a mandioca-amarga, que é empregada na indústria de farinhas, com teores mais elevados de cianeto.

Mandioca de mesa – (macaxeira, aipim, ou mandioca-doce) refere-se ao produto obtido de cultivares que apresentam um ciclo produtivo mais curto (8 a 14 meses), comercializado na forma *in natura*, com as seguintes características: ausência de fibras na massa cozida, resistência à deterioração pós-colheita, facilidade de descascamento das raízes, raízes bem conformadas (raízes mais retas).

Mandioca para fins industriais – refere-se às cultivares de mandioca de mesa e brava (ou amarga), que são transformadas em diversos produtos e subprodutos, como a farinha e o polvilho. As variedades bravas apresentam as seguintes características: alta produção e qualidade do amido, raízes com polpa de coloração branca ou amarela, córtex branco, ausência de cintas e com película fina, raízes grossas e bem formadas.

Manejo integrado de pragas (MIP) – termo instituído na década de 1960 pela comunidade científica para a otimização do controle de pragas agrícolas (ácaros, insetos, doenças e plantas daninhas). O termo refere-se à integração de diferentes ferramentas de controle, como produtos químicos, agentes biológicos, predadores, parasitoides e entomopatógenos, bactérias, fungos ou vírus, extratos de plantas, feromônios, cultivares de plantas resistentes a pragas, manejo cultural, plantas-iscas, liberação de machos estéreis (TIE), dentre outras. O emprego conjunto de todas essas ferramentas, de maneira planejada e em harmonia, é a base para solidez de um programa de MIP.

Manipulação – sequência de operações pelas quais uma matéria-prima alimentar é transformada em produto elaborado ou pronto para consumo, envolvendo todas as fases de seu preparo, processamento, armazenamento, transporte e exposição à venda.

Manipuladores de alimentos – profissionais que têm contato direto com alimentos embalados ou não embalados e que manuseiam equipamentos ou utensílios que entram em contato com os alimentos no momento do preparo e distribuição para os consumidores.

Manitol – poliol obtido pela redução da manose. Edulcorante natural utilizado pela indústria de alimentos como adoçante para a produção de alimentos e bebidas dietéticos. A principal aplicação do manitol, geralmente em mistura com o sorbitol, é em gomas de mascar isentas de açúcar, nas quais atua como ingrediente inerte, antiaderente e como inibidor de cristalização. Sua baixa solubilidade impede que seja utilizado em produtos como sorvetes, frutas em conservas, refrigerantes ou confeitos.

Manteiga – produto gorduroso obtido exclusivamente por batedura e malaxagem, com ou sem modificação biológica, do creme pasteurizado (nata) derivado exclusivamente do leite de vaca. A matéria gorda da manteiga deverá estar composta exclusivamente de gordura láctea. A manteiga pode se dividir em duas categorias: manteiga de nata doce (natas sem maturar), quando tem sabor apenas de nata, embora seja aceitável um leve sabor de cozido; manteiga de nata ácida (natas acidificadas por crescimento microbiano), quando tem odor de diacetil. Segundo o regulamento técnico de identidade e qualidade de manteiga, esta pode ser classificada como manteiga de primeira qualidade e manteiga extra. A manteiga de garrafa ou da terra e a manteiga comum seguem outro regulamento. A composição da manteiga é restrita a gordura láctea e deve ter em torno de 82% de gordura (nunca menos que 80%), água oriunda do próprio creme de leite e da água de lavagem/malaxagem (15 a 16%), extrato seco desengordurado (ESD) até o limite máximo 2% (estritamente oriundo do creme de leite utilizado) e sal (quando em manteigas salgadas). Uma boa manteiga deve ser firme e consistente quando refrigerada e pastosa numa temperatura de 20 °C. Deve apresentar textura lisa e uniforme, untuosa, com distribuição uniforme de água. Sua coloração vai da branco-amarelada à amarelada, não devendo apresentar manchas ou pontos de coloração adversa. O sabor deve ser suave e característico, com aroma delicado, não devendo apresentar qualquer odor ou sabor estranho. A manteiga é classificada como "extra" ou de "primeira" conforme a classificação por avaliação sensorial.

Manteiga clarificada – (manteiga *ghee*) variante da manteiga, obtida pela remoção da fração aquosa e dos sólidos do leite. Esse tipo de manteiga permite o uso de temperaturas mais altas em sua cocção porque seu ponto de fusão é mais alto e, assim, não promove as alterações sensoriais características da desnaturação das proteínas (mudanças de cor, aroma e sabor) da manteiga padrão. De cor amarelada e límpida, solidifica em temperatura ambiente e mantém-se bem em ambiente refrigerado.

Manteiga composta – manteiga combinada com ervas ou outros condimentos; usada para temperar, aromatizar e amaciar carnes grelhadas, vegetais, sobremesas cozidas no vapor, queijos fortes, pães, massas alimentícias, entre outros usos.

Manteiga comum ou de segunda qualidade – produto que alcança valores entre 70 e 81 pontos na escala de avaliação sensorial estabelecida pela International Dairy Federation. Além disso, o produto deve ser obtido segundo o regulamento técnico vigente e apresentar, no máximo, acidez de 5 ml de soluto alcalino normal em 100 g de matéria-prima gorda na fábrica, tolerando-se 8 ml no consumo; 2% de insolúveis e 3% de cloreto de sódio.

Manteiga da terra – (manteiga de garrafa) produto gorduroso nos estados líquido e pastoso, obtido a partir do creme de leite, pela eliminação quase total da água, mediante processo tecnologicamente adequado. Sensorialmente, tem as seguintes características: aspecto pastoso e/ou líquido, podendo ocorrer separação de fase entre a gordura insaturada (líquida) e gordura saturada (cristalizada em temperatura ambiente); cor, amarela na fase líquida, ou amarelo-esbranquiçada na fase sólida; sabor e aroma próprios.

Manteiga de cacau – produto obtido da prensagem da massa (pasta ou licor) de amêndoas de cacau (*Theobroma cacao* L.).

Manteiga de garrafa – ver MANTEIGA DA TERRA.

Manteiga de primeira qualidade – produto que alcança valores entre 82 e 91 pontos na escala de avaliação sensorial estabelecida pela International Dairy Federation e que corresponde à classe de qualidade II. Além disso, o produto deve ser obtido segundo o regulamento técnico vigente e apresentar acidez máxima de 3 ml do soluto alcalino normal em 100 g de matéria gorda na fábrica, tolerando-se 5 ml no consumo; 1,5% de insolúveis e 2,5% de cloreto de sódio.

Manteiga extra – produto que alcança 92 pontos ou mais na escala de avaliação sensorial estabelecida pela International Dairy Federation e que corresponde à classe de qualidade I. Além disso, o produto deve ser obtido segundo o regulamento técnico vigente e apresentar, no máximo, acidez de 2 ml de soluto alcalino normal em 100 g de insolúveis e 2% de cloreto de sódio.

Mão de milho – medida usada no comércio do milho, na roça: agrupamento de cinquenta espigas de milho.

Maple syrup – (xarope de *ácer*, mel de bordo (Brasil), *sirop d'érable* (França e Quebec, no Canadá), produto obtido da seiva de árvores *Acer nigrum* ou *Acer saccharum* e concentrado por ebulição. A seiva exsudada do tronco, especialmente do bordo vermelho ou bordo preto, rica em sacarose, foi coletada e usada pela primeira vez pelos povos indígenas da América do Norte, e a prática foi adotada por colonos europeus, que refinaram gradualmente os métodos de produção. Hoje, o Quebec responde por 70% da produção mundial desse xarope, que é classificado com base em sua densidade e transparência, seguindo a legislação do Canadá e dos Estados Unidos. O produto deve ter uma concentração mínima de sólidos solúveis de 66 °Brix para ser comercializado com esse nome. Esse xarope contém compostos aromatizantes e corantes naturais que lhe conferem o sabor e a cor âmbar característicos. É utilizado em pratos doces, como panquecas, crepes, *waffles*, torradas, mingaus, bem como em pratos salgados de carnes vermelhas e de porco, e como ingrediente de panificação (adoçante e agente aromatizante).

Margarina – produto com teor de gordura mínimo de 10% e máximo de 90%, em forma de emulsão estável plástica ou fluida, principalmente do tipo água em óleo (A/O), composto por água, óleos ou gorduras de origem animal ou vegetal, podendo ser adicionado de outros ingredientes. De acordo com sua forma de apresentação, é classificada em dois grupos: margarina e margarina líquida. Será do grupo margarina quando for obtida pelo processo de formação da emulsão entre os ingredientes, seguido por resfriamento e microcristalização do conteúdo gorduroso, de forma a promover a solidificação da massa de margarina. Será margarina líquida quando for obtida pelo processo de formação da emulsão entre os ingredientes, seguido por resfriamento e microcristalização do conteúdo gorduroso, de forma a manter estável a mistura de fases de consistência líquida ou semipastosa. É usada como sucedâneo da manteiga.

Marmorização – termo que descreve o grau de deposição de gordura intramuscular na carne. A marmorização é usada na avaliação de carcaças, pois, em termos gerais, quanto maior o marmoreio, de melhor qualidade será a carne. Elevado grau de marmorização está associado a carnes mais macias e saborosas.

Mascaramento – em análise sensorial, fenômeno relacionado a um atributo de qualidade sensorial inferior que foi encoberto (mascarado) por outro atributo de qualidade superior presente no alimento. Também pode-se utilizar de artifícios para encobrir ou mascarar uma característica que não se deseja observar durante a análise sensorial. Por exemplo, quando se quer avaliar somente o sabor, aroma ou textura de uma amostra, utiliza-se luz colorida para mascarar a sua cor ou aparência, evitando-se, assim, que a aparência interfira nas demais características que se deseja avaliar.

Massa alimentícia – produto não fermentado, apresentado sob várias formas, recheado ou não, obtido pelo empasto, amassamento mecânico de farinha de trigo comum e/ou sêmola/semolina de trigo e/ou farinha de trigo integral e/ou farinha de trigo *durum* e/ou sêmola/semolina de trigo *durum* e/ou farinha integral de trigo comum e/ou derivados de cereais, leguminosas, raízes ou tubérculos, adicionado ou não de outros ingredientes e acompanhado ou não de temperos e/ou complementos, isoladamente ou adicionados diretamente à massa.

Massa alimentícia de outros vegetais – produto obtido, exclusivamente, de derivados de leguminosas, raízes, tubérculos e/ou cereais, excetuando-se o trigo.

Massa alimentícia instantânea – produto não fermentado, apresentado sob várias formas, recheado ou não, obtido pelo empasto, amassamento mecânico, cozimento ou não, desidratação ou não, da mistura de farinha de trigo comum e/ou sêmola/semolina de trigo e/ou farinha de trigo integral e/ou farinha de trigo *durum* e/ou sêmola/semolina de trigo *durum* e/ou farinha integral de trigo *durum* e/ou derivados de cereais, leguminosas, raízes ou tubérculos, adicionado ou não de outros ingredientes, e acompanhado ou não de temperos e/ou complementos, isoladamente ou adicionados diretamente à massa. Para o preparo, o produto é hidratado a frio ou a quente, e o tempo de cozimento é reduzido ou desnecessário

Massa alimentícia integral – macarrão integral; produto obtido a partir de farinha de trigo integral e/ou farinha integral de trigo *durum*, ou a partir da mistura de farinha de trigo integral e/ou farinha integral de trigo *durum* e/ou farelo de trigo e/ou farelo de trigo *durum* com farinha de trigo comum e/ou sêmola/semolina de trigo e/ou farinha de trigo *durum* e/ou sêmola/semolina de trigo *durum*.

Massa alimentícia pré-cozida – produto não fermentado, apresentado sob várias formas, recheado ou não, obtido pelo empasto, amassamento mecânico, parcialmente cozido, desidratado ou não, da mistura de farinha de trigo comum e/ou sêmola/semolina de trigo e/ou farinha de trigo integral e/ou farinha de trigo comum e/ou sêmola/semolina de trigo *durum* e/ou farinha integral de trigo comum e/ou derivados de cereais, leguminosas, raízes ou tubérculos, adicionado ou não de outros ingredientes, acompanhado ou não de temperos e/ou complementos, isoladamente ou adicionados diretamente à massa, cujo preparo necessita cozimento complementar.

Massa alimentícia seca – produto que, durante a elaboração, é submetido a um processo de secagem, de forma que apresente umidade máxima de 13,0% (g/100g).

Massa de cacau – pasta viscosa obtida pela trituração dos *nibs* (sementes de cacau torradas, sem casca, quebradas em pequenos pedaços). A prensagem da massa de cacau resulta na manteiga de cacau e na torta de cacau. Esta, quando moída, dá origem ao cacau em pó, matéria-prima na fabricação de chocolate e produtos de chocolate.

Massa de chocolate – ver *Liquor*.

Massa puba – massa de mandioca fermentada, largamente utilizada na produção de bolos, biscoitos e diversas outras receitas típicas do Norte e Nordeste brasileiros.

Massa[1] – produto resultante da mistura de um farináceo com água ou outro líquido, gordura ou outros ingredientes, trabalhada até ficar suficientemente firme para conferir a forma, contudo bastante maleável para ser moldada à mão. Utilizada na preparação de uma grande variedade de produtos.

Massa[2] – quantidade de matéria e propriedade exclusiva do corpo. Seu valor não depende do local onde é medido. A massa é frequentemente associada ao peso dos objetos, mas essa associação não é absolutamente correta, pois o peso é fruto da interação entre a massa e o campo gravitacional do local onde é medida. São unidades de massa o grama (g), o quilograma (kg) e a tonelada (t), sendo que o quilograma é a unidade padrão de massa no Sistema Internacional de Unidades (SI).

Massas alimentícias – para alguns historiadores, a origem das massas alimentícias foi há aproximadamente 7.000 anos, quando o homem começou a abandonar a vida nômade e se tornou agricultor. Segundo a legislação brasileira, as massas alimentícias podem ser classificadas das seguintes formas: I– segundo seu teor de umidade: a) massa fresca, quando submetida a processo parcial de secagem; b) massa seca, quando submetida a processo de secagem; II – segundo seu formato: a) massa comprida ou longa - espaguete, talharim, e outra; b) massa curta - ave-maria, concha e outras; c) massinha - chumbinho, alfabeto, alpiste, estrelinha e outras; III – segundo sua composição: a) massa mista – preparada pela mistura de farinha de trigo com outras farinhas; b) massa recheada - contendo recheio preparado com diferentes substâncias alimentícias aprovadas; c) massa glutinada e super ou hiperglutinadas - preparadas com farinha de trigo adicionada do glúten. Além do sabor e do odor, os outros parâmetros que definem a qualidade das massas alimentícias são o tempo de cozimento, a quantidade de água absorvida, as propriedades reológicas da massa: firmeza, mastigabilidade e elasticidade, e as características da superfície: pegajosidade, desintegração e perda de sólidos solúveis. Mundialmente, existe consenso de que as diferenças na qualidade de cozimento das massas tradicionais podem ser explicadas pela variação no teor e na composição da proteína de trigo e do seu material farináceo, sendo o teor proteico responsável por dois terços dessas diferenças e a variação da composição da proteína responsável pelo terço restante.

Massas alimentícias italianas – obtidas convencionalmente como as demais massas e classificadas, de acordo com a forma, nas seguintes categorias: 1) massas longas: a) seção redonda: *spaghetti vermicelli*; b) seção perfurada: *bucatini* e *ziti*; c) seção retangular: *trenette* e *linguine*; 2) seções largas: *lasagne* e *reginette*; 3) massas com forma de ninho ou bobina: a) de grande espessura – *pappardelle*; de espessura reduzida: *capellini*, *tagliolini* e *fettuccine*; 4) massas curtas: a) maiores: *rigatoni*, *sedani*, *fusilli*, *penne*, *tortiglioni*, *farfalle* e *garganelli*; b) menores: *pipe*, *conchiglie*, *ditali* e *orecchiette*; c) massas pequenas (específicas para uso em sopas): *quadrucci*, *stelline* e *ditalini*; 5) massas recheadas: tortellini, ravióli, *agnolotti* e canelone.

Massas alimentícias mistas – produtos obtidos pela mistura de farinha de trigo com outras farinhas. São designados pela espécie das farinhas constituintes da mistura.

Mastigabilidade – em análise sensorial, é o atributo mecânico de textura ligado ao número de mastigações necessárias para um alimento sólido tornar-se pronto para ser ingerido.

Mastigação – conjunto de ações relativas à trituração mecânica dos alimentos pelos dentes; ação misturadora da saliva e dos movimentos bucais que levam a obter o bolo alimentar apto para ser deglutido.

Mate – *Ilex paraguariensis*; planta conhecida como erva-mate ou congonha; árvore originária da região subtropical da América do Sul cujas folhas são usadas no preparo de chá-mate, chimarrão e tererê, bebidas consumidas no Brasil, no Paraguai, na Argentina, no Uruguai, na Bolívia e no Chile.

Matéria insaponificável – substância encontrada no produto após saponificação da amostra, expressa em g/kg (grama por quilograma) da amostra.

Matéria Mineral Total – *ver* TEOR DE CINZAS.

Matéria-prima – toda substância de origem vegetal, animal ou mineral em estado bruto que, para ser utilizada como alimento, passa por processamento e/ou transformação de natureza física, química ou biológica.

Matérias estranhas – materiais indicativos de riscos à saúde humana, detectados macroscópica e/ou microscopicamente e que podem veicular agentes patogênicos para os alimentos e/ou causar danos ao consumidor. Alguns desses materiais podem ser insetos (baratas, formigas, moscas); roedores (rato, ratazana e camundongo, inteiros ou em partes); outros animais, como morcego e pombo, inteiros ou em partes; excrementos de animais; parasitos; objetos rígidos, pontiagudos e/ou cortantes, iguais ou maiores que 7 mm (fragmentos de osso e metal; lasca de madeira; e plástico rígido); objetos rígidos, com diâmetros iguais ou maiores que 2 mm (pedra, metal, dentes, caroço inteiro ou fragmentado); fragmentos de vidro de qualquer tamanho ou formato; filmes plásticos.

Matérias estranhas indicativas de falhas nas boas práticas de fabricação – aquelas detectadas macroscopicamente e/ou microscopicamente e que abrangem os artrópodes considerados próprios da cultura e do armazenamento (insetos, besouros, lacraias), em qualquer fase de desenvolvimento, vivos ou mortos, inteiros ou em partes, teias e excrementos; partes indesejáveis da matéria-prima não contemplada nos regulamentos técnicos específicos; pelos humanos e de outros animais; areia, terra e outras partículas macroscópicas; fungos filamentosos e leveduriformes; contaminações incidentais como animais vertebrados ou invertebrados, bem como outros materiais não citados anteriormente.

Matérias macroscópicas – materiais estranhos ao produto que podem ser detectados por observação direta (olho nu) e que estão relacionadas ao risco à saúde humana.

Matérias microscópicas – materiais estranhos ao produto que somente podem ser detectados com auxílio de instrumentos ópticos e que estão relacionados ao risco à saúde humana.

Matiz – diferentes tons pelos quais passa uma mesma cor. Refere-se a uma das três propriedades da cor que nos permite classificar e distinguir uma tonalidade, por exemplo, nuances de vermelho, azul, verde etc. As outras duas propriedades são a saturação e a luminosidade, podendo esta última variar do claro ao escuro.

Maturação[1] – relaciona-se aos processos bioquímicos que ocorrem durante a produção de alimentos e bebidas, no campo ou na indústria, e que contribuem para o desenvolvimento das características sensoriais dos produtos. O processo de maturação está presente na produção de frutos, queijos, manteiga, carnes e bebidas fermentadas como cerveja e vinho. Bebidas destiladas como uísque, conhaque, rum, tequila e cachaça também são maturadas. Neste caso, o processo é conhecido como envelhecimento. O vinagre também pode ser maturado ou envelhecido.

Maturação[2] – ver *RIGOR MORTIS*.

Maturação a seco – ver CARNE *DRY AGED*.

Maturação como técnica de amaciamento de carnes – técnica utilizada para tornar a carne bovina mais macia e melhorar outros atributos organolépticos, como o sabor. O processo consiste na manutenção dos cortes, que são embalados a vácuo, em câmaras refrigeradas, com controle de umidade e temperatura acima do ponto de congelamento da carne, ou seja, ao redor de 0 °C (–1 a 2 °C), por períodos de 15 a 21 dias.

Maturação de frutos – etapa do processo reprodutivo em que mudanças metabólicas, como aceleração da atividade respiratória, biogênese de etileno, metabolismo dos açúcares e ácidos, degradação da clorofila, síntese de pigmentos como carotenoides e flavonoides, redução do teor de compostos fenólicos, aumento do teor de compostos aromáticos, ocorrem, conduzindo os frutos ao ponto ideal de consumo.

Mealiness sensory properties – atributo sensorial de textura que não pode ser expresso por um único descritor, sendo uma combinação de mais de um deles; um exemplo é a combinação dos descritores "suculento" e "dureza". O desenvolvimento do *mealiness* depende de vários fatores, como os componentes da parede celular, condições de crescimento e armazenamento, variedade, época da colheita e tamanho. Esse atributo é usado para caracterizar sensorialmente frutas (maçã, pêssego, nectarina) e legumes (batata, tomate, ervilha).

Meat analogue – produtos alimentares proteicos de origem não animal derivados de soja, glúten de trigo, leveduras e outras fontes, saborizados e texturizados para se tornarem semelhantes à carne. Esses produtos são razoavelmente efetivos na substituição da carne, mas lhes faltam alguns aminoácidos essenciais.

Meat extenders – ingredientes não cárneos inicialmente usados para a redução de custos por apresentarem valor comercial menor que o das carnes. Mais tarde, foram usados para melhorar o sabor, a textura, a aparência e os valores nutricionais dos embutidos cárneos, por meio da incorporação de fibras dietéticas. Os *meat extenders* foram usados pela primeira vez nos Estados Unidos, na década de 1940, na fabricação de salsicha. Incluem leite desnatado, caseinato de sódio, coprecipitados de leite, soro de leite e produtos de soro de leite e outros derivados do leite, isolados e concentrados de proteínas de soja, sementes oleaginosas, farelo de ervilha e farinha de grão-de-bico.

Meat fillers – componentes ricos em carboidratos que contribuem para o aumento de peso de um produto alimentício, com a finalidade de torná-lo mais barato. Os *meat fillers* são encontrados em carnes processadas, como hambúrgueres e salsichas.

Meat substitutes – ver *MEAT ANALOGUE*.

Medidas caseiras – medidas obtidas com utensílios caseiros, como colheres (de café, chá, sobremesa, sopa), conchas (grande, funda, média, rasa), xícaras (chá ou café), pratos e copos, frequentemente utilizados para medir a quantidade de ingredientes de uma receita culinária. Por terem desenhos diferentes, possuem capacidades distintas, que variam em percentuais relativamente altos e que resultam em alterações nas características do produto.

Medidas quarentenárias – medidas utilizadas na inspeção de organismos potencialmente nocivos em pontos de entrada como portos, aeroportos, fronteiras, constituindo-se, ainda, da quarentena pós-entrada e da proibição, restrição ou requisição de tratamentos quarentenários para a importação de produtos de países onde espécies de expressão quarentenária são assinaladas.

Medidas sanitárias e fitossanitárias (MSF) – medidas de proteção à saúde e à vida dos seres humanos, dos animais e preservação dos vegetais, sob a condição de que esta não constitua barreira comercial arbitrária de forma a discriminar os países exportadores.

Médoc – sub-região da região de Bordeaux, situada em uma estreita faixa entre o rio Gironde e o Atlântico, que responde pelos mais prestigiados vinhos de Bordeaux. Aqui são produzidos os célebres *Châteaux*, distribuídos nas oito denominações: *Médoc*, *Haut-Médoc*, *Saint-Estèphe*, *Pauillac*, *Saint-Julien*, *Listrac*, *Moulis* e *Margaux*. Os vinhos mais tradicionais são os tintos de corte: 60% *Cabernet Sauvignon* e 40% *Merlot*, em média. Outras uvas, como a *Petit Verdot*, em versão moderna, e também *Cabernet Franc*, *Malbec* (*Côt*) ou *Carménère*, são usadas em pequenas proporções para aportar complexidade aos cortes. Elegantes por natureza, a principal característica dos tintos do Médoc é a longevidade, pois os vinhos podem evoluir por décadas, crescendo em complexidade. Esses atributos criaram um prestígio mundial, e muitos rótulos são disputados pelos consumidores, podendo alcançar preços muito elevados.

Meia-vida – na física atômica, o tempo em que metade do número de átomos de uma amostra de determinado isótopo radioativo se desintegra. Na farmacologia, tempo gasto para que a concentração plasmática de um fármaco no organismo se reduza à metade.

Mel – produto alimentício produzido pelas abelhas melíferas a partir do néctar das flores ou das secreções procedentes de partes vivas das plantas ou de excreções de insetos sugadores de plantas que ficam sobre partes vivas de plantas, que as abelhas recolhem, transformam, combinam com substâncias específicas próprias, armazenam e deixam madurar nos favos da colmeia. As características de aroma, paladar, coloração, viscosidade estão relacionadas com a fonte botânica do néctar que o originou e com a espécie de abelha que o produziu.

Mel de engenho – ver *MELADO*.

Mel de melato – obtido de secreções das partes vivas das plantas ou de excreções de insetos sugadores de plantas. Esses líquidos açucarados que são procurados e colhidos pelas abelhas, como se fossem néctar, passam pelos mesmos processos enzimáticos do mel. O produto, entretanto, é diferente nas suas propriedades físicas e químicas.

Melaço – subproduto resultante da produção de açúcar; rico em sacarose, glicose, frutose e sais minerais, é utilizado como matéria-prima para a produção de etanol, fermento de panificação e vários produtos obtidos por via fermentativa.

Melado – xarope denso, viscoso e de cor marrom-escura, obtido do caldo de cana-de-açúcar, por meio de fervura e evaporação, até a concentração de 65 a 75 °Brix. Apresenta uso abrangente na culinária brasileira.

Melaninas – pigmentos poliméricos de alto peso molecular com coloração variando de marrom-avermelhada a preta, formados pela ação de oxidases sobre fenóis, como no escurecimento enzimático. Amplamente distribuídos em animais, plantas e micro-organismos, geralmente ligados a proteínas. Está presente na pele, nos olhos e nos pelos dos mamíferos, apresentando a função de pigmentação e proteção contra a radiação solar. A melanina está presente também em vários alimentos e bebidas, como chá preto, frutas, cogumelos e camarões.

Melanoidinas – pigmentos poliméricos cuja coloração varia entre o marrom e o preto; são formados por reações entre açúcares redutores e aminoácidos/proteínas nos alimentos, durante o aquecimento. As reações químicas complexas envolvidas na formação das melanoidinas são conhecidas como *reação de Maillard*. A formação desses pigmentos confere características sensoriais importantes aos alimentos cozidos e assados.

Melhoradores – aditivos que melhoram as características tecnológicas de produtos alimentícios, como os melhoradores de farinhas de trigo.

Melhoramento genético – conjunto de técnicas utilizadas para aumentar a frequência de alelos desejáveis em animais, vegetais e micro-organismos. O melhoramento genético aumenta a eficiência produtiva dos seres vivos, utilizando as técnicas de seleção artificial e de cruzamento entre seres da mesma espécie e raça. Mais recentemente, ferramentas moleculares têm sido usadas na seleção assistida por marcadores moleculares (MAS, sigla em inglês). Na produção de alimentos de origem vegetal, essa técnica tem a finalidade de produzir grãos, frutos e plantas com características de qualidade para quem consome (como cor, forma e sabor) e para o agricultor interessado na produtividade e na resistência da espécie a doenças. Na área de produção de alimentos de origem animal, como no caso de bovinos, o melhoramento genético visa a selecionar animais que sejam melhores produtores de leite e de carne. No caso dos micro-organismos, o melhoramento genético é realizado para aprimorar a produção de combustíveis, especialidades químicas, polímeros, fármacos, nutracêuticos, antibióticos e enzimas industriais.

Membrana do glóbulo de gordura do leite (MGGL) – membrana lipoproteica cuja função é estabilizar o glóbulo de gordura do leite, numa emulsão do tipo óleo/água. A membrana é constituída basicamente por proteínas (25%) e lipídeos (70%); sua composição e estrutura variam conforme fatores relacionados ao animal (raça, estágio de lactação, alimentação, frequência da ordenha), qualidade microbiológica do leite, processamento do leite e derivados (resfriamento, aquecimento, homogeneização, secagem). A membrana fornece componentes que desempenham funções nutricionais, imunológicas, bactericidas, anticarcinogênicas, anticolesterolêmico, antidepressivo, antiestresse, entre outros.

Membrana polimérica – membrana constituída por polímeros orgânicos que separa duas fases, restringindo ou permitindo a passagem seletiva de componentes biológicos ou químicos. Os processos de separação por membranas são classificados de acordo com a força motriz do processo. Na microfiltração, a força motriz varia ente 0,5 e 2 atm, e o material retido é constituído por material em suspensão e bactérias. Na ultrafiltração, a pressão varia entre 1 e 7 atm, e o material retido é constituído por coloides, macromoléculas. Na nanofiltração, a pressão varia entre 5 e 25 atm e o material retido é constituído por sais bivalentes solúveis e em suspensão. Na osmose inversa, a pressão é de 15–80 atm, e todo material solúvel é retido.

Mercosul (Mercado Comum do Sul) – bloco econômico, criado em 1991 e constituído por países da América do Sul. Objetiva promover a integração econômica entre os países-membros, a fim de fortalecer e ampliar as trocas comerciais por meio de um mercado comum. Os primeiros Estados-membros são os fundadores: Argentina, Brasil, Paraguai e Uruguai.

Merlot – uma das variedades de uvas tintas mais plantadas na França e originária de Bordeaux; possui cacho alado de tamanho médio e bagas pequenas. O vinho *Merlot* é redondo, aveludado, de coloração intensa. Devido à sua composição fenólica, pode ser maturado em barrica de carvalho. Seus vinhos são frutados com notas ameixa, cereja-preta, framboesa, groselha e trufas. Essa variedade é muito utilizada em várias partes do mundo – Itália, França, Estados Unidos, Leste Europeu – para vinhos de corte, principalmente com o varietal Cabernet Sauvignon.

Mero – (mero-preto, canapu, canapuguaçu) peixe do Oceano Atlântico tropical, de cor oliva-escura, podendo atingir 3 metros de comprimento e 450 kg de peso. Ao lado das garoupas, dos chernes e dos badejos, é um dos maiores peixes marinhos. Sua carne é de boa qualidade.

Mesentério – parte do peritônio; membrana que é cozida e utilizada do mesmo modo que as tripas.

Metabolismo – conjunto de reações bioquímicas (catalisadas por enzimas) que ocorre no interior das células cuja função é fornecer energia para a manutenção da vida e promover o crescimento e multiplicação dos seres vivos. É dividido em duas partes: o catabolismo, cuja função é gerar energia química na forma de ATP a partir da quebra de moléculas ricas em energia (carboidratos e lipídeos); e o anabolismo, que tem a função de sintetizar compostos complexos, como proteínas, ácidos nucleicos, polissacarídeos, lipídeos, a partir de moléculas simples, utilizando para isso a energia gerada pelas reações catabólicas.

Metabolismo primário de plantas – conjunto de processos metabólicos que desempenham uma função essencial no vegetal, como a fotossíntese, a respiração e o transporte de solutos. Os compostos químicos envolvidos no metabolismo primário possuem uma distribuição universal nas plantas. Esse é o caso dos aminoácidos, nucleotídeos, lipídeos, carboidratos e clorofila.

Metabolismo secundário de plantas – processo mediado por rotas metabólicas que não pertencem ao metabolismo primário, gerando compostos químicos que não possuem uma distribuição universal entre as plantas. O metabolismo secundário é ativado durante alguns estágios particulares de crescimento e desenvolvimento ou em situações de estresse, como falta de água, injúria mecânica ou ataque por algum micro-organismo ou animal.

Metabolômica – estudo científico que visa a identificar e quantificar o conjunto de metabólitos – o metaboloma – produzidos e/ou modificados por um organismo. A metabolômica adquiriu particular importância na química de produtos naturais, pois é a técnica mais funcional e abrangente no monitoramento e entendimento das funções dos genes e na identificação do estado bioquímico de um organismo em resposta a mudanças genéticas e ambientais.

Metais pesados – quimicamente, compõem um grupo de elementos situados entre o cobre e o chumbo na tabela periódica, com peso atômico entre 63,55 e 207,19 e densidade maior que 4 g/ cm^3: antimônio, arsênio, cádmio, cromo, cobre, chumbo, mercúrio, níquel, selênio, telúrio, tálio e estanho. Por serem densos e solúveis em água, são facilmente absorvidos pelos organismos vivos. No organismo humano, em excesso, principalmente mercúrio, chumbo e cádmio, são tóxicos porque podem se ligar às proteínas e afetam o funcionamento adequado do sistema nervoso, dos rins e do fígado. Os metais pesados, quando lançados no solo, na água ou no ar pela atividade industrial ou agrícola, podem ser absorvidos pelos vegetais e animais, provocando graves intoxicações ao longo da cadeia alimentar.

Metamioglobina – pigmento marrom, formado pela oxidação da mioglobina, no qual o grupo heme da mioglobina está no estado férrico (Fe^{3+}). Na carne, a metamioglobina produz uma coloração marrom, que não é atraente para os consumidores. A formação de metamioglobina é um problema da carne vendida no varejo.

Método Bligh-Dyer modificado – método, a frio, de extração de lipídeos. Baseia-se numa mistura de clorofórmio, metanol e água e é indicado para determinar o teor de lipídeos em alimentos secos ou para produtos com altos teores de água, como peixes, vegetais verdes, leite. Devido ao uso de solventes polares, há extração de todas as classes de lipídeos.

Método de Biureto – usado para determinar o teor de proteínas totais em meios biológicos: alimentos, soro ou plasma sanguíneo, urina etc. Baseia-se na reação entre uma mistura de cobre e hidróxido de sódio (reativo de biureto) com o analito. O cobre, em meio alcalino, reage com proteínas formando um complexo quadrado planar com a ligação peptídica. O produto de reação apresenta duas bandas de absorção, uma em 270 nm e outra em 540 nm. A banda na região de 270 nm é mais sensível ao método, contudo a banda na região de 540 nm é a mais utilizada para fins analíticos.

Método de Gerber – análise química realizada no controle de qualidade do leite para determinar o teor de gordura da amostra. Baseia-se no tratamento de um determinado volume de leite com ácido sulfúrico e álcool amílico, no butirômetro de Gerber. O princípio do método é a destruição das micelas de gordura e a dissolução da caseína, facilitando a separação da gordura, com posterior centrifugação para quantificar a gordura existente na amostra.

Método de Kjedhal – usado para determinar o nitrogênio total de origem orgânica em materiais biológicos e não biológicos. Consiste na conversão do nitrogênio orgânico em sulfato de amônio, por digestão da amostra com ácido sulfúrico. Em seguida, ocorre a destilação do sulfato de amônio, em meio alcalino. O NH_4^+ é convertido em NH_3, que é condensado em uma solução receptora de ácido bórico (H_3BO_3), formando borato de amônio. Por fim, a determinação do teor de nitrogênio é feita pela titulação do borato de amônio com uma solução padronizada de ácido clorídrico.

Método de Soxhlet – utilizado para extração a quente de lipídeos com solvente, pelo constante refluxo do mesmo sobre a amostra, fazendo a extração da matéria graxa por arraste, utilizando hexano, éter de petróleo ou éter etílico. Os processos que ocorrem são meramente físicos, pois os lipídeos transferidos para o solvente são recuperados sem nenhuma reação química.

Método Dumas – teste utilizado para determinação do teor de nitrogênio, por equipamento específico. Baseia-se na combustão total da amostra orgânica em um processo hermeticamente fechado, de oxidação e redução das formas de nitrogênio, gerando água e óxidos de carbono e de nitrogênio. Os gases produzidos da reação reduzem os óxidos de nitrogênio em nitrogênio molecular em uma etapa subsequente até sua determinação por termocondutividade.

Métodos de separação – métodos empregados para separação e quantificação de componentes de misturas homogêneas e heterogêneas. Os mais comuns são a separação mecânica de fases (precipitação, flotação, centrifugação, filtração, destilação, extração, troca iônica), cromatografia, eletroforese, fracionamento por campo e fluxo, entre outros.

Métodos analíticos clássicos – referem-se aos métodos e técnicas analíticas que utilizam apenas vidrarias e reagentes. São usados para determinar os "componentes maiores" (mais de 1%) em relação ao peso total da amostra. As técnicas utilizadas se baseiam nas análises gravimétricas e volumétricas. Podem alcançar exatidão de até 99,9% se o composto analisado se encontra em mais de 10% na amostra.

Métodos eletroquímicos – (ou eletroanalíticos) baseiam-se em processos de oxidação-redução nos quais as espécies eletroativas do meio oferecem resposta à aplicação de um potencial elétrico para o monitoramento da corrente elétrica ou para a obtenção do valor do potencial do analito em comparação ao potencial de um eletrodo de referência. Destacam-se a amperometria, a voltametria e a potenciometria.

Métodos instrumentais de análise – métodos e técnicas analíticas são sistemas robustos utilizados para determinar compostos químicos de importância ambiental, farmacológica, industrial, agronômica, entre outros. São agrupados em três grandes áreas principais: cromatografia, eletroquímica e espectroscopia; cada uma caracterizando-se por suas particularidades e pelas espécies químicas de interesse (analitos) possíveis de detecção e/ou quantificação. Qualquer análise requer as seguintes etapas: 1) amostragem – etapa que garante que uma amostra seja representativa do material de que é retirada, sendo fundamental minimizar os erros; 2) preparação – etapa na qual a amostra passa por procedimento que tem por objetivo torná-la fisicamente disponível para a separação e/ou para a detecção (moagem, solubilização, digestão, extração por partição etc.); 3) separação – etapa que visa a separar os constituintes químicos da amostra a partir de mecanismos de interação soluto-solvente (exemplo: fisiosorção e quimisorção; 4) detecção – etapa que visa a determinar a intensidade de resposta do analito ao princípio operacional do detector (exemplo: corrente elétrica, radiação absorvida, radiação emitida, etc.), o que leva à obtenção de um resultado analítico viável de interpretação e uso prático.

Métodos instrumentais elétricos – métodos analíticos que envolvem a medição de corrente, de voltagem (tensão) ou de resistência, em função da concentração de uma certa espécie em solução (analito). A potenciometria (medida do potencial de um eletrodo em equilíbrio com um íon a ser determinado); a condutimetria (medida da condutividade elétrica de uma solução); a eletrogravimetria (pesagem do depósito sólido de um eletrodo decorrente da eletrólise da solução) se enquadram nesta categoria.

Métodos instrumentais óticos – métodos que dependem da medição da quantidade de energia radiante, de um certo comprimento de onda, que é absorvida ou emitida pela amostra. São divididos em espectrofotometria de absorção molecular (região do visível, ultravioleta e infravermelho), espectrofotometria de emissão (fotometria de chama) e espectrofotometria de absorção atômica.

Métodos óticos de emissão de luz – métodos analíticos que envolvem o tratamento da amostra pelo calor ou pela eletricidade, de modo que os átomos são promovidos a estados excitados que proporcionam a emissão de energia; mede-se a intensidade da energia emitida. As técnicas usuais da excitação são a espectroscopia de emissão, na qual a amostra é sujeita a um arco elétrico ou a uma centelha; fotometria de chama, no qual uma solução da amostra é injetada numa chama; fluorimetria, em que uma substância em solução (comumente um complexo de reagente fluorescente com um metal) é excitada pela irradiação com luz visível ou ultravioleta.

mg – unidade de massa derivada do Sistema Internacional de Unidades, equivalente a 10^{-6} quilograma (unidade padrão) ou 10^{-3} grama.

Micela – estrutura globular formada por um agregado de moléculas anfipáticas, ou seja, compostos que possuem características polares e apolares simultaneamente, dispersa em um líquido constituindo a fase dispersante de um coloide. Possui tamanho que varia de 0,1 a 0,001 μm.

Micelas de caseínas – partículas coloidais porosas altamente hidratadas (~4,0 ml/g), com diâmetro médio de 200 nm. Elas são constituídas basicamente por moléculas de caseína, água e minerais, sobretudo sais de fosfato de cálcio, os quais atuam como agentes cimentantes na manutenção da micela. São caracterizadas como estruturas supramoleculares dinâmicas, que se transformam em função das mudanças nas condições físico-químicas do meio, como pH, temperatura, força iônica, presença de enzimas, entre outras.

Microencapsulação – tecnologia de empacotamento de materiais sólidos, líquidos e gasosos com uma membrana polimérica, formando pequenas partículas, denominadas *microcápsulas*. A função do polímero é isolar e proteger o núcleo que contém substâncias ativas. A membrana se dissolve mediante estímulos específicos, liberando as substâncias ativas no local e no tempo ideais. A microencapsulação tem numerosas aplicações nas áreas agrícola, alimentar, farmacêutica e médica. Na indústria de alimentos, essa técnica é usada na microencapsulação de óleos essenciais, corantes, saborizantes, adoçantes, micro-organismos, entre outros. Os principais métodos de encapsulação são *spray drying*, *spray cooling*, extrusão, coacervação, liofilização e emulsificação.

Microfiltração – técnica de separação por membranas orgânicas ou cerâmicas, cujos poros apresentam tamanho de 0,1 a 10 µm e pressão transmembranar variando entre 0,5 e 2 atm. A microfiltração é usada na indústria de bebidas para clarificação e esterilização a frio, uma vez que remove bactérias e leveduras sem a necessidade de pasteurização. Pode ser utilizada no tratamento de água de abastecimento para remover bactérias, protozoários e ovos de parasitas.

Micrograma – unidade de massa equivalente a 10^{-6} grama. É representado pela sigla µg.

Micronização – moagem ultrafina realizada em moinhos de leito fluidizado, produzindo partículas entre 1 e 10 µm. Essa técnica, realizada à temperatura ambiente, permite um estreitamento da curva de distribuição granulométrica.

Micronutriente – substância que um organismo necessita para crescimento e desenvolvimento normais, mas em quantidades muito pequenas, como no caso de vitaminas e minerais.

Microparticulação – aplicação de calor às proteínas, de maneira que coagulem na forma de gel, ao mesmo tempo que se submete o sistema a uma força de cisalhamento, fazendo com que as proteínas coaguladas formem partículas de diâmetro entre 0,1 e 3 µm, que conferem uma textura cremosa e macia ao alimento.

Microscopia – ciência que se dedica ao estudo de objetos invisíveis a olho nu, por meio do uso de microscópio. Na microbiologia, na medicina, na agronomia, na botânica, na zoologia, entre outras, o estudo da estrutura e do comportamento de diversos materiais e organismos são as principais aplicações da microscopia.

Microscopia de força atômica – técnica de análise que consiste na varredura da superfície de uma amostra com uma sonda a fim de obter sua imagem topográfica, com resolução atômica, além de mapear certas propriedades mecânicas e físico-químicas dos materiais que as compõe. O microscópio de força atômica dispõe de uma ponta de sonda afiada para escanear a superfície de uma amostra, medindo as forças entre a ponta e a superfície, e um software cria uma imagem tridimensional. O método é utilizado para caracterizar morfologicamente materiais, células, tecido e outras estruturas com precisão em escala micro e nanométrica.

Microscopia eletrônica de transmissão –método utilizado para observar a morfologia de células, tecidos biológicos, microtexturas, organelas, micro-organismos como bactérias e vírus, interfaces em diferentes tipos de amostras de origem animal, humana, vegetal, mineral. Baseia-se na emissão de um feixe de elétrons que atravessa a amostra e é capturado por lentes eletromagnéticas, produzindo uma imagem ampliada. A imagem é de alta resolução, significativamente maior em comparação às imagens obtidas em microscópios óticos.

Microscopia eletrônica de varredura (MEV) – método de microscopia eletrônica empregado para produzir imagens de alta resolução e amplificação da superfície de uma amostra. A aparência tridimensional característica é útil para avaliar a estrutura superficial de uma dada amostra. Um feixe focalizado de elétrons é empregado para escanear as superfícies das amostras. Os elétrons secundários emitidos das amostras são detectados e utilizados para criar imagens detalhadas da estrutura das amostras. As vantagens sobre a microscopia de luz é a maior amplificação (até 100 mil vezes) bem como a profundidade muito maior de campo.

Microscopia por fluorescência – método de imagem que visualiza a possível fluorescência da amostra ou, no caso de mais de uma espécie presente, visualiza o contraste na fluorescência emitida. Em um microscópio de fluorescência, a luz de um comprimento de onda específico é passada através do condensador de um microscópio específico que focaliza a luz em um feixe muito estreito. Quando a luz atinge a amostra, os compostos luminescentes ficam excitados e emitem luz.

Míldio – doença de plantas cultivadas causada por fungos da família Peronosporaceae (oomicetos), que atacam folhas, ramos e frutos. Calor e umidade durante a fase de desenvolvimento vegetativo da planta favorece o aparecimento da doença. O fungo do míldio ataca culturas de cereais (sorgo e milho), leguminosas (soja), hortaliças (alface e cebola) e frutas (uva).

Milho Bt – milho geneticamente modificado, no qual foram introduzidos genes específicos da bactéria de solo, *Bacillus thuringiensis* (Bt), que promovem na planta a produção de uma proteína tóxica, específica para o combate de determinados grupos de insetos, tornando esse cultivar resistente a determinadas espécies de insetos sensíveis a essa toxina.

Milímetro de mercúrio – unidade de pressão definida em termos da pressão gerada por uma coluna de mercúrio, sob aceleração da gravidade. Equivale a 133,322 Pascal ou 0,00133322 Bar ou 0,00131579 Atmosfera Padrão.

Ministério da Agricultura, Pecuária e Abastecimento (Mapa) – órgão do Poder Executivo Federal responsável pela gestão das políticas públicas de estímulo à agropecuária, pelo fomento do agronegócio e pela regulação e normatização de serviços vinculados ao setor.

Ministério da Saúde (MS) – órgão do Poder Executivo Federal responsável pela organização e elaboração de planos e políticas públicas voltadas para a promoção de saúde da população brasileira.

Mioglobina – proteína que se encontra nas células dos músculos dos animais vertebrados e que tem como função principal armazenar e facilitar o transporte de oxigênio nos músculos. Contém 153 resíduos de aminoácidos e um grupo heme, ao qual está ligado um átomo de ferro em seu estado ferroso (Fe^{+2}). A quantidade de mioglobina na célula varia com espécie, sexo, idade, localização anatômica do músculo, atividade física, pelo tipo de fibra muscular, bem como pelo nível de sangria do animal no abate. A concentração de mioglobina e seu estado de oxigenação ou oxidação determinam a cor das carnes. A carne de baleia (vermelho-escura) possui 50,0 mg de mioglobina/g de tecido, enquanto a carne do peito de frango (branca) tem 0,05 mg/g. Quando oxidada, a mioglobina apresenta Fe^{+3} no grupo heme e a cor da carne se torna amarronzada.

Miraculina – glicoproteína presente na fruta-milagrosa (*Sideroxylon dulcificum*), uma baga vermelha do tamanho de uma uva que cresce em arbustos na África Ocidental. A miraculina age sobre as papilas gustativas, fazendo com que os seus provadores passem a sentir o gosto azedo ou amargo como doce.

Mirin – ou saquê culinário *mirin*; fermentado de arroz semelhante ao saquê, mas com menor teor alcoólico e mais adocicado; é usado apenas para condimentar grelhados, cozidos, caldos e molhos.

Mistela – bebida obtida a partir do mosto simples não fermentado e adicionado de álcool etílico potável até o limite máximo de 18% v/v, a 20 °C, e com teor de açúcar não inferior a 10% m/v, vedada a adição de sacarose ou outro adoçante.

Mistela composta – bebida com graduação alcoólica de 15 a 20% v/v, a 20 °C, que contiver o mínimo de 70% de mistela, e de 15% de vinhos de mesa, podendo ser adicionada de substâncias amargas e/ou aromáticas.

Mistura – operação unitária relacionada à combinação de dois ou mais ingredientes pela dispersão de um no outro; uma das operações mais comuns no processamento de alimentos, realizada por misturadores e agitadores. Tem por objetivo promover a transferência de massa entre sólido e líquido; promover as reações químicas entre os ingredientes da formulação; manter os componentes dispersos uniformemente, para evitar a decantação, cristalização e aglomeração; dissolver adequadamente partículas sólidas (açúcar, sal, amidos) nos componentes líquidos; estabelecer uma distribuição das partículas uniforme quando o produto for transferido para a próxima operação unitária.

Mistura láctea – produto que contém em sua composição final mais que 50% de produtos lácteos ou produtos lácteos compostos, como se consome, permitida a substituição dos constituintes do leite, desde que a denominação de venda seja "mistura de (o nome do produto lácteo ou produto lácteo composto que corresponda) e (produto adicionado)".

Misturas para o preparo de alimentos – produtos obtidos pela mistura de ingredientes destinados ao preparo de alimentos pelo consumidor com a adição de outro(s) ingrediente(s). Podem requerer aquecimento ou cozimento. O produto resultante após o preparo, de acordo com as instruções do fabricante, deve ser aquele mencionado na designação da mistura.

Miúdos – órgãos e as partes de animais de abate julgados aptos para o consumo humano pela inspeção veterinária oficial: I – nos ruminantes: encéfalo, língua, coração, fígado, rins, rúmen, retículo, omaso, rabo e mocotó; II – nos suídeos: língua, fígado, coração, encéfalo, estômago, rins, pés, orelhas, máscara e rabo; III – nas aves: fígado, coração e moela sem o revestimento interno; IV – no pescado: língua, coração, moela, fígado, ovas e bexiga natatória, respeitadas as particularidades de cada espécie; V – nos lagomorfos: fígado, coração e rins; e VI – nos equídeos: coração, língua, fígado, rins e estômago. Podem ser aproveitados para consumo direto, de acordo com os hábitos regionais, tradicionais ou de países importadores, pulmões, baço, medula espinhal, glândula mamária, testículos, lábios, bochechas, cartilagens e outros a serem definidos em normas complementares, desde que não se constituam em materiais especificados.

Moagem – operação unitária que objetiva reduzir o tamanho dos ingredientes alimentícios sólidos pela aplicação de forças de compressão, impacto e cisalhamento (atrito). Como resultado, tem-se o aumento da relação área superficial/volume, a padronização e a obtenção de misturas homogêneas. A moagem é realizada em trituradores de rolos, moinhos de martelo, de disco, coloidal, de bolas ou de barras. É usada na fabricação de farinhas de cereais, sucos de frutas, açúcar e álcool, entre outras aplicações.

Moela – miúdo de aves usado em preparações diversas. É a parte posterior do estômago de diversos animais, com músculos fortes, que tem a função de triturar os alimentos com a ajuda de pequenas pedras e areia.

Moldagem – modelagem; operação realizada com alimentos semissólidos para conferir forma e tamanho distintos, não tendo nenhum efeito significativo no valor nutritivo e na vida útil dos produtos. Operação unitária importante na panificação.

Molécula apolar – molécula eletricamente neutra cuja carga eletrônica está uniformemente distribuída. Os hidrocarbonetos são um exemplo típico desse tipo molécula, e, por esse motivo, são considerados substâncias apolares. Substâncias apolares líquidas são miscíveis entre si.

Molécula polar – molécula eletricamente neutra cuja carga eletrônica não está uniformimente distribuída, formando um dipolo elétrico. A molécula da água é polar, apresentando polo positivo na região onde estão localizados os átomos de hidrogênio e negativo na região onde se localiza o oxigênio. Substâncias polares líquidas são miscíveis entre si.

Moléculas anfifílicas – moléculas que são caracterizadas por uma região polar (hidrofílica) e uma região apolar (hidrofóbica). O etanol é um exemplo de molécula anfifílica, sendo solúvel em água (polar) e gasolina (apolar).

Moléculas hidrofílicas – moléculas polares; por isso, são solúveis em água.

Moléculas hidrofóbicas – moléculas apolares; por isso, não são solúveis em água.

Moleja – timo, glândula carnosa encontrada na parte inferior do pescoço de animais jovens, como bezerros e cordeiros. De textura delicada e sabor suave, é utilizada em muitas preparações grelhadas, fritas, assadas ou salteadas.

Molho – produto em forma líquida, pastosa, emulsão ou suspensão à base de especiarias e/ou temperos e/ou outros ingredientes, fermentados ou não, utilizados para preparar e/ou agregar sabor ou aroma aos alimentos e bebidas.

Momento dipolar – grandeza vetorial cuja magnitude é igual ao produto da carga elétrica pela distância que separa essas cargas; tem a direção do segmento de reta que une os centros das cargas e o sentido da carga negativa para a positiva.

Monocamada de Brunauer-Emmett-Teller (BET) – monocamada de água sobre os sítios de fácil acesso, isto é, grupos altamente polares da matéria seca do alimento. O valor da monocamada de BET fornece uma estimativa do conteúdo de água em que se tem a estabilidade máxima de um alimento desidratado. Apresenta aplicação prática na fabricação de macarrão, ovo em pó, biscoito, bolacha, pão, leite em pó, vegetais desidratados, flocos de milho, entre outros.

Monômero – molécula que constitui a unidade estrutural dos polímeros. Por exemplo, a glicose é o monômero que forma o amido e a celulose.

Monossacarídeo – molécula de carboidrato simples. Os monossacarídeos mais comuns apresentam seis átomos de carbono e são classificados como hexoses (glicose, frutose, galactose, manose); as pentoses são monossacarídeos com cinco átomos de carbono (xilose, arabinose, ribose); as tetroses e trioses são monossacarídeos com quatro e três átomos de carbono, respectivamente.

Moquear – secar ou assar a carne no moquém.

Moquém – grelha de varas usada para assar ou secar carnes e peixes. De formato quadrangular, apoia-se sobre quatro forquilhas de madeira fincadas no solo. Era usado pelos índios Tupis, sendo conhecido desde a era do descobrimento do Brasil.

Morcela – embutido da culinária portuguesa, preparado artesanalmente à base de sangue de porco, gordura de porco e condimentos. No Brasil é conhecida como "chouriço" ou "marcilha".

Morcela doce – da gastronomia portuguesa, é uma tripa recheada com um doce à base de miolo de pão, amêndoas, açúcar, ovos, manteiga e canela, apresentando a mesma forma da morcela. Deve ser frita imediatamente antes de se comer.

Morcilla – embutido à base de sangue de porco cozido, coagulado e misturado com especiarias. Apresenta cor bem escura ou quase negra. De origem espanhola, a *morcilla* é um dos ingredientes do tradicional assado argentino. Pode ser comida quente ou fria. Ao ser colocada no pão, é chamada de *morcipán*.

Mortadela – produto cárneo industrializado obtido de uma emulsão das carnes de animais de açougue, acrescido ou não de gordura, adicionado de condimentos, embutido em envoltório natural ou artificial, em diferentes formas, e submetido ao tratamento térmico adequado.

Mortadela de carne de ave – produto cárneo industrializado obtido de uma emulsão à base de carne mecanicamente separada, de miúdos comestíveis de aves (fígado, moela e coração) e gordura.

Mortadela italiana – produto cárneo industrializado, obtido de uma emulsão de porções musculares de carnes de diferentes espécies de animais de açougue e gordura, não sendo permitida a adição de amido.

Mortadela tipo bologna – produto cárneo industrializado obtido de uma emulsão de carnes musculares bovina e/ou suína e gordura, embutida na forma arredondada, não sendo permitida a adição de amido.

Moscatel – *moscato* (Itália), *muscat* (França); denominação dada a um grande grupo de variedades (mais de 200) de uva branca, rosada e tinta de sabor bastante adocicado e muito aromática. São cultivadas em todos os países produtores de vinho. Vários estilos de vinhos são produzidos a partir dessas uvas: espumantes doces e secos, vinhos tranquilos, vinhos doces de colheita tardia, vinhos fortificados e vinhos oxidados, todos com notas frutadas características. Em geral, acompanham muito bem sobremesas e, quando gelados, são refrescantes.

Mosto – líquido açucarado destinado à fermentação alcoólica. Pode ser obtido de matérias-primas açucaradas (cana-de-açúcar, frutas, mel) e amiláceas (malte, cereais, raízes e tubérculos).

Mouthfeel – sensação na boca; é avaliada da percepção inicial do palato à deglutição; atributo sensorial relacionado à textura em alimentos sólidos e presença de corpo ou espalhamento na boca em alimentos líquidos ou pastosos.

Mucilagem – refere-se a uma secreção viscosa, de origem vegetal, constituída por polissacarídeos.

Muesli – (*müesli* ou *müsli*) produto à base de uma mistura de flocos de cereais (aveias, trigo, centeio, arroz, cevada), frutas secas e nozes, geralmente consumido no café da manhã, misturado ao leite ou iogurte. Semelhante à granola, mas não recebem gordura ou adoçante e não vão ao forno.

Músculo[1] – tecido composto de feixes de células especializadas capazes de exercer o fenômeno da contração e distensão, para criar o movimento corporal. Têm forma, tamanho e atividades variáveis e, numa carcaça de animal, existem mais de 600 tipos de músculo. Há três tipos de músculo: esquelético, cardíaco e liso. Em sua maior parte, a musculatura consiste em músculos esqueléticos, e esta é a parte das carcaças de animais que geralmente é referida como carne; os órgãos cuja musculatura é cardíaca ou lisa tendem a ser classificados como vísceras.

Músculo[2] – corte bovino localizado nos membros anterior e posterior do animal; é considerado carne de segunda, sendo consumido na forma de ensopado.

Muselet – (gaiola ou gaiolinha) peça de arame que se encaixa sobre a rolha de uma garrafa de champanhe ou de vinho espumante para evitar que a rolha saia sob a pressão do conteúdo gaseificado.

N

NESTLÉ

Henri Nestlé (1814-1890) – fundador da Nestlé S.A., com sede em Vevey (Suíça). A Nestlé é, mundialmente, uma das maiores indústrias de alimentos e bebidas. Antes de completar 20 anos, após concluir seu aprendizado em Farmácia, com JE Stein, proprietário de uma farmácia, Henri Nestlé foi oficialmente autorizado a realizar experiências químicas, aviar receitas, e vender medicamentos. Em 1843, Henri Nestlé comprou uma das indústrias mais versáteis e progressistas da região na época, especializada na produção de colza. Também se envolveu na produção de óleos de nozes (usado para abastecer lâmpadas de óleo), licores, destilados, absinto e vinagre. Começou a fabricação e a venda de água mineral gaseificada e limonada e, posteriormente, concentrou-se na iluminação a gás e na produção de fertilizantes. Seu projeto de desenvolvimento de fórmula infantil para lactentes se deveu à alta taxa de mortalidade infantil em sua família, à sua experiência como assistente de um farmacêutico, e à sua esposa, que sabia tudo sobre a mortalidade infantil e era filha de um médico. Assim, combinou leite de vaca com a farinha de trigo e açúcar para produzir um substituto do leite humano para as crianças que, por alguma razão, não podiam consumir o leite de suas mães. Posteriormente, ele e Jean Balthasar Schnetzler, seu amigo e cientista em nutrição humana, modificaram a formulação inicial por terem observado que esta era de difícil digestão para os lactentes. Esse produto podia ser preparado pela simples adição de água e foi considerada a primeira fórmula infantil (1921).

Nanofiltração – processo de filtração tangencial por membranas capaz de separar moléculas e íons na dimensão nanométrica. Seu campo de aplicação está situado entre a osmose reversa e a ultrafiltração. Essa técnica requer pressão de trabalho entre 10 e 25 Bar. Apresenta aplicação na indústria de alimentos (extração de componentes vegetais de soluções alcoólicas e aquosas, desmineralização de águas, desmineralização de soro de leite, concentração de derivados de leite, remoção de pesticidas de águas subterrâneas), farmacêutica (separação e concentração de ingredientes farmacêuticos ativos) e no tratamento de efluentes (redução de demanda química de oxigênio, reciclagem de águas residuais, eliminação de metais pesados de efluentes).

Nanômetro – unidade de comprimento equivalente à bilionésima parte de um metro (10^{-9} m).

Nanotecnologia – campo da ciência que, no seu sentido mais amplo, abrange o desenvolvimento de materiais e dispositivos em escala nanométrica (1-100 nm). Aplicações nanotecnológicas de relevância para a indústria alimentícia estão na área da agropecuária (novos pesticidas, sensores inteligentes, fortificação de alimentação animal), processamento de alimentos (nanoencapsulação de aromas/sabores, novos agentes gelificantes e espessantes, sanitização de equipamentos), nutrição (encapsulação de nutrientes, desenvolvimento de nutracêuticos), segurança dos alimentos (diagnósticos de contaminantes, como micotoxinas e substâncias alergênicas) e embalagens (desenvolvimento de embalagens ativas e inteligentes). Como essa é uma tecnologia ainda em desenvolvimento no setor de alimentos, fazem-se necessários estudos mais aprofundados para se conhecerem os riscos que as nanopartículas e os nanocompósitos podem oferecer à saúde humana.

Naringina – é um flavonoide glicosídico, da classe das flavanonas, presente em muitos vegetais, principalmente em frutas cítricas; confere sabor amargo e possui conhecidas ações antioxidantes e anti-inflamatórias. A naringina é encontrada em maiores concentrações na casca dos citros, sendo o pomelo particularmente rico nesse flavonoide.

Naringinase – complexo enzimático constituído por alfa-L-ramnosidase e beta-glicosidase, usado para degradar a naringina durante a extração de sucos cítricos, a fim de reduzir o seu amargor.

Nata – produto lácteo com, no mínimo, 45% de gordura láctea, que apresenta a forma de uma emulsão de gordura em água, homogeneizado ou não, e submetido a processo de pasteurização, mediante tratamento térmico e procedimentos tecnologicamente adequados, suficientes para destruir todos os micro-organismos patogênicos. De cor branca ou levemente amarelada; sabor e odor característicos, suaves, não rançosos nem ácidos, sem sabores ou odores estranhos; textura firme, untuosa, com bom espalhamento e aparência brilhante, sem apresentação de grumos e sem soro aparente.

Natas azedas – ver *Fermented cream*.

Necessidades nutricionais – definidas como a quantidade e a forma química de um nutriente necessário para manter a saúde, o crescimento e o desenvolvimento normais sem perturbar o metabolismo de outros nutrientes.

Néctar – bebida não alcoólica, carbonatada ou não, obtida da mistura de suco ou polpa de fruta com água potável, adicionada de açúcares, destinada ao consumo direto. Quando elaborado a partir de duas ou mais frutas, é chamado de néctar misto. A proporção mínima de suco ou polpa de fruta no néctar é prevista em legislação específica.

Neoesperidina di-hidrochalcona (DC) – edulcorante de alta intensidade obtido a partir da naringina (ver *Naringin*); seu poder adoçante é 1.000 a 1.500 vezes maior que o da sacarose; tem aplicação na fabricação de gomas de mascar, balas de goma, néctares, suplementos alimentícios, creme dental.

Neotame – edulcorante artificial derivado do aspartame, é um dipeptídeo (ácido aspártico e fenilalanina) cujo poder de doçura é de seis a dez mil vezes maior que o da sacarose.

Nêutron – partícula eletricamente neutra do átomo que, junto com o próton, constitui o núcleo atômico. Sua massa é semelhante à do próton.

Nitratos – sais de ácido nítrico encontrados em muitos alimentos de origem animal e vegetal, como resultado da utilização de fertilizantes à base de nitratos, do processo de nitrificação no solo ou da utilização de nitrato de sódio ou nitrato de potássio na cura de produtos cárneos. Os riscos para a saúde estão associados à conversão de nitratos em nitritos no trato gastrointestinal. A contaminação de água potável com nitratos por adubos químicos utilizados na agricultura é uma preocupação particular.

Nitritos – sais de ácido nitroso formados pela redução de nitratos. Podem ser agentes oxidantes ou agentes redutores. É um aditivo alimentar para conservação e cura de carnes. Os riscos à saúde estão associados à formação de nitrosaminas em alimentos ricos em proteínas de origem animal que foram submetidos a temperaturas elevadas.

Nitrogênio líquido – nitrogênio atmosférico no estado líquido, produzido industrialmente por meio de destilação fracionada do ar líquido. Apresenta ponto de ebulição de -196 °C. O nitrogênio líquido é um agente criogênico essencial em resfriamento, refrigeração e congelamento de alimentos. Devido às suas temperaturas extremamente baixas, o congelamento por imersão em nitrogênio líquido é o método de congelamento mais eficaz para produzir alimentos por congelamento individual rápido (IQF). O nitrogênio líquido desempenha um papel fundamental na redução da deterioração, descoloração e perda de sabor dos alimentos.

Nitrosaminas – compostos nitrogenados com forte poder carcinogênico, formados pela reação de aminas com óxidos de nitrogênio ou nitritos. Está presente em carnes curadas que usam sais a base de nitratos e nitritos no sal de cura, mas a sua toxidade depende da sua concentração nesse tipo de alimento.

Nível máximo de resíduos (NMR) – concentração máxima de um pesticida que pode permanecer nos gêneros alimentícios, após seu uso agrícola, conforme previsto nas Boas Práticas Agrícolas (BPA).

Nixtamalização – processo de cozimento e maceração do milho maduro em solução de cal (1,3% de CaO). Esse processo facilita a moagem, melhora o sabor, o aroma e o valor nutritivo. O termo pode igualmente se referir à remoção do pericarpo do grão. É uma etapa preliminar para o processamento final do milho em produtos alimentares como *tortillas* e *tamales*, e outras preparações da culinária do sul dos Estados Unidos, como as papas de milho e o *cornbread*, pão sem levedo.

nm – abreviatura de nanômetro, unidade de comprimento equivalente à bilionésima parte de um metro (10^{-9} m).

Novilho – bovino com idade entre onze e dezesseis meses. O animal nessa faixa de idade que ultrapassar 60% do seu peso esperado de adulto já não é considerado novilho, pois já está apto para a reprodução.

Nucleação – cristalização; é a formação e o crescimento ordenado de cristais de água ou lipídeos nos alimentos. O crescimento dos cristais só é possível após a formação de núcleos estáveis (cristais) na fase líquida do alimento. A nucleação da água tem início quando a temperatura do alimento se encontra abaixo do seu ponto de congelamento. É possível regular o crescimento dos cristais de água em um alimento controlando-se a velocidade de congelamento; assim, o congelamento rápido resulta na formação de cristais pequenos, causando menos danos à estrutura do alimento.

Número de queda (*falling number*) – no controle de qualidade do trigo, mede a intensidade de atividade da enzima alfa-amilase no grão, sendo o resultado expresso em segundos. Altos valores indicam baixa atividade dessa enzima, enquanto baixos valores indicam alta atividade.

Nutracêutica – palavra que combina os termos nutrição e farmacêutica; estuda os componentes fitoquímicos, presentes nos alimentos de origem vegetal, para descobrir seus benefícios à saúde e possíveis curas de doenças.

Nutracêuticos – suplementos alimentares que veiculam compostos bioativos, com o objetivo de colaborar para a manutenção da saúde, podendo ser utilizados como forma complementar no tratamento de algumas doenças. Os produtos nutracêuticos podem ser encontrados em forma de cápsulas, tabletes e comprimidos.

Nutrição – ciência dos alimentos, dos nutrientes, sua ação-interação e equilíbrio relacionado à saúde e à doença, e o processo pelo qual o organismo ingere, digere, absorve, transporta, utiliza e elimina as substâncias alimentares.

Nutrientes – todas as substâncias químicas que fazem parte dos alimentos e que são absorvidas pelo organismo, sendo indispensáveis para o seu funcionamento.

Nutrigenética – ciência que investiga como a variabilidade genética afeta a resposta à dieta e relaciona-a ao risco de várias doenças. Aborda as diferenças entre os indivíduos referentes às suas reações a um nutriente ou a uma dieta específica. Tem o potencial de fornecer uma base para recomendações nutricionais personalizadas com base no genótipo do indivíduo, a fim de prevenir doenças antes de sua manifestação clínica. Tem sido aplicada em certas doenças monogênicas raras, como a fenilcetonúria (PKU).

Nutrigenômica – área da nutrição que estuda a influência que os alimentos exercem sobre a expressão dos genes, e como isso acontece no organismo humano. Para isso, utiliza ferramentas moleculares para pesquisar, acessar e entender as diversas respostas obtidas por meio de uma determinada dieta aplicada entre indivíduos ou grupos populacionais.

O

OHM

Georg Simon Ohm (1787-1854) – nasceu na Alemanha. Foi um físico e matemático que definiu o novo conceito de resistência elétrica. Georg Ohm publicou um trabalho intitulado "Medidas Matemáticas de Correntes Elétricas", referente a correntes estacionárias, e combinou os três fatores considerados em um circuito: a força eletromotriz total, a intensidade da corrente e a resistência total do circuito. Sua formulação matemática é conhecida como "lei de Ohm". Seu trabalho foi amplamente reconhecido na Inglaterra, sendo agraciado com a Medalha Copley pela Sociedade Real de Londres. Após sua morte, na reunião do Congresso Internacional de Engenheiros Eletricistas em Paris, em 1881, decidiu-se dar o nome de Ohm à unidade de resistência elétrica.

Ocratoxina – micotoxina produzida por espécies de fungos filamentosos dos gêneros *Aspergillus* (*A. ochraceus*, *A. carbonarius*, *A. sulphureus*, *A. sclerotiorum* e, raramente, *A. niger*) e *Penicillium* (*P. verrucosum*, *P. brevicompactum*, *P. crustosum*, *P. olsonii* e *P. oxalicum*). As ocratoxinas e seus análogos apresentam propriedades nefrotóxicas, hepatotóxicas, genotóxicas, teratogênicas, imunossupressoras e carcinogênicas em animais de laboratório. Essa toxina pode ser encontrada em alimentos, como cereais (trigo, aveia, cevada, milho), vinho, suco de uva, cerveja, frutas secas (passas), soja, cacau, chá, temperos, café verde, torrado e instantâneo, além de produtos de origem animal.

Odor – termo genérico usado para descrever a percepção olfativa de uma infinidade de produtos. A percepção olfativa é feita por duas vias: a) ortonasal, quando uma substância volátil penetra nas narinas e estimula os receptores localizados na câmara nasal; nesse caso se refere ao odor de um produto, onde se usa todo o aparelho olfativo, iniciando pelas narinas para se obter essa sensação; b) retronasal, quando um produto é ingerido pela cavidade bucal, liberando aromas que chegam à câmara nasal pela ligação com a garganta. A palavra "aroma" é mais apropriada para alimentos e bebidas, e a palavra "fragrância" deve ser usada para perfumes, cosméticos, produtos de higiene pessoal e de limpeza.

Odor atípico – (odor indesejável, defeito de odor) odor não característico frequentemente associado à deterioração ou transformação do alimento.

Odor residual – odor persistente na câmara nasal após a substância odorífera já não estar mais presente.

Off-flavor – (ou sabor estranho) sabor indesejado de um produto alimentício, geralmente causado por alterações químicas, bioquímicas e microbiológicas.

Oleaginosas – plantas ricas em óleos e gorduras que normalmente se acumulam nas sementes ou outra estrutura do fruto. São usadas para extração de óleos comestíveis (soja, milho, girassol, canola, amendoim, palma, entre outros) ou para extração de óleo medicinal, cosmético e industrial (mamona).

Óleos – termo genérico para designar os lipídeos que se apresentam no estado líquido na temperatura e pressão ambiente; quimicamente, são triglicerídeos, formados pela esterificação de uma molécula de glicerol por três moléculas de ácidos graxos. Pela sua natureza apolar, são hidrofóbicos e lipofílicos. São produzidos por plantas, animais e micro-organismos. Apresentam uso corrente na culinária e no processamento de alimentos.

Óleos e gorduras vegetais – produtos constituídos principalmente de glicerídeos de ácidos graxos de espécies vegetais. Podem conter pequenas quantidades de outros lipídeos, como fosfolipídeos, constituintes insaponificáveis e ácidos graxos livres. As espécies vegetais permitidas para extração de óleos e gorduras são o abacate, abóbora, algodão, amendoim, arroz, avelã, babaçu, borragem, canola, cártamo, colza, carité, castanha-do- -pará, chia, coco, gergelim, girassol, linhaça, macadâmia, milho, mostarda, noz, oliva, palma, pistache, prímula, soja, uva. Os óleos vegetais se apresentam na forma líquida à temperatura de 25 °C e as gorduras vegetais se apresentam na forma sólida ou pastosa nessa temperatura. São insolúveis em água e solúveis em solvente orgânico. No processamento de alimentos, exercem papel importante na aparência, maciez, plasticidade, viscosidade, elasticidade, sabor, no efeito *shortening* em produtos forneados, como veículos de transferência de calor, entre outros.

Óleos essenciais – misturas complexas de compostos naturais extremamente voláteis, com caráter hidrofóbico, caracterizadas por odores fortes. Suas propriedades aromáticas provêm de uma variedade de compostos químicos como hidrocarbonetos, álcoois, ésteres, aldeídos, cetonas, óxidos terpênicos, fenóis e éteres fenólicos; os compostos terpênicos são os mais abundantes. Geralmente, são extraídas por técnicas de arraste de vapor e apresentam-se incolores ou ligeiramente amarelados. São metabólitos secundários produzidos e armazenados nos órgãos secretores das plantas aromáticas e encontrados em várias partes das plantas: folhas, frutos, flores, gomos, sementes, ramos, cascas, raízes e caules, podendo a sua composição variar com a região geográfica. A quantidade e a composição dos óleos essenciais variam com o genoma, estado fisiológico, condições de cultivo, de colheita e de pós-colheita, fatores ambientais, entre outros.

Oleosidade – em análise sensorial, refere-se ao atributo de textura relacionado à percepção da quantidade ou da qualidade da gordura presente na superfície ou no corpo de um alimento, que pode ser qualificado como oleoso, gorduroso ou seboso.

Olericultura – ramo da horticultura que se refere ao cultivo de certas plantas herbáceas, as hortaliças, geralmente de ciclo curto e tratos culturais intensivos, cujas partes comestíveis são utilizadas na alimentação humana ao natural, sem exigir industrialização prévia. O termo advém do latim *oleris* (herbáceo) e abrange quatro grupos de hortaliças: folhosas (alface, couve, acelga, agrião, almeirão etc.); frutos (pepino, tomate, pimentão, abóbora etc.); flores (couve-flor, brócolis) e raízes e tubérculos (mandioquinha-salsa, batata-doce, cenoura, inhame, cará etc.).

Oligossacarídeos – carboidratos que, por hidrólise, originam de duas a dez unidades de monossacarídeos unidas por ligações glicosídicas.

Operação unitária – operação de transformação primordial em um processo que confere efeito específico, identificável e previsível no alimento. As operações unitárias podem ser classificadas de acordo com vários critérios de acordo com a sua finalidade no processo produtivo: 1) operações preliminares, quando realizadas antes de qualquer outra operação; objetivam a preparação do produto para posterior processamento (limpeza, seleção, classificação, eliminação, branqueamento etc.); 2) operações de conservação, quando o objetivo é aumentar a vida de prateleira do alimento e garantir sua segurança (esterilização, pasteurização, congelamento, refrigeração, evaporação, secagem etc.); 3) operações de transformação, quando o objetivo é desenvolver características desejáveis no produto, e não apenas garantir a homogeneidade, e, ainda, a modificação do tamanho do alimento ou de suas partículas (moagem, mistura, extrusão, emulsificação, fermentação etc.); 4) operações de separação, quando o objetivo é a remoção física de componentes alimentares (filtração, cristalização, sedimentação, centrifugação, prensagem, destilação, absorção, adsorção, desumidificação, precipitação eletrostática etc.).

Organelas – estruturas celulares especializadas que possuem funções específicas. As células eucarióticas possuem organelas revestidas por membrana (mitocôndria, vacúolo, retículo endoplasmático, complexo de Golgi, lisossomos etc.) e organela não revestida por membrana (ribossomos); já as células procarióticas apenas possuem organelas não revestidas por membrana (ribossomos, flagelo, *pili*, fímbrias).

Organismos de Certificação Credenciado (OCC) – entidades que conduzem e concedem a certificação de conformidade. A certificação é um indicador para os consumidores de que o produto, processo ou serviço atende a padrões mínimos de qualidade. São organismos credenciados com base nos princípios e políticas adotados no âmbito do Sistema Brasileiro de Certificação (SBC) e nos critérios, procedimentos e regulamentos estabelecidos pelo Inmetro. Podem fazer acordos de reconhecimento de suas atividades com organismos de outros sistemas estrangeiros, para que suas certificações sejam aceitas mutuamente, desde que haja garantia de que tais certificações sejam realizadas segundo regras equivalentes às utilizadas no SBC.

Organização das Nações Unidas (ONU) – organização intergovernamental criada em 24 de outubro de 1945 para promover a cooperação internacional. Contempla 193 estados-membros e objetiva manter a segurança e a paz mundial, promover os direitos humanos, auxiliar no desenvolvimento econômico e no progresso social, proteger o meio ambiente e prover ajuda humanitária em casos de fome, desastres naturais e conflitos armados.

Organização Mundial de Saúde (OMS) – agência internacional especializada em saúde, fundada em 1948 e subordinada à Organização das Nações Unidas, com sede em Genebra, na Suíça. Tem por objetivo desenvolver o nível de saúde – definida como estado de completo bem-estar físico, mental e social e não consistindo somente da ausência de uma doença ou enfermidade – de todos os povos. Além de coordenar programas de controle de surtos de doenças, patrocina programas para prevenir e tratar tais doenças. Apoia o desenvolvimento e distribuição de vacinas seguras, diagnósticos farmacêuticos e medicamentos, por meio do Programa Ampliado de Imunização. Desenvolve pesquisas na área de doenças, transmissíveis ou não, e doenças tropicais, atuando também para melhorar o acesso à pesquisa em saúde e à literatura em países em desenvolvimento. Realiza diversas campanhas de saúde, como para aumentar o consumo de frutas e vegetais em todo o mundo e desencorajar o uso do tabaco. Publica, regularmente, um Relatório Mundial da Saúde, incluindo uma avaliação de especialistas sobre a saúde global, entre outras ações.

Organização Mundial do Comércio (OMC) – fundada em 1995, tem como objetivo centralizar acordos comerciais, seguindo um conjunto de princípios e normas que hoje regulam o comércio internacional.

Organização Pan-Americana de Saúde (OPAS) – fundada em 1902, é a organização internacional de saúde pública mais antiga do mundo. Sediada em Washington, atua como escritório regional da OMS para as Américas. Oferece cooperação técnica em saúde a seus países-membros; combate doenças transmissíveis e doenças crônicas não transmissíveis, bem como suas causas; e fortalece os sistemas de saúde e de resposta ante emergências.

Organoléptico – propriedade relativa a um atributo perceptível pelos órgãos dos sentidos (visão, paladar, odor, tato, audição).

Osmose reversa – osmose inversa; processo de separação em que um solvente é separado de um soluto de baixa massa molecular (sais e moléculas orgânicas simples) por uma membrana permeável ao solvente e impermeável ao soluto. Isso ocorre quando se aplica uma grande pressão (3 a 100 atm) sobre o meio aquoso, o que contraria o fluxo natural da osmose. A osmose reversa tem aplicação na dessalinização da água do mar, concentração de sucos e vinho, tratamento de água de caldeira, tratamento de águas residuárias de indústrias, irrigação agrícola, purificação de medicamentos, hemodiálise, entre outras.

Ovo – óvulo fecundado, ou não, de algumas espécies de animais (principalmente aves e répteis). Sob o ponto de vista anatômico, ovo apresenta casca, membrana externa e membrana interna, câmara de ar, clara ou albúmen, calaza, gema e disco germinativo. De acordo com a legislação, o termo *ovo* se refere ao ovo de galinha em casca; os demais tipos devem ser acompanhados da indicação da espécie de que procedem. São classificados em ovos da categoria "A" e "B". Ovos da categoria "A" devem apresentar casca e cutícula de forma normal, lisas, limpas, intactas; câmara de ar com altura não superior a 6 mm (seis milímetros) e imóvel; gema visível à ovoscopia, somente sob a forma de sombra, com contorno aparente, movendo-se ligeiramente em caso de rotação do ovo, mas regressando à posição central; clara límpida e translúcida, consistente, sem manchas ou turvação e com as calazas intactas; e cicatrícula com desenvolvimento imperceptível. Ovos da categoria "B" devem apresentar as seguintes características: inócuos, sem que se enquadrem na categoria A; apresentar manchas sanguíneas pequenas e pouco numerosas na clara e na gema; ou ser provenientes de estabelecimentos avícolas de reprodução que não foram submetidos ao processo de incubação. Os ovos dessa categoria serão destinados exclusivamente à industrialização. Segundo sua massa, o ovo pode ser do Tipo 1 – Jumbo (60 g/unidade ou 720 g/dúzia); Tipo 2 – Extra (55 g/unidade ou 660 g/dúzia); Tipo 3 – Grande (50 g/unidade ou 600 g / dúzia); Tipo 4 – Médio (45 g/unidade ou 540 g/dúzia); Tipo 5 – Pequeno (peso mínimo 45 a 49 g por unidade) e Tipo 6 – Industrial (peso mínimo abaixo de 45 g por unidade).

Ovo desidratado – produto resultante da desidratação do ovo cujo processo foi realizado de acordo com a legislação.

Ovo fresco – ovo em casca que não foi conservado por qualquer processo. Perderá esta denominação de fresco se for submetido intencionalmente a temperaturas inferiores a 8 °C, visto que a temperatura recomendada para armazenamento do ovo fresco está entre 8 e 15 °C com uma umidade relativa do ar entre 70 e 90%.

Ovo frigorificado – refere-se ao ovo em casca conservado pelo frio industrial.

Ovo integral – ovo desprovido de casca e que conserva as proporções naturais da gema e clara. Quando misturados, resultam em um produto homogêneo.

Ovo pasteurizado – produto resultante da pasteurização do ovo, separadamente ou não de suas frações.

Ovoalbumina – fosfoglicoproteina; é a principal proteína presente na clara do ovo, perfazendo 54% do total das proteínas; importante para as propriedades de gelificação, espumabilidade e emulsificação em matrizes alimentares. Quando aquecida, a ovalbumina sofre uma mudança conformacional de sua estrutura serpiginosa solúvel para uma estrutura insolúvel com regiões hidrofóbicas expostas, fazendo com que a proteína se agregue e solidifique. A ovalbumina é fonte de vários compostos bioativos que apresentam propriedades antimicrobianas, imunomoduladoras, anti-hipertensivas e antioxidantes.

Ovoglobulinas – globulinas presentes na clara do ovo na forma G2 e G3, representando 10% do total das proteínas; se caracterizam por serem boas formadoras de espumas.

Ovomucina – é uma proteína gelatinosa da clara do ovo (3% do total de proteínas) que apresenta fração solúvel e fração insolúvel. A fração insolúvel predomina na parte densa da clara, enquanto a fração solúvel é o principal elemento da fina camada externa de clara. Sua concentração diminui com o tempo de armazenamento.

Ovomucoide – proteína presente na clara do ovo (11% do total das proteínas) que apresenta a capacidade de inibir a atividade de enzimas proteolíticas (tripsina).

Ovoscopia – teste que objetiva avaliar a condição da casca, o tamanho da câmara de ar, a cor e o aspecto da gema, valendo-se de movimento de rotação do ovo. É realizado numa sala escura, por meio de uma fonte de luz que fica atrás do ovo. O estado do albúmen pode ser também determinado pela posição e pela liberdade de movimentos da gema. Anormalidades como manchas de sangue, desenvolvimento embrionário e deterioração também são evidenciadas.

Oxidação – na química, reação que ocorre quando uma substância (moléculas ou íons) perde elétrons. Seu estado de oxidação se altera para valores mais positivos. A oxidação de uma molécula orgânica corresponde, usualmente, ao aumento de seu conteúdo de oxigênio e à diminuição do seu conteúdo em hidrogênio. Nos alimentos, carboidratos, lipídeos, proteínas, vitaminas e pigmentos podem sofrer oxidação, que, normalmente, causa perda de qualidade sensorial e nutritiva. Um exemplo clássico é a oxidação de lipídeos. Esses compostos normalmente não são voláteis e não contribuem para o aroma dos alimentos, mas, quando oxidados, liberam moléculas menores e voláteis que conferem ao alimento o odor desagradável do ranço oxidativo. Ver *Rancificação*.

Oxidante – partícula (átomo, íon ou molécula) que recebe elétrons de outros reagentes durante uma reação. O oxidante sofre uma redução, isto é, o seu número de oxidação diminui durante a reação como consequência da captação de elétrons provenientes da espécie que é oxidada.

Oximioglobina – pigmento de cor vermelha brilhante, resultante da oxigenação da mioglobina pelo oxigênio molecular. Essa reação ocorre rapidamente (30 a 40 minutos) quando a carne fica em contato com o ar; proporciona um aspecto atraente para o consumidor. É uma reação reversível (desoxigenação) causada pela dissociação do oxigênio devido ao baixo pH, aumento da luz ultravioleta e baixa tensão de oxigênio. Por oxidação produz a metamioglobina.

Ozônio – (gás ozônio (O_3) ou oxigênio triatômico) forma alotrópica do oxigênio, muito menos estável que a forma diatômica (O_2), que pode ser produzida naturalmente como resultado de relâmpagos ou radiação ultravioleta. Sinteticamente, pode ser gerado pelo método de descarga por efeito corona, que leva à dissociação das moléculas de oxigênio (O_2), produzindo radicais livres altamente reativos, que reagem com outras moléculas de oxigênio, formando o ozônio. Tem como características ser altamente reativo e ter alta solubilidade em água em baixa temperatura e pH. É um efetivo agente oxidante contra uma gama de micro-organismos.

Ozonização – técnica que utiliza o gás ozônio (O_3) para remover compostos contaminantes e micro-organismos patogênicos. O ozônio, como agente oxidante, é capaz de reagir com substâncias orgânicas e inorgânicas presentes no meio. Como agente antimicrobiano, pode inibir o crescimento de micro-organismos, promovendo a desinfecção de numerosos produtos, degradando micotoxinas (aflatoxinas, fumonisina, ocratoxina, patulina, zearalenona). É uma tecnologia usada no tratamento de água de piscinas, para a sanitização de galões de água, de superfícies de alimentos, de plantas e de equipamentos de processamento de alimentos, para a desinfecção de carcaças, degradação de agrotóxicos, na conservação de frutas e de verduras e no controle de insetos-praga de grãos armazenados.

P

PASTEUR

Louis Pasteur (1822-1895) – nasceu na França e dedicou-se ao estudo da química e da bacteriologia, revolucionou os métodos de combate às infecções. Estudou a fermentação do vinho e da cerveja; identificou que os micro-organismos são os principais deterioradores dos alimentos, validando o processo de pasteurização do leite; e criou a vacina contra a hidrofobia ou "raiva". Foi membro da Academia de Medicina, da Academia Francesa e da Academia de Ciências. Em 1888, viu seu sonho ser realizado com a inauguração do centro de pesquisas inteiramente dedicado ao estudo de doenças infecciosas – o Instituto Pasteur, de Paris, que se tornou um dos mais importantes centros mundiais de pesquisa.

Padrão de identidade e qualidade – conjunto de parâmetros que permite caracterizar um produto alimentício quanto à natureza, à característica sensorial, à composição, ao tipo de processamento e ao modo de apresentação, que estão definidos por meio de Regulamento Técnico de Identidade e Qualidade.

Padrão de trabalho – nos laboratórios, refere-se ao conjunto de referências utilizadas rotineiramente para calibrar ou controlar medidas materializadas, instrumentos de medição ou materiais de referência; nas linhas de produção, são as instruções técnicas ou os procedimentos operacionais que focam os detalhes técnicos dos produtos e dos processos.

Padrão primário – refere-se às substâncias que preenchem todos os requisitos de reagentes analíticos, além de conter uma quantidade conhecida, aproximadamente igual a 100% da substância principal. Deve preencher as seguintes condições: ser puro; não ser higroscópico; não perder água de hidratação; não absorver oxigênio; não absorver gás carbônico; ser estável às temperaturas de secagem (exceto quando o padrão for um hidrato); ter boa solubilidade no meio da titulação; ter massa molar elevada, de modo que o erro relativo associado à pesagem seja minimizado.

Padrão secundário – refere-se a substâncias que têm sua concentração determinada por análise química e são utilizadas como referência em análises volumétricas, como hidróxido de sódio, nitrato de prata, EDTA.

Paio – produto obtido de carnes suína e bovina (máximo de 20%) embutido em tripas naturais ou artificiais comestível, curado e adicionado de ingredientes, além de submetido à ação do calor com defumação.

Paladar – função sensorial que envolve a percepção dos gostos básicos: doce, salgado, ácido, amargo e umami; é influenciado pelos outros sentidos (visão, olfato, tato e audição).

Essa percepção ocorre por meio das papilas gustativas distribuídas em toda a boca (língua, palato, bochechas e esôfago); por serem particulares, as pessoas têm diferentes sensibilidades em relação ao gosto.

Palatabilidade – refere-se à qualidade sensorial de um produto alimentício que o faz agradável ao comer ou beber.

Palmito em conserva – produto preparado a partir da parte comestível de palmeiras sadias de espécies próprias para consumo humano, das quais foram removidas as partes fibrosas, por descascamento e cortes, que são imersas em água (líquido de cobertura), especiarias e outros ingredientes, e processadas (acidificadas e pasteurizadas) de maneira apropriada para que o produto fique isento de formas viáveis de micro-organismos capazes de reproduzir-se no alimento em condições normais de armazenamento, distribuição e comercialização, e embalado hermeticamente. A porção comestível do palmito é a região próxima à gema apical da palmeira, correspondendo às folhas macias em crescimento, conhecida como "miolo" da palmeira.

Pão – produto obtido da farinha de trigo e/ou outras farinhas, adicionado de líquido, resultante do processo de fermentação ou não e cocção, podendo conter outros ingredientes, desde que não descaracterizem os produtos. Pode ter diversos tipos de cobertura, recheio, formato e textura.

Papaína – peptidase cisteínica extraída do látex dos frutos do mamoeiro (*Carica papaya*), comercializada na forma de extrato bruto que contém diferentes proteases, sendo as mais importantes a papaína e a quimopapaína. Sua atividade proteolítica ocorre em valores de pH de 5,0 a 9,0, e, especificamente para os substratos caseína e albumina, seu pH ótimo é 7,0. Sua temperatura de atividade ótima está na faixa de 60 a 70 °C; permanecendo estável em temperaturas até 90 °C. A papaína tem baixa especificidade de substrato e hidrolisa, preferencialmente, ligações adjacentes aos aminoácidos fenilalanina, valina e leucina. Comumente comercializada como amaciante de carne, a papaína e outras peptidases cisteínicas (bromelina e ficina) são aplicadas às carnes que não se tornam suficientemente macias durante a maturação *post mortem*. O amaciamento ocorre porque as enzimas hidrolisam o colágeno e a elastina, proteínas do tecido conjuntivo responsáveis pela rigidez na carne. Também são usadas na estabilização de cervejas, produção de queijos, hidrólise das proteínas do soro do leite, entre outros.

Parboilização – processo hidrotérmico no qual o arroz em casca é imerso em água potável a uma temperatura acima de 58 °C, seguido de gelatinização parcial ou total do amido e posterior secagem. Nesse processo, ocorre a transferência para o endosperma de grande parcela das vitaminas hidrossolúveis e sais minerais contidos no tegumento e no embrião. Tecnologicamente, promove alterações na estrutura dos grãos, aumenta o seu período de conservação, reduz a suscetibilidade ao ataque de insetos e melhora o rendimento industrial, tornando o grão menos suscetível à quebra.

Partida – (ou lote) quantidade de um produto alimentício produzido em um ciclo de fabricação, cuja característica essencial é a homogeneidade.

Pasteurização – tratamento térmico relativamente brando, no qual o alimento é aquecido a temperaturas inferiores a 100 °C. Em alimentos de baixa acidez (pH > 4,5), como o leite, a pasteurização minimiza possíveis riscos à saúde devido à contaminação por micro-organismos patogênicos. Em alimentos ácidos (pH < 4,5), como conservas ou sucos de frutas, a pasteurização prolonga a vida de prateleira pela destruição de micro-organismos deteriorantes (fungos e bactérias) e/ou pela inativação de enzimas.

Pasteurização lenta – processo descontínuo de pasteurização em que se utilizam temperaturas mais brandas e tempos elevados. Para o leite, a relação tempo/temperatura é de 62 a 65 °C por 30 minutos, mantendo-se o leite em agitação mecânica, lenta, em equipamento próprio.

Pasteurização rápida – processo contínuo de pasteurização em que se combinam temperaturas mais elevadas com tempos mais curtos. Para o leite, o processo é realizado entre 72 e 75 °C por quinze a vinte segundos, em equipamento próprio.

Patê – pasta; produto cárneo industrializado obtido a partir de carnes e/ou produtos cárneos e/ou miúdos comestíveis, das diferentes espécies de animais de açougue, transformados em pasta, adicionado de ingredientes e submetido a um processo térmico adequado.

Patê de pescado – pasta de pescado; produto industrializado obtido a partir do pescado transformado em pasta, com adição de ingredientes, submetido a processo tecnológico específico.

Pectinas – heteropolissacarídeos contendo predominantemente resíduos de ácido galacturônico. Os compostos pécticos se encontram nas paredes celulares e na lamela média dos tecidos vegetais. As pectinas são classificadas em função do grau de esterificação ou metoxilação em pectinas de alta esterificação (HM) e pectinas de baixa esterificação (LM). Em ambos os casos, os grupos carboxilas remanescentes estão presentes como uma mistura na forma de ácidos livres (-COOH) e sais (-COONa). As pectinas HM formam géis na presença de ácido e açúcar, enquanto as pectinas LM formam géis na presença de íons cálcio. Os graus de metoxilação influenciam fortemente nas propriedades funcionais das pectinas, como solubilidade, capacidade de geleificação, temperatura e condições de geleificação. São amplamente utilizadas na indústria de alimentos, no preparo de geleias, doces de frutas, em produtos de confeitaria e sucos de frutas, principalmente devido à sua capacidade de formar géis. As pectinas também são utilizadas em alimentos como espessantes, emulsificantes ou estabilizantes.

Penetrometria – técnica para mensurar a firmeza de alimentos, baseada na profundidade da penetração de uma sonda sob a carga conhecida. O equipamento utilizado é o penetrômetro.

Peperone – produto cárneo industrializado à base de carnes suínas, ou suínas e bovinas, toucinho, adicionado de ingredientes, com granulometria média entre 3 e 6 mm, embutido em envoltórios naturais ou artificiais, apimentado, curado, fermentado, maturado, dessecado por tempo indicado pelo processo de fabricação, defumado ou não. A presença de mofos característicos é consequência natural do seu processo tecnológico de fabricação.

Peptidases cisteínicas – grupo constituído por mais de 130 enzimas presentes em animais, plantas e micro-organismos. Tais enzimas têm massa entre 24 e 35 kDa, atividade ótima em pH entre 6,0 e 7,5 e podem suportar temperaturas de até 80 °C. São ativadas na presença de agentes redutores e inativadas por agentes oxidantes. Nesse grupo, estão incluídas a papaína e afins, como as proteases vegetais quimopapaína (EC 3.4.22.6) e suas múltiplas isoformas e a caricaína (EC 3.4.22.30) do látex do mamão; a actinidina (EC 3.4.22.14) do kiwi e da groselha; a ficina (EC 3.4.22.3) do látex do figo; a bromelina (EC 3.4.22.4) do abacaxi; bem como as catepsinas lisossomais de tecidos animais. A calpaína e suas isoformas apresentam grande importância no amaciamento *post mortem* do músculo. As peptidases cisteínicas possuem grande potencial nas indústrias alimentícias, biotecnologia e farmacêutica por apresentarem atividade em uma ampla faixa de temperatura e pH.

Percepção – refere-se à consciência dos efeitos de um ou múltiplos estímulos sensoriais de um alimento que é formada mediante utilização dos órgãos dos sentidos: visão, paladar, olfato, audição, tato.

Perda de massa – processo pelo qual o alimento perde água em forma de vapor pela diferença de pressão de vapor entre o ambiente e os tecidos do alimento. A perda de massa afeta principalmente os caracteres organolépticos, como a textura. A maioria dos alimentos apresenta enrugamento e/ou encolhimento após a perda de massa, causando depreciação na qualidade e em seu valor comercial.

Perfil de sabor – em análise sensorial, é um método que descreve e avalia a intensidade de atributos sensoriais dos alimentos por meio de termos descritores de aparência, aroma, sabor e textura.

Permeabilidade – capacidade que um meio poroso tem de transmitir fluidos; é usada para calcular a taxa de fluxo por meio da equação de Darcy; na indústria de alimentos, apresenta aplicação nos processos de filtração e na produção de géis.

Peroxidação – reação indesejável que se refere à degradação oxidativa dos lipídeos. Nesse processo, os radicais livres capturam elétrons dos lipídeos presentes nas membranas celulares. A auto-oxidação envolve a ligação (reação) espontânea do oxigênio com os ácidos graxos insaturados. A velocidade na qual a oxidação ocorre varia com o tipo de gordura e com as condições de armazenamento. Afeta negativamente a cor, o aroma, o sabor e a textura dos alimentos, além de promover perdas nutricionais referentes às vitaminas lipossolúveis e aos ácidos graxos insaturados.

Peróxido de hidrogênio (H_2O_2) – água oxigenada, quando em solução aquosa; oxidante forte e germicida. Uma das análises realizadas no controle de qualidade do leite para identificar a presença de fraude.

Pescado congelado – produto submetido a processo de congelamento rápido, de forma que ele ultrapasse rapidamente os limites de temperatura de cristalização máxima. O processo de congelamento rápido somente pode ser considerado concluído quando o produto atingir a temperatura de –18 °C. Durante o transporte, o pescado congelado deve ser mantido a uma temperatura não superior a –18 °C.

Pescado curado – produto que foi tratado pelo sal, com ou sem aditivos. O tratamento pelo sal pode ser realizado por meio de salgas úmida, seca ou mista.

Pescado defumado – produto obtido a partir da salga e da secagem do peixe, que é submetido à defumação, conferindo-lhe odor e sabor característicos e prolongando sua vida útil.

Pescado descongelado – produto que foi inicialmente congelado e submetido a um processo específico de elevação de temperatura acima do ponto de congelamento e mantido em temperaturas próximas à do gelo fundente.

Pescado em conserva – produto adicionado de ingredientes, acondicionado em recipientes hermeticamente fechados, e submetido à esterilização comercial.

Pescado em semiconserva – produto obtido pelo tratamento específico do pescado por meio de sal, com adição ou não de ingredientes, envasado em recipientes hermeticamente fechados, não esterilizados pelo calor, conservado ou não em refrigeração.

Pescado empanado – produto congelado, elaborado a partir de pescado com adição ou não de ingredientes, moldado ou não, e revestido de cobertura que o caracterize, submetido ou não a tratamento térmico.

Pescado fermentado – produto obtido a partir do peixe salgado e submetido ao processo de fermentação que transforma substâncias orgânicas em componentes simples por meio da ação micro-organismos ou de enzimas localizadas no próprio tecido do peixe.

Pescado fresco – aquele que não foi submetido a qualquer processo de conservação, a não ser pela ação do gelo ou por meio de métodos de conservação de efeito similar, mantido em temperaturas próximas à do gelo fundente, com exceção daqueles comercializados vivos.

Pescado hidrolisado – produto obtido a partir de hidrólise química ou enzimática das proteínas do pescado, constituído por aminoácidos livres e peptídeos de diversos tamanhos, dependendo do grau de hidrólise. Após a hidrólise, há a centrifugação e filtração do material e desidratação do sobrenadante.

Pescado liofilizado – produto obtido pela desidratação do pescado, em equipamento específico, por meio do processo de liofilização, com ou sem aditivos.

Pescado marinado – produto obtido por meio de um tratamento osmótico com uma solução de cloreto de sódio e ácido acético.

Pescado resfriado – produto embalado e mantido em temperatura de refrigeração.

Pescado seco – (ou desidratado) produto obtido pela dessecação do pescado em diferentes intensidades, por meio de processo natural ou artificial, com ou sem aditivos, a fim de se obter um produto estável à temperatura ambiente.

Peso – propriedade física de um corpo que expressa a relação entre massa e aceleração da gravidade.

Peso do hectolitro– indicador utilizado para determinar a densidade e avaliar a qualidade dos grãos. Na panificação, corresponde à massa de 100 litros de trigo, expressa em kg /hl. É influenciado pela uniformidade, pela forma, pela densidade e pelo tamanho do grão e pelo teor de matérias estranhas e grãos quebrados da amostra.

Pesticidas – produtos destinados ao controle de pragas que se desenvolvem nos cultivos agrícolas. São herbicidas (controle de ervas daninhas), inseticidas (insetos), fungicidas (fungos), rodenticidas (ratos, camundongos, esquilos e outros roedores), nematicidas (nematoides/vermes) e acaricidas (ácaros). Um pesticida pode ser um agente de controle de natureza química ou biológica (bactérias e vírus), diferindo de muitas outras substâncias naturalmente presentes, pois entram no ambiente pelo uso intencional. Os produtos químicos utilizados pertencem a diferentes grupos (organoclorados, organofosforados, triazinas, triazóis, estrobilurinas, carbamatos, fenoxiácidos, neonicotinoides, piretroides etc.) e possuem diferentes modos de ação (sistêmico ou de contato). Quanto à sua natureza tóxica, eles podem ter efeitos carcinogênico, mutagênico, neurotóxico e teratogênico.

pH – propriedade de soluções aquosas determinada pela concentração de íons de hidrogênio (H^+). Os valores de pH variam de 0 a 14: os valores de 0 a 7 são considerados ácidos; valores em torno de 7 são neutros, e valores acima de 7 são denominados básicos ou alcalinos. Quanto menor o pH de uma substância, maior a concentração de íons H^+.

Picnometria – técnica para determinar a densidade de um líquido, pelo uso de picnômetro. Ver *Picnômetro*.

Picnômetro – vidraria de laboratório para a medida de volume e massa de líquidos. Consiste de uma pequena garrafa não graduada com tampa hermética, de volume definido. Usado para determinar a densidade de líquidos.

Picolé – porção individual de gelados comestíveis de várias composições, geralmente suportadas por uma haste, obtidas por resfriamento até congelamento da mistura, homogênea ou não, de ingredientes alimentares, com ou sem batimento.

Pigmentos – compostos naturalmente presentes e responsáveis pela cor dos alimentos de origem animal ou vegetal. Classificam-se em compostos heterocíclicos com estrutura tetrapirrólica (clorofilas, em vegetais; o grupo heme e as bilinas, em animais); compostos de estrutura isoprenoide, representados pelos carotenoides, encontrados em animais e, principalmente, em vegetais; e compostos heterocíclicos contendo oxigênio, como os flavonoides, que são encontrados exclusivamente em vegetais. Quimicamente, são substâncias instáveis que participam de diferentes reações químicas e bioquímicas e por isso a alteração de cor de um alimento pode indicar alterações durante o processamento e/ou armazenamento do produto.

***Plan, Do, Check, Act* (PDCA)** – ferramenta de controle da qualidade utilizada para o controle dos processos. É composta por quatro etapas: P (planejar) – selecionar o processo, atividade, equipamento que requer a melhoria e elaborar medidas claras e exequíveis, sempre voltadas para obtenção dos resultados esperados; D (fazer) – adotar o plano elaborado e acompanhar seu progresso; C (verificar) – analisar os resultados obtidos com a execução do plano e, se necessário, reavaliar o plano; A (agir) – documentar o novo processo, transformando-o em padrão, se houver o resultado previsto.

Plasma – porção liquída do sangue (55% do conteúdo total de sangue), consiste em aproximadamente 90% de água e 10% de solutos, incluindo vasta gama de proteínas, lipoproteínas, nutrientes, metabólitos, produtos de excreção, íons inorgânicos e hormônios. Mais de 70% dos sólidos do plasma são proteínas plasmáticas, principalmente imunoglobulinas, albumina sérica, apoliproteínas, transferrina e proteínas da coagulação sangínea, como o fibrinogênio e protrombinas.

Plasticidade – propriedade reológica das gorduras sólidas. Elas se comportam como sólido sob aplicação de uma tensão crítica conhecida como *tensão inicial de cisalhamento*, mas, acima desse valor, comportam-se como líquido. O comportamento plástico das gorduras sólidas pode ser atribuído à formação de redes tridimensionais de pequenos cristais de gordura dispersos numa matriz de óleo líquido.

Plastídios – organelas existentes no citoplasma da maioria das células vegetais e que apresentam grande diversidade de estrutura e funções fisiológicas, capazes de sintetizar e armazenar pigmentos e nutrientes. São exemplos de plastídios os cloroplastos (fotossíntese), os amiloplastos (armazena amido), os elaioplastos (armazena lipídeos), os cromoplastos (armazena pigmentos), entre outros.

Polarimetria – técnica utilizada para medir a rotação que um feixe de luz polarizada sofre ao atravessar uma substância opticamente ativa.

Polarografia – técnica eletroquímica em que o fluxo de corrente, por meio de uma célula de eletrólise, é medido em função do potencial do eletrodo em operação.

Polifenóis – compostos fenólicos naturalmente presentes em vegetais. Possuem estrutura variável e, assim, são multifuncionais. Há cerca de cinco mil polifenóis, destacando-se flavonoides, ácidos fenólicos, fenóis simples, cumarinas, taninos, ligninas e tocoferóis. Em alimentos, são responsáveis pela cor, pela adstringência, pelo aroma e pela estabilidade oxidativa. Suas principais fontes são frutas cítricas, cereja, uva, ameixa, pera, maçã e mamão, além de pimenta-verde, brócolis, repolho roxo, cebola, alho, tomate, entre outros. Na família dos compostos largamente distribuídos na natureza, estão os flavonoides (antocianinas, flavonóis e seus derivados) e ácidos fenólicos (ácidos benzoico, cinâmico e seus derivados) e cumarinas. Devido ao caráter antioxidante, desempenham um papel importante na prevenção de doenças cardiovasculares, na atividade anti-inflamatória e na prevenção da obesidade e do diabetes. Têm também benefícios no combate de vários tipos de cancro e de doenças neurodegenerativas.

Polipeptídios – cadeias lineares constituídas de 10 a 100 resíduos de aminoácidos ligados por ligações peptídicas. Os polipeptídios não devem ser confundidos com as proteínas, pois estas apresentam mais de 100 resíduos de aminoácidos em sua molécula. Alguns polipeptídios apresentam função biológica como os hormônios insulina, glucagon e os produzidos pelo hipotálamo e hipófise.

Polpa de fruta – produto não fermentado, não concentrado, não diluído, obtido de frutos polposos, a partir de processo tecnológico adequado, com um teor mínimo de sólidos totais, proveniente da parte comestível do fruto. O teor mínimo de sólidos totais é estabelecido para cada polpa de fruta específica, pela legislação em vigor.

Polvilho azedo – fécula de mandioca modificada por processo de fermentação e secagem solar. Quatro tipos de fermentação bacteriana são identificados: lática, com a presença dos gêneros *Lactobacillus*, *Leuconostoc* e *Pediococcus*; fermentação propiônica, em que o gênero *Propionibacterium* é encontrado; a fermentação butírica, com presença do gênero *Clostridium*; e a fermentação acética, por meio das bactérias produtoras de ácido acético. Graças à modificação química decorrente da fermentação, o polvilho azedo adquire a propriedade de expansão que outros amidos nativos não possuem. Essa propriedade permite seu uso em produtos de confeitaria na forma de biscoitos, pão de queijo, bolos.

Polvilho doce – fécula de mandioca, produto amiláceo extraído das raízes de mandioca, não fermentada, obtida por decantação, centrifugação ou outros processos tecnológicos adequados. É usado na culinária para a produção de pão sem glúten, biscoitos, pão de queijo (junto com o polvilho azedo) e bolos.

Pontes de hidrogênio – interação entre átomos de hidrogênio de uma molécula com átomos de elementos altamente eletronegativos (como oxigênio, flúor e nitrogênio) de outra molécula. São exemplos de pontes de hidrogênio: (O-H···O) (N-H···N) (F-H···F).

Pontes dissulfeto – ligação dissulfeto (-S-S-); ligação covalente simples entre dois grupos tiol (-C-SH) de moléculas adjacentes.

Ponto de congelamento – temperatura na qual uma substância (composto, elemento puro ou uma mistura) experimenta um equilíbrio de transição líquido-sólido. Teoricamente, toda matéria congela à medida que a temperatura diminui para o zero absoluto.

Ponto de ebulição – temperatura na qual um líquido vence a pressão atmosférica, passando para o estado gasoso (mudança de estado).

A pressão atmosférica, a polaridade das substâncias, a pressão e a temperatura são fatores que interferem diretamente no ponto de ebulição dos líquidos.

Ponto de fusão – temperatura em que uma substância muda do estado sólido para o líquido, sob condições gerais de pressão de uma atmosfera. A pressão atmosférica, as condições climáticas, a estrutura química, como o tamanho da molécula, são fatores que alteram a temperatura de fusão da substância.

Ponto isoelétrico (pI) – valor de pH em que as cargas positivas e negativas de uma molécula de proteína se equivalem numericamente, isto é, apresentam carga elétrica igual a zero. Uma aplicação prática do conceito de ponto isoelétrico acontece na fabricação de queijos; quando o pH do leite em fermentação atinge 4,6 as micelas de caseína se aproximam, coagulam e precipitam.

Porção – quantidade média do alimento que deveria ser consumida por pessoas sadias, maiores de 36 meses de idade, em cada ocasião de consumo, com a finalidade de promover uma alimentação saudável.

Porcentagem de água no frango congelado – teste realizado para verificar se o teor de água no frango in natura e congelado está de acordo com as especificações do produto e/ou com a legislação. Valores superiores a 6% indicam fraude.

Potencial redox – potencial de oxidorredução; valor numérico em volts que corresponde à capacidade de uma espécie química de reduzir-se ou oxidar-se, isto é, ganhar ou perder elétrons.

Potenciometria – técnica que detecta a diferença de potencial elétrico entre dois eletrodos colocados em uma solução de amostra. Um eletrodo (o eletrodo indicador) responde à concentração do analisado, enquanto o outro (o eletrodo de referência) permanece em um potencial fixo.

ppb – parte por bilhão; unidade de concentração equivalente ao micrograma por quilograma ($\mu g.kg^{-1}$)

ppm – parte por milhão; unidade de concentração equivalente ao miligrama por quilograma ($mg.kg^{-1}$).

Pragas – na indústria de alimentos, insetos e suas larvas, ácaros, roedores e pássaros que comprometem direta ou indiretamente a qualidade dos produtos. Na agricultura, animais (insetos, ácaros, nematoides, pássaros etc.) e ervas daninhas que causam prejuízo à lavoura.

Prazo de validade – período no qual o alimento permanece seguro e adequado para consumo, desde que armazenado de acordo com as condições estabelecidas pelo fabricante. O prazo de validade começa a ser contado a partir do momento em que o alimento é preparado ou fabricado. Essa informação deve ser declarada no rótulo dos alimentos embalados observando a legislação pertinente.

Prebiótico – componente alimentar, principalmente carboidratos, que não é digerido pelo trato digestivo humano ou animal, servindo como substrato para as bactérias benéficas do intestino, promovendo seu crescimento e proliferação e evitando o desenvolvimento de um ambiente favorável para o crescimento de bactérias nocivas causadoras de doenças.

Presença de amido – no controle de qualidade do leite, é um teste que identifica a presença de fraude.

Preservação – conservação; manutenção da qualidade por meio de técnicas e tecnologias que têm como objetivo garantir a integridade dos produtos alimentícios.

Pressão absoluta – refere-se à soma do valor da pressão relativa (manométrica) ao valor da pressão atmosférica. A pressão absoluta será zero no vácuo perfeito.

Pressão atmosférica – refere-se à pressão exercida pela camada de ar sobre a superfície terrestre, medida em um barômetro. Ao nível do mar esta pressão é aproximadamente de 760 mmHg.

Pressão manométrica –refere-se à pressão medida em relação à pressão atmosférica, tomada como unidade de referência. Ela pode ser chamada de pressão relativa positiva ou pressão relativa negativa.

Pressão relativa negativa – vácuo; é a pressão identificada quando um sistema tem pressão relativa menor que a pressão atmosférica.

Presunto – produto cárneo obtido exclusivamente do pernil suíno, curado, defumado ou não, desossado ou não, com adição ou não de ingredientes e submetido a processo tecnológico adequado. É facultada a elaboração do produto com carnes do membro posterior de outras espécies animais, mediante declaração em sua denominação de venda.

Presunto cozido – produto cárneo industrializado obtido exclusivamente com o pernil de suínos, desossado, adicionado de ingredientes e submetido a um processo de cozimento adequado. Esse produto poderá apresentar as seguintes denominações nos pontos de venda: presunto cozido, presunto cozido superior (teor de proteína cárnea mínima de 16,5%), presunto cozido defumado, presunto cozido com capa de gordura, presunto cozido sem capa de gordura, presunto cozido tenro defumado.

Presunto cru – produto cárneo industrializado obtido do pernil ou corte do pernil de suínos, adicionado ou não de condimentos, curado ou não, defumado ou não e dessecado. A presença de "mofos" característicos é consequência natural do seu processo tecnológico de fabricação.

Presunto tipo Parma – produto cárneo industrializado obtido do pernil íntegro selecionado de suínos pesados, sem a pata, salgado e dessecado por um período mínimo de 10 meses. Entende-se por "suínos pesados" animais vivos, com peso mínimo de 130 kg, selecionados para a finalidade. A presença de "mofos" característicos é consequência natural do seu processo tecnológico de fabricação.

Probióticos – componentes alimentares à base de micro-organismos vivos (bactérias láticas e bifidobactérias), não digeríveis e que afetam beneficamente o hospedeiro, por estimularem seletivamente a proliferação ou atividade de populações de bactérias desejáveis no cólon. Disponíveis em sachês e cápsulas ou ainda acrescentados em produtos como leites e derivados.

Procedimento Operacional Padronizado (POP) – (ou Procedimento Operacional Padrão (POP)); procedimento escrito de forma objetiva que estabelece instruções sequenciais para a realização de operações rotineiras e específicas de produção, armazenamento e transporte de alimentos. Esse procedimento pode apresentar outras nomenclaturas, desde que obedeça ao conteúdo estabelecido pela Anvisa. Os estabelecimentos produtores/industrializadores de alimentos devem desenvolver, implementar e manter os seguintes POP: a) higienização das instalações, equipamentos, móveis e utensílios; b) controle da potabilidade da água; c) higiene e saúde dos manipuladores; d) manejo dos resíduos; e) manutenção preventiva e calibração de equipamentos; f) controle integrado de vetores e pragas urbanas; g) seleção das matérias-primas, ingredientes e embalagens; h) programa de recolhimento de alimentos. Os POP devem ser aprovados, datados e assinados pelo responsável técnico, responsável pela operação, responsável legal e/ou proprietário do estabelecimento, firmando o compromisso de implementação, monitoramento, avaliação, registro e manutenção deles.

Procedimento Padrão de Higiene Operacional (PPHO) – documento regulamentado pelo Mapa que se refere aos procedimentos descritos, desenvolvidos, implantados, monitorados e verificados pelo estabelecimento, com vistas a estabelecer a forma rotineira pela qual o estabelecimento evita a contaminação direta ou cruzada do produto e preserva sua qualidade e integridade, por meio da higiene, antes, durante e depois das operações industriais.

Processamento de alimento – qualquer operação que modifique os alimentos do seu estado original, podendo ocorrer nos lares, nos serviços de alimentação e nas indústrias de alimentos. Refere-se às técnicas relativas aos processos de transformação dos produtos alimentícios, ou ao conjunto de operações unitárias usadas para transformar matéria-prima em produto alimentício para consumo humano ou animal. Tem como objetivos minimizar o desperdício, eliminar os micro-organismos patogênicos, retardar reações químicas e bioquímicas, aumentar a digestibilidade dos alimentos, melhorar as características sensoriais, produzir alimentos seguros e aumentar a vida útil dos alimentos.

Processo – conjunto de operações unitárias que transforma uma ou mais matérias-primas em produto alimentício.

Processo químico – sequência de eventos que envolvem modificações da composição química, geralmente acompanhados de modificações físicas, ou de outra natureza, no material que é o ponto de partida (matéria-prima) para se obter o produto.

Produção orgânica de alimentos – toda aquela em que se adotam técnicas específicas, mediante a otimização do uso dos recursos naturais e socioeconômicos disponíveis e o respeito à integridade cultural das comunidades rurais, tendo por objetivos a sustentabilidade econômica e ecológica; a maximização dos benefícios sociais; a minimização da dependência de energia não renovável, empregando-se, sempre que possível, métodos culturais, biológicos e mecânicos, em contraposição ao uso de materiais sintéticos, a eliminação do uso de organismos geneticamente modificados e radiações ionizantes, em qualquer fase do processo de produção, processamento, armazenamento, distribuição e comercialização, e a proteção do meio ambiente.

Produto alimentício – todo alimento derivado de matéria-prima alimentar in natura, ou não, adicionada de outras substâncias permitidas, obtido por processo tecnológico adequado.

Produto orgânico – produto, *in natura* ou processado, obtido em um sistema orgânico de produção agropecuária ou oriundo de processo extrativista sustentável e não prejudicial ao ecossistema local. Para comercialização, os produtos orgânicos devem ser certificados por organismos credenciados no Ministério da Agricultura e Pecuária (Mapa). Todavia, aqueles produzidos por agricultores familiares, que fazem parte de organizações de controle social cadastradas no Mapa, que comercializam exclusivamente em venda direta aos consumidores, são dispensados da certificação e apresentam o selo "Controle Social para a Venda Direta sem Certificação". O produtor orgânico deve fazer parte do Cadastro Nacional de Produtores Orgânicos. A denominação *produto orgânico* abrange as denominações de ecológico, biodinâmico, natural, regenerativo, biológico, agroecológico, permacultura, entre outros.

Produtos análogos à carne – produtos com características sensoriais e valor nutritivo semelhantes aos de uma porção cárnea, ou derivado cárneo, cujas proteínas cárneas, contudo, são substituídas, total ou parcialmente, por proteínas de origem vegetal. As matérias-primas usadas frequentemente para esse propósito são a soja, feijão, ervilha e grão-de-bico; a beterraba pode ser usada para conferir cor.

Produtos cárneos – aqueles obtidos de carnes, de miúdos e de partes comestíveis das diferentes espécies animais, com as propriedades originais das matérias-primas modificadas por meio de tratamento físico, químico ou biológico, ou, ainda, pela combinação desses métodos em processos que podem envolver a adição de ingredientes, aditivos ou coadjuvantes de tecnologia.

Produtos cárneos desidratados – produtos obtidos pela desidratação da carne fragmentada ou de miúdos das diferentes espécies animais, cozidos ou não, com adição ou não de ingredientes, dessecados por meio de processo tecnológico específico.

Produtos cárneos esterilizados – produtos obtidos a partir de carnes ou de miúdos das diferentes espécies animais, com adição ou não de ingredientes, embalados hermeticamente e submetidos à esterilização comercial.

Produtos de frutas – produtos elaborados a partir de frutos, inteiros, ou em partes e/ou sementes, obtidos por secagem e/ou desidratação e/ou laminação e/ou cocção e/ou fermentação e/ou concentração e/ou congelamento e/ou outros processos tecnológicos. Podem ser apresentados com ou sem líquido de cobertura e adicionados de açúcar, sal, tempero, especiaria e/ou outro ingrediente desde que não descaracterize o produto.

Produtos de vegetais – produtos obtidos a partir de partes comestíveis de espécies vegetais tradicionalmente consumidas como alimento, incluindo as sementes oleaginosas, submetidos a processos de secagem e/ou desidratação e/ou cocção e/ou salga e/ou fermentação e/ou laminação e/ou floculação e/ou extrusão e/ou congelamento e/ou outros processos tecnológicos. Podem ser apresentados com líquido de cobertura e adicionados de sal, açúcar, tempero ou especiaria e/ou outro ingrediente desde que não descaracterize o produto.

Produtos lácteos – produtos obtidos mediante processamento tecnológico do leite, podendo conter ingredientes, aditivos e coadjuvantes de tecnologia, apenas quando funcionalmente necessários para o processamento.

Produtos lácteos compostos – produtos no qual o leite, os produtos lácteos ou os constituintes do leite representem mais que 50% do produto, massa/massa, como se consome, sempre que os ingredientes não derivados do leite não estejam destinados a substituir total ou parcialmente qualquer dos constituintes do leite.

Produtos pré-gelatinizados – aqueles que, devido à gelatinização prévia, são parcialmente solúveis em água fria, facilitando o preparo de alimentos como pudins, purê de batata, cuscuz, entre outros.

Produtos proteicos de origem vegetal – alimentos obtidos a partir de partes proteicas de espécies vegetais, podendo ser apresentados em grânulo, pó, líquido ou outras formas, com exceção daquelas não convencionais para alimentos. Podem ser adicionados de outros ingredientes, desde que não descaracterizem o produto. Os produtos devem ser designados como "proteína" ou "extrato" ou "farinha", conforme o teor proteico mínimo, ou "glúten", seguido dos nomes comuns das espécies vegetais de origem.

Programa de Análise de Resíduos de Agrotóxicos em Alimentos (PARA) – programa criado pela Anvisa que objetiva avaliar os níveis de resíduos de agrotóxicos nos alimentos de origem vegetal que chegam à mesa do consumidor, para evitar, assim, possíveis agravos à saúde da população.

Programa de Análise de Resíduos de Medicamentos Veterinários em Alimentos de Origem Animal – programa criado pela Anvisa para avaliar o potencial de exposição do consumidor a resíduos de medicamentos veterinários pela ingestão de alimentos de origem animal adquiridos no comércio.

Programa de Avaliação da Conformidade para Produção Integrada Agropecuária (PI-Brasil) – institui o processo de certificação voluntária, superior aos regulamentos públicos tradicionais, que visa à normalização e certificação de processos produtivos seguros e sustentáveis. É articulado pelo Mapa, em parceria com o CNPq, Inmetro, Embrapa, universidades brasileiras, instituições estaduais de pesquisa agropecuária e extensão, entre outros atores. O programa segue os preceitos estabelecidos pela Política de Alimentos Seguros, cujas diretrizes gerais estão estabelecidas pela Instrução Normativa n° 27/2010 do Mapa. O PI-Brasil concede apoio às cadeias produtivas interessadas na utilização de tecnologias adequadas que garantam a sustentabilidade e rastreabilidade da produção agropecuária, levando em conta o retorno econômico e requisitos socioambientais.

Programa Nacional de Monitoramento da Qualidade Sanitária de Alimentos (PNMQSA) – programa criado pela Anvisa que objetiva avaliar o padrão sanitário de produtos alimentícios expostos ao consumo por meio de análises físico-químicas, químicas, microbiológicas, de contaminantes, de microscopia e de rotulagem geral.

Programa Nacional de Monitoramento de Aditivos e Contaminantes (PROMAC) – programa criado pela Anvisa que objetiva avaliar os níveis de aditivos e contaminantes presentes em alimentos (corantes, conservantes, edulcorantes, micotoxinas e contaminantes inorgânicos como arsênio, estanho, cádmio, chumbo e mercúrio) a que os consumidores estão expostos e sugerir medidas de gerenciamento de riscos.

Programas de autocontrole (PAC) – foram estabelecidos pelo Ministério da Agricultura Pecuária e Abastecimento (Mapa) nos estabelecimentos de leite e derivados com o objetivo de padronizar e estabelecer critérios para a verificação de programas como Procedimento Padrão de Higiene Operacional (PPHO), Análise de Perigos e Pontos Críticos de Controle (APPCC) e Boas Práticas de Fabricação (BPF).

Prolaminas – correspondem ao conjunto de proteínas encontradas somente em espécies do reino vegetal. São assim denominadas por serem a reserva que o embrião da planta a ser gerada utilizará durante o processo de germinação e a fase inicial de crescimento, antes de a fotossíntese estar estabelecida. São formadas durante o desenvolvimento da planta e acumulam-se no endosperma do grão. Correspondem a cerca de 5 a 8% do peso seco de grãos de cereais. São insolúveis em água e etanol absoluto, mas solúveis em etanol entre 50% e 80%. Nos cereais, as proteínas de reserva recebem denominações adicionais, dependendo da espécie vegetal: zeínas, para o milho; secalinas, para o centeio; hordeínas, para a cevada; avenalinas, para a aveia. Têm elevado teor de prolina e glutamina.

Promotores – sequências de nucleotídeos localizadas a montante dos sítios de início da transcrição as quais a RNA polimerase pode ligar-se, levando ao início da transcrição.

Propriedade da textura – ver *Textura*.

Propriedade de hidratação – propriedade funcional conferida pela interação da água com macromoléculas dos alimentos, principalmente as proteínas, que influenciam as características de dispersibilidade, umectabilidade, expansão, solubilidade, espessamento/viscosidade, capacidade de hidratação e retenção de água, gelificação, coagulação, emulsificação e formação de espuma.

Propriedade estrutural – propriedade funcional conferida por algumas proteínas alimentares que influenciam as características de viscosidade, elasticidade, gelificação, emulsificação, coesão-adesão, ligação à água (suculência), formação de espuma.

Propriedade intelectual – instrumento jurídico que, por meio de leis, garante aos inventores ou responsáveis por qualquer produção do intelecto – seja nos domínios industrial, agrícola, científico, literário ou artístico – o direito de obter, por um determinado tempo, recompensa pela sua criação.

Propriedade reológica – propriedade funcional relacionada ao escoamento, em alimentos líquidos (viscosidade), e à deformação, em alimentos sólidos (elasticidade). As proteínas apresentam papel preponderante nas propriedades reológicas de matrizes alimentares.

Propriedade viscoelástica – propriedade dos materiais que apresentam características viscosas e elásticas ao sofrer deformação. Muitos alimentos mostram comportamento viscoelástico, isto é, de sólido (elasticidade) e de líquido (viscosidade). Um exemplo de comportamento viscoelástico são as massas que consistem em um corpo em estado particular, em que coexistem os estados sólido, líquido e gasoso. As massas possuem elasticidade (propriedade dos sólidos) e viscosidade (propriedade dos líquidos).

Propriedades antinutricionais – ver *Fatores antinutricionais*.

Propriedades coligativas das soluções – propriedades físicas que dependem dos números relativos de moléculas de soluto e solvente, e não da identidade química do soluto. As principais propriedades coligativas de soluções são o abaixamento da pressão de vapor do solvente, o aumento do seu ponto de ebulição, o abaixamento do seu ponto de fusão e a osmose.

Propriedades de superfície – (propriedades interfaciais, propriedades interfásicas) propriedades físicas e químicas relacionadas à interação entre as moléculas em uma interface. Nos alimentos, as interfaces mais comuns são água-ar e água-óleo, presentes nas espumas e emulsões, respectivamente. As interfaces são instáveis, a menos que uma substância anfifílica esteja presente entre as fases para conferir-lhes estabilidade. Ver *Substâncias anfifílicas*.

Propriedades elétricas – diz respeito à condução de corrente elétrica através de um material. Basicamente, a caracterização elétrica é realizada por meio de medidas de corrente-tensão elétricas. As curvas de corrente-tensão são as medidas realizadas sobre uma amostra, da corrente que a atravessa e da tensão entre seus terminais. É a medida elétrica mais básica, que, com refinamento, pode ser utilizada para a obtenção de diversas características de um material.

Propriedades físicas – características da matéria que podem ser medidas ou observadas sem que a composição ou integridade da substância respectiva seja afetada. As propriedades físicas podem ser classificadas como gerais, quando comuns a qualquer matéria, como volume, temperatura e estado físico (sólido, líquido, gasoso); específicas, quando podem ser usadas para identificar a substância ou o composto que está sendo analisado: densidade, pontos de fusão e ebulição e coeficiente de solubilidade; intensivas, quando não dependem da massa da amostra, como a temperatura e a densidade; extensivas, quando dependem da massa da amostra, como o volume; organolépticas, quando o atributo de um produto (cor, odor, sabor, textura etc.) pode ser percebido e analisado pelos nossos sentidos (visão, audição, olfato, paladar, tato).

Propriedades funcionais das proteínas – propriedades físico-químicas, determinadas pelas características moleculares e do meio, que influenciam no desempenho das proteínas dos sistemas alimentares durante o processamento, armazenamento, preparo e consumo. As propriedades físico-químicas que controlam a funcionalidade proteica são tamanho, forma, composição e sequência de aminoácidos, carga elétrica líquida e sua distribuição na molécula, hidrofobicidade e hidrofilicidade, estruturas secundárias, terciárias e quaternárias, flexibilidade e rigidez molecular e capacidade de reagir e interagir com outros componentes. As propriedades funcionais das proteínas são a hidratação, solubilidade, viscosidade, gelificação, coesão/adesão, elasticidade, emulsificação, formação de espuma, fixação de lipídeos e aromas.

Propriedades funcionais das proteínas da carne – as proteínas da carne se dividem em três classes, de acordo com a sua solubilidade: sarcoplasmáticas, miofibrilares e estromais. A principal função tecnológica das proteínas sarcoplasmáticas está na formação da cor da carne, devido às suas hemoproteínas: mioglobina, hemoglobina e citocromo. Outra participação tecnológica, não menos importante, está na maturação da carne e no consequente favorecimento de sua maciez, por meio da ação do complexo enzimático de calpaínas presente no sarcoplasma. A miosina e a actina são os principais componentes das proteínas miofibrilares, não somente pela sua maior quantidade, mas pelas suas propriedades funcionais, apresentando uma forte influência sobre os produtos cárneos, como textura, capacidade de retenção de água, capacidade ligante emulsificante, entre outras. O colágeno é o principal componente das proteínas estromais. O interesse pelas fibras de colágeno e pelo colágeno em pó em alimentos ocorreu devido às suas propriedades mecânicas, à capacidade de ligação de água, ao potencial gelificante, estabilizante e como biomaterial.

Propriedades funcionais das proteínas do ovo – propriedades físico-químicas conferidas pelas moléculas proteicas da clara e da gema, numa matriz alimentar, relacionadas às características organolépticas dos produtos: solubilidade (a mais importante e que interfere nas demais propriedades), gelificação, emulsão, aeração (formação de espuma), coesão, aglutinação, além da função ligante e de revestimento em produtos empanados.

Propriedades funcionais de proteínas de origem vegetal – propriedades conferidas pelas proteínas do trigo (gliadina e glutenina) e da soja que influenciam as características organolépticas e estruturais de produtos alimentares. As proteínas do trigo formam o glúten, que apresenta papel fundamental nos produtos de panificação, principalmente pela sua propriedade de coesão-adesão, enquanto as proteínas da soja têm inúmeros papéis no processamento de alimentos: retenção de umidade, definição da textura, coesão, rendimento final, palatabilidade, aparência e maior vida útil do produto.

Propriedades funcionais dos alimentos[1] – propriedades não nutricionais de um alimento ou de um componente alimentar (proteínas, lipídeos, carboidratos etc.) que afetam o seu uso como ingrediente em um produto, principalmente sob o aspecto sensorial.

Propriedades funcionais dos alimentos[2] – papel metabólico ou fisiológico que o nutriente ou não nutriente tem no crescimento, desenvolvimento, manutenção e outras funções normais do organismo humano.

Propriedades hidrofílicas das proteínas – propriedades que dependem da afinidade das moléculas proteicas pelas moléculas de água e que afetam principalmente as características de solubilidade, dispersibilidade, umectabilidade, expansão, espessamento/viscosidade, capacidade de retenção de água, gelificação, coagulação, emulsificação e formação de espuma. Essas propriedades determinam efeitos importantes na textura e na reologia dos alimentos e bebidas.

Propriedades intermoleculares das proteínas – habilidade que algumas proteínas têm de formar ligações cruzadas entre suas moléculas ou com outros componentes da matriz alimentar. Relacionam-se à formação de fibras proteicas, à gelificação e à formação de massa viscoelástica, que são mantidas por meio de interações eletrostáticas, forças de Van der Waals, ligações covalentes, ligações por pontes de hidrogênio.

Propriedades químicas – características intrínsecas das substâncias derivadas de fenômenos que ocorrem na eletrosfera dos átomos e moléculas. A oxidação, a redução, a reatividade, a eletronegatividade, a acidez e a alcalinidade são propriedades químicas. Algumas substâncias possuem propriedades químicas comuns, ou seja, propriedades de grupos, como é o caso dos ácidos, das bases, dos álcoois, dos ésteres, dos éteres, dos aldeídos, das cetonas, das aminas, das amidas, dos hidrocarbonetos, entre outras.

Protaminas – proteínas nucleares ou nucleoproteínas de baixo peso molecular, constituídas de aproximadamente 80% de arginina e, portanto, fortemente alcalinas. São solúveis em água; em soluções fortemente acidas formam sais estáveis. Ver *PROTEÍNAS NUCLEARES*.

Proteína concentrada de soja – produto proteico, concentrado por processo tecnológico adequado a partir da farinha de soja e utilizado como ingrediente na elaboração de alimentos.

Proteína isolada de soja – fração proteica da soja, obtida por processo tecnológico adequado, utilizada como agente de consistência para derivados cárneos, como embutidos e patês, e como fonte proteica.

Proteína texturizada de soja – produto proteico, de integridade estrutural identificável, de modo que cada unidade suporte hidratação e cozimento, por fiação e extrusão termoplástica, a partir de uma ou mais das seguintes matérias-primas: proteína isolada de soja, proteína concentrada de soja e farinha desengordurada de soja.

Proteínas – macromoléculas biológicas constituídas por uma ou mais cadeias de aminoácidos e que estão presentes em todos os seres vivos. As proteínas participam de processos vitais, desempenhando funções estruturais (colágeno), contráteis (actina e miosina), biocatalisadoras (enzimas), hormonais (insulina), transporte ou de transferência (hemoglobina) e de nutrição. O número e a sequência de aminoácidos na molécula determinam o tamanho da estrutura/cadeia e sua conformação, definindo suas propriedades físico-químicas. São classificadas em três grupos principais: proteínas simples, proteínas conjugadas e proteínas derivadas. As proteínas simples são formadas apenas por aminoácidos, sendo classificadas em função da sua solubilidade em albuminas, globulinas, glutelinas, prolaminas, protaminas, histonas e escleroproteínas. As proteínas conjugadas são constituídas por aminoácidos e por um radical não peptídico chamado grupo prostético. São classificadas de acordo com a natureza da parte não proteica em cromoproteínas, lipoproteínas, nucleoproteínas, glicoproteínas, fosfoproteínas e metaloproteínas. Proteínas derivadas são compostos não encontrados na natureza, mas obtidos por degradação mais ou menos intensa (proteólise) de proteínas simples ou conjugadas pela ação de ácidos, bases ou enzimas. As propriedades físicas das proteínas derivadas são modificadas pela extensão da proteólise; há diminuição da viscosidade inicial e perdem a propriedade de serem coaguladas pelo calor.

Proteínas de reserva – são proteínas que se acumulam em sementes, tubérculos e raízes. A concentração dessas proteínas é extremamente variável nos vegetais: trigo e milho (12%), arroz (9%), batata e inhame (9%), mandioca (4%), fava e lentilha (26%), ervilha (25%), grão-de-bico (21%), amendoim (28%), canola (30%), soja e girassol (35%). Nas sementes dos cereais, são conhecidas em seu conjunto como prolaminas, devido ao seu elevado conteúdo dos aminoácidos prolina, recebendo denominações próprias em função da sua origem: gliadina, no trigo; hordeína, na cevada; secalina, no centeio; zeína, no milho; avenina, na aveia; e kafrina, no sorgo.

Proteínas do leite – componente importante por suas propriedades nutritivas, tecnológicas e funcionais, que decorrem da sua composição em aminoácidos e de suas propriedades físico-químicas. O leite bovino contém, em média, 3,6% de proteínas de alto valor nutritivo. Elas são classificadas em dois grupos, de acordo com suas propriedades físico-químicas e estruturais: caseínas e proteínas do soro. A relação entre caseína e proteínas do soro depende da espécie de mamíferos. No leite de vaca, a relação é de 80% para caseínas e 20,0% para a fração de proteínas do soro.

Proteínas do soro do leite – grupo de proteínas com características estruturais e funcionais bem diferentes da caseína. As principais proteínas do soro de leite são lactoglobulinas, lactoalbuminas, albumina sérica, imunoglobulinas, lactoferrina e lisozima. Elas apresentam excelente composição em aminoácidos, alta digestibilidade e biodisponibilidade de aminoácidos essenciais, portanto, de elevado valor nutritivo. Apresentam excepcionais propriedades funcionais de solubilidade, formação e estabilidade de espuma, emulsificação, gelificação, formação de filmes e cápsulas protetoras. No soro de leite bovino, predomina a beta-lactoglobulina, que praticamente não ocorre no leite humano. É a proteína mais alergênica do leite.

Proteínas do tecido conjuntivo – proteínas insolúveis presentes nos animais que constituem as fibras extracelulares, recobrindo fibras e feixes musculares. Representam de 10 a 20% do total de proteínas musculares, sendo representadas principalmente pelo colágeno. O colágeno é constituído por uma família de 27 proteínas isomorfas encontradas em tecidos conjuntivos ao longo do corpo animal como ossos, dentes, tendões, cartilagens, veias, peles e músculos. Ele é constituído por proteínas insolúveis em água e formam feixes que originam estruturas cristalinas estabilizadas por grande número de ligações químicas inter e intramoleculares. O teor de colágeno nos cortes afeta a textura, a capacidade de retenção de água e a capacidade de formação de emulsões. Quando desnaturadas, as moléculas de colágeno são hidrolisadas, absorvem água, aumentam de volume e formam gel. Na indústria de alimentos, o colágeno é a matéria-prima para a fabricação de gelatina; na indústria farmacêutica, é utilizado na fabricação de medicamento para reparação de cartilagens articulares.

Proteínas fibrilares – ver *PROTEÍNAS MIOFIBRILARES*.

Proteínas miofibrilares – actina e miosina; correspondem a 65% do total de proteínas miofibrilares e a cerca de 40% das proteínas musculares. Destacam-se por serem responsáveis pelo fenômeno de contração e relaxamento muscular, formando a actinomiosina. São insolúveis em água e em soluções salinas diluídas, mas solúveis em soluções salinas concentradas (acima de 0,3 M de NaCl) e têm elevada concentração de aminoácidos básicos e ácidos. Quando desnaturadas, diminuem sua capacidade de retenção de água, modificando a maciez e suculência da carne.

Proteínas nucleares – (ou nucleoproteínas) são proteínas estruturalmente associadas a um ácido nucleico: RNA (ácido ribonucleico) ou DNA (ácido desoxirribonucleico). São exemplos de nucleoproteínas as histonas, protaminas e telomerases.

Proteínas sarcoplásmicas – representam 30 a 35% do total das proteínas presentes na carne e agrupam dois tipos de proteínas: as enzimas, como as que participam da glicólise, e a mioglobina, pigmento muscular. São solúveis em soluções salinas diluídas.

Proteolipídeos – complexos de proteínas e lipídeos abundantes no cérebro, mas também encontrados em ampla variedade de tecidos em animais e plantas. As proteínas nos proteolipídeos possuem alto teor de aminoácidos hidrofóbicos, enquanto os lipídeos consistem em uma mistura de fosfoglicerídios, cerebrosídios e sulfatídios.

Proteólise – hidrólise de proteínas catalisada por soluções ácidas, alcalinas ou enzimas (proteinases) produzindo pequenas frações de peptídios e seus aminoácidos.

Próton – partícula constituinte do núcleo atômico; apresenta carga elétrica positiva e de igual valor em módulo ao do elétron; apresenta massa aproximadamente igual a uma unidade de massa atômica.

Protopectinas – moléculas precursoras das substâncias pécticas que apresentam como característica a insolubilidade na água. Quando hidrolisadas, geram pectina ou ácidos pécticos. As protopectinas são de peso molecular maior do que as pectinas e intermediárias no grau de metilação entre as pectinas e os ácidos pécticos. São encontradas principalmente nas paredes celulares dos vegetais.

Prova com verde de malaquita (sulfito) – teste realizado em carnes para identificar fraude/uso ilegal de anidrido sulfuroso ou de dióxido de enxofre e seus sais de cálcio, sódio ou potássio. Quando aplicado na superfície de carnes, que apresenta coloração cinza-esverdeada, esta adquire cor vermelha viva. A sua identificação se baseia na mudança de cor do corante orgânico verde de malaquita. Contudo, substâncias à base de enxofre, como sulfito, anidrido sulfuroso ou dióxido de enxofre, e seus sais de cálcio, sódio ou potássio, podem ser usadas como aditivo em camarões e lagostas com a finalidade de evitar o seu escurecimento.

Prova de Éber (amônia) – teste de natureza qualitativa utilizado para avaliar a decomposição de proteínas, principalmente das proteínas das carnes. Fundamenta-se na reação da amônia que é liberada devido à decomposição das proteínas das carnes. A amônia, que é um gás incolor, ao reagir com o ácido clorídrico, que também é um gás incolor, forma cloreto de amônio, sob a forma de vapores brancos.

Prova de Éber (gás sulfídrico) – teste de natureza qualitativa utilizado para avaliar a decomposição de proteínas, principalmente das proteínas das carnes. Fundamenta-se na decomposição dos aminoácidos sulfurados com liberação de enxofre que, em meio ácido, transforma-se gás sulfídrico e que, após combinar-se com o acetato de chumbo, produz sulfeto de chumbo, que enegrece o papel de filtro.

Prova de formaldeído – método laboratorial de identificação de formaldeído com ácido cromotrópico: o formaldeído aquecido com ácido cromotrópico em presença de ácido sulfúrico origina um produto de condensação que, oxidado posteriormente, transforma-se em um composto p-quinoidal de coloração violeta. A presença dessa coloração na amostra de alimentos confirma a presença de formaldeído.

Pseudocereais – sementes comestíveis, como amaranto, quinoa e trigo-sarraceno, pertencentes às espécies de dicotiledôneas que se assemelham fisicamente aos cereais (monocotiledôneas da família Poaceae), bem como apresentam alto teor de carboidratos (amido). Suas proteínas não são formadoras de glúten. Podem ser transformados em farinhas para diferentes usos.

Psicofísica – disciplina científica da psicologia que estuda a relação entre estímulo físico e a resposta perceptual. Para tal, essa área da psicologia vem desenvolvendo métodos de medidas das sensações internas e das respostas perceptuais para estímulos externos.

Psyllium – planta do gênero *Plantago* cujas sementes são utilizadas comercialmente para a produção de mucilagem. É utilizada como fibra dietética para aliviar sintomas de constipação e diarreia, bem como pode ter uso como espessante alimentar.

Pulque – bebida fermentada mexicana obtida do suco do agave (*Agave atrovirens*).

Pulses – sementes secas de leguminosas, como feijões, grão-de-bico, lentilha, ervilha. Segundo definição da Organização das Nações Unidas para Alimentação e Agricultura (FAO), são excluídas desse grupo as leguminosas utilizadas para extração de óleo, como a soja, ou mesmo as vagens colhidas imaturas para a alimentação.

Purinas – bases orgânicas heterocíclicas que se emparelham com piramidinas na molécula de DNA e cujos derivados (adenina e guanina) são importantes no metabolismo. Incluem alcaloides como cafeína e teofilina. Presentes em alimentos como carnes e grãos como ervilha, lentilha e feijão.

Putrefação – refere-se à decomposição da matéria orgânica, especialmente por micro-organismos; é uma reação anaeróbica. Pode ocorrer em carnes com a produção de compostos malcheirosos como amônia, sulfeto de hidrogênio, cadaverina, putrescina.

Pungência – sensação de calor e ardor nas membranas das mucosas nasal e bucal provocada por especiarias e vegetais.

Q

QUEIROZ

Luiz Vicente de Souza Queiroz (1849- 1898) – filho do Barão de Limeira, nasceu no coração da cidade de São Paulo. Seu nome é uma homenagem ao avô e ao pai. Quando jovem, cursou as Escolas de Agricultura de Grignon, na França, e a de Zurique, na Suíça. Sua obra visionária e sua antevisão de futuro foram a pedra fundamental para que o Brasil se transformasse na potência agroindustrial que hoje é. Trabalhou com afinco na construção de uma escola agrícola, esgotando toda a sua fortuna no empreendimento. Recorreu ao estado, não obtendo êxito. Em 1892, a Câmara dos Deputados de São Paulo decidiu promulgar a lei nº 26, pela qual ficava o Executivo paulista autorizado a fundar uma escola superior de agricultura e uma de engenharia. Diante disso e com graves dificuldades financeiras, Luiz de Queiroz, para realizar seu sonho, decidiu doar ao governo a Fazenda São João da Montanha, com todas as benfeitorias existentes, mas com uma condição: no prazo de dez anos, teria de ser concluída e inaugurada a sua sonhada escola. Em 1901, a Escola Superior de Agricultura Luiz de Queiroz (Esalq) nasceu, e até 1934 fez parte da Secretaria de Agricultura do Estado de São Paulo. A partir de então, passou a integrar a Universidade de São Paulo (USP), como uma de suas unidades fundadoras. Desde sua criação, a Esalq evolui constantemente ampliando sua atuação, alicerçada nos pilares ensino, pesquisa e extensão, em uma área de 3.800 hectares, onde professores, alunos e funcionários produzem conhecimento. É um centro de excelência, com sete cursos de graduação. Em 1964, a Esalq foi a primeira unidade da USP a implantar programas de pós-graduação. No âmbito da extensão, estão presentes atividades esportivas, culturais, publicações técnicas e científicas e cursos de difusão, expandindo as competências desta Escola além das salas de aula. É reconhecida nacional e internacionalmente por sua contribuição científica. O número expressivo de profissionais formados pela Esalq constitui um dos principais fatores do vigoroso desenvolvimento do agronegócio em geral e da defesa das pautas ambientais e sociais.

Qualidade em alimentos – conjunto de características que diferenciam um produto, que o tornam nutritivo, agradável ao consumidor e isento de substâncias nocivas ao organismo humano. A qualidade se relaciona com as características higiênico-sanitárias, químicas, físicas, organolépticas, nutricionais e legais. O preço, a apresentação, a facilidade de manuseio e consumo, bem como a embalagem dos alimentos, também são características associadas à qualidade. Aspectos culturais, econômicos, psicológicos, religiosos e éticos da alimentação podem gerar muitas variáveis relacionadas à qualidade, sendo considerados indicadores subjetivos da qualidade. Os indicadores de qualidade variam entre produtos, indivíduos e regiões, e podem se modificar com o passar do tempo. A qualidade dos alimentos pode ainda ser considerada em três categorias distintas: nível básico, que inclui características de inocuidade, que deve ser atingida por qualquer produto alimentício e, geralmente, é controlado pelo Estado; a qualidade nutricional, que se torna importante a partir da conscientização dos consumidores sobre o efeito da alimentação para a saúde; e os atributos de valor associados aos produtos alimentícios, como respeito ao meio ambiente, aos trabalhadores e às tradições. Numa indústria alimentícia, Boas Práticas de Fabricação (BPF), Procedimentos Padrões de Higiene Operacional (PPHO), a Análise de Perigos e Pontos Críticos de Controle (APPCC) e a auditoria de processos produtivos são ferramentas da qualidade.

Qualidade sob o aspecto físico – parâmetro que diz respeito à presença de matérias estranhas macroscópicas e microscópicas nos alimentos. As matérias estranhas são de dois tipos: a) as que indicam risco à saúde humana – insetos, ácaros, roedores e outros animais (inteiros ou em partes), além de sujidades diversas como objetos rígidos, pontiagudos e cortantes, fragmentos de vidro e filmes plásticos, potencialmente indicativa de risco à qualidade e tempo de vida útil do alimento; b) as que indicam falha nas boas práticas de fabricação – partes indesejáveis incorporadas da matéria-prima, pelos humanos ou de animais, areia, terra e diversas outras partículas ocasionando contaminações incidentais.

Qualidade sob o aspecto higiênico-sanitário – parâmetro que se relaciona com os contaminantes de natureza biológica, química e física (bactérias, fungos, protozoários, vírus, parasitas, toxinas, príons, agrotóxicos, antibióticos, hormônios, metais pesados), responsáveis pela veiculação de doenças de origem alimentar. Para garantir a qualidade higiênico-sanitária dos alimentos, a indústria faz usos de ferramentas como as Boas Práticas de Fabricação (BPF) e a Análise de Perigos e Pontos Críticos de Controle (APPCC). A higiene sanitária dos alimentos abrange os manipuladores, as instalações e os equipamentos, visando à garantia de alimentos seguros aos consumidores.

Qualidade sob o aspecto organoléptico – parâmetro relacionado às características sensoriais dos alimentos por meio dos órgãos dos sentidos – visão, olfato, paladar, tato e audição. Um alimento de boa qualidade sensorial deve se apresentar agradável ao consumidor quanto a aparência, aroma, sabor, viscosidade (bebidas e alimentos líquidos), plasticidade (alimentos sólidos) e som (particularmente importante em bebidas carbonatadas, biscoitos, chips, algumas frutas e vegetais).

Qualidade sob o aspecto químico – parâmetro que se refere às substâncias que compõem os alimentos (proteínas, carboidratos, lipídeos, vitaminas, minerais, fibras alimentares etc.). Os padrões de identidade e qualidade dos alimentos e bebidas são definidos pelo Ministério da Agricultura, Pecuária e Abastecimento (Mapa) com base em seus componentes químicos e sensoriais. Sob a vertente da qualidade química dos alimentos, também estão agrupadas as substâncias que produzem efeitos indesejáveis, tóxicas ou não, e que podem ser provenientes de pesticidas usados nas lavouras, de produtos veterinários, do processamento (aditivos alimentares; substâncias resultantes do processo de fritura, de reações de escurecimento não enzimático), de substâncias alergênicas (histaminas, glúten, lactose), entre outros.

Qualidade tecnológica do trigo – parâmetro que indica a performance de uma cultivar de trigo para determinado produto. A qualidade tecnológica do trigo está relacionada ao seu teor de umidade, cinzas, proteínas (glúten), peso do hectolitro, entre outros. A qualidade do trigo determina a qualidade da sua farinha, bem como do produto final.

Queijo – produto lácteo fresco ou maturado que se obtém por meio da separação parcial do soro em relação ao leite ou ao leite reconstituído – integral, parcial ou totalmente desnatado – ou de soros lácteos, coagulados pela ação do coalho, de enzimas específicas, produzidas por micro-organismos específicos, de ácidos orgânicos, isolados ou combinados, todos aptos para uso alimentar, com ou sem adição de substâncias alimentícias, de especiarias, de condimentos ou de aditivos específicos (aromatizantes e corantes). A denominação "queijo" está reservada aos produtos cuja base láctea não contenha gordura e/ou proteínas de origem não láctea. Classificam-se de acordo com o teor de matéria gorda no extrato seco, expresso em percentagem como: "extragordo" ou "duplo creme", quando contiverem o mínimo de 60%; "gordo", quando contiverem entre 45,0 e 59,9%; "semigordo", quando contiverem entre 25,0 e 44,9%; "magro", quando contiverem entre 10,0 e 24,9%; "desnatados", quando contiverem menos de 10,0%. Classificam-se também de acordo com o conteúdo de umidade, expresso em percentagem como: "queijo de baixa umidade" (geralmente conhecidos como queijo de massa dura), quando contiverem umidade de até 35,9%; "queijo de média umidade (geralmente conhecidos como queijo de massa semidura), quando contiverem umidade entre 36,0 e 45,9%; "queijo de alta umidade" (geralmente conhecido como de massa branda ou macio), quando contiverem umidade entre 46,0 e 54,9%; "queijo de muito alta umidade" (geralmente conhecidos como de massa branda ou mole), quando contiverem umidade não inferior a 55,0%. Quanto aos processos de fabricação, podem ser fabricados por fermentação lática (*cream cheese*, *cottage*), coagulação ácida à quente (ricota) ou coagulação enzimática (prato, muçarela, parmesão etc.). Quanto ao tratamento da massa, podem ser de massa não cozida (de minas frescal, *petit-suisse*), massa semicozida (prato, gouda), massa cozida (parmesão, *emmenthal*), massa filada (*cacciocavallo*, provolone) ou massa fundida (requeijão, *fondue*). A massa do queijo pode ser compacta ou apresentar olhaduras (*emmenthal*), ser prensada (*montanhez*, *cheddar*) ou não prensada (*brie*, *roquefort*); e, quanto ao processo de maturação, os queijos podem ser frescos (de minas frescal, muçarela), maturados por bactérias (prato, do reino), por fungos internos (gorgonzola, *roquefort*) ou fungos na superfície (*brie*, *camembert*), ou ter a casca lavada (*reblochon*, *cantal*).

Queijo artesanal – produto elaborado por métodos tradicionais, com vinculação e valorização territorial, regional ou cultural, conforme protocolo de elaboração específico estabelecido para cada tipo e variedade, e com emprego de boas práticas agropecuárias e de fabricação.

Queijo azul – produto obtido pela coagulação do leite por meio de coalho e/ou outras enzimas coagulantes apropriadas, complementado ou não pela ação de bactérias láticas específicas. Fungos específicos, como *Penicillium roqueforti*, complementados ou não pela ação de fungos e/ou leveduras subsidiárias, conferem ao produto características típicas na elaboração e maturação. É um queijo gordo e de umidade média a alta. Sensorialmente, tem as seguintes características: consistência semidura, quebradiça ou semidura pastosa; textura aberta, com desenvolvimento de mofos distribuídos de maneira razoavelmente uniforme; cor, branca a branco-amarelada, com veios característicos de cor verde, verde-azulada ou verde- acinzentada; sabor picante, salgado; odor característico e acentuado; casca rugosa, frágil, sem trinca irregular e sem olhaduras.

Queijo *cacciocavallo* – (queijo-cavalo) queijo italiano de massa filada (semelhante ao provolone), produzido com leite de vaca, integral, cru ou pasteurizado; contém aproximadamente 45% de gordura, e sua maturação pode ocorrer de 2 meses a 2 anos, resultando em sabor intenso e característico. Produzido no sul da Itália e na Sardenha. *Cacciocavallo* significa "queijo à cavalo"; o queijo recebeu essa denominação em função da maneira como o queijo é amarrado por uma corda e pendurado em uma viga de madeira para drenar e maturar. Apresenta formato ovalado ou piriforme.

Queijo cremoso – (*cream cheese)* produto obtido a partir do leite pasteurizado, podendo opcionalmente ser adicionado de derivados lácteos e substâncias alimentícias específicas previstas em legislação, submetido a fermentação, aquecimento, homogeneização e refrigeração, podendo contemplar outras etapas tecnologicamente adequadas. É um queijo mole, untável, não maturado, de massa fresca e não submetido a fusão; pode ser um queijo semigordo, gordo ou extragordo, e de elevada umidade. Deve atender às seguintes características sensoriais: aroma característico; consistência untável ou espalhável; cor branca a levemente amarelada ou de acordo com os ingredientes e aditivos adicionados; sabor lático, acidulado, fresco, opcionalmente salgado ou doce ou de acordo com os ingredientes e aditivos adicionados; e textura cremosa, lisa a levemente granulada ou arenosa, macia, podendo ser aerada e apresentar leve dessoramento.

Queijo de coalho – queijo que se obtém por meio da coagulação do leite pasteurizado com coalho ou com outras enzimas coagulantes apropriadas, complementada ou não pela ação de bactérias láticas específicas, com a obtenção de uma massa dessorada, semicozida ou cozida, submetida à prensagem e secagem. É um queijo de média a alta umidade, apresentando um teor de gordura entre 35,0 e 60,0% no extrato seco. Sensorialmente, tem as seguintes características: consistência semidura e elástica; textura compacta e macia; cor branco-amarelada; sabor suave, ligeiramente ácido, podendo ser salgado; odor, ligeiramente ácido; crosta fina e com ou sem algumas olhaduras pequenas.

Queijo de manteiga – (ou queijo do sertão) é o queijo obtido mediante a coagulação do leite pasteurizado com o emprego de ácidos orgânicos, com a obtenção de uma massa dessorada, lavada, fundida e com adição de manteiga de garrafa. É um queijo com teor de gordura entre 25 e 55% no extrato seco. Sensorialmente, tem as seguintes características: consistência, de macia a untuosa; textura fechada e semifriável; cor, amarelo-palha; sabor pouco acentuado, levemente ácido e podendo ser salgado; odor pouco pronunciado; crosta fina.

Queijo do reino – produto obtido por coagulação do leite, por meio de coalho e outras enzimas coagulantes apropriadas, complementada pela ação de bactérias láticas, isoladas ou em combinação. É um queijo de massa semicozida, prensada, salgada e maturada. A maturação deve ocorrer por um período mínimo de 35 dias em câmaras com temperatura e umidade controladas. Classifica-se como um queijo gordo (45 a 59% no extrato seco) de baixa a média umidade. Deve apresentar crosta fina, sem trincas, com pintura característica vermelha ou rósea, e formato esférico. Deve ter consistência de semidura a dura;

textura compacta, fechada e eventualmente com pequenas olhaduras mecânicas; cor homogênea, amarelada ou amarelo- alaranjada; sabor próprio, levemente picante a picante; e aroma pronunciado característico.

Queijo em pó – produto obtido por fusão e desidratação, mediante processo tecnologicamente adequado, da mistura de uma ou mais variedades de queijo, com ou sem adição de outros produtos lácteos e/ou sólidos de origem láctea e/ou especiarias, condimentos ou outras substâncias alimentícias. Sensorialmente, tem as seguintes características: pó fino e homogêneo; de cor esbranquiçada, amarelada, exceto nos produtos adicionados de corantes ou outro ingrediente opcional em sua formulação, que confiram cor ao produto final; com sabor e aroma de queijo, de acordo com a variedade ou as variedades de queijos que lhe transfiram sabor característico ou de acordo ao aromatizante/saborizante utilizado.

Queijo fresco – é o queijo que está pronto para o consumo logo após a sua fabricação.

Queijo maturado – é o queijo que passou pelo processo de maturação e sofreu as trocas bioquímicas e físicas necessárias e características da sua variedade.

Queijo de minas – (ou, popularmente, "queijo minas") queijo originário do estado de Minas Gerais, no final do século XIX, à base de leite de vaca. Ver *QUEIJO DE MINAS FRESCAL, QUEIJO DE MINAS PADRÃO, QUEIJO DE MINAS MEIA CURA*.

Queijo de minas frescal – queijo fresco obtido por meio da coagulação enzimática do leite pasteurizado com coalho ou com outras enzimas coagulantes apropriadas ou com ambos, complementada ou não pela ação de bactérias láticas específicas, com a obtenção de uma massa coalhada, dessorada, não prensada, salgada e não maturada. É um queijo semigordo, de muito alta umidade.

Queijo de minas padrão – queijo de massa crua ou semicozida obtido por meio da coagulação do leite pasteurizado com coalho ou com outras enzimas coagulantes apropriadas, ou com ambos, complementada ou não pela ação de bactérias láticas específicas, com a obtenção de uma massa coalhada, dessorada, prensada mecanicamente, salgada e maturada. É um queijo semigordo a gordo e de média umidade.

Queijo de minas meia cura – produto obtido por coagulação do leite pasteurizado, por meio de coalho, outras enzimas coagulantes apropriadas, ou com ambos, complementada pela ação de bactérias láticas isoladas ou em combinação. É um queijo maturado, de massa semicozida, prensada e salgada, podendo ser defumado ou não, semigordo a gordo e de média umidade. A maturação deve ocorrer por um período mínimo de dez dias em temperatura superior a 10 °C e inferior a 16 °C. Deve ter formato cilíndrico e apresentar casca fina, levemente amarelada e sem trincas, aroma característico, consistência semidura, cor amarelo palha a branco creme, sabor característico acentuado lácteo e levemente ácido, textura aberta, massa levemente untuosa, podendo ser granulosa, com algumas olhaduras mecânicas. Pode, ainda, ser submetido à defumação (queijo minas meia cura defumado); ser adicionado de aroma de fumaça (queijo minas meia cura sabor defumado); adicionado de condimentos, especiarias, produtos de frutas, cereais e legumes, doces, embutidos cárneos ("queijo de minas meia cura com...", ou "queijo de minas meia cura defumado com...", ou "queijo de minas meia cura sabor defumado com...").

Queijo muçarela – produto de origem italiana, tradicionalmente elaborado com leite de búfala. No Brasil, é produzido com leite de vaca, leite de búfala ou a mistura de ambos. É um queijo obtido pela filtragem de uma massa acidificada, originária da coagulação por meio de coalho e/ou outras enzimas coagulantes apropriadas, completada ou não pela ação de bactérias láticas específicas. É um queijo de média, alta ou muito alta umidade e extragordo, gordo e semigordo. É comercializado nos formatos de barra, manta, palito, nozinho, trança e da tradicional bola, comumente comercializada imersa em soro. Sensorialmente, apresenta consistência semidura e semissuave a suave, de acordo com o teor de umidade, matéria gorda e grau de maturação; textura fibrosa, elástica e fechada; cor, branca a amarelada; sabor lático e odor suave. Não possui crosta nem olhaduras.

Queijo parmesão – produto de origem italiana, tradicionalmente fabricado com leite cru, semidesnatado e soro-fermento, também denominado *parmesano*, *reggiano*, *reggianito* e queijo *sbrinz*. É um queijo semigordo, maturado, de baixa umidade, obtido pela coagulação do leite por meio do coalho e/ou outras enzimas coagulantes apropriadas, complementada pela ação de bactérias lácteas específicas. Tem um teor mínimo de 32% de matéria gorda no extrato seco. Sensorialmente, apresenta consistência dura; textura compacta, quebradiça e granulosa; cor de branco-amarelada a ligeiramente amarelada; sabor salgado, levemente picante; odor característico; crosta: lisa, consistente, bem formada, recoberta com revestimentos apropriados, aderidos ou não; sem olhaduras, mas, eventualmente, poderá apresentar alguns olhos pequenos e algumas olhaduras mecânicas.

Queijo *petit-suisse* – queijo de origem francesa fabricado originalmente na Normandia, utilizando leite de vaca. É um queijo fresco obtido por coagulação do leite com coalho e/ou de enzimas específicas e/ou de bactérias específicas, adicionado ou não de outras substâncias alimentícias. Em geral, a massa acidificada e coagulada é dessorada por centrifugação. É um queijo de altíssima umidade. Sensorialmente, apresenta consistência pastosa, branda ou mole; cor, branca ou de acordo com as substâncias adicionadas; sabor e odor próprios. No Brasil, o produto mais popular apresenta gosto doce, pela adição de açúcar e polpa de frutas; pode apresentar gosto salgado, pela adição de sal, especiarias e/ou saborizantes.

Queijo prato – queijo resultante da adaptação tecnológica de queijos produzidos na Dinamarca e na Holanda. Foi introduzido no Brasil na década de 1920 por imigrantes dinamarqueses. Naquela época, os queijos apresentavam 3 a 4 kg, formato cilíndrico e dimensões que tornavam fácil colocá-los em um prato para o consumo, o que teria dado origem à denominação prato. É um queijo que se obtém por meio da coagulação do leite pasteurizado com coalho ou com outras enzimas coagulantes apropriadas, complementada pela ação de bactérias láticas específicas, com a obtenção de uma massa semicozida, prensada, salgada e maturada. É um queijo gordo e de média umidade, sendo apresentado com as seguintes opções: lanche ou sanduíche, cobocó, esférico ou bola. Sensorialmente, apresenta consistência semidura e elástica; textura compacta, lisa, fechada; cor amarelada ou amarelo-palha; sabor e odor característicos; crosta fina, lisa, sem trincas; com algumas olhaduras pequenas, bem distribuídas, ou sem olhaduras. É o queijo maturado mais consumido no Brasil.

Queijo processado UHT (UAT) – (ou queijo fundido UHT (UAT)) queijo processado que, após a fusão, é submetido a tratamento térmico de 135–145 °C durante 5 a 10 segundos ou qualquer outra combinação de tempo/temperatura equivalente. Sensorialmente, tem as seguintes características: consistência firme, macia ou cremosa; textura compacta, fechada e fina; formato variável; ralado ou fatiado; cor, odor e sabor, similares ao queijo ou à mistura de queijos utilizados, ou de acordo com os corantes, saborizantes/aromatizantes e/ou outras substâncias alimentícias utilizadas em sua elaboração.

Queijo provolone – queijo de origem italiana, tradicionalmente fabricado com leite cru de búfala e soro-fermento. No Brasil, é obtido por meio da coagulação do leite pasteurizado com coalho ou com outras enzimas coagulantes apropriadas, complementada ou não pela ação de bactérias láticas específicas, com a obtenção de uma massa filada, não prensada, que pode ser fresco ou maturado. O queijo provolone fresco pode apresentar pequena quantidade de manteiga na sua massa, dando lugar à variedade denominada *butirro*. Também pode ser defumado, devendo ser atendidas as características sensoriais adquiridas nesse processo. Classifica-se como produto fresco (média a alta umidade e semigordo a gordo); e maturado (baixa a média umidade e semigordo a extragordo). Tem consistência semidura, textura fechada e coloração amarelo-creme. O sabor varia de doce a picante, dependendo do processo de fabricação, se fresco, maturado ou defumado. O queijo pode apresentar formato cilíndrico, ovalado, esférico ou piriforme e pode ser adicionado de condimentos, especiarias ou frutas, cereais ou legumes.

Queijo ralado – produto obtido por esfarelamento ou ralagem da massa de uma ou até quatro variedades de queijos de baixa umidade. Pode ou não ser parcialmente desidratado. É classificado de acordo com as variedades dos queijos utilizados na sua elaboração em: "elaborado com uma única variedade de queijos", "elaborado unicamente com queijos de baixa umidade", "elaborado com queijos de média umidade", "elaborado com queijos de baixa umidade", "elaborado sem queijos de baixa umidade". Sensorialmente, tem as seguintes características: aspecto e textura com grânulos ou filetes mais ou menos finos; cor branco-amarelada a amarela, dependendo da variedade de queijos; odor característico, mais ou menos intenso, de acordo com a variedade de queijos.

Queijo regional do Norte – queijo fresco, obtido por coagulação do leite por meio de coalho e/ou outras enzimas coagulantes apropriadas, complementada pela ação de fermentos láticos específicos ou de soro-fermento, destinado, exclusivamente, para processamento industrial. É um queijo semigordo e de média umidade.

Queijo *tilsit* – queijo de origem alemã, fabricado com leite de vaca, originalmente na cidade de Tilsit. É um queijo maturado obtido por coagulação de leite por meio do coalho e/ou outras enzimas coagulantes apropriadas, complementadas ou não pela ação de bactérias láticas específicas. Pode ser adicionado de sementes de cominho (*kümmel*, em alemão). É um queijo de média umidade e gordo. Sensorialmente, apresenta consistência semidura e elástica; textura aberta, lisa e não granulosa, com olhaduras pequenas e bem distribuídas; cor branco-amarelada, uniforme, sabor lático, suave, ligeiramente salgado, característico; odor característico e pouco acentuado; sem crosta.

Queijo *tybo* – queijo de origem dinamarquesa, fabricado com leite de vaca. É um queijo maturado obtido por coagulação do leite por meio do coalho e/ou outras enzimas coagulantes apropriadas, complementadas ou não pela ação de bactérias láticas específicas. É um queijo de média umidade e semigordo. Sensorialmente, apresenta consistência semidura e elástica; textura aberta, lisa e não granulosa com olhaduras pequenas e bem disseminadas ou sem olhaduras; cor branco-amarelada, uniforme; sabor lático suave, ligeiramente salgado, característico; odor característico e pouco acentuado; crosta lisa, consistente, bem formada, sem rachaduras, sem trincas ou sem crosta.

Quelante – agente quelante, agente sequestrador, agente complexante; íons ou moléculas (normalmente compostos orgânicos) que reagem com diversos íons metálicos, como magnésio, cálcio, manganês, ferro, zinco, cobalto, cobre, chumbo, formando complexos estáveis. Os quelantes encontram aplicações como agentes antioxidantes de lipídeos em alimentos (EDTA, ácido cítrico e polifosfatos), suplementos nutricionais, terapia de quelação para remover metais tóxicos do corpo, agente de contraste na ressonância magnética nuclear, no tratamento da água para remoção de metais e fertilizantes agrícolas.

Quercitina – quercetina; flavonoide presente em vinho tinto, chá preto, cerveja, frutas (maçã, uva, morango), hortaliças (cebola, couve, vagem, brócolis e folhosos verdes), grãos, nozes, sementes e especiarias. É o principal flavonoide presente na dieta humana. Apresenta atividade antioxidante e anti-inflamatória.

Quibe – produto cárneo cru, frito ou assado, obtido de carne bovina ou ovina, moída, adicionado de trigo integral, acrescido de ingredientes. Quando a carne utilizada não for bovina ou ovina, deverá ser mencionada a espécie animal: quibe de frango, quibe de carne suína, quibe com amêndoas, entre outros.

***Quick Response Code* (*QR Code*)** – tipo de selo criado pela empresa japonesa Denso-Wave em 1994; atualmente, é usado para fornecer ao consumidor informações sobre o produto ou serviço que ele está adquirindo. É um código de barras bidimensional; assim, armazena maior número de dados.

Química – ciência que estuda a constituição da matéria, suas propriedades, transformações e leis que as regem. Considerada uma ciência exata central porque é a ponte entre outros conhecimentos científicos como a física, biologia e matemática. A química é dividida em quatro subáreas: química inorgânica (estuda a matéria inorgânica); química orgânica (estuda os compostos de carbono); físico-química (compreende os aspectos energéticos e cinéticos dos sistemas químicos e suas transformações em escalas macroscópicas e atômico-molecular); e química analítica (analisa materiais e ajuda a compreender a sua composição).

Química de alimentos – uma das principais disciplinas da ciência dos alimentos, que trata da composição e das propriedades dos alimentos, bem como as transformações químicas que eles sofrem durante a manipulação, o processamento e o armazenamento.

Quimosina – enzima proteolítica com especificidade semelhante à da pepsina A. Também conhecida como renina. Componente do coalho, responsável pela coagulação do leite por clivagem da ligação Phe105-Met106 na cadeia de caseína. É obtida do estômago de bezerros jovens.

R

ROSALIND

Rosalind Franklin (1920-1958) – britânica, química, foi pioneira em pesquisas de biologia molecular. É mais conhecida por seu trabalho com imagens da difração de raios x do DNA, que levou à descoberta da dupla hélice na molécula, da qual James Watson, Francis Crick e Maurice Wilkins compartilharam o Prêmio Nobel de Fisiologia (Medicina). Watson sugeriu que seria ideal que Franklin fosse premiada com o Prêmio Nobel de Química, junto com Wilkins, mas o Comitê não faz indicações póstumas. Franklin nunca soube que suas fotos foram as principais provas para a teoria da dupla hélice. Contribuiu ainda para o entendimento das estruturas moleculares do RNA, vírus, carvão mineral, e grafite.

Radiação – propagação de energia de um ponto a outro, seja no vácuo ou em qualquer meio material, podendo ocorrer através de uma onda eletromagnética (luz visível, infravermelho, ultravioleta, raios X, raios gama) ou partículas (elétrons, prótons, nêutrons, radiação alfa). Independentemente do tipo, as radiações interagem com a matéria e depositam nela sua energia; aquelas que têm energia para remover elétrons dos átomos são chamadas de ionizantes (raios x, raios gama, radiação alfa e beta), enquanto aquelas que não têm energia para remover elétrons dos átomos são conhecidas como não ionizantes (luz visível, infravermelho, ultravioleta). Toda a vida na Terra depende da luz solar, cuja energia é aproveitada para a realização da fotossíntese pelas plantas e algas. As radiações têm aplicação na área da tecnologia de alimentos e da medicina, principalmente.

Radiação alfa (α) – partículas alfa ou raios alfa; são partículas constituídas por dois prótons e dois nêutrons, sendo, portanto, núcleos de hélio; apresentam carga positiva +2 e número de massa 4.

Radiação beta (β) – raios beta ou partículas beta; são elétrons; partículas negativas com carga –1 e número de massa 0.

Radiação gama (γ) – radiação eletromagnética ionizante de alta frequência produzida geralmente por elementos radioativos. É utilizada para fins de esterilização e conservação de alimentos de origem animal e vegetal. Os isótopos usados na tecnologia de alimentos são o ^{60}Co e ^{137}Cs. Apresenta também aplicação médica no tratamento de doenças por radioterapia.

Radiação ionizante – qualquer radiação que ioniza átomos de materiais a ela submetidos. Para alimentos, devem ser consideradas radiações ionizantes apenas aquelas de energia inferior ao limiar das reações nucleares que poderiam induzir radioatividade no alimento irradiado.

Radical livre – átomo ou molécula que contém um número ímpar de elétrons na sua última camada eletrônica. Devido a esse não emparelhamento eletrônico, os radicais livres são muito instáveis e têm alto poder reativo, podendo doar ou aceitar um elétron de outras moléculas, portanto, comportando-se como agentes oxidantes ou redutores. Apresentam efeito deletério às células do corpo humano.

Radioatividade – capacidade de determinados elementos químicos emitirem energia na forma de partículas ou radiação eletromagnética, podendo ser um fenômeno natural ou artificial, caracterizando-se pela transformação do núcleo atômico. Os alimentos irradiados não se tornam radioativos.

Radioativo – característica pela qual um núcleo atômico instável emite partículas ou ondas eletromagnéticas para atingir a estabilidade. Pode ocorrer de forma natural, como no caso dos radioisótopos (^{60}Co e ^{137}Cs), ou de forma induzida, como na fissão e na fusão nuclear.

Radioisótopo – átomo de um mesmo elemento químico que possui a mesma quantidade de prótons (mesmo número atômico), mas diferencia-se pelo número de massa (A = prótons + nêutrons) porque a quantidade de nêutrons no núcleo atômico é diferente. Tais elementos (isótopos) radioativos são utilizados principalmente na medicina (diagnóstico e terapia), indústria (irradiação) e com finalidade de pesquisa. Na irradiação de alimentos utiliza-se o ^{60}Co e muito raramente o ^{137}Cs.

Radiólise – refere-se à dissociação de moléculas por efeitos (primários e secundários) da radiação. O efeito primário é originário das ionizações e excitações dos átomos e/ou moléculas da matéria, enquanto o efeito secundário leva ao aparecimento de novos íons e radicais livres, que dão lugar a recombinações e dimerizações, das quais resultam substâncias alheias à composição inicial do produto. A intensidade da radiólise depende da composição do alimento, das condições de processamento e da dose de irradiação absorvida.

Radionuclídeo – ver *Radioisótopo*.

Radura – logotipo internacional que identifica um alimento irradiado. A legislação brasileira determina que todo alimento irradiado seja identificado no rótulo da embalagem com a frase "alimento tratado por processo de irradiação".

Raios X – radiação eletromagnética ionizante, cujo comprimento de onda se situa entre os raios gama e a luz ultravioleta. Na indústria de alimentos, o raio X é usado na inspeção, para a detecção de materiais estranhos como metais ferrosos, não ferrosos, ossos, vidros, cerâmicas, plásticos de alta densidade etc. É possível, também, detectar defeitos em selagem de embalagens, peso, trincas, partes e itens faltantes dos produtos dentro da sua própria embalagem, até mesmo as metalizadas. Mas sua principal aplicação se dá na medicina, sendo utilizados no exame diagnóstico por imagem (órgãos, músculos, ossos, vasos sanguíneos) e tratamento de doenças como o câncer por radioterapia.

Rancidez – propriedade sensorial relacionada ao grau de decomposição de uma substância gordurosa, quando em contato com o ar, e percebida como produto rançoso. Refere-se à oxidação de ácidos graxos insaturados que produz sabor e aroma característicos e desagradáveis.

Rancificação – reação de hidrólise e/ou de oxidação de gorduras e óleos, quando expostos ao ar, à luz, à umidade, a valores extremos de pH e à ação de enzimas. Durante a rancificação, são produzidos compostos voláteis com aroma e sabores desagradáveis que caracterizam o ranço.

Rancificação hidrolítica – rancificação que ocorre pela hidrólise da molécula de triacilglicerol, gerando ácidos graxos livres que resultam no desenvolvimento de aromas e sabores desagradáveis, durante o processamento e o armazenamento de produtos alimentícios. A rancidez hidrolítica pode ocorrer pela presença da enzima lipase, pelas temperaturas elevadas dos óleos de fritura, pela presença de água nos óleos de fritura e nos alimentos fritos e pela exposição aos valores extremos de pH.

Rancificação oxidativa – rancificação que ocorre em função da interação de lipídeos com o oxigênio. Durante as reações de oxidação, os ácidos graxos provenientes das moléculas de triacilgliceróis e fosfolipídeos se decompõem, formando moléculas pequenas e voláteis que possuem aromas e sabores desagradáveis. Os compostos chaves para a ocorrência da rancidez oxidativa são radicais livres que extraem átomos de hidrogênio das moléculas de ácidos graxos. A rancidez oxidativa pode ocorrer por meio dos processos auto-oxidativo, foto-oxidativo e enzimático.

Rastreabilidade – conjunto de procedimentos que permite detectar a origem e acompanhar a movimentação de um produto alimentício ao longo da cadeia produtiva, mediante elementos informativos e documentais registrados.

Reação de Kreis (rancidez) – teste realizado para avaliar o grau de rancidez em óleos e gorduras líquidas. Baseia-se na reação da floroglucina, em meio ácido, com os triglicerídios oxidados produzindo uma coloração rósea ou vermelha. A intensidade da cor está relacionada à intensidade do processo oxidativo, devido, provavelmente, à presença de aldeído malônico ou do aldeído epidrínico.

Reação de Lugol – teste colorimétrico qualitativo que indica fraude em mel. A formação de um composto de coloração marrom-avermelhada, por adição da solução de Lugol à amostra, indica a presença de glicose comercial ou xaropes de açúcar. A intensidade da cor depende da qualidade e da quantidade das dextrinas ou do amido, presentes na amostra fraudada.

Reação de Lund – teste qualitativo que indica a presença de albuminoides no mel. Sua ausência indica fraude. Fundamenta-se na precipitação de substâncias albuminoides (0,6 a 3,0 ml no fundo da proveta) por ação do ácido tânico adicionado à amostra.

Reação de Maillard – reação química que ocorre entre açúcares redutores e proteínas ou aminoácidos presentes nos alimentos, responsável pelo escurecimento não enzimático. Na reação de Maillard, os grupos carbonilas dos açúcares redutores reagem com os grupos aminas de aminoácidos ou proteínas, em altas temperaturas, para formar melanoidinas, compostos marrom-escuros insolúveis. Os produtos da reação de Maillard causam alteração na cor, no aroma e no sabor dos alimentos, cujos efeitos podem ser positivos ou negativos; eles podem ser produzidos lentamente durante o armazenamento ou rapidamente durante o cozimento, fritura, assamento dos alimentos. A reação de Maillard prejudica o valor nutricional das proteínas, diminuindo a sua solubilidade e digestibilidade; por outro lado, produz compostos antioxidantes, como as redutonas. A reação de Maillard está presente em alimentos, como molhos de soja, chocolate ao leite, cafés, produtos de panificação, carnes, entre outros.

Reações de escurecimento – ver *Caramelização, Escurecimento enzimático, Escurecimento não enzimático, Reação de Maillard.*

Realçador de sabor – substância que intensifica o sabor de um alimento sem possuir tal sabor; normalmente é responsável pelo gosto umami – um dos cinco gostos básicos do paladar humano (doce, salgado, azedo, amargo e umami) –,que significa saboroso e agradável. O glutamato de sódio é o principal realçador de sabor usado no processamento e preparo de alimentos.

Receitas – orientações constituídas por partes bem definidas: ingredientes e modo de preparo. A primeira parte, "ingredientes", prescreve quantidades em gramas, xícaras, copos, colheres, pitadas etc. No item "modo de preparo", descreve-se a sequência de procedimentos e da adição dos ingredientes para se obter o melhor resultado da receita. Pode informar o grau de dificuldade, tempo médio de preparo, rendimento, variações. Utilizadas para alimentos (pratos ou preparações domésticas) e bebidas.

Recristalização – refere-se às mudanças indesejáveis que afetam os cristais de gelo nos alimentos congelados e que influenciam o seu número, tamanho, forma e orientação, quando há variação de temperatura nas câmaras frias. Os tipos mais frequentes de recristalização são: a) isomássica – transformação da forma ou estrutura interna dos cristais de gelo, alterando sua relação superfície/volume; b) migratória, quando os cristais maiores crescem à custa dos menores, sendo este o pior tipo de recristalização, pois desidrata a superfície do alimento congelado; c) acresciva – quando os cristais estão em contato e se unem para formar um de maior tamanho, reduzindo o número de cristais no alimento.

Rede Brasileira de Calibração (RBC) – rede formada por um grande conjunto de laboratórios de calibração creditados pelo Inmetro para, em seu nome, calibrar e emitir certificados de calibração amplamente reconhecidos.

Rede Brasileira de Laboratórios Analíticos em Saúde (Reblas) – rede de laboratórios analíticos, públicos ou privados, habilitados pela Anvisa, capazes de oferecer serviços de interesse sanitário com qualidade, confiabilidade, segurança e rastreabilidade.

Rede Nacional de Calibração – ver *Rede brasileira de calibração*.

Redução do tamanho – cominuição; operação unitária que objetiva reduzir o tamanho de pedaços sólidos do alimento por meio da aplicação de forças de moagem (compressão, impacto ou abrasão).

Refino – na tecnologia de óleos e azeites, é um dos processos essenciais para se obterem produtos comestíveis, principalmente se a extração ocorrer por solvente que leva ao aparecimento de sedimentos, cor e aroma desagradáveis. Três principais operações compõem o processo de refinação clássica: neutralização, branqueamento e desodorização. A neutralização (degomagem e neutralização alcalina) é um processo químico, enquanto o branqueamento (lavagem com água) e a desodorização são processos físicos. Tais etapas podem ocorrer, ou não, em função do tipo de óleo e das impurezas presentes. Óleos refinados apresentam cor clara, são livres de sedimentos e quase não têm aroma e sabor.

Refratometria – método utilizado para calcular o índice de refração, que consiste na relação entre a velocidade da luz no vácuo e a velocidade da luz através de uma amostra. Essa técnica pode ser usada para determinar a concentração de soluções. Tem aplicação generalizada na indústria sucroalcooleira e de sucos de frutas.

Refresco – bebida não alcoólica, não fermentada, de fruta ou de vegetal, obtida pela diluição, em água potável, do suco de fruta, polpa ou extrato vegetal de sua origem, com ou sem adição de açúcares, podendo ser gaseificado. Os refrescos de laranja ou laranjada, de tangerina e de uva deverão conter, no mínimo, 30% em volume de suco natural. O refresco de limão, ou limonada, deverá conter, no mínimo, 5% em volume de suco de limão. O refresco de maracujá deverá conter, no mínimo, 6% em volume de suco de maracujá. O refresco de maçã deverá conter, no mínimo, 20% em volume em suco de maçã. O refresco de guaraná deverá conter, no mínimo, dois centésimos de grama da semente de guaraná (gênero *Paullinia*) ou seu equivalente em extrato, na bebida, por cem mililitros da bebida.

Refresco misto – bebida mista de frutas, de extratos vegetais ou de frutas e extratos vegetais, obtida pela diluição em água potável da mistura de sucos de fruta, da mistura de extratos vegetais, ou pela combinação de ambos.

Refrigerante – bebida gaseificada obtida pela dissolução de suco ou extrato vegetal, adicionada de açúcar. Ele deverá ser obrigatoriamente saturado de dióxido de carbono, industrialmente puro. Os refrigerantes de laranja, tangerina e uva deverão conter, obrigatoriamente, no mínimo, 10% em volume do respectivo suco na sua concentração natural. Soda limonada ou refrigerante de limão deverá conter, obrigatoriamente, no mínimo, 2,5% em volume de suco de limão. O refrigerante de guaraná deverá conter, obrigatoriamente, uma quantidade mínima de dois centésimos de grama de semente de guaraná (gênero *Paullinia*) ou seu equivalente em extrato, por cem mililitros de bebida. O refrigerante de cola deverá conter semente de noz de cola ou extrato de noz de cola (*Cola acuminata*). O refrigerante de maçã deverá conter, no mínimo, 5% em volume em suco de maçã.

Regulação metabólica – mecanismo bioquímico realizado pela modulação de enzimas regulatórias em processos metabólicos chaves, de tal modo que se possam ativar ou inibir reações químicas específicas para cada situação, resultando em respostas biológicas adequadas. A regulação metabólica é fundamental para que um organismo possa responder de modo rápido e eficiente a variações das condições ambientais, alimentares ou ainda a condições adversas como traumas e patologias.

Regulamento da Inspeção Industrial e Sanitária de Produtos de Origem Animal (Riispoa) – conjunto de normas publicadas pelo Ministério da Agricultura, Pecuária e Abastecimento (Mapa) que regulam, em todo o território nacional, a inspeção industrial e sanitária de produtos de origem animal.

Regulamento Técnico de Identidade e Qualidade (RTIQ) – documento que estabelece a identidade e os requisitos mínimos de qualidade que deverão atender aos alimentos e bebidas destinados ao consumo humano.

Rejeito radioativo – qualquer material resultante de atividades humanas que contenha radionuclídeos em quantidades superiores aos limites de isenção, estabelecidos pelo órgão regulador, para o qual a reutilização é imprópria ou não prevista.

Relação tenacidade / extensibilidade – relação que expressa o equilíbrio da massa. Para pães, o valor ideal entre tenacidade e extensibilidade deve estar entre 0,50 e 1,20; para bolos e biscoitos, farinhas extensíveis, a relação deve ser menor que 0,49; e, para massas alimentícias, tenaz, a relação deve ser maior que 1,21.

Renina – enzima usada para coagular a caseína presente no leite. Obtida do estômago de bezerros, hidrolisa ligações peptídicas da caseína, transformando-a em *para*-caseína, que precipita em presença de íons Ca^{2+}, formando, então, o coalho. Esse processo é dependente da temperatura, do pH e do teor de cálcio do leite. A temperatura ótima de ação da renina é em torno de 40 °C, mas costuma-se utilizar temperaturas ligeiramente mais baixas (em torno de 35 °C) para evitar que o coalho fique com consistência muito firme.

Renina – ver *Quimosina*.

Reologia – ramo da mecânica que estuda as propriedades e o comportamento de corpos que sofrem deformação (sólidos elásticos) ou escoamento (líquidos ou gases), devido à ação de uma força constante. Viscosidade, escoamento, plasticidade e elasticidade são parâmetros reológicos.

Reômetro – instrumento que mede e monitora as propriedades reológicas de um material, isto é, o comportamento de fluxo de um líquido e a deformação de um sólido. Dessa forma, o reômetro não deve ser confundido com viscosímetros que trabalham apenas com líquidos. Há vários tipos de reômetros: rotacional (viscosidade em líquidos), capilar (líquidos de baixa viscosidade), extensional (deformação de sólidos), cisalhamento (propriedades viscoeláticas de matérias gelatinosos e pastosos), e de cone e placa (mede tanto viscosidade como comportamento viscoelástico).

Reposição de nutrientes essenciais – ou restauração; refere-se à adição de nutriente(s) com a finalidade de repor, quantitativamente, aquele(s) reduzido(s) durante o processamento e/ou armazenamento do alimento.

Requeijão – produto lácteo ou produto lácteo composto obtido pela fusão de massa coalhada, cozida ou não, dessorada e lavada, obtida por meio da coagulação ácida ou enzimática, ou ambas, do leite, opcionalmente com adição de creme de leite, de manteiga, de gordura anidra de leite ou *butter oil*, separados ou em combinação, com adição ou não de condimentos, de especiarias e de outras substâncias alimentícias. Sensorialmente, tem as seguintes características: consistência untável ou fatiável; textura cremosa, fina, lisa ou compacta; formato variável; cor e odor característicos; sabor a creme levemente ácido, opcionalmente salgado para o requeijão ou requeijão cremoso, levemente ácido, salgado e ranço para o requeijão de manteiga.

Resiliência – (elasticidade, flexibilidade) em análise sensorial se refere ao atributo mecânico de textura relacionado à rapidez de recuperação com que um material deformado retorna à condição original após a aplicação de uma força de deformação.

Resinas – grupo de compostos orgânicos, usualmente polímeros, sólidos ou semissólidos, e com alta resistência elétrica. Usadas nas análises cromatográficas e na manufatura de plásticos, incluindo materiais de embalagens.

Resistência elétrica – propriedade que um corpo tem de opor-se à passagem da corrente elétrica, sendo inversamente relacionada à condutividade elétrica. O calor é gerado como consequência da resistência, e essa característica é explorada em alguns métodos de cozimento ou aquecimento, sendo um exemplo o aquecimento ôhmico.

Resistógrafo – equipamento semelhante ao farinógrafo usado para estudar as propriedades reológicas de uma massa e avaliar a qualidade da farinha. Ver *Farinógrafo*.

Respiração – processo metabólico de produção de energia celular, tendo como substrato a glicose. Os passos metabólicos são a glicólise (transformação da glicose em ácido pirúvico com produção de ATP), o ciclo de Krebs (oxidação do ácido pirúvico com produção de ATP) e a cadeia respiratória (reoxidação dos NAD e FAD produzidos na glicólise e no ciclo de Krebs com produção de ATP, redução do aceptor final de elétrons). A respiração é dita aeróbica quando utiliza o oxigênio como aceptor final de elétrons na cadeia respiratória, e anaeróbica quando usa outras moléculas, como nitrato, nitrito, sulfato, sulfito, enxofre elementar etc. A respiração está presente tanto nos organismos eucarióticos como nos procarióticos.

Responsabilidade social – refere-se ao compromisso voluntário de uma empresa expresso pela adoção de posturas e ações éticas e transparentes que promovam o bem-estar dos seus públicos interno e externo. Apesar de estar fortemente relacionada às empresas, a prática pode estar diretamente ligada a uma ação, realizada por pessoas físicas ou jurídicas, que tenha como objetivo principal contribuir para uma sociedade mais justa.

Resposta glicêmica – variação de glicose no sangue medida como AUC ao longo do tempo após ingestão de determinado alimento que contenha carboidratos. AUC corresponde à área abaixo da curva (onde o eixo x é o tempo em minutos e o eixo y é a concentração de glicose sanguínea em mg/dL).

Ressonância nuclear magnética (RNM) – técnica que tem como base a interação da matéria com a radiação eletromagnética na região das radiofrequências em torno de 4 e 900 MHz e possui ampla aplicação na elucidação das estruturas moleculares em conjunto com técnicas como espectrometria de massas e outras. Diferentemente das técnicas que utilizam radiação ultravioleta e infravermelho, em que os elétrons estão envolvidos na absorção da energia, na RNM são os núcleos dos átomos que interagem com a radiação.

Restauração – ver *Reposição de nutrientes essenciais*.

Resveratrol – tipo de polifenol encontrado em uvas e vinhos que tem atividade antioxidante. Pesquisas sobre o resveratrol indicam benefícios à saúde humana: efeito positivo sobre o colesterol do sangue, pressão arterial, sensibilidade à insulina, entre outros.

Retificação – operação realizada após a destilação para retirar as impurezas voláteis do álcool (álcoois superiores, ésteres, ácidos, aldeídos e outros) por vaporização. Os produtos da retificação são o álcool hidratado (retificado), o óleo fúsel (composto principalmente por álcool amílico e isoamílico) e a flegmaça (resíduo aquoso).

Retrogradação – processo pelo qual as moléculas de amido (amilose e amilopectina), em solução ou no interior das massas, tornam-se menos solúveis. A amilose (molécula linear) retrograda muito mais rapidamente que a amilopectina (molécula ramificada). A taxa de retrogradação depende de muitas variáveis, como a razão entre amilose e amilopectina; estrutura das moléculas de amilose e amilopectina, a qual depende da origem botânica do amido; da temperatura; da concentração amido; da presença e constituição de outros ingredientes, como surfactantes e sais. Na retrogradação, há formação de zonas de associação entre moléculas de amido gelatinizado, havendo uma transição gradual da forma amorfa para a forma cristalina. Muitos defeitos na qualidade de alimentos, como o envelhecimento de pães, a perda de viscosidade e a formação de precipitados em sopas e molhos, se devem, pelo menos em parte, à retrogradação do amido.

Retronasal – percepção olfativa resultante do estímulo na área da nasofaringe durante o processo de mastigação e deglutição dos alimentos.

Reversão de sabor – alteração de aroma e sabor devido às reações de oxidação e hidrólise de óleos e gorduras. Ocorre principalmente nos óleos ricos em ácido linoleico, como os de soja e colza, quando expostos ao ar, produzindo o aparecimento de sabores e aromas estranhos descritos como de erva, de peixe ou de tinta. Nos óleos de coco e dendê, pode ocorrer a rancidez hidrolítica, por via química e enzimática, resultando em ácidos graxos livres de quatro a dez átomos de carbono que conferem aroma e sabor de sabão aos alimentos de confeitaria.

Ricota defumada – queijo obtido pela precipitação ácida a quente de proteínas do soro de leite, com adição de leite até 20% do seu volume, submetido à secagem e à defumação.

Ricota fresca – queijo obtido pela precipitação ácida a quente de proteínas do soro de leite, com adição de leite até 20% do seu volume. Deve apresentar formato cilíndrico, peso entre 300 e 1.000 g, crosta rugosa não formada, ou pouco nítida, consistência mole não pastosa e friável, textura fechada ou com algumas olhaduras mecânicas, cor branca ou branco-creme, odor e sabor próprios. É um queijo magro, com teor de gordura entre 10 e 25% na base do extrato seco e de alta umidade, superior a 55%.

Rigidez – propriedade sensorial que, em geral, determina a resistência de um corpo à deformação por uma força aplicada. É definida como a resistência do alimento à deformação e ao cisalhamento, durante o processo de mastigação.

Rigor mortis – do latim, *rigor*, "rigidez", e *mortis*, "morte"; rigidez muscular causada por mudanças bioquímicas nos músculos que ocorre após o abate dos animais de açougue. No *rigor mortis*, as proteínas miofibrilares actina e miosina se ligam para formar actomiosina de forma irreversível; a resolução do *rigor mortis* ocorre com a proteólise das miofibrilas por enzimas musculares (calpaínas e catepsinas). O desenvolvimento do processo de *rigor mortis* muscular é influenciado principalmente pela reserva de glicogênio, pH e temperatura. As alterações *post mortem* influenciam a qualidade da carne, que pode ser mensurada por vários atributos sensoriais, principalmente por sua coloração, maciez e suculência.

Rigorometers – instrumento usado para acompanhar o desenvolvimento do *rigor mortis* com base na tensão e no comprimento muscular.

Risco – probabilidade da ocorrência de um perigo para o homem ou meio ambiente. Na indústria de alimentos, os perigos são de natureza física, química e biológica.

Rotação específica – rotação de um feixe de luz polarizada ao atravessar uma substância oticamente ativa; é medida em aparelhos conhecidos como *polarímetros*; apresenta importante aplicação na indústria sucroalcooleira, pela determinação da concentração de sacarose na cana-de-açúcar e nos seus produtos e subprodutos.

Rotulagem nutricional – ver *ROTULAGEM NUTRICIONAL OBRIGATÓRIA*.

Rotulagem Nutricional Obrigatória – informação nutricional obrigatória apresentada no rótulo de embalagens de alimentos ou bebidas. Inclui informações quantitativas sobre valor energético, carboidratos, proteínas, gorduras totais, gorduras saturadas, gorduras trans, fibra alimentar e sódio. "Outros minerais" e "vitaminas" devem fazer parte do quadro obrigatoriamente quando se fizer uma declaração de propriedades nutricionais ou outra declaração que faça referência a esses nutrientes. Optativamente, podem ser declarados vitaminas e minerais quando estiverem presentes em quantidade igual ou maior a 5% da Ingestão Diária Recomendada (IDR) por porção indicada no rótulo. As informações nutricionais referem-se ao produto na forma como está exposto à venda e devem ser apresentadas em porções, e medidas caseiras correspondentes, devendo conter ainda o percentual de valores diários para cada nutriente declarado, exceto no caso dos ácidos graxos trans, cujo percentual de valor diário não deve ser declarado. As porções indicadas nos rótulos de alimentos e bebidas embalados são determinadas com base em uma dieta de 2.000 kcal considerando uma alimentação saudável.

Rótulo – toda inscrição que estiver apresentada na embalagem de um alimento, seja ela legenda, imagem, matéria descritiva ou gráfica, que esteja escrita, impressa, estampada, gravada, gravada em relevo, litografada ou colada sobre a embalagem do alimento. No rótulo de alimentos embalados, devem constar as seguintes informações: identificação do produto (nome e marca); origem (país fabricante, produtor, importador, distribuidor); número de lote; prazo de validade; quantidade do produto (massa ou volume); orientação sobre o preparo do alimento; indicação de contato com o Serviço de Atendimento ao Consumidor – SAC; CNPJ do fabricante, produtor, importador, distribuidor; endereço do fabricante, produtor, importador, distribuidor; instruções sobre a conservação do produto; orientações sobre manuseio, armazenagem e transporte; identificação de materiais da embalagem e do descarte seletivo mediante símbolos; lista de ingredientes em ordem decrescente de quantidade no produto; informação nutricional; informação nutricional complementar; registro no Ministério da Agricultura e Pecuária (Mapa).

Rum – bebida de graduação alcoólica de 35 a 54% v/v, a 20 °C, obtida do destilado alcoólico simples de melaço, ou da mistura dos destilados de caldo de cana-de-açúcar e de melaço, envelhecidos total ou parcialmente, em recipiente de carvalho ou madeira equivalente, conservando suas características sensoriais peculiares. Em função do teor de congêneres, o rum brasileiro é classificado em leve ou light (inferior a 200 mg/100 ml de álcool anidro), pesado ou *heavy* (de 200 a 500 mg/100 ml de álcool anidro) e envelhecido (período mínimo de dois anos).

S

SEABORG

Glenn Theodore Seaborg (1912-1999) – nasceu em Ishpeming (Michigan), nos Estados Unidos. Formou-se em Química na Universidade da Califórnia. Estudou sobre os elementos transurânicos e reações em pilhas atômicas. Seu principal trabalho se refere à descoberta de vários elementos químicos: plutônio, amerício, cúrio, berquélio, califórnio, einstêinio, mendelévio, férmio e nobélio, além da identificação e descoberta de mais de 100 isótopos de elementos químicos. Em 1945, publicou uma tabela periódica com a nova série dos elementos, a série dos actinídeos, tendo como base a semelhança eletrônica dos elementos. Em 1951, ganhou, junto com Edwin M. McMillan, o Prêmio Nobel de Química, pela descoberta do plutônio. O elemento químico de número atômico 106 foi descoberto por cientistas de Berkeley e foi chamado de seabórgio, em homenagem ao cientista Seaborg.

Sabor – combinação complexa de sensações olfativas, gustativas e trigeminais percebidas durante a mastigação e que podem ser influenciadas por efeitos táteis, termais, dolorosos ou cinestésicos.

Sabor residual – em análise sensorial, refere-se à sensação olfatória e/ou gustatória que ocorre após a deglutição do produto e que difere das sensações percebidas enquanto o produto estava na boca.

Sacarímetro[1] – polarímetro; equipamento usado para medir o ângulo de rotação produzido durante a passagem de um feixe de luz polarizada por meio de uma solução de açúcar. Quando um sacarímetro padronizado para a sacarose é empregado, essa propriedade é função da concentração da solução desse açúcar. Na indústria sucroalcooleira, o valor do ângulo de rotação é usado para medir o teor de sacarose (Pol) de vários produtos: caldo de cana, xarope, açúcar cristal, açúcar refinado, açúcar demerara, entre outros. A leitura da Pol é real para soluções puras de sacarose e aparente para soluções impuras, como é o caso do caldo de cana e produtos derivados.

Sacarímetro[2] – sacarímetro de Brix; densímetro de vidro cuja escala de densidade foi substituída pelos valores de graus Brix; empregado para medir o teor de sacarose em soluções puras desse açúcar ou o teor de sólidos solúveis (leitura aparente) em líquidos como caldo de cana, sucos de frutas, mostos, entre outros.

Sacarina – edulcorante sintético com alto poder adoçante (400 vezes superior ao da sacarose), alta estabilidade, alta solubilidade em água, não higroscópica, não cariogênica e poder calórico igual a zero. Gosto amargo ou metálico e sensação adstringente estão associados ao sabor residual da sacarina e tendem a se intensificar com o aumento da concentração. Não é metabolizada pelo organismo humano.

Sacarômetros – aparelhos graduados empregados na determinação da densidade das soluções de açúcar, com base no nível de flutuação do aparelho. São também conhecidos como hidrômetros. Ver *SACARÍMETRO*[2].

Sais de cura – aditivo usado na produção de alimentos curados, composto por misturas de ingredientes como cloreto de sódio, nitratos e/ou nitritos, açúcar, ascorbato sódico, fosfatos, entre outros, que desempenham funções importantes no processo de cura. A redução da atividade de água, a redução de micro-organismos deteriorantes, eliminação dos micro-organismos patogênicos (*Clostridium botulinum*), a solubilização de proteínas miofibrilares, a participação no desenvolvimento de características sensoriais como cor, aroma, sabor são algumas das principais funções dos sais de cura.

Salame – produto cárneo obtido de carne suína e de toucinho, com adição ou não de carne bovina ou de outros ingredientes, condimentado, embutido em envoltórios naturais ou artificiais, curado, fermentado, maturado, defumado ou não, e dessecado. A presença de mofos característicos é consequência natural do seu processo de fabricação. Será designado como salame tipo italiano, salame tipo milano, salame tipo hamburguês, salame tipo friolano, salame tipo calabrês, salame tipo alemão.

Salame tipo alemão – produto cárneo industrializado elaborado a partir de carne exclusivamente de suínos, adicionado de toucinho, moídos em granulometria de 3 a 6 mm, embutidos em envoltório natural ou artificial, curado, fermentado, maturado, defumado ou não e dessecado por tempo indicado pelo processo de fabricação. A presença de mofos característicos é consequência natural do seu processo de fabricação.

Salame tipo calabrês – produto cárneo industrializado, elaborado de carne suína ou suína e bovina, adicionado de toucinho, moídos em granulometria entre 10 e 15 mm, adicionado de ingredientes, embutido em envoltório natural ou artificial, curado, fermentado, maturado e dessecado por tempo indicado pelo processo de fabricação. A presença de mofos característicos é consequência natural do seu processo de fabricação. O produto é caracterizado pelo sabor picante e com calibre de 80 mm.

Salame tipo friolano – produto cárneo industrializado, elaborado exclusivamente de carnes suínas e toucinho, adicionado de ingredientes, moídos em granulometria entre 6 e 9 mm, embutido em envoltórios naturais ou artificiais, adicionado de ingredientes, curado, defumado ou não, fermentado, maturado e dessecado por tempo indicado pelo processo de fabricação. A presença de mofos característicos é consequência natural do seu processo de fabricação.

Salame tipo hamburguês – produto cárneo industrializado, elaborado de carnes suínas, ou suínas e bovinas, toucinho, adicionado de ingredientes, com granulometria entre 3 e 6 mm, embutido em envoltórios naturais ou artificiais, curado, defumado, fermentado, maturado e dessecado por tempo indicado pelo processo de fabricação. A presença de mofos característicos é consequência natural do seu processo de fabricação.

Salame tipo italiano – produto cárneo industrializado, elaborado de carnes suínas, ou suínas e bovinas, toucinho, adicionado de ingredientes, moídos em granulometria entre 6 e 9 mm, embutido em envoltórios naturais ou artificiais, curado, defumado ou não, fermentado, maturado e dessecado por tempo indicado pelo processo de fabricação. A presença de mofos característicos é consequência natural do seu processo de fabricação.

Salame tipo napolitano – produto cárneo industrializado, elaborado a partir de carnes suínas, ou suínas e bovinas, adicionado de toucinho, ingredientes, moídos em granulometria de 8 a 12 mm, pimenta do reino quebrada ou em grãos, alho, embutido em envoltório natural ou artificial, curado, fermentado, maturado, defumado ou não e dessecado por tempo indicado pelo processo de fabricação. A presença de mofos característicos é consequência natural do seu processo de fabricação.

Salaminho – produto cárneo industrializado, elaborado de carne suína ou suína e bovina, toucinho, com granulometria entre 6 e 9 mm, embutido em envoltórios naturais ou artificiais, com calibre até 50 mm, adicionado de ingredientes, curado, defumado ou não, fermentado, maturado e dessecado por tempo indicado pelo processo de fabricação. A presença de mofos característicos é consequência natural do seu processo de fabricação.

Salga – tecnologia de conservação aplicada aos alimentos de origem animal. O método se fundamenta no controle da pressão osmótica, assim o efeito conservador se deve à redução da atividade de água do produto pela sua desidratação parcial e pela concentração de solutos. Temperatura, concentração e pureza do sal, granulometria são fatores que influenciam a velocidade de penetração do sal nos tecidos. No processo, ocorre a inibição do desenvolvimento de micro-organismos, o aumento de reações enzimáticas e oxidativas e a formação de substâncias responsáveis pelas características sensoriais do produto.

Salgados – ou salgadinhos; produtos elaborados com carne e/ou subprodutos cárneos comestíveis submetidos ao processo de fritura ou assamento. Normalmente são elaborados de forma artesanal nos lares, bares, lanchonetes, padarias ou empresas especializadas. Coxinha, quibe, esfirra, bolinhos de carne e bacalhau, bolinhos mistos de carne e ovo, tortas salgadas, pizzas em pedaços, entre outros, são alguns exemplos.

Salsicha – produto cárneo industrializado obtido da emulsão de carne de uma ou mais espécies de animais de açougue, adicionados de ingredientes, embutido em envoltório natural, ou artificial ou por processo de extrusão, e submetido a um processo térmico adequado. O tingimento, a depelação, a defumação e a utilização de recheios e molhos poderão ser processos alternativos. De acordo com a composição da matéria-prima e das técnicas de fabricação, é classificada como: salsicha, quando for à base de carnes de diferentes espécies de animais de açougue, carnes mecanicamente separadas até o limite máximo de 60%, miúdos comestíveis de diferentes espécies de animais de açougue (estômago, coração, língua, rins, miolos, fígado), tendões, pele e gorduras; salsicha tipo Viena, quando for à base de carnes bovina e/ ou suína e carnes mecanicamente separadas até o limite máximo de 40%, miúdos comestíveis de bovino e/ ou suíno (estômago, coração, língua, rins, miolos, fígado), tendões, pele e gorduras; salsicha tipo Frankfurt, quando à base de carnes bovina e/ ou suína e carnes mecanicamente separadas até o limite de 40%, miúdos comestíveis de bovino e/ ou suíno (estômago, coração, língua, rins, miolos, fígado) tendões, pele e gorduras; salsicha Frankfurt, quando à base de porções musculares de carnes, bovina e/ ou suína, e gorduras; salsicha Viena, quando à base de porções musculares de carnes, bovina e/ ou suína, e gordura; salsicha de carne de ave, quando à base de carne mecanicamente separada, no máximo de 40%, e contiver ainda miúdos comestíveis de ave e gorduras.

Saponificação – reação entre uma base forte (hidróxido de sódio ou potássio) e ácidos graxos, formando um sal ou sabão. A reação de saponificação é utilizada na produção de sabão, mediante o aquecimento de lipídeos, geralmente triglicerídeos, com soluções alcalinas fortes, ocorrendo a hidrólise do éster, com liberação de glicerol e ácidos graxos, e posterior saponificação dos ácidos graxos pelos álcalis.

Saponinas – ou saponosídeos; substâncias do metabolismo secundário vegetal caracterizadas pela formação de espuma, tendo propriedades de detergentes e surfactantes; glicosídeos de esteróis ou de terpenos policíclicos, são constituídos por uma estrutura com caráter anfifílico. As saponinas têm atividade anti-inflamatória, analgésica, expectorante, antioxidante, redutora de colesterol, antiviral, antimicrobiana e antifúngica; são precursoras na síntese de compostos esteroidais como hormônios, contraceptivos, diuréticos, entre outros. No entanto, apresentam efeitos antinutricionais, reduzindo a absorção de nutrientes em função de modificações na permeabilidade de membranas celulares.

Saquê – (ou *sake*) bebida fermentada de origem japonesa que chegou ao Brasil pelos imigrantes no início de século XX. É uma bebida com graduação alcoólica de 14 a 26% v/v, a 20 °C, obtida pela fermentação alcoólica do mosto de arroz, sacarificado pelo bolor *Aspergillus oryzae* ou por suas enzimas, podendo ser adicionada de álcool etílico potável de origem agrícola e aroma natural. Em função de seu teor de açúcar, é classificado em saquê seco (menos de 3% m/v de açúcar) e saquê licoroso (no mínimo 3% m/v de açúcares).

***Scientific Certification Systems* (SCS)** – organização independente que realiza processos de certificação, auditoria, teste e desenvolvimento de padrões ambientais e alimentares, por meio de parceria com agências governamentais e empresas públicas e privadas em todo o mundo para identificar e impulsionar práticas, políticas e processos que promovam as metas de desenvolvimento sustentável.

Separação de proteínas por Eletrofores SDS-PAGE – eletroforese em gel de poliacrilamida e dodecil sulfato de sódio; é uma técnica usada para classificação de proteínas por peso molecular; indispensável em medicina forense, genética, biotecnologia e biologia molecular.

Secagem – ou desidratação; operação unitária que faz uso do calor, em condições controladas, para remover, por evaporação, a maior parte da água presente em um alimento, reduzindo a sua atividade de água e prolongando a sua vida útil. O processo de secagem pode ser natural, utilizando o sol como fonte de calor, ou artificial, em que se emprega ar aquecido, superfície quente, fonte radiante (micro-onda e dielétrica) e calor sob pressão reduzida. Há um tipo de secagem que não faz uso do calor: a liofilização, uma combinação dos processos de congelamento e sublimação.

Segurança alimentar[1] – segundo o Conselho Nacional de Segurança Alimentar e Nutricional, a Segurança Alimentar diz respeito ao "direito de todos ao acesso regular e permanente a alimentos de qualidade, em quantidade suficiente, sem comprometer o acesso a outras necessidades essenciais, tendo como base práticas alimentares promotoras da saúde, que respeitem a diversidade cultural e sejam ambiental, cultural, econômica e socialmente sustentáveis".

Segurança alimentar[2] – *food security*; refere-se ao conceito de implantação de políticas públicas com o intuito de garantir a todas as pessoas, em todas as épocas e no mundo todo, o direito de acesso a alimentos em qualidade nutricional e quantidade apropriadas para uma vida saudável e ativa.

Segurança dos alimentos – *food safety*; refere-se à garantia da qualidade dos alimentos que são comercializados, desde as etapas de processamento e preparo até o consumo. É uma garantia de que são saudáveis, sem a presença de contaminantes químicos, físicos e biológicos, e não causam danos à saúde ou integridade do consumidor.

Seitan – (seitã ou "carne de glúten", ou simplesmente, glúten) é um produto proteico de origem vegetal (trigo) análogo à carne; alternativa vegana aos produtos de origem animal.

Seleção – operação unitária relacionada à escolha do alimento tendo como base uma propriedade física mensurável, como tamanho, forma, cor e peso (massa). A separação em grupos possibilita garantir a uniformidade dos produtos, seja para sua comercialização, seja para o processamento.

Selo 4C (Código Comum da Comunidade Cafeeira) – selo de qualidade concedido pela certificadora 4C Services (antiga 4C Association), com sede na Alemanha. A 4C Services é uma iniciativa aberta e baseada no mercado para promover e incentivar a sustentabilidade na cadeia de café verde. Os participantes na iniciativa cooperam para o alcance da sustentabilidade na produção, processamento pós-colheita e comercialização de café verde comum, aumentando a quantidade de cafés com os critérios básicos da sustentabilidade em três dimensões: a social, a ambiental e a econômica. O Código é aberto a todos os participantes da cadeia do café que seguem estes princípios. No Brasil, a Associação Brasileira da Indústria de Café (ABIC) e várias cooperativas de cafeicultores mantêm parceria com a 4C Services.

Selo Agricultura Biológica – na União Europeia, este selo reconhece o sistema de gestão das explorações agrícolas e de produção de gêneros alimentícios que combina as melhores práticas ambientais, um elevado nível de biodiversidade, a preservação dos recursos naturais, a aplicação de normas exigentes em matéria de bem-estar dos animais e método de produção em sintonia com a preferência dos consumidores por produtos obtidos utilizando substâncias e processos naturais.

Selo Agricultura Ecológica – certificação que garante que o produto foi obtido segundo as normas CEE nº 2092/91 durante todo o processo produtivo (cultivo ou criação, transformação, embalagem, rotulagem, comercialização). O regulamento CEE nº 2092/91 basicamente descreve o sistema de produção orgânica de alimentos de origem animal e vegetal.

Selo Associação Brasileira de Refeições Coletivas de Qualidade Empresarial (Aberc) – certificação concedida a empresas associadas prestadoras de serviço, responsáveis pelo fornecimento de refeições coletivas no Brasil.

Selo Café *Bird Friendly* (Café amigo dos pássaros) – tipo de certificação concedida pelo Smithsonian Migratory Bird Center (SMBC), dos Estados Unidos, que visa a identificar o café produzido em propriedades que respeitam as leis ambientais e que mantêm hábitat natural para os pássaros, que atesta que o café é 100% orgânico e sombreado. A condição de sombreamento é essencial, pois apenas com a manutenção de um dossel é possível atestar que pássaros são capazes de habitar o local de produção do café.

Selo Café Sustentável do Brasil – tipo de certificação concedida pela ABIC para certificar produtos com rastreabilidade assegurada desde a produção até a industrialização, o que o torna único no mundo. Os cafés são produzidos com grãos provenientes de fazendas certificadas quanto à sua produção sustentável, que preservam o meio ambiente e respeitam o produtor. O processo de industrialização é auditado quanto às boas práticas de fabricação e os produtos classificados nas categorias extraforte, tradicional, superior e gourmet.

Selo Certifica Minas Café – certificação concedida pelo governo de Minas Gerais desde 2006 cujo objetivo é o de possibilitar aos cafeicultores a adequação às exigências do mercado externo. O produtor deve adotar práticas agrícolas sustentáveis que resultem em melhor qualidade dos grãos e melhor remuneração, além de mecanismos de rastreabilidade do produto. Esse programa de certificação é executado pelo Instituto Mineiro de Agropecuária (IMA) e pela EMATER-MG.

Selo Certificação de Cápsula – certificação concedida pela ABIC que atesta a intensidade da bebida, ou seja, atesta o grau de persistência do *after taste* (retrogosto), utilizando uma metodologia de avaliação sensorial desenvolvida pela ABIC, numa escala de 0 a 10 (do mais suave ao mais forte), e que serve de orientação ao consumidor. Ao mesmo tempo, o programa oferece ao industrial uma avaliação global do seu produto, como as características da crema (cor, brilho, persistência, consistência); os atributos da bebida, como amargor, adstringência, corpo e sabor; características físicas, como peso do café, ponto de torra, granulometria entre outros.

Selo Comunidade Europeia (EUREPGAP) – ver Selo Global G.A.P.

Selo da Sociedade Brasileira de Pediatria – certificação que visa a identificar produtos e serviços destinados a crianças e adolescentes, como alimentos, bebidas, brinquedos, vestuário, cosméticos, produtos de higiene, escolas de educação infantil, hospitais, dentistas, pediatras, fonoaudiólogos e outros profissionais especializados no atendimento desse público.

Selo de Aprovação de Qualidade da Sociedade Brasileira de Cardiologia e Fundo de Aperfeiçoamento e Pesquisa em Cardiologia (SBC / FUNCOR) – certificação que objetiva auxiliar o consumidor a identificar produtos cuja composição atende às exigências estabelecidas, pela comunidade científica, como importantes para a prevenção dos fatores de risco cardiovascular e a promoção ou manutenção da saúde, ou cuja composição não represente risco à saúde. As categorias a seguir identificam o atributo do alimento: baixo teor de gordura saturada; baixo teor de gordura total; baixo teor de gordura saturada, maior proporção de gordura insaturada; baixo teor de colesterol; não contém gordura saturada; não contém gordura saturada e colesterol; não contém colesterol; fonte de fibras; alto teor de fibras; baixo teor de sódio; menor teor de gordura saturada e colesterol; menor proporção de gordura saturada; reduzido teor de sódio; menor teor de sódio; prato ou kit saudável.

Selo de Garantia da Associação Brasileira das Indústrias de Massas Alimentícias (Abima) – programa de autorregulamentação do setor, que verifica o atendimento aos requisitos legais e concede um certificado de garantia às empresas que lhes atendam. A adesão ao programa é espontânea e restrita às empresas associadas. A avaliação da conformidade inclui inspeção periódica às instalações fabris para verificação das condições sanitárias, tendo como foco as Boas Práticas de Fabricação (BPF).

Selo de Garantia de Origem Carrefour – certificação que visa a privilegiar fornecedores e consumidores. Os fornecedores se beneficiam pela venda direta ao varejo, sem intermediários. Os consumidores são beneficiados por terem identificação dos produtos que tiveram monitoramento do Carrefour em todas as etapas da produção, além de terem indicação de fornecedores que adotam postura ecológica e socialmente responsável. Exige o atendimento a cinco requisitos básicos: sanidade, sabor, aspecto visual, postura ecologicamente correta e postura socialmente correta. Além disso, preza pela rastreabilidade dos produtos que levam o selo.

Selo de Pureza da Associação Brasileira da Indústria de Café (ABIC) – certificação criada em 1989 e concedida pela Associação Brasileira das Indústrias de Café (ABIC) para identificar os produtos que cumprem as determinações do Programa Permanente de Controle da Pureza do Café. O Selo de Pureza ABIC atesta que o produto é puro, ou seja, não possui adulterações ou misturas, isto é, o produto é 100% café, o que garante a segurança dos alimentos e respeito ao consumidor.

Selo de Pureza da Associação Brasileira dos Criadores de Búfalos (ABCB) – 100% Búfalo – certificação que objetiva garantir aos consumidores um produto puro, sem mistura, além de fomentar e proteger a bubalinocultura de fraudes. O selo se aplica aos derivados do leite de búfala, produzidos exclusivamente com esse tipo de leite, de origem conhecida, e sujeitos ao regime de controle e análise de pureza, estabelecidos por regulamento elaborado pela associação.

Selo de Qualidade da Associação das Indústrias de Arroz Parboilizado (Abiap) – selo de qualidade lançado com o objetivo de indicar ao consumidor as marcas que obedecem aos padrões de composição dos grãos e de fabricação exigidos pela legislação, garantindo qualidade e segurança. Os critérios técnicos utilizados para concessão desse certificado compreendem a comprovação da utilização de água potável no processo de encharcamento por meio dos laudos de análise fornecidos por órgão municipal ou público; a comprovação de licenciamento no órgão ambiental competente; a utilização de autoclave a vapor para a gelatinização dos grãos; a utilização de trocador de calor no processo de secagem (proibido o uso de gás de combustão); apresentação de índice de grãos não gelatinizados menor ou igual a 2%; obtenção de nota mínima de 60% de aprovação na auditoria de boas práticas de fabricação, realizada somente se a empresa candidata atender aos itens anteriores.

Selo de Qualidade do Amendoim da Associação Brasileira da Indústria de Chocolate, Cacau, Amendoim, Balas e Derivados (Abicab) – selo de qualidade que garante que as empresas que o possuem atendem aos requisitos da legislação em relação aos níveis de aflatoxina e fabricam produtos à base de amendoim totalmente seguros, auditados e monitorados por auditoria externa.

Selo do Programa de Qualidade do Café (PQC) da Associação Brasileira das Indústrias de Café (ABIC) – certificação que visa a impulsionar o consumo interno de café pela melhoria da qualidade da bebida. É uma evolução do selo de Pureza do Café ABIC, incorporando outros critérios técnicos além da pureza, como características sensoriais, boas práticas de fabricação e responsabilidade social.

Selo *Fair Trade* (Comércio Justo) – selo que atesta que a empresa participa de programa que tem como objetivo principal estabelecer contato direto entre o produtor e o comprador, desburocratizando o comércio e poupando-os da dependência de atravessadores e das instabilidades do mercado global de commodities. Os princípios que devem reger uma relação comercial considerada justa são: 1. transparência e corresponsabilidade na gestão da cadeia produtiva e comercial; 2. relação de longo prazo que ofereça treinamento e apoio aos produtores e acesso às informações do mercado; 3. pagamento de preço justo no recebimento do produto, além de um bônus que deve beneficiar toda a comunidade, e de financiamento da produção ou do plantio, ou a antecipação do pagamento da safra, quando necessário; 4. organização democrática dos produtores em cooperativas ou associações; 5. respeito à legislação e às normas (por exemplo, trabalhistas) nacionais e internacionais; 6. segurança do ambiente de trabalho e frequência das crianças na escola; 7. respeito ao meio ambiente.

Selo GLOBAL G.A.P – inicialmente denominado EUREPGAP e, atualmente, GLOBAL G.A.P, por estar abrangendo, além da Europa, a Ásia e a América; é uma certificação concedida por redes de supermercados europeus aos produtores rurais que utilizam as Boas Práticas Agrícolas (*Good Agricultural Practices* – GAP). O modelo foi desenvolvido usando-se as diretrizes da Análise de Perigos e Pontos Críticos de Controle (HACCP) publicadas pela Organização das Nações Unidas para Alimentação e Agricultura (FAO) e é regido de acordo com o manual ISO 65 para esquemas de certificação. Seus critérios incluem a segurança dos alimentos, o impacto ambiental e de saúde, a segurança e bem-estar dos trabalhadores e dos animais.

Selo *Label Rouge* (Selo Vermelho de Qualidade Superior) – selo de qualidade do Ministério da Agricultura e da Pesca da França; certificação que garante que o produto apresenta qualidade superior, por cumprir um conjunto de características estabelecidas previamente como condição para optar por essa categoria. O *Label Rouge* é aplicado para alimentos e produtos agrícolas não alimentares como as flores.

Selo *Nespresso/Ecolaboration* – certificação concedido pela Nestlé *Nespresso*, em parceria com a Rainforest Alliance, que objetiva promover a produção de cafés sustentáveis e de alta qualidade, gerir o impacto social e ambiental da empresa, melhorar a qualidade de vida dos produtores de café e das suas comunidades.

Selo Produtos Orgânicos – selo afixado ou impresso no rótulo ou na embalagem do produto que garante que os produtos orgânicos rotulados foram produzidos de acordo com as normas e práticas da agricultura orgânica. As normas para a produção de alimentos orgânicos no Brasil são elaboradas pelos ministérios da Agricultura e Pecuária (Mapa) e do Meio Ambiente (MMA). A denominação "produto orgânico" abrangeu as denominações de ecológico, biodinâmico, natural, regenerativo, biológico, agroecológico, permacultura, entre outros. Os produtos orgânicos a serem comercializados no Brasil devem ser certificados por organismos reconhecidos oficialmente. De acordo com as diretrizes do Mapa e MMA, a atividade econômica realizada nos sistemas orgânicos de produção deve buscar a qualidade do meio ambiente e relações sociais justas.

Selo Rainforest Alliance (RA) – selo internacional de certificação verde que valida produções agrícolas, pecuárias, florestais e turísticas que atendam aos padrões de excelência em sustentabilidade ambiental, social e econômica. No Brasil, são contempladas com selo RA plantações de café de Minas Gerais e São Paulo, de frutas do Vale do São Francisco e de citros de São Paulo. O selo RA está baseado em quatro princípios: a) sistema eficaz de planejamento e gestão; b) conservação da biodiversidade; c) conservação dos recursos naturais; d) melhores meio de vida e bem-estar humano.

Selo Serviço de Inspeção Federal (SIF) – certificação compulsória concedida pelo Departamento de Inspeção de Produtos de Origem Animal (Dipoa), por meio da avaliação da conformidade realizada por inspetor do Mapa, que assegura a qualidade de produtos comestíveis e não comestíveis, de origem animal, destinados ao mercado interno e externo. Devem receber o selo SIF as carnes e derivados dos animais de abate, os pescados e seus derivados, o leite e seus derivados, os ovos e seus derivados, o mel, a cera de abelha e seus derivados.

Selo *Starbucks Coffee and Farmer (C.A.F.E.) Practices* – certificação concedida pela empresa americana do ramo de cafeteria e torrefação de café Starbucks Corporation, em parceria com a certificadora SCS Global Services e com a organização não governamental Conservation International; essa parceria objetiva direcionar suas ações para a sustentabilidade econômica, social e ambiental de toda a cadeia de produtiva do café, do cafeicultor ao consumidor.

Selo *UTZ CERTIFIED* – certificação obtida por empresas agrícolas produtoras de café mediante auditoria externa, compromissadas com a sustentabilidade econômica, social e ambiental, boas práticas agrícolas, rastreabilidade e garantia de procedência. As empresas certificadas são auditadas quanto ao uso apropriado e controlado de fertilizantes, defensivos, água e energia; às condições de trabalho dignas aos trabalhadores, com fornecimento de moradia e assistência médica, assegurando educação escolar aos filhos dos trabalhadores rurais.

Selos regionais – selo concedido em vários países, para designar um produto (alimento ou bebida) originário de um referido local e cujas características de qualidade se relacionam ou são determinadas pelo local que as originou, incluindo fatores naturais e humanos.

Semente – estrutura reprodutiva das plantas gimnospermas e angiospermas; é constituída por embrião, tecido de reserva e tegumento ou casca. Geralmente, classificada de acordo com a composição química e em função do constituinte presente em maior proporção, podendo ser amilácea (milho), proteica (feijão) ou oleaginosa (soja).

Semiconservas cárneas – produtos elaborados à base de carnes e/ou subprodutos cárneos comestíveis, adicionados ou não de ingredientes autorizados, embalados hermeticamente e submetidos a um tratamento de esterilização comercial.

Semiconservas mistas – produtos elaborados à base de carnes e/ou subprodutos cárneos comestíveis e vegetais, adicionados ou não de ingredientes autorizados, embalados hermeticamente e submetidos a um tratamento de esterilização comercial.

Sêmola ou semolina de trigo *durum* – produto obtido a partir de *Triticum durum*, por meio do processo de moagem do grão beneficiado, com teor de cinzas de, no máximo, 0,92% na base seca; farinha grossa utilizada na fabricação de massas.

Senescência – refere-se à fase após o amadurecimento completo dos frutos na qual o catabolismo predomina sobre o anabolismo, resultando em processos fermentativos, ruptura da estrutura da parede celular, reações de escurecimento da casca e da polpa, perda de umidade, entre outras alterações.

Sensação – reação psicofisiológica resultante da estimulação sensorial.

Sensação quimiotérmica – na análise sensorial se refere à sensação de calor ou frio produzida por certas substâncias, independentemente da sua temperatura.

Sensação trigeminal – refere-se às sensações resultantes da irritação causada por estímulos químicos na boca, nariz ou garganta, como ocorre com a sensação pungente (irritante/forte/picante) da raiz-forte, dos vinagres ou da mostarda.

Sensibilidade – habilidade para perceber, identificar e/ou diferenciar, qualitativa e/ou quantitativamente, um ou mais estímulos por meio dos órgãos do sentido.

Sentido cutâneo – na análise sensorial, refere-se à percepção do tato por meio de receptores localizados na pele ou nas membranas das mucosas.

Separação – operação unitária utilizada tanto para a remoção física de componentes alimentares como na separação de alimentos sólidos em sólido (pelagem de batatas, tomates, cebolas), ou a separação de um alimento sólido de um líquido (sucos de frutas, pectina), ou, ainda, de um alimento líquido de um líquido. Essa operação também é utilizada para separar os alimentos por tamanho e cor. Para esse tipo de operação, são utilizados os processos de: tamização ou peneiragem, centrifugação, filtração, extração, concentração, cristalização, entre outros. Como os alimentos são misturas complexas de compostos, a extração ou a separação de seus componentes é fundamental à preparação de ingredientes ou produtos para uso em outros processos (extração de óleos das sementes, gelatina de tecidos animais); ou para a recuperação de compostos de alto valor, como enzimas existentes nos alimentos.

Shortening – termo originalmente usado para descrever a função dos lipídeos utilizados na panificação, que podem lubrificar a massa de pão e conferir-lhe textura macia. Quando presente na massa, o *shortening* rompe a continuidade da estrutura formada pela proteína e pelo amido, possibilitando a lubrificação das partículas de glúten, desenvolvendo, assim, uma textura mais tenra e produtos mais aerados.

Sidra – bebida com graduação alcoólica de 4 a 8% v/v, a 20 °C, obtida pela fermentação alcoólica do mosto de maçã fresca, sã e madura, do suco concentrado de maçã ou ambos, com ou sem a adição de água. A sidra pode ser adoçada, carbonatada e desalcoolizada.

Sinérese – refere-se à liberação espontânea de água da matriz alimentar, principalmente quando o alimento está sob a forma de um gel. Na produção de queijos, refere-se ao fenômeno do dessoramento. Depende de uma combinação específica, ou não, de interações proteicas, muitas das quais também ocorrem durante a formação do coalho.

Sistema Brasileiro de Identificação e Certificação de Origem Bovina e Bubalina (SISBOV) – conjunto de ações, medidas e procedimentos adotados para caracterizar a origem, o estado sanitário, a produção e a produtividade da pecuária nacional e a segurança dos alimentos provenientes dessa exploração econômica. Tem por objetivo identificar, registrar e monitorar, individualmente, todos os bovinos e bubalinos nascidos no Brasil ou importados.

Sistema *Commission International de l'Eclairage* (CIE) – sistema que define a sensação da cor baseado em três elementos: luminosidade ou claridade, tonalidade ou matiz e saturação ou cromaticidade. Baseia-se no princípio de que o ser humano possui três tipos de cores receptoras – vermelho, verde e azul e que todas as cores são combinações destas. Para o sistema CIE, três condições definem a existência da cor: o objeto, o iluminante e o observador. Por consenso, as especificações de padrões de observação para uso em colorimetria e fotometria são todas, mundialmente, providas pela CIE.

Sistema cristalino – designação dada a um grupo de ordenamento espacial regular de átomos, íons ou moléculas. São reconhecidos sete sistemas cristalinos: isométrico, tetragonal, ortorrômbico, hexagonal, trigonal, monoclínico e triclínico.

Sistema Internacional de Unidade (SI) – é um padrão internacional de medição formado por uma base de unidades para sete grandezas da física: comprimento, tempo, massa, corrente elétrica, temperatura termodinâmica, quantidade de substância e intensidade luminosa. As unidades do SI referidas a tais grandezas e seus símbolos são, respectivamente: metro (m), segundo (s), quilograma (kg), ampère (A), kelvin (K), mol (mol) e candela (cd).

Sistema Unificado de Atenção à Sanidade Agropecuária (Suasa) – tem o propósito de organizar as ações de vigilância e defesa sanitária dos animais e vegetais, sob a coordenação do poder público nas várias instâncias federativas e no âmbito de sua competência, articulando-se com o Sistema Único de Saúde (SUS) no que for atinente à saúde pública, visando à promoção da saúde. O Suasa opera em conformidade com os princípios e definições da sanidade agropecuária, incluindo o controle de atividades de saúde, sanidade, inspeção, fiscalização, vigilância e educação dirigidos a produção, processamento e comércio de animais, vegetais, produtos e insumos da agropecuária.

Skyr – produto lácteo fermentado, como o iogurte, originário da Islândia. A cultura lática é constituída por *Streptococcus thermophilus* e *Lactobacillus bulgaricus*. Após a coagulação, o coalho é centrifugado para eliminar parte do soro, resultando num produto rico em proteínas e pobre em gordura.

Sobremesa láctea – produto lácteo composto, pronto para o consumo, elaborado a partir da mistura de leite, em suas diversas formas, padronizado ou não em seu teor de gordura, proteína, ou ambos, com derivados lácteos ou substâncias alimentícias, ou ambos, podendo ser adicionada de amidos, amidos modificados e maltodextrina. Pode ser apresentada nas formas pastosa, semissólida, sólida, aerada, gelificada, entre outras formas tecnologicamente reconhecidas. Deve apresentar mais que 50% (m/m) de leite e outros produtos lácteos, isolados ou em combinação, do total de ingredientes do produto.

Soda – água potável gaseificada com dióxido de carbono, com pressão superior a 2 atm, a 20 °C, podendo ser adicionada de sais minerais. Soda aromatizada ou soda com aroma é a água potável gaseificada com dióxido de carbono, com pressão superior a 2 atm, a 20 °C, devendo ser adicionada de aromatizante natural e podendo ser adicionada de sais minerais, tendo sua denominação acrescida do aroma utilizado.

Soda cáustica – hidróxido de sódio; na indústria de alimentos, é utilizada como detergente para a remoção de sujidades de origem orgânica de superfícies de equipamentos e embalagens retornáveis de vidro.

Solanina – glicoalcalcaloide tóxico e de sabor amargo; é formado por um alcaloide, a solanidina, e por uma cadeia lateral de um carboidrato, estando presente em plantas da família Solanaceae, que inclui a batata, a berinjela, o tomate e o pimentão. No caso da batata, a solanina é produzida quando a planta está doente ou na fase de brotamento, para proteger a nova muda; portanto, deve-se evitar o consumo de batatas brotadas. Ainda, o tubérculo produz a solanina quando sofre cortes, amassamentos e machucaduras (principalmente durante armazenamento e transporte), ou quando é exposto ao sol, tornando-se verde.

Solidificação – refere-se à mudança do estado líquido para o estado sólido de uma substância. A quantidade de calor necessária para um corpo se solidificar depende da substância que o constitui. No estado líquido, os átomos das substâncias estão mais afastados uns dos outros e têm um grau de vibração e temperatura maior do que no estado sólido. Quando transferem calor, ocorre uma redução da vibração dos átomos e a distância entre eles se torna menor. À proporção que perde calor e sua temperatura atinge um determinado valor chamado de *ponto de solidificação*, o corpo se solidifica. No estado sólido, uma substância apresenta maior organização entre seus átomos que são estruturados numa rede cristalina.

Sólidos amorfos – sólidos compostos por átomos, moléculas ou íons que não apresentam regularidade na distribuição espacial dessas partículas. Sólidos amorfos são comumente preparados ao resfriar materiais derretidos. Há dois tipos de sólidos amorfos: os macios (maionese, mousse e os plásticos flexíveis das embalagens) e os vítreos (açúcar refinado, algodão-doce, lanche e vidros das embalagens).

Sólidos cristalinos – sólidos compostos por átomos, moléculas ou íons dispostos segundo uma rede tridimensional bem definida e que se repete para grandes distâncias atômicas. Sal de cozinha, açúcar cristal gelo são exemplos de sólidos cristalinos.

Sólidos não gordurosos (SNG) – (ou extrato seco desengordurado (ESD)) referem-se ao teor de sólidos presentes no leite, excluindo-se a fração de gordura; são constituídos por lactose, proteínas, minerais e vitaminas, sendo empregados como indicador da qualidade do leite que contém em média 8,6% de SNG.

Sólidos Solúveis Totais (SST) – refere-se ao total de sólidos dissolvidos na água do alimento, como açúcar, sais, proteínas, ácidos etc., predominando a constituição de açúcares (sacarose, frutose e glicose). A refratometria na escala Brix se constitui em um método físico para medir a concentração de sólidos solúveis presentes em uma amostra. Essa escala é calibrada pelo número de gramas de sacarose contidos em 100 g de solução; por isso o Brix é considerado como a percentagem de açúcar presente em um alimento líquido, constituindo-se numa leitura aparente.

Solubilidade – propriedade física da matéria relacionada com a capacidade que um material (soluto) tem de ser dissolvido por outro (solvente). Os solutos podem ser solúveis, quando se dissolverem no solvente; pouco solúveis, quando têm certa dificuldade de dissolução no solvente; insolúveis, quando não se dissolvem no solvente.

Solução hipertônica – solução que apresenta concentração de um soluto maior em relação a outra solução, estando elas separadas por uma membrana semipermeável.

Solução hipotônica – solução que apresenta concentração de um soluto menor em relação a outra solução, estando elas separadas por uma membrana semipermeável.

Solução isotônica – solução que apresenta concentração de um soluto igual em relação a outra solução, estando elas separadas por uma membrana semipermeável.

Solução padrão – solução de concentração conhecida preparada com reagente de elevada pureza utilizada na análise volumétrica. Deve ser suficientemente estável, de modo a ser necessário apenas determinar sua concentração uma única vez; deve reagir rapidamente com o analito, minimizando-se o tempo requerido entre as adições de reagente; deve reagir completamente com o analito, de modo a ter um ponto-final satisfatório.

Solução tampão – solução que atenua a variação dos valores de pH (ácido ou básico), mantendo-o aproximadamente constante, mesmo com adição de pequenas quantidades de ácidos ou bases.

Soluções indicadoras – soluções preparadas com substâncias orgânicas denominadas "indicadoras", por identificarem se outra solução apresenta pH ácido, básico ou neutro. São exemplos de indicadores ácido-base: fenolftaleína, alaranjado de metila, tornassol, azul de bromotimol. A fenolftaleína apresenta coloração rosa em meio básico e incolor em meio ácido ou neutro; já o tornassol apresenta cor vermelha em meio ácido e azul em meio básico.

Solvatação – fenômeno que ocorre quando um composto iônico ou polar se dissolve em uma substância polar, sem formar uma nova substância. As moléculas do soluto são rodeadas pelo solvente. Quando o solvente é a água, o processo é denominado de hidratação.

Somestesia – em análise sensorial, refere-se às sensações de tato, pressão, temperatura e dor percebidas nos receptores localizados na pele, nos lábios, mucosa oral, língua e tecido periodontal.

Sorbitol – (ou glucitol) quimicamente, é um poliol ou poliálcool. Está presente em frutas vermelhas, cereja, ameixa, pera, maçã, algas marinhas e algas. É obtido sinteticamente a partir da hidrogenação da glicose ou da sua redução eletrolítica. Usado na indústria em misturas com edulcorantes intensos, quando há necessidade da restrição de açúcar, apresenta a função de edulcorante "de corpo", e, por isso, apesar de não promover redução do valor calórico, oferece resultados satisfatórios em termos de sabor e textura.

Soro – o soro sanguíneo é um componente do plasma sanguíneo; é um fluido que contém muitos dos mesmos componentes sólidos do plasma sanguíneo (como eletrólitos, anticorpos, hormônios e outras proteínas), mas não contém o fibrinogênio, proteína importante na coagulação do sangue.

Soro de leite – produto lácteo resultante da coagulação do leite, utilizado no processo de fabricação de queijos, como a ricota. É classificado, de acordo com a acidez, em "soro de leite" ou "soro doce", e "soro de leite ácido" ou "soro ácido"; de acordo com o tratamento térmico, em "refrigerado, termizado e pasteurizado"; de acordo com a concentração, em *concentrado* e *em pó*; de acordo com o teor de sais minerais, em "parcialmente desmineralizado" ou "desmineralizado"; de acordo com o teor de lactose, em "parcialmente delactosado". Sensorialmente, tem as seguintes características: consistência líquida, viscosa ou em pó; cor branca, amarelada ou esverdeada, quando de consistência líquida ou concentrada; cor branca a creme, quando em pó; odor e sabor característicos; ligeiramente adocicado ou salgado; ligeiramente ácido, no caso do soro de leite ácido.

Starters – culturas microbianas iniciadoras, constituídas por *strains* específicos, usadas nos processos fermentativos para produzir as propriedades desejáveis dos produtos.

Steinhaeger – bebida com graduação alcoólica de 35 a 54% v/v, a 20 °C, obtida pela retificação de destilado alcoólico simples de cereal ou pela retificação do álcool etílico potável, adicionado de substância aromática natural; em ambos os casos, provenientes de um mosto fermentado contendo bagas de zimbro (*Juniperus communis*).

Stevia rebaudiana – planta da família Asteraceae (Compositae), denominada pelos índios guaranis como "erva doce". As folhas da estévia contêm vários glicosídeos doces, como o esteviosídeo, o rebaudiosídeo e o dulcosídeo. O extrato de estévia é 300 vezes mais doce que a sacarose. Produtos de estévia são comercializados na forma em pó ou líquida, sendo empregados como edulcorante em alimentos e bebidas.

Subproduto cárneo comestível – qualquer parte do animal de abate declarada apta para consumo humano pela inspeção veterinária oficial, que não se enquadra na definição de carne. Nos subprodutos cárneos frescos, não é autorizado o uso de aditivos.

Substâncias anfifílicas – são moléculas que apresentam a característica de possuírem uma região hidrofílica (solúvel em água) e uma região hidrofóbica (insolúvel em água, porém solúvel em lipídeos e solvente orgânicos). Várias apresentam aplicação como emulsificantes na indústria de alimentos.

Substâncias bioativas – são moléculas orgânicas de baixa massa molecular que apresentam uma ampla diversidade química e efeitos diversos sobre organismos vivos, sendo associadas às mudanças em seu comportamento, fisiologia ou metabolismo.

Substâncias nocivas à saúde – substâncias ou agentes estranhos de origem biológica, química ou física nocivos à saúde, como micotoxinas, resíduos de solventes, resíduos de produtos fitossanitários e outros contaminantes previstos em legislação específica, não sendo assim considerados aqueles cujo valor se verifica dentro dos limites máximos previstos.

Substâncias pécticas – compostos galacturonoglicanos cujos grupos carboxila estão esterificados com metanol em diferentes proporções, o que os torna diferentes entre si. São classificadas em: a) protopectina – substância precursora das substâncias pécticas, insolúveis em água que, quando hidrolisadas, geram pectinas e ácidos pécticos; b) ácido péctico – polímero solúvel do ácido galacturônico, contendo quantidades desprezíveis de grupos metilas, e cujos sais são denominados pectatos; c) ácidos pectínicos – ácido poligalacturônico coloidal que contém uma quantidade significativa de grupos metila esterificados (> 0 e < 75%), e cujos sais denominam-se pectinatos; d) pectina – ácido poligalacturônico coloidal que contém mais de 75% dos grupos carboxilas esterificados pelo metanol.

Substâncias tensoativas – substâncias que diminuem a tensão superficial ou influenciam a superfície de contato entre dois líquidos imiscíveis. Constituídas por um grupo polar ou iônico (a cabeça), solúvel em substâncias polares, como a água, e por um grupo apolar (a cauda), geralmente composto por uma cadeia hidrocarbônica, solúvel em solventes apolares, como óleos/gorduras. A classificação dos agentes tensoativos é baseada no comportamento de dissociação iônica e na maneira como ocorre a migração da parte representativa do tensoativo durante uma eletrólise. Assim, podem ser classificados em aniônicos, catiônicos, anfotéricos e não iônicos.

Substitutos de gordura – compostos capazes de substituir a gordura numa formulação e atender a algumas das propriedades funcionais associadas à gordura no produto. Assim, devem ter analogia funcional às gorduras que substituem, devem ser livres de efeitos tóxicos e não produzir metabólitos diferentes daqueles produzidos pela gordura convencional, ou ser completamente eliminados do organismo. Os substitutos de gordura podem ser classificados em três categorias principais: baseados em proteínas, baseados em carboidratos e compostos sintéticos. Os produtos à base de proteínas são geralmente derivados de proteínas encontradas em ovos, leite, milho e outros alimentos, apresentando aplicação limitada por não poderem ser utilizados em produtos de panificação e nas frituras, devido às altas temperaturas alcançadas nesses processos, sendo usados em formulações de sobremesas, iogurtes, queijos, sorvetes, maioneses, margarinas e molhos. Os substitutos à base de carboidratos têm sido usados para substituir total ou parcialmente (de 50 a 100%) óleos e gorduras em uma grande variedade de alimentos, como molhos para saladas, produtos congelados, hambúrgueres de baixa caloria, produtos lácteos, sobremesas, entre outros; amidos modificados, dextrinas, polidextrose, gomas, celulose microcristalina, são utilizados como substitutos de gordura à base de carboidratos. Os substitutos sintéticos de gordura são substâncias similares à gordura, mas resistentes à hidrólise pelas enzimas digestivas; alguns exemplos são os poliésteres de sacarose ou SPE (sucrose *polyester*), os poliésteres de rafinose, o estearato de polioxietileno, os ésteres de poliglicerol e o glicerol propoxilado esterificado ou EPG (*esterified propoxylated glycerol*).

Substitutos do sal – substâncias que mimetizam o sabor do sal (cloreto de sódio). Sais de potássio, amônio, cálcio foram testados como substitutos, mas o resultado não foi eficiente, indicando a importância dos íons de sódio na percepção do sabor salgado. Nos alimentos industrializados, a adição de realçadores de sabor de sal (aminoácidos, extratos de levedura, ácido acético, isotiocianato de alila) tem contribuído para a redução do cloreto de sódio na formulação.

Suco – (ou sumo) bebida não fermentada, não concentrada e não diluída, destinada ao consumo, obtida da fruta madura e sã, ou parte do vegetal de origem, por processamento tecnológico adequado, submetida a tratamento que assegure a sua apresentação e conservação até o momento do consumo. Os sucos não podem conter aromatizantes e corantes artificiais, ou quaisquer substâncias estranhas à fruta ou parte do vegetal de sua origem, excetuadas as previstas na legislação específica (Mapa). Os sucos podem ser adoçados e carbonatado.

Suco concentrado – suco que foi parcialmente desidratado.

Suco desidratado – suco no estado sólido obtido da desidratação do suco integral.

Suco integral – suco sem adição de açúcares e na sua concentração natural, sendo vedado pela legislação brasileira o uso de tal designação para o suco reconstituído.

Suco misto – suco obtido pela mistura de frutas, combinação de fruta e vegetal, combinação das partes comestíveis de vegetais ou mistura de suco de fruta e vegetal. Sua denominação será "suco misto" seguida da relação de frutas, ou vegetais utilizados, em ordem decrescente das quantidades presentes na mistura.

Suco reconstituído – suco obtido pela diluição de suco concentrado ou desidratado, até a concentração original do suco integral ou ao teor mínimo de sólidos solúveis estabelecido nos respectivos padrões de identidade e qualidade para cada tipo de suco integral.

Suco tropical – bebida obtida pela dissolução, em água potável ou em suco clarificado de fruta tropical, da polpa de fruta polposa de origem tropical, por meio de processo tecnológico adequado, devendo ter cor, aroma e sabor característicos da fruta. O produto deve ser submetido a tratamento que assegure sua apresentação e conservação até o momento do consumo. O teor de polpa de fruta utilizado deverá ser superior ao estabelecido para o néctar da respectiva fruta. O suco tropical de caju, suco tropical de maracujá e suco tropical de abacaxi deverão ser obtidos sem dissolução em água, podendo também ser denominado apenas de suco. O suco tropical pode ser adicionado de açúcar, gaseificado, e sua designação deverá seguir a legislação.

Suco tropical misto – bebida obtida pela dissolução, em água potável ou em suco clarificado de fruta tropical, da mistura de polpas de frutas polposas de origem tropical, por meio de processo tecnológico adequado, devendo ter cor, aroma e sabor característicos das frutas. O produto deve ser submetido a tratamento que assegure a sua apresentação e conservação até o momento do consumo. Os teores de polpas de frutas utilizados deverão ser superiores aos estabelecidos para o néctar das respectivas frutas.

Sucralose – edulcorante obtido pela cloração seletiva de três grupos hidroxilas da molécula de sacarose. Tem poder de doçura variável entre 400 e 800 vezes maior que o da sacarose, dependente dos valores de pH.

Suculência – atributo sensorial que se refere à liberação de suco presente nos alimentos durante a mastigação e que afetam significativamente a sua palatabilidade.

Suinocultura – área da zootecnia que se dedica à criação racional de suínos. No sistema intensivo, os animais são mantidos em confinamento e recebem ração balanceada, com práticas sanitárias e instalações apropriadas. As instalações são específicas para cada fase do animal; dessa forma, garante-se maior sanidade na granja e que as diferentes necessidades dos animais sejam atendidas de acordo com sua idade.

Suplemento alimentar – produtos para ingestão oral apresentados em formas farmacêuticas, destinados a suplementar a alimentação de indivíduos saudáveis com nutrientes, substâncias bioativas, enzimas ou probióticos, isolados ou combinados. Suplementos alimentares não são medicamentos e, por isso, não servem para tratar, prevenir ou curar doenças.

Surfactante – substância orgânica com comportamento anfifílico. Reduz a tensão superficial, estabiliza emulsões, transporta flavorizantes lipossolúveis. Ver *Substâncias anfifílicas*.

Surimi – o produto congelado obtido a partir de carne mecanicamente separada de peixe, submetida a lavagens sucessivas, drenagem e refino, com adição de aditivos.

Sustentabilidade – refere-se ao desenvolvimento baseado no tripé "atividade econômica x meio ambiente x bem-estar da sociedade", que satisfaz às necessidades do presente sem comprometer a capacidade de as futuras gerações satisfazerem suas próprias necessidades. Para que um empreendimento humano seja considerado sustentável, é preciso que ele seja ecologicamente correto, economicamente viável, socialmente justo e culturalmente diverso.

T

TABELA PERIÓDICA

Disposição sistemática dos elementos químicos que são ordenados por seus números atômicos, configuração eletrônica e recorrência das propriedades periódicas. A tabela periódica mais completa foi elaborada pelo químico russo Dmitri Mendeleev (1860), e a sistematização mais atual, por ordem de número atômico dos elementos químicos, foi proposta no início do século XX por Henry Moseley. Até 2021, foram catalogados 118 elementos, dos quais 24 são artificiais e 94 são naturais. Destes 94 elementos, 10 são produtos do decaimento radioativo. Os elementos químicos estão dispostos em linhas horizontais por ordem crescente de número atômico e em colunas verticais por propriedades químicas semelhantes. Dentro de uma linha (período), os elementos são metálicos à esquerda e não metálicos à direita da tabela. Os grupos/famílias (colunas) contêm elementos com o mesmo número de elétrons na camada de valência, enquanto os de cada período possuem o mesmo número de camadas eletrônicas. Elementos com o mesmo número de elétrons na camada de valência possuem propriedades químicas em comum. A tabela periódica pode ser usada para deduzir as relações entre as propriedades dos elementos e predizer as propriedades dos novos elementos ainda não descobertos ou sintetizados.

Tamisação – peneiramento; operação unitária, mecânica, que trata da separação de uma mistura de materiais sólidos granulados de diversos tamanhos em duas ou mais porções, cada uma delas mais uniformes em tamanho que a mistura original.

Taninos – polifenóis solúveis em água e com peso molecular compreendido entre 500 e 3.000 Dalton. Formam complexos insolúveis em água com proteínas e outras macromoléculas, sendo responsáveis pela adstringência de muitos frutos e produtos vegetais, devido à precipitação de glicoproteínas salivares. Apresentam as seguintes propriedades químicas: complexação de íons metálicos, complexação com macromoléculas, atividade antioxidante e sequestradora de radicais livres.

Tapioca – (ou goma) amido extraído da mandioca (*Manihot esculenta*); é fabricada na forma granulada, sendo o ingrediente principal de algumas iguarias culinárias das regiões Norte e Nordeste do Brasil. A palavra "tapioca" também é usada para o beiju feito com a goma.

Taxa metabólica basal (Gasto energético basal) – energia gasta por um indivíduo, corporal e mentalmente em repouso, em um ambiente neutro, do ponto de vista térmico, 12 a 18 horas após uma refeição.

Taxa metabólica de repouso (Gasto energético de repouso) – medida da energia gasta para a manutenção das funções orgânicas normais e da homeostasia.

Taxonomia – ciência da classificação aplicada à biologia para a ordenação sistemática hierarquizada dos grupos de animais e de vegetais. Seus princípios foram estabelecidos por Linné no século XVIII. Os organismos, vivos e extintos, são organizados em uma hierarquia de grupos (táxons), com base em graus de relacionamentos (filogenia). Na falta do conhecimento da evolução de um grupo, a taxonomia se baseia em estruturas e semelhanças. De acordo com o sistema Lineano, um organismo é assim classificado: reino, filo, classe, ordem, família, gênero, espécies.

Táxon – unidade taxonômica associada à classificação cientifica de seres vivos. Espécie, gênero e família são exemplos de táxon.

TBA – ácido 2-tiobarbitúrico; teste colorimétrico utilizado no controle de qualidade de óleos, gorduras e produtos que os contenham, por fornecerem informações importantes a respeito do estado oxidativo, na predição da rancidez do alimento analisado. Esse teste quantifica o malonaldeído (MDA), um dos principais produtos de decomposição dos hidroperóxidos de ácidos graxos poli-insaturados, formado durante o processo oxidativo. Os resultados são expressos em unidades de absorbância por unidade de massa de amostra ou em "valor de TBA" ou "número de TBA", definidos como a massa, em mg, de malonaldeído por kg de amostra.

Tecnologia de alimentos – conjunto de tecnologias baseadas em princípios científicos que se aplicam à conservação dos alimentos. Tem como principal objetivo estender o tempo de vida útil dos alimentos, preservando ao máximo a sua qualidade, por meio da inibição de possíveis processos de deterioração, e proporcionando a segurança adequada ao consumo. São disciplinas da tecnologia de alimentos: a química de alimentos, a microbiologia de alimentos, as operações unitárias da indústria de alimentos, a tecnologia dos produtos de origem animal e vegetal, os métodos de conservação de alimentos, a higiene, limpeza e sanitização na indústria de alimentos, as embalagens e o controle de qualidade.

Tecnologia de barreiras – ou de obstáculos; combinação de dois ou mais métodos de conservação de alimentos, com o objetivo de garantir a segurança e aumentar a sua vida útil, eliminando ou controlando o crescimento de micro-organismos patogênicos ou da flora banal. Inclui a manipulação de fatores como temperatura (calor ou frio), atividade de água (adição de sal, açúcar ou remoção de umidade), acidez (rebaixamento do pH), potencial de oxidorredução (eliminação do oxigênio), micro-organismos competitivos (bactérias do ácido lático), entre outros.

Teff – (ou tefe (*Eragrostis tef*)) é uma planta anual nativa e comum das terras altas da Etiópia e Eritreia, na África; utilizada para a produção de alimentos e bebidas tradicionais da região, como *flat bread*, pão sem fermento e cerveja. Não contém proteínas formadoras do glúten.

Tegumento – revestimento de proteção dos seres vivos. O tegumento protege o organismo dos choques mecânicos, da desidratação, da hidratação excessiva, dos raios ultravioletas do sol, dos micro-organismos patogênicos.

Temperatura – grandeza física relacionada ao grau de agitação térmica (energia cinética) dos átomos e moléculas que constituem um corpo ou sistema. Quanto maior for a agitação das moléculas, maior será a sua temperatura. O Sistema Internacional de Unidades (SI) estabelece a escala Kelvin (K) para mensurar a temperatura absoluta. Nessa escala, o ponto fundamental de fixação é ponto triplo da água que apresenta o valor de 273,16 K. Há outras escalas de temperaturas muito utilizadas, como a Celsius (°C) e a Fahrenheit (°F).

Temperatura de transição vítrea (Tg) – temperatura na qual ocorre o fenômeno da transição vítrea de um composto, que é variável com a composição do alimento, principalmente, com o teor de água. Essa é a temperatura em que ocorre a transição de um estado vítreo, no qual as moléculas da fase amorfa não possuem mobilidade, para um estado borrachoso, em que as moléculas da fase amorfa passam a ter mobilidade.

Temperos – produtos obtidos da mistura de especiarias e de outros ingredientes, fermentados ou não, empregados para agregar sabor ou aroma aos alimentos e bebidas.

Tempo de desenvolvimento da massa – é o intervalo contado a partir da primeira adição de água ao ponto de máxima consistência, imediatamente antes da primeira indicação de enfraquecimento. Praticamente, indica o tempo para se determinar o percentual de absorção de água da farinha, de modo a deixar a massa com a consistência ideal para a fabricação de pães.

Tempo de destruição térmica (TDT) – tempo necessário, a uma dada temperatura, para se atingir a esterilização de uma suspensão de micro-organismos ou de seus esporos.

Tempo de redução decimal – ver *Valor D*.

Tempo efetivo de congelamento – tempo necessário para diminuir a temperatura de um alimento do valor inicial até a temperatura de congelamento predeterminada.

Tempo x temperatura – binômio utilizado na conservação pelo calor de alimentos e bebidas para destruir a flora patogênica e banal, além de inativar enzimas prejudiciais. Não faz sentido identificar a temperatura do processamento térmico sem a indicação do tempo correspondente. Os tratamentos térmicos mais frequentes na indústria de alimentos são o branqueamento, a pasteurização e a esterilização. Seguem dois exemplos clássicos do binômio tempo x temperatura na conservação de alimentos: a) pasteurização lenta, 63 °C por 30 minutos; b) pasteurização rápida, 72 °C por 15 segundos.

Tenacidade (P) – ou pressão máxima de ruptura; a resistência que a massa oferece ao ser esticada. É positivamente correlacionada com a capacidade de absorção de água da farinha.

Tenacidade/extensibilidade (P/L) – na alveografia, essa relação expressa o equilíbrio da massa. Para pães, o ideal são farinhas com a relação P/L entre 0,50-1,20; para bolos e biscoitos, farinhas extensíveis (P/L <0,49); e, para massas alimentícias, tenaz (P/L >1,21).

Tenderização – processo mecânico/físico, bioquímico ou químico utilizado para amaciar a carne. No processo mecânico, a maciez é obtida pela ruptura das fibras por meio de trituração; os batedores devem ser feitos de metal e têm variedade de formas e tamanhos. Em termos bioquímicos, a maciez pode ser obtida pela adição de substâncias amaciantes à base de enzimas (papaína, bromelina). As marinadas ácidas à base de bebidas, sal, açúcar, seguidas, do cozimento lento, também possibilitam obter o amaciamento da carne (método físico-químico).

Tensão interfacial – ou tensão superficial; é a manifestação macroscópica de um fenômeno físico causado pelas forças de coesão entre moléculas semelhantes numa interface líquido-líquido ou líquido-gás. A tensão superficial faz com que a camada superficial de um líquido venha a se comportar como uma membrana elástica. Esta propriedade é causada pelas forças de coesão entre moléculas semelhantes, cuja resultante vetorial é diferente na interface.

Teor de ácidos graxos trans (18:1t, 18:2t, 18:3t) – proporção de ácidos graxos trans do total de ácidos graxos, expresso em porcentagem relativa.

Teor de ceras – concentração de ceras presentes no produto, expressa em miligrama por quilograma.

Teor de cinzas – refere-se ao resíduo por incineração; cinzas ou minerais (sódio, potássio, magnésio, cálcio, ferro, fósforo, cobre, alumínio, zinco, manganês, cloretos, sulfatos, fosfatos e outros compostos minerais) remanescente da queima da matéria orgânica em mufla em temperatura elevada (550 °C), que é transformada em CO_2, H_2O e NO_3. Essa técnica é o ponto de partida para a análise de minerais em alimentos. Na moagem de grãos de trigo, o teor de cinzas pode refletir o grau de extração e se relacionar com a cor de farinha.

Teor de umidade – é a medida da quantidade de água contida num alimento, sendo geralmente expressa como uma porcentagem do seu peso total. O teor de umidade está relacionado com a estabilidade química, bioquímica e microbiológica dos alimentos; sob o ponto de vista sensorial, está relacionado com a textura.

Tequila – bebida destilada originária do México, considerada um produto de identidade nacional, contando com a proteção de marcas coletivas por meio de indicação geográfica. A legislação brasileira define tequila como a bebida com graduação alcoólica de 36 a 54% v/v, a 20°C, obtida de destilado alcoólico simples de agave ou pela destilação do mosto fermentado de agave. A tequila poderá receber álcool etílico potável de origem agrícola, açúcar e ser envelhecida em barricas de carvalho. A espécie de agave usada no processamento da tequila é a *Agave tequilana*.

Teratogenicidade – capacidade de uma substância produzir efeitos teratogênicos ou anomalias no feto.

Tererê – (ou tereré) bebida não alcoólica obtida da maceração de erva-mate triturada com água gelada. A bebida é preparada numa cuia, sem a presença de açúcar, e sorvida por meio de uma bomba ou bombilha. É consumida de forma regional pelos brasileiros da região sul e pelos paraguaios.

Termização – aplicação do calor ao leite, em equipamento próprio, com a finalidade de reduzir sua carga microbiana, sem alteração das características próprias do leite cru.

Terpenos – (terpenoides ou isoprenoides) são compostos que integram uma diversificada classe de substâncias naturais ou metabólitos secundários de origem vegetal, especialmente das coníferas, de fórmula química geral $(C_5H_8)_n$. Do ponto de vista químico, alguns terpenos podem ser classificados como hidrocarbonetos (limoneno e beta-pineno), encontrados respectivamente nas essências de limão e de pinus. Moléculas com oxigênio podem apresentar diferentes funções orgânicas como álcool (mentol), cetona (cânfora) e aldeído (citral). Os terpenos estão presentes nos óleos essenciais de diversas plantas com aplicação em cosméticos, perfumes, solventes, tintas, graxas, ceras e como intensificadores sensoriais em alimentos.

Terroir – a Organização Internacional da Vinha e do Vinho (OIV) define *terroir* como "o conceito que remete a um espaço no qual está se desenvolvendo um conhecimento coletivo das interações entre o ambiente físico e biológico e as práticas enológicas, proporcionando características distintas aos produtos originários deste espaço". O conceito de *terroir* foi apropriado por outras atividades agroindustriais, entre elas, a de queijos.

Teste da peroxidase e da fosfatase – teste utilizado como indicador da eficiência da pasteurização do leite. Após o tratamento térmico, a fosfatase deve estar inativada, e a peroxidase permanecer ativa. A inativação da fosfatase alcalina indica que o processo de pasteurização atingiu a temperatura e o tempo suficientes para eliminar os patógenos do leite. Já a presença da fosfatase ativa indica que o leite foi corretamente pasteurizado, isto é, não sofreu tratamento térmico excessivo.

Testes sensoriais afetivos – métodos utilizados em análise sensorial de alimentos, bebidas e águas que avaliam a aceitação e a preferência de provadores, isto é, o quanto gostam ou desgostam de um determinado produto. Os provadores, nesse tipo de teste, são pessoas que não possuem conhecimento técnico do produto e não possuem treinamento em avaliações sensoriais. As escalas mais empregadas são a de intensidade, a hedônica, do ideal e de atitude ou de intenção.

Testes sensoriais descritivos – métodos utilizados em análise sensorial de alimentos, bebidas e águas que descrevem os atributos sensoriais e medem a intensidade em que são percebidos. Os atributos geralmente avaliados são aparência (cor, textura visual, tamanho, forma etc.), aroma (baunilha, frutado, floral, pungente etc.), sabor (baunilha, frutado, floral, adstringente, metálico, doce, salgado, azedo, amargo etc.) e textura (dureza, viscosidade, mastigabilidade, fibroso, granuloso, arenoso, suculento, oleoso etc.). As técnicas descritivas mais utilizadas são perfil de sabor, perfil de textura, a análise descritiva quantitativa (ADQ) e o de tempo/intensidade, bem como as técnicas descritivas de espectro e de perfil livre.

Testes sensoriais discriminativos ou de diferença – métodos objetivos utilizados em análise sensorial de alimentos, bebidas e águas, que avaliam atributos específicos pela discriminação simples, indicando por comparações se existem ou não diferenças estatísticas entre amostras. Os testes discriminativos ou de diferença mais empregados em análise sensorial são triangular, duo-trio, ordenação, comparação pareada e comparação múltipla ou diferença do controle.

Textura – em análise sensorial, refere-se ao conjunto de propriedades mecânicas, geométricas de superfície e de corpo de um produto, perceptível pelos receptores cinestésicos e somestésicos e, quando apropriado, pelos receptores visuais e auditivos a partir da primeira mordida até a deglutição final.

Texturização – transformação da estrutura globular de uma proteína em estrutura fibrosa, por meio da extrusão termoplástica, originando produtos alimentares como os derivados da soja, os caseinatos, entre outros.

Tindalização – processo térmico de conservação dos alimentos que se caracteriza pelo aquecimento descontínuo e sucessivo dos produtos alimentares, devidamente acondicionados em recipiente fechado. Esse método permite que os esporos de fungos ou bactérias germinem entre duas exposições, sendo destruídos no aquecimento seguinte. É um método de esterilização de alimentos.

Tiquira – bebida destilada artesanal à base de mandioca, produzida em alambiques, típica do estado do Maranhão. A legislação brasileira (Mapa) define tiquira como a bebida com graduação alcoólica de 36 a 54% v/v, a 20 °C, obtida de destilado alcoólico simples de mandioca ou pela destilação de seu mosto fermentado. A tiquira pode ser adoçada.

Titulação – volumetria ou titulometria; técnica utilizada para determinar a quantidade de uma espécie química em uma amostra utilizando-se uma solução de concentração conhecida. O uso de indicadores de pH é fundamental para se determinar o ponto final da titulação, indicando que toda a amostra reagiu. Assim, determina precisamente a quantidade de uma substância, confirma se a concentração descrita no rótulo é verdadeira ou se a quantidade de um composto químico é a indicada na embalagem.

Tocoferóis – substâncias terpenoides que compõem o grupo da vitamina E. São insolúveis em água; têm atividade antioxidante.

Torração – (torra ou torrefação) processo térmico cuja temperatura pode variar entre 120 e 250 °C, por um tempo variável, dependendo do produto. Durante o processo, ocorrem reações químicas importantes para a liberação dos componentes de aroma e sabor, para o desenvolvimento da cor, concentração de sólidos, desenvolvimento de corpo. O processo de torra é aplicado ao cacau (chocolate), café, malte, amendoim, entre outros.

Toucinho – panículo adiposo adjacente à pele dos suínos cuja designação é definida pelo processo tecnológico aplicado para sua conservação.

Tóxico – qualquer substância capaz de provocar danos aos seres vivos, podendo ou não levar à morte.

Toxicologia – refere-se ao estudo dos efeitos nocivos de substâncias estranhas aos seres vivos e estima seus efeitos a curto, médio e longo prazo.

Toxicovigilância – conjunto de ações que buscam eliminar ou minimizar as situações capazes de afetar a integridade física, mental e social dos indivíduos pela exposição às substâncias químicas.

Toxidade – toxidez ou toxicidade; é a medida do potencial tóxico de uma substância aos seres vivos.

Toxina – substância produzida por micro-organismos, plantas e animais que produz danos à saúde de seres vivos. A gravidade depende do grau de toxicidade da substância, do estado nutricional do infectado, da via de absorção, do tempo de exposição, da quantidade ingerida, da forma de excreção. Toxinas bacterianas podem estar presentes em alimentos impróprios para o consumo de humanos e animais, causando a intoxicação alimentar.

Tradução gênica – processo por meio do qual a informação genética presente em uma molécula de ácido ribonucleico mensageiro (mRNA) mensageiro é traduzida nos ribossomos em um polipeptídio com uma sequência específica de aminoácidos.

Transcrição gênica – processo enzimático pelo qual a informação genética contida em uma fita de ácido desoxirribonucleico (DNA) é usada para especificar a sequência complementar de bases em uma cadeia de ácido ribonucleico mensageiro (mRNA).

Transesterificação – refere-se à mudança de posição dos ácidos graxos na molécula do triglicerídeo (transesterificação intramolecular) ou em triglicerídios diferentes (transesterificação intermolecular), com o objetivo de melhorar o comportamento cristalino de uma gordura e suas propriedades físicas, melhorando sua consistência e ampliando sua aplicação.

Transferência de calor – refere-se à passagem de energia térmica de um corpo mais quente para outro mais frio.

Transferência de calor por condução – tipo de troca térmica em que a transferência de calor se dá entre átomos e/ou moléculas vizinhas de um sólido devido a um gradiente de temperatura.

Transferência de calor por convecção – tipo de troca térmica que ocorre por meio de correntes de convecção nos gases e nos líquidos. As moléculas se deslocam da porção mais densa para a menos densa.

Transferência de calor por radiação – tipo de troca térmica que ocorre por ondas eletromagnéticas, uma vez que todos os corpos que se encontram em valor de temperatura acima do zero absoluto emitem radiação térmica. Nesse tipo de processo, parte da energia térmica dos corpos é convertida em energia eletromagnética, e vice-versa.

Transferrina – siderofilina; glicoproteína plasmática do sangue envolvida no transporte de ferro. Transporta ferro às células da medula, baço, fígado e músculo. É produzida principalmente no fígado.

Transgenia – refere-se à alteração do material genético de uma espécie pela introdução de um ou mais genes de outra espécie, mediante o emprego de técnicas de engenharia genética.

Transgênico – organismo geneticamente modificado que recebeu um ou mais genes de outro organismo doador. Essa alteração no seu DNA permite que desenvolva uma característica fenotípica que não apresentava antes.

Transição vítrea – refere-se a uma mudança de fase de um estado sólido-vítreo para um estado semilíquido gomoso. O polímero passa de um estado desordenado rígido (vítreo) para um estado desordenado no qual as cadeias poliméricas possuem maior mobilidade. A crocância característica de alimentos no estado vítreo é altamente desejável em biscoitos, batatas fritas, cereais matinais e alimentos desidratados. A maciez associada ao estado gomoso é desejável em alguns produtos desidratados, como damasco e banana, em recheios, entre outros. A transição vítrea é influenciada pela temperatura e pelo teor de umidade do alimento.

Transportadores de membrana – proteínas localizadas na membrana celular que transportam solutos (íons e moléculas) através dela.

Transporte ativo – condução de solutos (íons e moléculas) através de uma membrana celular contra um gradiente de concentração (no sentido da concentração mais alta). É realizado mediante gasto de energia.

Transporte passivo/facilitado – difusão de uma substância polar através de uma membrana biológica por meio de um transportador proteico.

Tratamento térmico efetivo – tratamento térmico realizado previamente ao consumo dos alimentos até que seu ponto frio atinja a temperatura de 75 °C ou combinação tempo-temperatura equivalente, comprovadamente eficaz na redução de formas vegetativas de micro-organismos de preocupação à saúde humana a níveis seguros.

Trigo – gramínea cultivada em todo o mundo; globalmente, é a segunda maior cultura de cereais, ficando atrás do milho e na frente do arroz. Três espécies apresentam importância econômica: a) *Triticum aestivum*, conhecido como trigo comum, é o mais cultivado no mundo, correspondendo a 4/5 da produção mundial, apresenta em torno de 13% de proteína, sendo empregado na panificação e na produção de bolos e biscoitos; b) *Triticum compactum*, apresenta um baixo teor de proteína, por volta de 8%, por isso é utilizado na produção de biscoitos suaves; c) *Triticum durum*, apresenta endosperma mais duro, maior teor de cinzas e proteína em relação ao *Triticum aestivum*, sendo usado na produção de massas alimentícias.

Triticale – originário do cruzamento entre trigo e centeio, com a intenção de unir nesta nova espécie as características favoráveis de seus parentais. Foi o primeiro cereal "fabricado" pelo homem. No início, era utilizado exclusivamente para a alimentação animal, mas, aos poucos, passou a ser utilizado na alimentação humana.

U

UREY

Harold Clayton Urey (1893-1981) – estadunidense, químico, graduou-se na Universidade de Montana e concluiu o doutorado na Universidade da Califórnia. Estudou física atômica com Niels Bohr na Universidade de Copenhague. Durante 38 anos, exerceu o magistério, na Universidade de Montana, na Universidade Johns Hopkins, na Universidade de Columbia, na Universidade de Chicago, na Universidade de Oxford e na Universidade da Califórnia. Seus trabalhos se concentraram inicialmente no isolamento de isótopos pesados de hidrogênio, oxigênio, nitrogênio, carbono e enxofre. Foi laureado com o Nobel de Química, em 1934, pela obtenção do deutério (hidrogênio pesado) e pelo isolamento da água pesada (óxido de deutério, D_2O). Contribuiu para o desenvolvimento da bomba de hidrogênio e expandiu com os cientistas atômicos a discussão sobre controle internacional do uso da energia atômica. Realizou pesquisas sobre geofísica, sistema solar e paleontologia. Contribuiu para o desenvolvimento da cosmoquímica. Escreveu dois importantes livros: *Átomos, moléculas e quanta* (1930), em colaboração com o físico Arthur Edward Ruark; e *Os planetas: sua origem e desenvolvimento* (1952).

Uísque – bebida destilada obtida a partir de cereais fermentados, maturada em barricas de carvalho. Os uísques são classificados em função do país de origem (Scotch Whisky, Irish Whiskey, American Whiskey, Canadian Whiskey), do tipo de cereal empregado (Malt Whiskey, Grain Whiskey) e da forma de processamento (puro ou cortado). Segundo a legislação brasileira, *Uísque*, *Whisky* ou *Whiskey* é a bebida com graduação alcoólica de 38 a 54% v/v, a 20 °C, obtida do destilado alcoólico simples de cereais envelhecido, parcial ou totalmente maltados, podendo ser adicionado de álcool etílico potável de origem agrícola, ou de destilado alcoólico simples de cereais, bem como de água para redução da graduação alcoólica e caramelo para correção da cor. O uísque será denominado *puro malte* (*pure malt whisky*) quando a bebida for elaborada exclusivamente com destilado alcoólico simples de malte envelhecido. A denominação uísque cortado ou *blended whisky* será utilizada para a bebida obtida pela mistura de, no mínimo, 30% de destilado alcoólico simples de malte envelhecido ou *malt whisky*, com destilados alcoólicos simples de cereais, álcool etílico potável de origem agrícola ou ambos, envelhecidos ou não. Uísque de cereais ou *grain whisky* é a bebida obtida a partir de cereais reconhecidos internacionalmente na produção de uísque, sacarificados, total ou parcialmente, por diástases da cevada maltada, adicionada ou não de outras enzimas naturais e destilada em alambique ou coluna, envelhecido por período mínimo de dois anos. A bebida será denominada *bourbon whisky* ou *bourbon whiskey* quando for elaborada com, no mínimo, 50% de destilado alcoólico simples de milho, sacarificado com cevada maltada, envelhecido por período mínimo de dois anos, adicionado ou não de álcool etílico potável de origem agrícola, podendo ser envelhecido ou não.

***Ultra-high temperature* (UHT)** – ou ultra-alta temperatura (UAT); processo de esterilização pelo calor sob temperatura superior a 135 °C por alguns segundos. É empregado principalmente na esterilização do "leite longa vida", podendo ser utilizado também na esterilização de sucos e néctares de frutas, sopas, vinhos, entre outros. A esterilização pelo processo UHT é realizado de forma direta, quando o vapor de água entra em contato com o produto; e de forma indireta, quando o vapor não entra em contato com o produto – neste caso a transferência de calor se faz através de superfícies metálicas.

Ultracongelação – técnica industrial de congelamento rápido (alguns minutos) dos alimentos, utilizando-se refrigerantes com temperaturas de –30 a –50 °C, até que a temperatura do núcleo do produto atinja –18 °C. No congelamento rápido, a água contida nas células forma cristais pequenos, favorecendo a qualidade do produto congelado.

Ultraestrutura – estrutura detalhada de um espécime biológico, como uma célula, um tecido ou um órgão que pode ser observado por microscópico eletrônico.

Ultrafiltração – processo de separação por membranas orgânicas (poliméricas) ou inorgânicas (cerâmicas). O tamanho dos poros das membranas de ultrafiltração varia de 0,1 a 0,01 μm, e a pressão transmembranar varia entre 1 e 10 atm; o material retido é constituído por macromoléculas com massa acima de 1.000, como as proteínas; o permeado é constituído por solutos de baixo peso molecular (moléculas orgânicas e sais). A ultrafiltração é largamente utilizada para o fracionamento do leite e soro, fracionamento de proteínas, remoção de bactérias e a maioria dos vírus e coloides.

Umami – em análise sensorial, refere-se a um dos cinco gostos básicos do paladar humano; os outros são o doce, salgado, azedo e amargo. Umami é uma palavra de origem japonesa, que significa "gosto saboroso e agradável"; ele é produzido por soluções aquosas diluídas de certo tipo de aminoácido ou nucleotídeo como o glutamato monossódio ou o inosinato de sódio.

Umectante – substância que protege os alimentos da perda de umidade em ambiente de baixa umidade relativa ou que facilita a dissolução de uma substância seca em meio aquoso. São compostos hidrofílicos, normalmente polióis, como o sorbitol, glicerol e propileno glicol. São usados na fabricação de balas, chocolates, bombons, recheios e revestimentos de produtos de confeitarias, alimentos dietéticos, entre outros.

Umidade – em análise sensorial, refere-se à percepção do conteúdo de umidade de um alimento por meio dos receptores táteis na boca e em relação aos atributos lubrificantes do produto. Relaciona-se, ainda, à propriedade de superfície de textura que descreve a percepção de água absorvida ou liberada por um produto. Em relação à superfície, o produto pode ser qualificado como seco, úmido e molhado, quando houver, respectivamente, percepção de ausência, nível moderado e nível alto de umidade. Em relação às propriedades de corpo, o produto poderá ser qualificado como seco, úmido, sumoso, suculento, aquoso, quando houver, respectivamente, percepção de umidade nos seguintes níveis: ausência, nível moderado, nível alto, muito alto e percepção similar à água.

Umidade e material volátil – teor de substâncias voláteis quantificado no produto, expresso em porcentagem. Os métodos diretos para determinação de umidade e material volátil são o de estufa, o infravermelho, o de destilação, o de Karl-Fisher.

Unidade *Haugh* – indicador de qualidade interna do ovo; expressão matemática que correlaciona o peso do ovo com a altura da clara: quanto maior o valor dessa unidade, melhor a qualidade do ovo.

***United States Pharmacopeia* (USP)** – é uma farmacopeia para os Estados Unidos, publicada anualmente pela United States Pharmacopeial Convention, uma organização sem fins lucrativos detentora da marca registrada e dos direitos autorais. A USP é publicada em um volume combinado com o National Formulary, sob a nomenclatura USP-NF. A USP estabelece padrões para todos os remédios vendidos, sob prescrição ou não, e outros produtos de cuidado à saúde fabricados ou vendidos nos Estados Unidos e define padrões (como qualidade, pureza, dosagem, e consistência) para os ingredientes de alimentos e suplementos dietéticos. Os padrões USP são reconhecidos e utilizados em mais de 130 países ao redor do mundo.

Upregulation – mecanismo de controle pelo qual uma célula aumenta a quantidade de um componente celular, como RNA ou proteína, em resposta a uma variável externa. *Downregulation* é o oposto de *upregulation*.

Ureia – composto orgânico cristalino, quaternário, constituído por nitrogênio, oxigênio, carbono e hidrogênio, de cor branca, sabor amargo, solúvel em água e álcool. É uma amida e, por isso, considerada um composto nitrogenado não proteico (NNP), cuja fórmula química é $CO - (NH_2)_2$. Não é uma proteína porque não tem em sua estrutura aminoácidos ligados por ligações peptídicas. No rúmen, é rapidamente convertida em amônia. Foi sintetizada artificialmente em 1828, pelo médico alemão Friedrich Wöhler, e tal fato foi considerado um marco na história da química orgânica porque derrubava a teoria de que compostos orgânicos só poderiam ser sintetizados pelos organismos vivos. Utilizada como fertilizante e como suplemento alimentar para ruminantes.

V

VAN'T HOFF

Jacobus Henricus van't Hoff (1852-1911) – nasceu na Holanda e foi o primeiro vencedor do Prêmio Nobel de Química. Ficou conhecido por suas descobertas em cinética química, equilíbrio químico, pressão osmótica e estereoquímica. Foi nomeado membro da Academia Real Holandesa de Ciências. Outras distinções incluem doutorados honorários de Harvard e Yale, Universidade de Victoria, Universidade de Manchester, Universidade de Heidelberg. Van't Hoff tornou-se membro honorário da Sociedade Química Britânica, da Academia Real das Artes e Ciências dos Países Baixos, da Sociedade Americana de Química e da Académie des Sciences da França.

Vácuo[1] – na física e na química, vácuo é um espaço onde não existe matéria, portanto, o vácuo absoluto não existe em nenhum ponto do Universo. O espaço intergalático se aproxima dessa condição. No vácuo absoluto, a pressão seria zero.

Vácuo[2] – sistema gasoso em que a pressão interna é menor que a pressão atmosférica externa. Sistemas com vácuos parciais podem ser conseguidos com bombas de vácuo. Na tecnologia de alimentos, as embalagens a vácuo protegem os produtos dos organismos aeróbios e das enzimas oxidases.

Valor D – tempo de redução decimal; tempo necessário (em minutos), em uma dada temperatura, para destruir 90% dos micro-organismos (um ciclo logaritmo) presentes no meio. O valor D é específico para cada micro-organismo.

Valor do valorímetro – medida obtida por meio de um ábaco, sendo seu valor baseado no tempo de desenvolvimento e no índice de tolerância da massa à mistura. O valor do valorímetro é um dado empírico de qualidade, não sendo, muitas vezes, considerado nas avaliações do farinograma.

Valor F – ou letalidade térmica; tempo (em minutos) necessário para eliminar todos os micro-organismos presentes em um alimento por exposição a uma temperatura de 121,1 °C.

Valor Z – coeficiente de temperatura de destruição microbiana; intervalo de temperatura que causa variação de 90% no valor D ou variação de 10 vezes na velocidade de destruição do micro-organismo. Ver *Valor D*.

Variedade[1] – denominação atribuída em conformidade com o estabelecido no Código Internacional de Nomenclatura Botânica (ICBN). As variedades podem se distinguir, para dada espécie, por características metabólicas, fisiológicas, morfológicas, patogenicidade, suscetibilidade à lise, sorologia. Na hierarquia taxonômica, variedade é inferior à espécie. Na nomenclatura oficial, a variedade é o nome escrito em letras minúsculas, em itálico ou sublinhado, e precedido pela abreviatura "var." Por exemplo: *Foeniculum vulgare* var. *azoricum* (funcho).

Variedade[2] – termo atribuído pelos olericultores a uma variedade comercial de hortaliças e que, atualmente, foi substituído pelo termo "cultivar" (*cultivated variety* – cv). A couve-manteiga é um exemplo de cultivar cuja notação deve ser feita da seguinte forma: *Brassica oleracea* var. *acephala*, cultivar Manteiga.

Variedade botânica (*varietas*) – unidade taxonômica, descrita após o nome da espécie botânica para designar uma população de plantas, dentro de uma mesma espécie, mas com aparência marcadamente diferente. Um exemplo clássico é a espécie botânica *Brassica oleracea*, originária da couve-selvagem mediterrânea, que abrange algumas *varietas*: *Brassica oleracea* var. *capitata* (repolho); *Brassica oleracea* var. *acephala* (couve-de-folhas); *Brassica oleracea* var. *tronchuda* (couve-tronchuda); *Brassica oleracea* var. *botrytis* (couve-flor); *Brassica oleracea* var. *italica* (brócolis).

Vermute – vinho composto, com teor alcoólico de 14 a 20% (v/v), a 20 °C, que contiver losna (*Artemisia absinthium* L.) predominando entre os seus constituintes aromáticos.

Vida-útil – vida de prateleira, prazo de validade; tempo, em determinada condição de estocagem, em que o produto mantém suas características sensoriais, químicas, físicas e biológicas próprias para consumo.

Viés do avaliador – em análise sensorial, refere-se à tendência do avaliador em dar pontuações que são consistentemente acima ou abaixo da nota verdadeira, quando esta é conhecida, ou da média do painel, quando não é conhecida.

Vigilância sanitária (Visa) – conjunto de ações capazes de eliminar, diminuir ou prevenir riscos à saúde e de intervir nos problemas sanitários decorrentes do meio ambiente, da produção e da circulação de bens e da prestação de serviços de interesse da saúde, abrangendo: 1) o controle de bens de consumo que, direta ou indiretamente, se relacionem com a saúde, compreendidas todas as etapas de processo, da produção ao consumo; 2) o controle da prestação de serviços que se relacionam direta ou indiretamente com a saúde. No Brasil, a vigilância sanitária está a cargo do Sistema Nacional de Vigilância Sanitária (SNVS), sendo a Anvisa o órgão diretamente vinculado ao Ministério da Saúde. Fazem parte do sistema as vigilâncias sanitárias do Distrito Federal, dos estados e municípios, além de vários outros órgãos de apoio técnico e Conselhos de Saúde.

Vinagre – fermentado acético obtido a partir da transformação do etanol do vinho em ácido acético, pela ação de bactérias acéticas. Apresenta sabor ácido, aroma característico, cor de acordo com a matéria-prima de origem, aspecto límpido e ausência de elementos estranhos à sua natureza. O vinagre pode ser adicionado de suco de fruta, de vegetal, de partes de vegetal, de extrato vegetal, de aroma natural, de condimentos ou da mistura de ingredientes citados anteriormente. Deve apresentar acidez volátil, expressa em ácido acético (g/100 ml) entre 4,00 e 7,99.

Vinagre balsâmico – vinagre de vinho, submetido a processo de envelhecimento em recipiente de madeira apropriada por um período mínimo de seis meses. O vinagre balsâmico pode receber adição de suco de fruta, vegetal, partes de vegetal, extrato de vegetal, aroma natural, caramelo, açúcares, mel, condimentos ou da mistura de ingredientes citados anteriormente.

Vinagre de álcool – produto obtido pela fermentação acética do álcool etílico potável diluído de origem agrícola.

Vinagre de cereal – produto obtido pela fermentação acética do fermentado alcoólico de um ou mais cereais.

Vinagre de fruta – produto obtido pela fermentação acética do fermentado alcoólico de uma ou mais frutas.

Vinagre de mel – produto obtido pela fermentação acética do fermentado alcoólico de mel de abelha.

Vinagre de vegetal – produto obtido pela fermentação acética do fermentado alcoólico de um ou mais vegetais.

Vinagre duplo – fermentado acético com acidez volátil entre 8 e 11,99 g de ácido acético/ 100 ml do produto.

Vinagre misto de vegetais – produto obtido pela fermentação acética do fermentado alcoólico de duas ou mais matérias-primas (fruta, cereal ou vegetal).

Vinagre triplo – fermentado acético com acidez volátil superior a 12 g de ácido acético/ 100 ml do produto.

Vinho – bebida obtida pela fermentação alcoólica do mosto simples de uva sã, fresca e madura. A denominação *vinho* é exclusiva para o fermentado de uva, sendo vedado seu uso para outros produtos fermentados. Os vinhos são classificados quanto à *classe* em: a) de mesa, b) leve, c) fino, d) espumante, e) frisante, f) gaseificado, g) licoroso, h) composto; quanto à *cor* em: a) tinto, b) rosado, *rosé* ou clarete, c) branco; quanto ao *teor de açúcar* em: a) *nature*, b) *extra brut*, c) *brut*, d) seco, *sec* ou *dry*, e) meio doce, meio seco ou *demi sec*, f) suave, g) doce.

Vinho composto – bebida com teor alcoólico de 14 a 20% v/v, a 20 °C, elaborado pela adição ao vinho de mesa de macerados ou concentrados de plantas amargas ou aromáticas, substâncias de origem animal ou mineral, álcool etílico potável de origem agrícola, açúcar, caramelo e mistela simples. O vinho composto deve conter pelo menos 70% de vinho de mesa. É classificado como vermute, quinado, gemado, com jurubeba, com ferroquina etc. Ver *Mistela*.

Vinho de mesa – vinho com teor alcoólico de 8,6 a 14% v/v, podendo conter até uma atmosfera de pressão a 20 °C.

Vinho de mesa de americanas – vinho elaborado com uvas do grupo das uvas americanas e/ou híbridas, podendo conter vinhos de variedades *Vitis vinifera*.

Vinho de mesa de viníferas – vinho elaborado exclusivamente com uvas das variedades *Vitis vinifera*.

Vinho espumante – Ver ESPUMANTE.

Vinho fino – vinho de teor alcoólico de 8,6 a 14% v/v, elaborado mediante processos tecnológicos adequados que assegurem a otimização de suas características sensoriais e elaborado exclusivamente de variedades *Vitis vinifera*.

Vinho frisante – vinho com teor alcoólico de 7 a 14% v/v e uma pressão mínima de 1,1 a 2,0 atmosferas a 20 °C, natural ou gaseificado.

Vinho gaseificado – vinho resultante da introdução de gás carbônico puro, por qualquer processo, devendo apresentar um teor alcoólico de 7 a 14% v/v e uma pressão mínima de 2,1 a 3,9 atmosferas a 20 °C.

Vinho leve – vinho com teor alcoólico de 7 a 8,5% v/v, a 20 °C, obtido exclusivamente da fermentação dos açúcares naturais da uva, produzido durante a safra nas zonas de produção, vedada sua elaboração a partir de vinho de mesa.

Vinho licoroso – vinho com teor alcoólico de 14 a 18% v/v, sendo permitido, na sua elaboração, o uso de álcool etílico potável de origem agrícola, mosto concentrado, caramelo, mistela simples, açúcar e caramelo de uva. Ver MISTELA.

Vinho moscato espumante – (ou moscatel espumante) é o vinho cujo gás carbônico provém da fermentação em recipiente fechado de mosto ou de mosto conservado de uva moscatel, com uma pressão mínima de 4 atmosferas a 20 °C, e com um teor alcoólico de 7 a 10% v/v e, no mínimo, 20 g/l de açúcar remanescente.

Vinho nobre – vinho elaborado no território brasileiro exclusivamente a partir de uvas da espécie *Vitis vinifera*, com teor alcoólico de 14,1% a 16% v/v, a 20 °C. Exceção feita ao teor alcoólico, o vinho nobre apresenta o mesmo padrão de identidade e qualidade dos vinhos de mesa e fino.

Víscera – qualquer órgão ou tecido situado na cavidade toráxica e abdominal que desempenha uma ou mais funções vitais do organismo: coração, pulmão, estômago, fígado, rins, pâncreas, intestinos, pleuras etc.

Viscoelasticidade – propriedade dos materiais que apresentam características viscosas e elásticas quando sofrem deformação. Materiais viscosos (líquidos) resistem ao fluxo de cisalhamento e à deformação linearmente com o tempo quando uma tensão é aplicada. Os materiais elásticos (sólidos) se tensionam ao serem esticados e retornam imediatamente ao seu estado original assim que a tensão é removida. Os materiais viscoelásticos têm elementos de ambas as propriedades e, como tais, exibem deformação dependente do tempo. Enquanto a elasticidade é geralmente o resultado do alongamento de ligações químicas ao longo dos planos cristalográficos em um sólido ordenado, a viscosidade é o resultado da difusão de átomos ou moléculas dentro de um material amorfo.

Viscosidade – em análise sensorial se refere ao atributo mecânico de textura ligado à resistência ao fluxo. Corresponde à força necessária para aspirar um líquido de uma colher para a boca ou para espalhá-la sobre um alimento. A viscosidade poderá ser fluida, rala, untuosa/cremosa e viscosa/espessa, se apresentar, respectivamente, nível de resistência baixo, moderado ou alto. A qualificação como ralo ou untuoso dependerá da característica do produto analisado.

Vitaminas – grupo de nutrientes orgânicos necessários em quantidades pequenas para uma variedade de funções bioquímicas, que normalmente não podem ser sintetizadas pelo organismo e, portanto, devem ser fornecidas pela dieta. As vitaminas lipossolúveis são substâncias hidrofóbicas que só são absorvidas com maior eficiência quando há uma absorção normal de gorduras; são elas: A, D, E e K. As vitaminas hidrossolúveis funcionam principalmente como cofatores enzimáticos e constituem o complexo B e a vitamina C.

Vitrificação – fenômeno que ocorre quando uma substância é rapidamente resfriada. As moléculas passam para o estado sólido, mas não sofrem cristalização. A temperatura na qual a transição em um sólido ocorre é a transição vítrea. Nessa condição, as alterações físico-químicas são minimizadas. Um exemplo desse fenômeno é a produção do açúcar refinado amorfo.

Vodca – (*vodka* ou *wodka*) é a bebida com graduação alcoólica de 36 a 54% v/v, a 20 °C, obtida de álcool etílico potável de origem agrícola ou de destilado alcoólico simples de origem agrícola retificado, seguidos ou não de filtração por meio de carvão ativo, como forma de atenuar os caracteres organolépticos da matéria-prima original. A vodca poderá ser adoçada (até 2 g/l) e aromatizada com substância de origem vegetal. Essa bebida é originária dos países bálticos e escandinavos (século XIV), sendo que, atualmente, Rússia, Polônia, Finlândia e Suécia são grandes produtores. Nesses países, as matérias-primas utilizadas na produção da vodca são a cevada e o trigo, e, eventualmente pode-se fazer uso de centeio, milho, milheto, batata e melaço.

Volumetria – análise volumétrica; procedimento laboratorial (titulação) em que se utiliza certo volume de uma solução de concentração conhecida (titulante) para determinar a concentração de outra solução (titulado). O titulado contém a substância que se quer quantificar (analito).

X

XIANGHUA

Shao Xianghua (1913-2012) – chinês, engenheiro de materiais, considerado um pioneiro da engenharia metalúrgica chinesa moderna. Formou-se no Departamento de Engenharia Química da Universidade de Chequião, em 1932. Estudou na Grã-Bretanha e recebeu os graus de bacharel e mestre pela Universidade de Londres (Imperial College London) em 1938. Foi o engenheiro-chefe do Ansteel Group, um dos mais importantes produtores de aço da China. Em seguida, foi transferido para o prestigioso Instituto de Pesquisa de Ferro e Aço da China, onde assumiu a posição de pesquisador. Shao desempenhou papel importante nos estudos sobre terras raras e metais raros para as indústrias chinesas. Foi eleito como membro tanto da Academia Chinesa de Ciências (1955) como da Academia Chinesa de Engenharia (1995), algo raro entre os cientistas e engenheiros chineses.

Xantofilas – pigmentos amarelos derivados da oxidação de moléculas de carotenos, contendo pelo menos um constituinte oxigenado, na forma de hidroxilas ou epóxidos. As xantofilas são armazenadas nas células vegetais em organelas conhecidas como xantoplastos (cromoplasto). Luteína, violaxantina, zeaxantina, luteína-5,6-epóxido, beta-criptoxantina são algumas das xantofilas.

Xarope[1] – de acordo com a legislação brasileira, produto não gaseificado, obtido pela dissolução, em água potável, de suco de fruta, polpa ou parte do vegetal e açúcar, em concentração mínima de 52% de açúcares em peso.

Xarope[2] – na tecnologia de alimentos, solução concentrada de açúcar (sacarose, glicose, frutose etc.), com concentração mínima de 60% em peso. Na farmacologia, solução açucarada na concentração mínima de 45% em peso.

Xarope de amêndoa – (ou orchata) bebida não alcoólica consumida principalmente na Espanha. É preparada com uma decocção de cevada e amêndoas, ou com semente de melancia ou melão, esmagadas, água e açúcar; também pode ser feita apenas com amêndoas ou chufas. Seu aspecto é leitoso, semelhante a um "leite vegetal", rico em amido, lipídeos, açúcar e proteínas. Ver *Xarope*.[1]

Xarope de avenca – (ou capilé) é o xarope que contém suco de avenca, aromatizado com essência natural de frutas, podendo ser colorido com caramelo; também a bebida refrescante obtida da diluição do xarope em água. Ver *Xarope*[1].

Xarope de glicose – principal produto da hidrólise do amido; constituído por monômeros de glicose e quantidade variada de dímeros, oligossacarídeos e polissacarídeos, dependendo do xarope e de seu processo de fabricação. Por convenção, refere-se aos produtos que possuem dextrose equivalente (DE) entre 20 e 80. O *Codex Alimentarius* define xarope de glicose como "uma solução aquosa concentrada e purificada de sacarídeos nutritivos obtida a partir de amido, com um teor de dextrose equivalente não menor que 20% m/m (expressa como D-glicose em base seca)".

Xarope de guaraná – produto que contém, no mínimo, 0,2 g de semente de guaraná (gênero *Paullinia*), ou seu equivalente em extrato, por 100 ml do produto. Ver *Xarope*[1].

Xarope de malte – (ou extrato de malte) mosto cervejeiro concentrado e não fermentado, cuja concentração de sólidos solúveis atinge 80 °Brix. Tem aplicação na produção de cerveja, de cereais matinais, de produtos láticos, de condimentos, na panificação, na confeitaria, além de ser um substituto do caramelo.

Xarope de suco – (ou *squash*) é o produto que contiver, no mínimo, 40% de suco de fruta ou polpa em peso. Ver *Xarope*[1].

Xilitol – adoçante natural encontrado em algumas frutas como framboesa e ameixa; quimicamente é um poliol (poliálcool) obtido da hidrogenação da xilose; usado como edulcorante na fabricação de gomas de mascar, balas duras, chocolates, geleias e gelatinas.

Xilose – açúcar de madeira; monossacarídeo de cinco carbonos (aldopentose), obtido da hidrólise dos xilanos que compõem a hemicelulose das células vegetais; não ocorre na forma livre.

Z

ZEFERINO

Zeferino Vaz (1908-1981) – médico brasileiro que conduziu a construção, o estabelecimento e o desenvolvimento da Universidade Estadual de Campinas (Unicamp). Foi reitor da Unicamp no período de 1966 a 1978, quando se aposentou compulsoriamente, aos 70 anos. O campus de Campinas recebeu o nome de *Cidade Universitária Zeferino Vaz* em homenagem ao seu fundador. Em 1967, foi instituída a primeira Faculdade de Tecnologia de Alimentos (FTA) da América Latina. Em 1985, ocorreu o desmembramento da Faculdade de Engenharia de Alimentos e Agrícola (FEAA), originando-se, assim, a Faculdade de Engenharia de Alimentos (FEA) e a Faculdade de Engenharia Agrícola (Feagri). A FEA tem como missão "formar profissionais e produzir ciência de alimentos de alto nível para o bem-estar social". Conta com dois departamentos Ciência de Alimentos e Nutrição e Engenharia e Tecnologia de Alimentos, que oferecem quatro programas de pós-graduação: Ciência de alimentos; Engenharia de alimentos, Tecnologia de alimentos; Alimentos e nutrição. Recentemente o Doutorado em Bioenergia se incorporou a esses programas.

Zearalenona – micotoxina com efeitos estrogênicos produzida pelo fungo *Fusarium graminiarum* ou outras espécies do gênero *Fusarium,* que atacam cereais, principalmente o milho. Sua produção tem sido reportada em grãos no campo, durante a colheita, estocagem, processamento ou em rações contendo grãos contaminados. O efeito tóxico da zearalenona e dos respectivos metabólitos ocorre principalmente devido à semelhança com os estrogênios naturais, estradiol, estrona e estriol, interagindo com receptores estrogênicos. Nas mulheres, a zearalenona está associada a puberdade precoce, fibrose no útero, câncer de mama e do endométrio, diminuição da fertilidade, entre outros; nos homens, inflamação da próstata, atrofia testicular, cistos nas glândulas mamárias.

Zeaxantina – pigmento carotenoide do grupo das xantofilas (ver *Xantofilas*). Quimicamente, resulta da oxidação de carotenos. É encontrada em laranjas, tangerinas, mamão, pêssego, brócolis, repolho, couve-flor, rúcula, milho, ovo, entre outros alimentos.

Zeína – uma das proteínas derivadas do endosperma dos grãos de milho, classificada como prolamina, caracterizada pelo alto teor de aminoácidos apolares, conferindo estrutura molecular hidrofóbica. São consideradas de alto grau de polimerização e propriedades isolantes, destacando-se sua aplicação na elaboração de filmes para conservação de alimentos altamente perecíveis e microcápsulas na indústria farmacêutica.

Zoonoses – doenças que são transmitidas de animais para humanos, ou de humanos para os animais. A transmissão pode ocorrer pelo contato com secreções (saliva, sangue, urina, fezes) ou contato físico, como arranhaduras ou mordeduras. Bactérias, fungos, vírus, helmintos podem desencadear tais afecções. As antropozoonoses são as doenças primárias nos animais que podem ser transmitidas ao homem. As zooantroponoses são doenças primárias em humanos, que podem ser transmitidas aos animais. São um problema de saúde pública pela relação do homem com os animais no ambiente agrícola, na vida diária (animais de estimação), no ambiente natural. Podem causar interrupções na produção e comércio de produtos de origem animal.

Zootecnia – campo do saber que promove a produção animal de forma sustentável sob os pontos de vista econômico, social, ambiental e ético. Também, a ciência que estuda os meios de promover a adaptação do animal ao ambiente criatório e econômico, e deste àquele.

Colaboradores

Gratidão aos nossos colaboradores por acreditarem neste ambicioso projeto!

Ana Lúcia Barretto Penna – engenheira de alimentos, mestra e doutora em Tecnologia Bioquímico-Farmacêutica, área de Tecnologia de Alimentos, da Faculdade de Ciências Farmacêuticas da Universidade de São Paulo (USP) e pós-doutora em Engenharia de Alimentos no Department of Biological Systems Engineering of Washington State University, Pullman, nos Estados Unidos. E-mail: ana.lb.penna@unesp.br.

Antonio Carlos Maringoni – engenheiro agrônomo pela Faculdade de Ciências Agronômicas da Universidade Estadual Paulista "Júlio de Mesquita Filho" (FCA – Unesp) – campus Botucatu, mestre e doutor em Fitopatologia pela Escola Superior de Agricultura Luiz de Queiroz (Esalq – USP campus Piracicaba), professor livre-docente em Fitopatologia pela FCA – Unesp, professor titular em Fitopatologia da FCA – Unesp; aposentado. E-mail: acmaringoni@hotmail.com.

Daniela Barnabé – engenheira, mestra e doutora em Agronomia pela Faculdade de Ciências Agronômicas da Unesp. E-mail: danibarnabe76@gmail.com.

Dermânio Tadeu Lima Ferreira – engenheiro agrônomo pela Faculdade da Fundação Pinhalense de Ensino, mestre e doutor em Agronomia pela Faculdade de Ciências Agronômicas da Unesp. E-mail: tadeu_10@hotmail.com.

Elaíse Mello – engenheira de alimentos e mestra em Tecnologia de Alimentos pela Faculdade de Engenharia de Alimentos da Universidade Estadual de Campinas (Unicamp), especialista em Ciências de Alimentos e Nutrição pela Universidade de Ghent, na Bélgica. E-mail: elaisem93@gmail.com.

Francisco Luiz Araújo Câmara – engenheiro agrônomo pela Universidade Federal de Viçosa (UFV), mestre em Fitotecnia pela UFV e doutor em Agronomia pela Esalq – USP. E-mail: franciscocamara.btu@gmail.com.

Larissa Chirino de Almeida – bacharel em Química pelo Instituto de Química de São Carlos – USP e mestra em Química pelo Instituto de Química de São Carlos – USP. E-mail: larissachirino4@gmail.com.

Léa Silvia Sant´Ana – engenheira química pela Escola de Engenharia da Universidade Federal de Minas Gerais (UFMG), mestra em Ciência de Alimentos pela Faculdade de Farmácia da UFMG, doutora em Ciências dos Alimentos pela Faculdade de Ciências Farmacêuticas da USP, pós-doutora em Ciências do Mar pelo Instituto de Ciências Biomédicas Abel Salazar, no Porto, Portugal. E-mail: lea.silvia@unesp.br.

Lorenza Gallo – nutricionista pela Universidade de Brasília (UnB), mestra e doutora em Nutrição Humana pela UnB. E-mail: lorenzagallo23@gmail.com.

Luiz Antônio Borgo – bacharel em química pela UnB, mestre em Ciência dos Alimentos pela UFV e doutor em Ciências da Saúde pela UnB. E-mail: luizborgo@gmail.com.

Marcelo Henrique Breda – tecnólogo mecânico pela Faculdade de Engenharia de Bauru – Unesp, MBA em Gestão Estratégica de Negócios pela Fundação Getulio Vargas (FGV-SP) e especialista em Tecnologia Cervejeira Avançada pelo Serviço Nacional da Indústria – Senai (RJ). E-mail: mhbreda@hotmail.com.

Márcio Antônio Mendonça – tecnólogo de alimentos pela UFV, mestre e doutor em Nutrição Humana pela UnB. E-mail: marcioamen@gmail.com.

Marco Aurélio Factori – graduado, mestre, doutor e pós-doutor em Zootecnia pela Unesp. E-mail: mafactori@yahoo.com.br.

Marta Helena Fillet Spoto – engenheira agrônoma pela Esalq – USP, mestra em Ciências pelo Centro de Energia Nuclear na Agricultura – USP, doutora em Tecnologia Nuclear pelo Instituto de Pesquisa Energéticas e Nucleares – USP e pós-doutora pelo Centro de Energia Nuclear na Agricultura – USP. E-mail: martaspoto@usp.br.

Ortência L. Gonzalez da Silva Nunes – engenheira agrônoma pela Unesp – campus Jaboticabal, mestra e doutora em Agronomia pela Unesp – campus Botucatu, pós-doutora em Recursos Pesqueiros e Engenharia de Pesca pela Universidade Estadual do Oeste do Paraná (Unioeste) – campus Toledo, com treinamentos no Laboratoire Littoral ENvironnement et Societés (LIENSs), da Universidade de La Rochelle, na França, e no Instituto Português do Mar e Atmosfera (IPMA), em Portugal; e pós-doutora em Processos Químicos e Biotecnológicos pela Universidade Tecnológica Federal do Paraná (UTFPR) – campus Toledo. E-mail: ortencianunes@yahoo.com.br.

Patrícia Diniz – engenheira de alimentos pela Universidade Federal de Lavras (UFLA), mestra em Ciências da Saúde pela UnB e doutora em Ciências Farmacêuticas pela UnB. E-mail: patricia.andrade@unb.br.

Pricila Veiga dos Santos – engenheira de alimentos pela Faculdade de Engenharia de Alimentos da Unicamp, mestra em Tecnologia de Alimentos e doutora em Ciência de Alimentos pela mesma Faculdade, com pós-doutorado em Engenharia Química pela Escola Politécnica da USP. E-mail: priveiga@yahoo.com.br.

Priscila Dinah Lima Oliveira Pereira de Araújo – nutricionista pela Universidade Federal da Paraíba (UFPB), mestra em Ciências da Nutrição pela UFPB e doutora em Nutrição Humana pela UnB. E-mail: priscila.dinah@gmail.com.

Ricardo de Oliveira Orsi – graduado em Ciências Biológicas pela Unesp, mestre em Ciências Biológicas pela Unesp e doutor em Zootecnia pela Unesp. E-mail: ricardo.orsi@unesp.br.

Roger Darros-Barbosa – engenheiro de alimentos pela Faculdade de Engenharia de Alimentos da Unicamp, mestre em Engenharia de Alimentos pela Faculdade de Engenharia de Alimentos da Unicamp e PhD em Food Science emphasis in Food Engineering pela University of Florida. E-mail: roger.darros@unesp.br.

Sandra Fernandes Arruda – bacharel em Nutrição pelo Departamento de Nutrição da UnB, mestra e doutora em Ciências Biológicas (Biologia Molecular) pela UnB. E-mail: sandrafarruda@gmail.com.

Seiti Inoue Venturini – bacharel em Química pelo Instituto de Química de São Carlos – USP, mestre e doutor em Química pelo Instituto de Química de São Carlos – USP. E-mail: seitiventurini@gmail.com.

Sílvia Rodrigues Machado – bióloga pela Faculdade de Ciências Médicas e Biológicas de Botucatu (FCMBB), especialista em Biologia Celular e Microscopia Eletrônica pela Pontifícia

Universidade Católica de Chile, em Santiago, Chile; mestra em Biologia Vegetal pela Unesp – campus Rio Claro e doutora em Botânica pela USP. E-mail: silvia.machado@unesp.br.

Tiago Rusin – engenheiro de Alimentos pela Universidade do Vale do Rio dos Sinos (Unisinos-RS), mestre em Engenharia Nuclear pelo Instituto Militar de Engenharia do Rio de Janeiro – IME/RJ e doutor em Nutrição Humana pela UnB. E-mail: eng.rusin@gmail.com.

Valter Marzarotto – tecnólogo em Viticultura e Enologia pela Escola Agrotécnica Federal Presidente Juscelino Kubitschek e especialista em gestão em Vitivinicultura pela Universidade da Região de Joinville (Univille). E-mail: valter@labran.com.br.

Wallas Felippe de Souza Ferreira – engenheiro agrônomo pela UnB, especialista em Engenharia de Segurança do Trabalho pela Faculdade de Estudos Administrativos de Minas Gerais (FEAD/MG), mestre e doutor em Agronomia pela UnB. Classificador oficial de Grãos pelo Ministério da Agricultura e Pecuária. E-mail: wallas.ferreira@anec.com.br.

GRÁFICA PAYM
Tel. [11] 4392-3344
paym@graficapaym.com.br